中华经典名著

全本全注全译丛书

杨维增◎译注

天工开物

中華書局

图书在版编目(CIP)数据

天工开物/杨维增译注. —北京:中华书局,2021.5
(2024.5 重印)
(中华经典名著全本全注全译丛书)
ISBN 978-7-101-15182-4

Ⅰ.天… Ⅱ.杨… Ⅲ.①农业史-中国-古代②手工业史-中国-古代③《天工开物》-译文④《天工开物》-注释 Ⅳ.N092

中国版本图书馆 CIP 数据核字(2021)第 081516 号

书　　名	天工开物
译 注 者	杨维增
丛 书 名	中华经典名著全本全注全译丛书
责任编辑	舒　琴　张　敏
责任印制	管　斌
出版发行	中华书局 (北京市丰台区太平桥西里 38 号　100073) http://www.zhbc.com.cn E-mail:zhbc@zhbc.com.cn
印　　刷	北京中科印刷有限公司
版　　次	2021 年 5 月第 1 版 2024 年 5 月第 6 次印刷
规　　格	开本/880×1230 毫米　1/32 印张 16⅜　字数 350 千字
印　　数	60001-72000 册
国际书号	ISBN 978-7-101-15182-4
定　　价	42.00 元

目录

插图目录

前言

明代科技学家宋应星（1587—166？）于崇祯十年（1637）著作刊行了《天工开物》一书。此书号称中国十七世纪生产工艺百科全书，不但翔实记述了明代居于世界先进水平的科技成就，而且大力弘扬了“天人合一”思想和能工巧匠精神。更为可贵的是，《天工开物》独树一帜地提出了科技哲学的“天工开物”思想。宋应星究天人之际，通古今之变，成一家之言，助中国之强。他的《天工开物》是一本道器合一的中华经典科技名著。

一、《天工开物》的成书背景

宋应星，字长庚，江西奉新人，明万历十五年（1587）生于一个“三代尚书”的没落官僚地主家庭。曾祖父宋景（庄靖公）为明弘治十八年（1505）进士，嘉靖年间任都察院左都御史等职，卒后赠吏部尚书；祖父宋承庆、父亲宋国霖都只是个秀才。宋应星有兄弟四人：应昇、应鼎、应星、应晶，他排行第三。他从小聪敏好学，博览约取。万历四十三年（1615），与兄应昇一起去南昌应乡试，同中举人，他名列第三，应昇名列第六，一时有“奉新二宋”之称。然而，接下来连续六次（1616—1631）上京参加三年一次的会试，宋应星都没考上贡士，更无望参加殿试考进士了。

明朝科举考试分为院试、乡试、会试和殿试四级进行，考的是八股文，内容和形式都有严格的限制，以"四书"（《大学》《中庸》《论语》《孟子》）和"五经"（《周易》《诗经》《尚书》《礼记》《春秋》）命题，答案以朱熹集注为准，要求考生"代圣贤立言"，不许发挥自己的独立见解。某种程度上可以说，八股文考试是窒息思想、有碍创新的人才选拔制度，才华横溢、思想活跃的宋应星不幸成了科举制度的牺牲品。

时值明末清初资本主义萌芽时期，时代潮流要求生产发展，就必然要求作为生产力的科技发展。然而，当时的社会却重人文轻科学、重科举轻科技、重空谈轻实学。以顾宪成、高攀龙为首的东林学派率先发起了思想文化冲击。顾宪成撰联："风声雨声读书声声声入耳，家事国事天下事事事关心。"高攀龙呼吁："学问通不得百姓日用，便不是学问。"黄尊素主张："以开物成务为学问，视天下安危为安危。"泰州学派王艮坚持："百姓日用即是道。"李贽强调："治贵适时，学必经世。"……

在这种经世致用的实学思潮推动下，一批科技名著应运而生。例如：李时珍的《本草纲目》于1593年刊行，徐光启的《农政全书》于1639年刊行，徐弘祖的《徐霞客游记》于1642年刊行。与此同时，西方科学也传入中国。徐光启与西方传教士利玛窦合作将欧几里得的《几何原本》译成中文，于万历三十五年（1602）刊行了前三卷。

在这种思潮影响下，宋应星"数上公车竟不第"（《宋氏宗谱》）之后，对科举制度进行反戈一击。他撰文道："荐人之人与所荐之人，声应气求，仍在八股文章以内，岂出他途？……读书应举者竟不知作官为何本领。"（《野议·进身议》）吟诗道："智过千人谓是英，超群岂入此中评？"（《思美诗·其三》）宋应星满怀爱国热忱，希望通过撰写科技书籍来造福国家和百姓。他在嫡兄宋应昇和同窗好友涂伯聚的帮助下，参观考察了许多农庄和手工业作坊，积累了大量科技资料，终于在担任分宜县教谕期间的1637年写成出版了"著作功高天不夜"（《思美诗》）的科技名著《天工开物》。在书中他公开宣称："此书于功名进取毫不相关也!”表现出对科举功名的公然蔑视。相应地,他“贵五谷而贱金玉”,按照食、衣、住、行、用的大体顺序编写,从《乃粒》(五谷)到《珠玉》共十八卷,五万多字,插图122幅,图文并茂地记述了中国十七世纪农业和手工业生产工艺和科技成就。

全书十八卷名目如下:

一、乃粒(五谷)　　二、乃服(纺织)
三、彰施(服装染色)　　四、粹精(粮食加工)
五、作咸(制盐)　　六、甘嗜(制糖)
七、陶埏(陶瓷)　　八、冶铸(铸造)
九、舟车(船车)　　十、锤锻(锻造)
十一、燔石(烧炼矿石)　　十二、膏液(油脂)
十三、杀青(造纸)　　十四、五金(冶金)
十五、佳兵(兵器)　　十六、丹青(朱墨)
十七、曲糵(酒曲)　　十八、珠玉

二、《天工开物》的科技成就

在农业生产方面,《天工开物》记述了精耕细作、砒霜拌种、磷肥施放、水稻变旱稻、甘蔗育秧、杂交培育蚕良种、防治蚕病,以及一举三用水碓等先进技术,提出了“种性随水土而分”“将早雄配晚雌者,幻出嘉种”等事实和观点,萌发着物种变异的可贵思想。德国生物学家伏尔弗于1759年在其《发生的理论》一书中才对物种不变的形而上学观念发起正式的冲击。

在纺织方面,记述了棉、麻、丝、皮、毛的来源和织造,从布衣到龙袍、倭缎,从腰机到花机,无所不谈。其中,花机是当时世界上最先进的纺织机械。

在煤的开采方面,记述了用竹筒排空瓦斯并进行巷道支护以后才能挖煤的先进技术,并第一次对煤做了初步的科学分类,根据性状和用途,把煤分成明煤（相当于无烟煤）、碎煤（相当于烟煤）和末煤（相当于褐煤和泥煤）三种。法国雷钮特于1837年才提出与此类似的煤分类法。

在钢铁生产方面，记述了我国独创的由铁矿开始，依次炼成生铁和熟铁，再合炼成钢的类似于半连续化的生产系统。

在有色冶金方面，第一次记述了技术难度较大的锌（倭铅）的冶炼，并指出黄铜当铜七锌三比例时延展性最好。这与近代金属学实验数据是吻合的。

在金属加工方面，记述了失蜡铸造和泥模铸造工艺，特别记述了先进的群炉汇流和连续浇注大件法，还记述了"灌钢""生铁淋口"、固体渗碳等先进工艺，并绘制了当时世界上最先进的鼓风设备——活塞式风箱图。

在武器方面，记述了半自动爆炸水雷"混江龙"，以及边转边爆的守城武器"万人敌"等等。

在航运方面，记述了我国最早采用的一种航行操纵工具——偏披水板（船翼），还总结了我国古代舵工创造的"抢风"（逆风行船）经验，并模糊提出了关于舵和帆的力学原理问题。

在酒曲方面，总结了我国独有的红曲生产的三种传统的先进工艺——良种选种法、酸度调节法和分段加水法。

在轻工、化工方面，记述了油脂、冰糖、井盐、天然气、造纸、染料、瓷器、银朱、炭黑、铅丹、胡粉等许多我国传统名优产品的先进工艺。《天工开物》在总结前人关于水银和硫黄升炼成银朱（硫化汞）的试验数据时，提出了"出数借硫质而生"的独特见解。这是难能可贵的"质量守恒"思想萌芽。

……

科技是科学技术的简称，科学技术是生产力。科学的使命是探索自然发现规律，将其转化为知识、定律和理论；技术的使命是利用自然规律搞发明，创造出生产工具、生产工艺和物质财富。就科学而言，大体上有经验科学、实验科学和理论科学三个层次的发展形态；就技术而言，大体上有传统技术、大工业技术和信息技术三个层次的发展形态。

明末清初仍处于经验科学和传统技术层次，科学与技术尚未分离，科学往往蕴藏在技术之内。严格说来，《天工开物》基本上是一本传统技术书，其解释技术的理论不是自然科学理论，而是卦象思维和阴阳五行学说。例如，关于火药爆炸，宋应星的解释是："凡火药，硫为纯阳，硝为纯阴，两精逼合，成声成变，此乾坤幻出神物也。"（《燔石·硫黄》）他并不知道：硝是氧化剂，炭是还原剂，硫是助燃剂，三者发生剧烈的氧化还原化学反应，骤然放出大量的气体和热量而引起爆炸。又如，他知道"种性随水土而分"，但并不具备遗传和变异的生物学理论知识。

由此可见，《天工开物》一书虽然记述了许多居于世界先进水平的科技成就，但由于受到时代和社会的局限，还是属于经验科学和传统技术层次。

三、《天工开物》的科学精神和科学方法

作为一部综合性的科学技术著作，《天工开物》体现了可贵的科学精神，集中体现在以下几个方面：

第一，重视见闻试验，不臆度侈谈。

宋应星在序文里开宗明义指出："世有聪明博物者，稠人推焉，乃枣梨之花未赏，而臆度楚萍；釜鬵之范鲜经，而侈谈莒鼎；画工好图鬼魅，而恶犬马；即郑侨、晋华，岂足为烈哉？"意思是说，世上有的人聪明博学，受到大家的推崇，但他们连枣花和梨花都分不清楚却猜测什么楚萍，连铸锅的模子都很少接触，却去侈谈什么是莒鼎。这跟爱画无稽的鬼怪而怕画常见的狗马的人一样，即使有子产和张华那样的名声，又有什么了不起？宋应星在批判空谈的同时主张多见多闻。他说："为方万里中，何事何物不可见见闻闻？"科技名著《天工开物》就是他的见闻录。

第二，主张遵循规律做事，不盲干不投机取巧。

例如："凡早稻种，秋初收藏。当午晒时，烈日火气在内，入仓廪中，关闭太急，则其谷粘带暑气（勤农之家偏受此患）。明年田有粪肥，土脉发烧，东南风助暖，则尽发炎火，大坏苗穗。此一灾也。"（《乃粒·稻灾》）晒谷种和收藏谷种，要勤快但不要盲干，否则会引起霉变而影响出芽率和抗病力。又如："凡靛入缸，必用稻灰水先和，每日手执竹棍搅动，不可计数。"（《彰施·蓝淀》）不断搅拌是为了保证靛白不断地与空气接触而氧化成靛蓝，并防止局部过热以尽量减少靛红的生成量以免靛蓝泛红。

第三，重视创新发展，不因循守旧。

例如，宋应星在《丹青·朱》一节说："每升水银一斤，得朱十四两、次朱三两五钱。出数藉硫质而生。"其中，"出数藉硫质而生"这句话是他的科学创见，是质量守恒定律的思想萌芽。又例如，关于黍尺，宋应星认为，即使是同一个地方出产的黍子也会因土地肥瘦和天时气候的影响而使黍粒大小不同。因此，把一百粒黍子排列起来作为长度的度量标准是不准确的，因此不能成为一个定律："凡黍粒大小，总视土地肥硗、时令害育，宋儒拘定以某方黍定律，未是也。"（《乃粒·黍稷粱粟》）

第四，尊重广大劳动者，赞美其匠心精神。宋应星批评一些书生把农民看作下等人，他赞美教人耕作的人为神农，赞美创造车船的人为神人，赞美肖象万物而色色咸备的画工为至神……

由《天工开物》的记述，可以看出宋应星相当重视各项技术所使用的科学方法，主要体现在这些方面：

第一，注重数量关系及其变化所引起的质变。例如，生铁淋口技术："每锹、锄重一斤者，淋生铁三钱为率。少则不坚，多则过刚而折。"（《锤锻·锄镈》）又如："凡风篷尺寸，其则一视全舟横身，过则有患，不及则力软。"（《舟车·漕舫》）

第二，着眼整体，统筹调度。这相当于系统工程的萌芽。例如，江南汶郡水碓的设计可谓巧绝："有一举而三用者，激水转轮头，一节转磨成

面，二节运碓成米，三节引水灌于稻田。”（《粹精·攻稻》）

第三，善于知几，见几而作，及时掌握变化关节点信息。所谓“几”就是事物变化的苗头信息，务必抓住。例如，制造红曲：“每曲饭一石，入信二斤，乘饭热时，数人捷手拌匀，初热拌至冷。候视曲信入饭，久复微温，则信至矣。”（《曲蘖·丹曲》）这里所谓的“信至”，指的是通过曲饭温度回升就可知道红曲霉开始繁殖而起糖化作用了。

第四，运用类比推理。根据两个对象之间具有某些相似属性而推测它们具有其他相似属性，结果虽带有或然性，但在很大程度上却是有效的。例如，宋应星在《五金》卷里写道：“凡倭铅，古书本无之，乃近世所立名目也。其质用炉甘石熬炼而成”，“以其似铅而性猛，故名之曰‘倭’云。”可见，当时这种金属人们并不熟悉，还没把它命名为锌。考虑到它像铅而又性猛，所以叫它倭铅。它的冶炼也是沿用冶炼铅的传统方法，结果成功了。

第五，重视观察，这是宋应星本人获得大量材料而写成《天工开物》的主要方法。他进行的是科技考察，而不是“科学”实验观察。他细致入微地观察，尽量使科技观察记录符合客观实际。例如，种蔗“两芽平放，不得一上一下，致芽向土难发。”（《甘嗜·蔗种》）。又如：“凡舵尺寸，与船腹切齐。若长一寸，则遇浅之时，舡腹已过，其稍尾舵使胶住，设风狂力劲，则寸木为难不可言；舵短一寸，则转运力怯，回头不捷。”（《舟车·漕舫》）。

宋应星就是这样，自然哲学造诣与科学技术知识水乳交融，道器合一，不辞劳苦地运用科学方法观察、记录、思考，并查阅文献资料加以考证，终于写成了科技巨著《天工开物》。

四、《天工开物》的书名奥秘

《天工开物》其名，是宋应星巧借《尚书·皋陶谟》的“天工人其代之”和《周易·系辞上》的“《易》开物成务”融合而成的，但他对此书名

未加解释,后人探究书名奥秘,众说纷纭。三百多年来,对于书名大体上有如下两种解读法:

第一种是把“天工开物”四个字分开,读成“天—工—开—物”。例如,丁文江先生说:“是书也,以天工开物卷名,盖物生自天,工开于人,曰天工者兼人与天言之耳。”又如,潘吉星先生说:“天指的是自然界,工是人的技巧,开就是开发,物是有用之物或物质财富。综合起来,‘天工开物’就是‘天然界靠人工技巧开发出有用之物。’”(《明代科学家宋应星》)。

第二种是把天工看作双音词,读成“天工—开物”。日本薮内清教授说:“天工意味着对人工而言的自然力,利用这种自然力的人工就是开物。”(《天工开物》薮内清译注本),英国剑桥大学李约瑟博士把《天工开物》意译为“自然力的开发利用”(*Exploitation of the works of Nature*,李约瑟《中国科学技术史》英文版第一卷12页)。

笔者认为第二种解读法较为恰当。宋黄庭坚《腊梅》诗云:“天工戏剪百花房,夺尽人工更有香。”元赵孟頫《赠放烟火者》诗云:“人间巧艺夺天工,炼药燃灯清昼同。”宋应星说:“巧极丹铅炉火,方士纵焦劳唇舌,何尝肖像天工之万一哉!”(《燔石》)“凡银为世用……人工、天工,亦见一斑云。”(《五金》)“天工”在这里可解为偏正结构的“天之工”,而非并列结构的“天与工”。宋应星在《野议·民财议》中明确指出:“夫财者,天生地宜,而人工运旋而出者也。”显然把“天生地宜”的“天工”看成是“人工运旋”的“人工”的凭借条件。如果没有天工在起作用,开物岂不是成了无米之炊?

宋应星说:“造物有尤异之思矣。”(《甘嗜》)在他看来,“天工”不仅指天(自然界)这个实体,而且还指天形成精美万物的工巧和法则。简言之,“天工”意指拟人化的自然界形成万物的工巧与法则。人工技巧只有巧模天工才能开物,制造出各种各样巧夺天工的产品来。这正是:灵心仿造物,巧手夺天工。例如,精美瓷器,要靠天工的“方土效灵”和

人工的技术表异两者协同才能得到："方土效灵，人工表异，陶成雅器。"（《陶埏》）

译注者根据古代汉语语法学和语义学规则，结合宋应星的原意，把"天工开物"这个深层结构句式转化为表层结构句式如下：

深层结构句式		天工	开	物
表层结构句式	人	巧模 天工	开	物
句式语法结构分析	主语	状语（介宾结构）	谓语	宾语
句式语义结构分析	施事格	广义工具格	双目谓语	受事格兼结果格

天工开物，作为深层结构句式，隐含着主语"人"。若转化为表层结构句式便一目了然：天工开物，即是人用天工开物。书中类似"天工开物"的句式俯拾皆是：棉布御寒（即是人用棉布御寒）、荻蔗造糖（即是人用荻蔗造糖）、松烟造墨（即是人用松烟造墨）、楮树取皮（即是人用楮树取皮）、曲饭入盘（即是人将曲饭入盘）、红铜升黄（即是人把红铜升成黄铜）……

从而可知，天工开物的涵义是：

	人巧模天工开创万物	（直译）
天工开物：	人法自然开创万物	（意译）
	人利用自然规律开创物质财富	（现代汉语译）

由此可见，天工开物不仅是个书名，更是一种学说。它预示着科学技术是在既巧模天工又巧夺天工的不断循环中创新发展的。它是中国传统的"天人合一"思想在科技领域的传承和创新，谋求人与自然的和谐共生。正如《周易·系辞》和《乾·文言》所述："天地之大德曰生"，"夫大人者，与天地合其德"，"知周乎万物而道济天下"，"范围天地之化而不过，曲成万物而不遗。"这显然把人类和自然看成一个命运共同体。正是这个整体思维方式，对宋应星完成科技名著《天工开物》产生了重大而深刻的影响。

世界文化大体可划分为东方文化和西方文化两大类型。东方人比较擅长整体思维，禀持有机统一观以及天人合一思想，西方人却比较擅长分析思维，持机械分解观。两者各有利弊。明末问世的《天工开物》虽然记述了许多居于当时世界先进水平的科技成就，但大体上却是经验科学和传统技术。现在，正步入整体思维和分析思维日益整合的信息化时代，研读《天工开物》适当其时，可以从中学习科技知识，汲取思想精华，加速发展科技，振兴中华，造福人类。

五、《天工开物》的版本

《天工开物》的主要版本有如下十种：

（一）涂刻本。即涂伯聚刻本，简称涂刻本。刻于明崇祯十年（1637）。这是《天工开物》第一版本。分上、中、下三册线装。序末有“崇祯丁丑孟夏月奉新宋应星书于家食之问堂”的题款。插图122幅，简朴、逼真，有立体感。目前全世界只珍藏涂刻本的三个善本：中国国家图书馆、日本东京静嘉堂文库和法国巴黎国立图书馆各珍藏一本。中华书局于1959年据此出版了三册线装影印本。此本附有《天工开物后记》。

（二）杨刻本。即杨素卿刻本。刻于清初。杨刻本虽然纠正了涂刻本的一些错别字，但仍然比较粗糙。现珍藏在国家图书馆。

（三）菅刻本。即日本大阪书林菅生堂刻本。以涂刻本为底本，以杨刻本对校，刻于日本明和八年（1771）。这是《天工开物》最早在国外刊行的版本。由江田益英校订并加训点，由都贺庭钟作序。在江户时代广为传播。上海华通书局于1930年加以影印，分九册线装。

（四）儒莲法译本。法国汉学家儒莲于1837年和1840年分别节译发表《天工开物》的桑蚕和造纸，又于1869年与尚皮翁合作译注《天工开物》几个卷篇。

（五）陶湘刻本。刻于1927年。主要以菅刻本为底本，蓝皮线装三册。它打乱了原有卷篇，插图也根据《古今图书集成》《授时通考》《两淮盐法志》等全部改绘，好看很多但严重失真。卷末附有丁文江的《重印天工开物卷跋》和《奉新宋长庚先生传》。可喜的是丁文江先生重新发现了几乎中断280年的《天工开物》。

（六）薮日译本。此即日本京都大学薮内清日文译注本（1953）。这是《天工开物》第一个外文译注本。该书以静嘉堂涂刻本为底本，并参考了菅刻本和陶刻本，插图都取自涂刻本。1969年又出了一个新的日文译注本。

（七）任英译本。此即美国任以都博士和孙守金合译的英文本，书名叫《天工开物：十七世纪的中国工艺学》，宾夕法尼亚州大学1966年出版。

T'ien-kung k'ai-wu（*Chinese Technology in the seventeenth Century*），by sung Ying-Hsing，Translated by E-Tu Een sun and shion-chuan sun，The pennsylvania state University press 1966.

（八）钟注释本。此即钟广言（集体笔名）译注本，广东人民出版社1976年出版。这是国内第一个译注本。它以涂刻本为底本，对原文进行校点和校勘，并加以注释，还附有译文。

（九）杨注研本。此即广州中山大学杨维增《天工开物新注研究》，江西科技出版社1987年第1版。分上编（以涂刻本为底本进行校点、注释和今译）和下编（研究论文八篇）两大部分。同年，杨维增以上海人民出版社1976年出版的《宋应星佚著四种：野议·论气·谈天·思怜诗》（明崇祯年间所刊孤本）为底本编著的《宋应星思想研究及诗文注译》一书由中山大学出版社出版。

（十）潘译注本。此即中国自然科学史研究所研究员潘吉星的《天工开物校注及研究》，四川巴蜀书社1989年初版，上海古籍出版社2016年再版名为《天工开物译注》。以涂刻本为底本，并参照了其他版本，把原来18卷顺序打乱而重新排列，书中123幅插图请画家王存德先生勾清了线条。

笔者从二十世纪七十年代开始研究《天工开物》，八十年代出版了两本相关图书。剑桥李约瑟研究所所长、中国自然科学史研究所名誉教授何丙郁先生对笔者给予鼓励和鞭策。他在1990年9月9日写给笔者的信中说："我对大作特感兴趣……宋应星《谈天序》说：所愿此简流传后世，敢求知己于目下哉。结果，他在三百多年后才有像您一位了解他的思想和学问的人物。"

当时，研究《天工开物》的著名学者还有自然科学史所的潘吉星先生，学术界一时有"北潘南杨"之称。笔者后因追索《天工开物》书名的奥秘而转向学习和研究《周易》，痴迷易学研究至今。本次承中华书局邀请，将《天工开物新注研究》一书进行修订，纳入"中华经典名著全本全注全译"丛书中，以题解、原文、注释、译文的形式再版。书中若有解说不当之处，敬请读者朋友批评指正。

《天工开物》所记述的许多当时先进的技术工艺今天也许已经过时，但是，书中所彰显的天人合一思想、天工开物学说、科技创新精神、科学研究方法、科技基本知识，以及能工巧匠智慧，却像屹立在世界东方的灯塔一样，永放光芒。这正是《天工开物》的当代主要价值。

《天工开物》彪炳史册，中华儿女继往开来。

精神文化是人类生存和发展的永恒基石，请允许我用如下四句概括和结束前言：

天垂列象圣贤模，
工巧心灵道器合；
开古通今兴科技，
物丰民富强中国。

杨维增

2021辛丑年季春

广州中山大学锡昌堂

天工开物序

【题解】

本书初刊本（涂伯聚1637年刻本）的书名叫《天工开物卷》。此后的杨素卿清初刻本省略了一个“卷”字。此书《四库全书》没有收录。《古今图书集成》有摘录，称它为《天工开物》。今依三百多年的习惯叫它《天工开物》。

明朝中后期资本主义萌芽，四种科技名著——《本草纲目》《天工开物》《农政全书》和《徐霞客游记》相继应运而生。数次上京会试不第而实用之学满载而归的宋应星，对当时重人文轻自然、重科举轻科技、重空谈轻实学的社会现象进行批判，同时孜孜以求格物致知、经世致用，终于写成了实用之学的传统技术百科全书——《天工开物》。他在《序》中郑重声明：“此书于功名进取毫不相关也。”

宋应星创造性地把《尚书·皋陶谟》“天工人其代之”句中的“天工”一词，与《周易·系辞上》“《易》开物成务”句中的“开物”一词巧妙地复合成“天工开物”，作为书名。笔者认为，“天工开物”作为书名的确切含义是：巧模天工开创万物（直译），人法自然开创万物（意译），利用自然规律创造物质财富（现代汉语译）。

本书依据“贵五谷而贱金玉”的原则编写，从《乃粒》（五谷）到《珠玉》共十八卷，八万多字，插图122幅。它详实地记述了十七世纪时中国居于世界先进水平的科技成就，大力弘扬“天人合一”思想和能工巧匠精神，更为可贵的是提出了科技哲学的“天工开物”学说。这是一本道器合一的中华优秀经典名著。

天覆地载[①]，物数号万，而事亦因之，曲成而不遗[②]。岂人力也哉？

【注释】

①天覆地载：语出《礼记·中庸》：“天之所覆，地之所载。”《庄子·天地》：“夫道覆载万物者也。”指天地养育、包容万物。反映了天圆地方的盖天说思想。

②曲成而不遗：语出《周易·系辞上》：“曲成万物而不遗。”意思是说天地以各种方式成就万物而毫不遗漏。

【译文】

天地之间，物的种类成千成万，事也因而错综复杂，通过各种变化形成万事万物，完备无缺。这难道是靠人力得来的吗？

事物而既万矣，必待口授目成而后识之[①]，其与几何[②]？万事万物之中，其无益生人与有益者，各载其半。世有聪明博物者，稠人推焉[③]，乃枣梨之花未赏，而臆度楚萍[④]；釜鬵之范鲜经[⑤]，而侈谈莒鼎[⑥]；画工好图鬼魅，而恶犬马[⑦]；即郑侨、晋华[⑧]，岂足为烈哉[⑨]？

【注释】

①目成：原指以目传情。《楚辞·九歌·大司命》：“满堂兮美人，忽独与余兮目成。”这里指亲眼看到。

②与（yú）：语助词。无实义。

③稠人：众人。推：推崇，推重。

④臆度（yì duó）楚萍：《说苑·辨物篇》："楚昭王渡江，有物大如斗，直触王舟。止于舟中，昭王大怪之，使聘问孔子。孔子曰：'此名萍实，令剖而食之，惟霸者能获之，此吉祥也。'……弟子请问，孔子曰：'异哉！小儿谣曰："楚王渡江得萍实，大如拳，赤如日，剖而食之美如蜜。"此楚之应也。'"一般用楚萍比喻吉祥的东西，这里指一些不务实际的儒生想当然地主观猜测楚萍而高谈阔论，表示作者对他们的鄙视。

⑤釜鬵（xín）之范鲜（xiǎn）经：连铸锅的模型都很少接触。釜，小锅。鬵，大锅。范，铸模。鲜，少。经，经历，接触。

⑥侈谈：夸大而不切实际地谈论。莒（jǔ）鼎：据《左传·昭公七年》载，春秋时期莒国（在今山东省内）献二鼎给晋侯，晋侯又转赠给子产，此谓"赐子产莒之二方鼎"。

⑦画工好图鬼魅，而恶（wù）犬马：据《韩非子·外储说左上》："客有为齐王画者。齐王问曰：'画孰最难者？'曰：'犬马最难。'孰为易？'曰：'鬼魅最易。'夫犬马，人所知也，旦暮罄于前，不可类之，故难。鬼神，无形者，不罄于前，故易之也。"

⑧郑侨：姓公孙，名侨，字子产，因是郑国大夫所以又叫郑侨。据《左传·昭公元年》载，子产访问晋国时曾用历史传说解释晋侯的病源，晋侯称赞他为"博物君子"。晋华：即西晋文学家张华，著有《博物志》。

⑨岂足为烈哉：难道值得称为了不起的功业么？烈，功业显赫。

【译文】

事物既然成千成万，若都要靠别人亲口讲或自己亲眼看才认识，又能认识多少呢？万事万物之中，对人类有益和无益的各占一半。世上有的人聪明博学，受到人们的推崇，但他们连枣花和梨花都分不清楚，却去猜测什么"楚萍"；连铸锅的模子都很少接触，却去侈谈什么"莒鼎"；

画工爱画无稽的鬼怪，而怕画常见的狗马。即使有子产和张华那样的名声，又有什么值得称为了不起的功业呢？

幸生圣明极盛之世，滇南车马纵贯辽阳[1]，岭徼宦商衡游蓟北[2]，为方万里中，何事何物不可见见闻闻？若为士而生东晋之初、南宋之季，其视燕、秦、晋、豫方物[3]，已成夷产[4]，从互市而得裘帽[5]，何殊肃慎之矢也[6]。且夫王孙帝子，生长深宫，御厨玉粒正香，而欲观耒耜[7]；尚宫锦衣方剪[8]，而想象机丝[9]。当斯时也，披图一观，如获重宝矣。

【注释】

①滇南：指今云南昆明以南地区。辽阳：在今辽宁。

②岭徼（jiào）宦商衡游蓟（jì）北：五岭以南的官商到河北做生意。岭徼，指五岭以南的地区。徼，边界。五岭，位于今广东、广西、江西、湖南四省交界处。此泛指相关地区。衡，借为“横”字。蓟北，大致相当于今天津以北的河北北部地区。

③方物：土产。

④夷：泛指少数民族。

⑤互市：我国古代各民族之间或同外国进行贸易的通称，地点多半在边境集镇。

⑥肃慎：我国殷、周时期在黑龙江流域的一个部落，曾进贡箭给周成王，表示臣服于周朝。女真族是它的后裔。矢：箭。

⑦耒耜（lěi sì）：此处通称一般的农具。《汉书·食货志》：“斫木为耜，煣木为耒。”颜师古注：“煣，屈也。耒，手耕曲木也。耜，耒端木所以施金也。”

⑧尚宫：宫中女官名。掌管理宫廷内部事务。明朝有尚宫局，其负责人称尚宫。

⑨机丝：织机和丝缕。

【译文】

我们有幸生活在繁荣盛世，云南的车马能够到达东北辽阳，五岭以南一带的官商可以游历到河北。在这方圆万里的国土里，有什么事物不可以看到听到？要是生活在东晋初年或南宋末期，人们把河北、陕西、山西、河南等地的土产也看成是异族的东西，从互市买来皮袄皮帽，就像得到肃慎族进贡的箭一样稀罕。至于那些皇族子弟，生长在深宫里面，当闻到御厨米饭的香气时，也许想看看农具；当见到尚宫剪裁锦绣服装时，也许能想象一下纺机和丝缕是怎样的。这时若有这类图册看一看，就会感到如获至宝了。

年来著书一种，名曰《天工开物卷》①。伤哉贫也②！欲购奇考证③，而乏洛下之资④；欲招致同人，商略赝真⑤，而缺陈思之馆⑥。随其孤陋见闻，藏诸方寸而写之⑦，岂有当哉？吾友涂伯聚先生⑧，诚意动天，心灵格物⑨，凡古今一言之嘉，寸长可取，必勤勤恳恳而契合焉⑩。昨岁《画音归正》繇先生而授梓⑪。兹有后命，复取此卷而继起为之，其亦夙缘之所召哉⑫！卷分前后，乃“贵五谷而贱金玉”之义⑬。《观象》《乐律》二卷⑭，其道太精，自揣非吾事，故临梓删去。

【注释】

①《天工开物卷》：杨素卿刊本无“卷”字。译文从之。

②伤哉贫也：语出《礼记·檀弓下》：“子路曰：‘伤哉贫也！生无以为养，死无以为礼也。’”

③奇：指工艺技术书籍或器物。古代长期视科学技术为“奇技淫巧”。

④乏洛下之资:喻指没有钱。《三国志·魏书·夏侯玄传》注引《魏略》记载蒋济的话:"洛中市买,一钱不足则不行。"意思是说,洛阳城里的东西很贵,少一个钱就买不到。洛下,指洛阳城。

⑤赝(yàn):假的,伪造的。

⑥陈思之馆:陈思王曹植的客舍。曹植是三国曹操的第四子,他在汉献帝建安年间(196—220)曾几次招集文友在魏都邺下(今河北临漳)聚会,从事文学活动。

⑦方寸:指心。据《三国志·蜀书·诸葛亮传》记载,徐庶辞先主而指其心曰:"本欲与将军共图王霸之业者,以此方寸之地也。今已失老母,方寸乱矣……"

⑧涂伯聚:名绍煃,字伯聚。江西新建(今江西南昌)人。是宋应星的同学和同榜举人,明万历年间(1573—1620)考中进士。

⑨心灵格物:精心于格物之学。格物,推究事物的道理。《礼记·大学》:"致知在格物,物格而后知至。"

⑩契合:收刻在一起。契,刻。

⑪繇(yóu):自,从。授梓(zǐ):指印书。梓,雕制印书的木板,引申为印刷。

⑫夙(sù)缘:过去的缘分。

⑬贵五谷而贱金玉:语出西汉晁错《论贵粟疏》:"夫珠玉金银,饥不可食,寒不可衣。……粟、米、布、帛……一日弗得而饥寒至。是故明君贵五谷而贱金玉。"作者在《野议·民财议》里说:"所少者,田之五谷、山林之木、墙下之桑、洿池之鱼耳。有饶数物者于此,白镪、黄金可以疾呼而至。"可见作者很重视农业生产。

⑭《观象》《乐律》二卷:可参阅作者同一年(1637)写的《谈天》和《论气》二文。

【译文】

近年来我写了一部书,名叫《天工开物》。可惜我很穷,想买点奇特的工艺器物和科技资料来考证却没有钱；想请同行来商讨、鉴别材料的真假，又没有地方招待。只好凭自己的记忆把一些粗浅见闻写出来，这就难免有不当之处。我的朋友涂伯聚先生诚意感人，聪敏好学，凡是古今有一点可取的言论，他都一定勤勤恳恳地收刻在一起。去年我的《画音归正》一书，就是由涂先生刊行的。现在遵照他的意见，又拿这部书来出版，这是我和他多年的交情所促成的。各卷的顺序是根据"贵五谷而贱金玉"的意思安排的。本来还有《观象》和《乐律》两卷，因为道理太深奥，我想并非自己所长，所以在临刻之前删去了。

丐大业文人弃掷案头①！此书于功名进取毫不相关也②。时崇祯丁丑孟夏月③，奉新宋应星书于家食之问堂④。

【注释】

①丐：这里指请求。大业：经籍，即儒家经典。《汉书·董仲舒传》："下帷发愤，潜心大业，令后学者有所统壹。"

②功名进取：指通过科举考试取得秀才、举人、贡士、进士等称号而做官、升官。

③崇祯丁丑：即崇祯十年，1637年。

④家食之问堂：宋应星的书房名。家食，在家自食。此指研究家常生活的学问。语本《周易·大畜》："不家食，吉：养贤也。"原意指在上者有大德，使贤人都有官做，不致在家自食。作者在此反其意而用之，当时他只是个县学教谕，一个文职下级官员。

【译文】

请那些埋头攻读儒家经典的文人们把它扔到一边去吧！这部书与功名进取是毫不相关的。时间是明朝崇祯十年四月，奉新县宋应星写于家食之问堂。

乃粒第一卷

【题解】

本卷讲五谷。“乃粒”一词，出自《尚书·益稷》：“烝（zhēng，众多）民乃粒，万邦作乂（yì，安定）。”意思是说，民众有了五谷作食粮，各个邦国就能安定。《伪古文尚书》曰：“米食曰粒。”郑玄注曰：“粒，米也。”宋应星取此义，以“乃粒”称五谷，代指粮食。作者把《乃粒》放在全书第一卷，体现了“国以民为本”“民以食为天”和“贵五谷而贱金玉”的思想。

中国是古老的农业大国。出土文物表明，六千多年前中国已栽培水稻了。本卷系统总结了明代五谷生产的技术和经验，记述了秧田与本田的比例数字以及砒霜拌种、磷肥施放等技术措施，明确提出“种性随水土而分”的物种变异思想，还批评某些迷信的想法，指出：“祟在种内，反怨鬼神。”遗憾的是没有记述玉蜀黍和番薯等杂粮作物。

作者在本卷再三强调说：“生人不能久生，而五谷生之；五谷不能自生，而生人生之。”明确表达人类与自然和谐共生的理念，从而强化“天人合一”思想和“天工开物”学说。

农为邦本，本固邦宁。宋应星非常尊重有本事、有作为的农民，他开宗明义指出：“上古神农氏若存若亡，然味其徽号（称号）两言，至今存矣。”其实，神农不但在神农氏时代存在，在宋应星时代存在，在《天工开物》刊印后三百多年的今天乃至将来也依然存在。“杂交水稻之父”袁隆平院士及其团队就是当之无愧的当代神农氏。

宋子曰[①]：上古神农氏若存若亡[②]，然味其徽号两言[③]，至今存矣。

【注释】

①宋子曰：宋子说。宋子是作者宋应星的自称。按，宋应星仿古籍著作成例，以“某子曰”开始展开论述。译文从略。以下各卷同。子，古代男子的美称或尊称。

②神农氏：炎帝。相传他制耒耜（lěi sì），尝百草，是我国上古时期农业和医药业的创始者。

③味：体味。徽号：美好的称号。

【译文】

上古神农氏，好像存在，又好像不存在。若体味一下这个尊称的含义，神农直到现在还是存在的。

生人不能久生[①]，而五谷生之[②]；五谷不能自生，而生人生之。土脉历时代而异，种性随水土而分[③]。不然，神农去陶唐[④]，粒食已千年矣，耒耜之利，以教天下[⑤]，岂有隐焉？而纷纷嘉种，必待后稷详明[⑥]，其故何也？

【注释】

①生人：即生民，人。《孟子·公孙丑上》：“自有生民以来，未有孔子也。”唐人避太宗李世民讳，将“民”字改作“人”。

②五谷：指五种谷物。古代具体说法不一。《周礼·天官》注认为：五谷指麻、菽（shū，豆）、麦、稷（小米）、黍（黄米）。《孟子·滕文

公》“树艺五谷”赵岐注认为：五谷是稻、黍、稷、麦、菽。此后又有六谷（稻、稷、黍、麦、菽、麻）的说法。

③种性随水土而分：《稻》一节提到旱稻是人工变异得到的一个品种。

④陶唐：尧帝。尧初封于陶，后封于唐，所以又称陶唐氏。

⑤耒耜（lěi sì）之利，以教天下：语本《周易·系辞下》：“神农氏作，斫木为耜，揉木为耒，耒耜之利，以教天下。”《礼记·月令·孟春记》：“天子亲载耒耜。”郑注：“耒，耜之上曲也。耜，耒之金也。”可见，当耒耜合体之后，耒指木柄部分，耜指起土部分。

⑥后稷（jì）：名弃，善于种庄稼，尧时被举为管农事的稷官，后封于邰，号称后稷。功绩仅次于神农。

【译文】

人不能自己生长，而要靠五谷养活；五谷也不能自己生长，而要靠人去种植。土壤经历各个时代而有所差异，种性随着水土不同而有所区分。否则，从神农到尧帝，人们用五谷作粮食已有一千多年了，神农教天下人耕种的好处难道还有什么不清楚的吗？为什么后来纷纷出现的许多良种，一定要等后稷才来详细说明呢？

纨裤之子[①]，以赭衣视笠蓑[②]；经生之家[③]，以农夫为诟詈[④]。晨炊晚饷，知其味而忘其源者众矣！

【注释】

①纨（wán）裤之子：富家子弟，花花公子。纨，细绢。

②以赭（zhě）衣视笠蓑（suō）：把农民穿戴的斗笠、蓑衣看作罪人的装束。意为把农民看作下贱人。赭衣，古代罪人穿的赤色衣服。指代罪人。笠蓑，斗笠和蓑衣，指农民下田时防日晒雨淋的穿着。

③经生之家：读经书的人，泛指儒生。

④诟詈（gòu lì）：辱骂。

【译文】

富家子弟把农民看成罪人，读经书的儒生又把农夫当作辱骂别人的代称。他们饱食终日却不晓得饭香是从哪里来的。这种人实在太多了！

夫先农而系之以神[①]，岂人力之所为哉？

【注释】

①先农：神农。古代传说中最先教民耕种的人，祀之以为神。

【译文】

把先农尊称为“神农”，可见五谷生产不仅仅是人力之所为啊！

总名

凡谷无定名。百谷，指成数言[①]。五谷，则麻、菽、麦、稷、黍，独遗稻者，以著书圣贤起自西北也[②]。

【注释】

①成数：总数，整体。也就是说，“百谷”的“百”，是虚指。

②“五谷”四句：水稻本是南方作物，后来才传到北方去。作者认为，之所以没把稻列为五谷之一，是因为著书者是西北人的缘故，西北水稻罕见。

【译文】

谷没有固定的名称。百谷，是从谷物的总体来说的。五谷，指麻、豆、麦、稷、黍，唯独漏了稻。这是因为著书的圣贤是西北人的缘故。

今天下育民人者，稻居什七，而来、牟、黍、稷居什三[①]。麻、菽二者，功用已全入蔬、饵、膏、馔之中[②]，而犹系之谷者，从其朔也[③]。

【注释】

①来：小麦。牟（móu）：通“麰”。大麦。

②饵（ěr）：糕饼。馔（zhuàn）：饭食。

③朔：初始。《礼记·礼运》：“皆从其朔。”

【译文】

现在全国人的口粮，稻子占十分之七，小麦、大麦、黄米和小米等占十分之三。麻和豆已充作菜蔬、糕饼、油脂和饭食等用途，而现在还把它们列入谷类，只是沿用了初始的说法。

稻

凡稻种最多。不粘者，禾曰秔，米曰粳[①]；粘者，禾曰稌，米曰糯[②]。南方无粘黍，酒皆糯米所为。质本粳而晚收带粘，俗名婺源光之类[③]。不可为酒，只可为粥者，又一种性也。

【注释】

①禾曰秔（jīng），米曰粳（jīng）：秔，同“粳”。我国水稻分为粳稻和籼（xiān）稻两个亚种。粳米粘性较强，胀性小；籼米粘性较弱，胀性大。作者这里说的“不粘者”今已列入籼稻。

②禾曰稌（tú），米曰糯：稌指糯稻，是水稻的一个变种，米粒乳白色，胚乳多含支链淀粉，易糊化，粘性强，胀性小。籼、粳稻两亚种的水、旱稻类型中都有糯稻。

③婺源光：江西婺源一带的农家稻种。

【译文】

稻的品种最多。不粘的，禾叫秔稻，米叫粳米；粘的，禾叫稌稻，米叫糯米。南方没有粘黍,酒都是用糯米酿的。本来属于粳稻一类的但晚熟又带粘性,俗名叫"婺源光"一类。不能做酒,只能用来煮粥,这是另一个稻种。

凡稻谷形有长芒、短芒,江南名长芒者曰浏阳早①,短芒者曰吉安早②。长粒、尖粒,圆顶、扁面不一。其中米色有雪白、牙黄、大赤、半紫、杂黑不一③。

【注释】

①浏阳早:湖南浏阳一带的早稻种。江西引种。现存的浏阳早无芒,不知是由长芒演变成无芒,还是同名异种,尚待研究。

②吉安早:江西吉安一带的早稻种,间有短芒。

③杂黑:指黑米之色。黑米古称"粳谷奴"。据《本草纲目》记述,黑米有滋阴补肾、健脾暖肝和明目活血等作用。陕西洋县、广东罗定等地都有出产。

【译文】

稻谷形状有长芒、短芒,江南称长芒稻种为"浏阳早",短芒稻种为"吉安早"。长粒、尖粒,圆顶、扁面等多种。其中米色有雪白、浅黄、深红、淡紫和杂黑等多种。

湿种之期①,最早者春分以前,名为社种②,遇天寒有冻死不生者,最迟者后于清明。凡播种,先以稻麦稿包浸数日③,俟其生芽④,撒于田中。生出寸许,其名曰秧。秧生三十日,即拔起分栽。若田亩逢旱干、水溢,不可插秧。秧过期,老而长节,即栽于亩中,生谷数粒,结果而已。凡秧田一亩所生秧,供移栽二十五亩⑤。

【注释】

①湿种：浸种。

②社种：在春社日（立春后第五个戊日为春社日，在春分前十多天）浸种。

③稿：禾秆。

④俟（sì）：等待。

⑤凡秧田一亩所生秧，供移栽二十五亩：这是首次见于农书的关于秧田和本田比例的数据。现在由于疏播密植，一亩秧插8～10亩田。

【译文】

浸种期，最早的在春分以前，叫社种，遇到天寒有被冻死的。最迟的在清明以后。播种时，先用稻秆或麦秆包好种子，放在水里浸几天，等发芽后，才撒播到秧田。苗长有一寸多，就叫作秧。秧龄满三十天，就可拔起分插。如果稻田干旱或水涝，都不能插秧。秧苗过了育秧期就会变老拔节，这时才插到本田，结谷就少得可怜。通常一亩秧可插二十五亩田。

凡秧既分栽后，早者七十日即收获，粳有救公饥、喉下急[①]，糯有金包银之类[②]。方语百千，不可殚述。最迟者历夏及冬二百日方收获。其冬季播种、仲夏即收者[③]，则广南之稻[④]，地无霜雪故也。

【注释】

①救公饥：又名五十日早，生育期短，小暑前即熟，但收获量少，农家只插几亩，以备五月荒用，所以叫它为救公饥。喉下急：可能也是早造早熟稻种。

②金包银：一种早造糯稻。因谷壳金色、米质纯白而得名。

③仲夏：指阴历五月。

④广南：广东南部。本书《甘嗜》卷说："韶（关）、（南）雄以北，十月

霜侵”,“广南无霜”。清屈大均《广东新语·地语》:“地至广南而尽。尽者,尽之于海也。”

【译文】

插秧后,早熟的品种,七十天就能收获,粳稻有“救公饥”“喉下急”,糯稻有“金包银”之类。各地叫法很多,难以尽述。最晚熟的品种,要经过夏天再到冬天共两百多天才能收获。至于冬季播种、夏季就能收获的,那是广东南部的水稻,这是因为那里没有霜雪的缘故。

凡稻旬日失水①,即愁旱干。夏种冬收之谷,必山间源水不绝之亩,其谷种亦耐久,其土脉亦寒,不催苗也。湖滨之田,待夏潦已过②,六月方栽者,其秧立夏播种,撒藏高亩之上,以待时也。

【注释】

①旬日:十天。

②潦(lǎo):雨水大貌。也指雨后大水。

【译文】

水稻失水十天就怕干旱了。夏种冬收的水稻,必须种在山间水源不断的田里,这个稻种生育期较长,土温又低,所以禾苗长势较慢。靠近湖边的稻田,要等到夏季洪水过后,大约是六月份才能插秧,这些秧在立夏播种,要播在地势较高的秧田里,等待农时。

南方平原田多一岁两栽两获者①。其再栽秧,俗名晚糯,非粳类也。六月刈初禾②,耕治老稿田,插再生秧③。其秧清明时已偕早秧撒布。早秧一日无水即死,此秧历四、五两月,任从烈日暵干无忧④。此一异也。凡再植稻,遇秋多晴，则汲灌与稻相终始。农家勤苦，为春酒之需也。

【注释】

①一岁两栽两获者：指双季稻，即一年两造。

②刈（yì）：割。

③再生秧：指秧田播的经过一次或几次“剃头”的老秧。双季晚稻品种一般在芒种前后播种，立秋前后移植，因秧龄期长，为防止秧苗陡长、倒伏，因此一般先在秧田“剃头”一次或几次后再移植。

④暵（hàn）：干旱。

【译文】

南方平原的稻田多数是一年两造的。下造插的秧叫晚糯，不是粳稻。六月割完早稻，经过犁和耙后，插再生秧。这种秧是在清明就和早稻秧同时播的。早稻秧一天缺水就会死，而这种秧经过四、五两个月，任凭曝晒和干旱都不怕。这是一个不同的类型。晚稻经历秋天，因为多晴，所以要经常灌水。农家这样勤苦，是为了酿造春酒。

凡稻旬日失水，则死期至，幻出旱稻一种①，粳而不粘者，即高山可插。又一异也。

【注释】

①幻出旱稻一种：旱稻是由水稻通过人工变异产生的栽培稻的一个类型。又叫陆稻或畲（shē）禾。籼稻和粳稻两亚种中都有旱稻类型。一般要经过三四代以上才能选育成功。第一代由于对缺水不适应，禾苗绝大多数死亡而只有少数生存。

【译文】

水稻缺水十天就快要死了，从中却变化出一种旱稻，是不粘的粳稻，即使在高山上也可插秧。这又是一个不同的类型。

香稻一种[1]，取其芳气，以供贵人，收实甚少，滋益全无，不足尚也[2]。

【注释】

①香稻：我国香稻可分香占、香糯、香粳三类。花、茎、叶都散发香气，米更是喷香。明徐光启《农政全书》说："芬芳馨美者，谓之香子。"历代皇朝都取其香气，敕令年年纳贡。当今的驰名品种，有江西的"石城香稻"、广东的"中山香谷"、山东的"曲阜香稻"、山西的"太原香米"等。香稻的缺点主要有三个：一是适土性差，难以引种；二是高秆易倒伏；三是产量低。湖南涟源农校曾选育出一个香稻新品种"涟香"，适应性较强，早晚两造都可种植。

②尚：崇尚，提倡。

【译文】

还有一种香稻，由于它有香气，专供富贵人家享用，但产量很低，又没有什么滋补作用，不值得重视。

稻宜[1]

凡稻，土脉焦枯，则穗实萧索。勤农粪田，多方以助之。人畜秽遗[2]，榨油枯饼、枯者以去膏而得名也。胡麻、莱菔子为上[3]，芸薹次之[4]，大眼桐又次之，樟、桕、棉花又次之[5]。草皮、木叶，以佐生机[6]，普天之所同也。南方磨绿豆粉者，取溲浆灌田[7]，肥甚。豆贱之时，撒黄豆于田，一粒烂土方三寸[8]，得谷之息倍焉。

【注释】

①稻宜：适宜稻子的农事，如施肥、改良土壤等。

②秽遗：粪便。

③胡麻：即脂（芝）麻。详见《膏液》卷。莱菔（fú）子：萝卜的种子。详见《膏液》卷。

④芸薹：油菜。详见《膏液》卷。

⑤桕（jiù）：乌桕树，种子可榨油。详见《膏液》卷。

⑥佐：辅助。

⑦溲（sōu）浆：这里指做豆粉剩下的浆水。

⑧一粒烂土方三寸：江西农谚。这是用黄豆作肥料的生动说法。其缺点是不经济。

【译文】

稻田若瘦瘠，稻穗就稀疏。勤劳的农民则用多种肥料来肥田。人畜的粪便，榨了油的枯饼、“枯”是榨去了油而得名。芝麻籽饼、萝卜籽饼最好，油菜籽饼差些，油桐籽饼又差些，樟树籽、乌桕籽、棉籽饼更差些。草皮、树叶，各地都用来做肥料，以促进作物的生长。南方磨绿豆粉的，用淘出的浆水来灌田，肥效很高。黄豆便宜的时候，把黄豆撒在田里，一粒黄豆可肥三寸见方的田，增收谷值比成本多一倍。

土性带冷浆者[①]，宜骨灰蘸秧根[②]，凡禽兽骨。石灰淹苗足[③]。向阳暖土不宜也。

【注释】

①土性带冷浆者：俗名叫冷水田、冷底田或湖洋田，是一种排水不良的水温、土温都很低的酸性土田。

②骨灰蘸秧根：这是一种先进而经济的技术措施，也是我国农书关于施磷肥的最早记录。

③石灰淹苗足：撒石灰于秧脚。石灰（氧化钙）碱性，能中和土壤的酸性，促进土壤形成团粒结构。

【译文】

插冷水田，要用骨灰沾秧根，禽、兽骨都可以。再用石灰撒秧脚。向阳的暖土不必这样做。

土脉坚紧者，宜耕陇，叠块压薪而烧之[①]。埴坟松土不宜也[②]。

【注释】

①宜耕陇，叠块压薪而烧之：这是通过翻土和熏烧使土质松碎且使难溶物质分解而易被作物吸收的一种稻宜措施。陇，同“垄”。

②埴（zhí）坟：粘土和壤土。坟，土质肥沃。《尚书・禹贡》：“厥土黑坟。”

【译文】

土质坚硬的稻田，要犁耕起垄，把土块堆压在柴草上熏烧。那些土质松肥的轻粘壤土就不宜这样做。

稻工[①]　耕　耙　磨耙　耘耔[②]（具图）

凡稻田刈获不再种者，土宜本秋耕垦[③]，使宿稿化烂，敌粪力一倍。或秋旱无水及怠农春耕，则收获损薄也。

【注释】

①稻工：稻田耕作。此节主要说明保土护秧工作。

②耘耔（yún zǐ）：中耕除草。这里，耔指用脚壅泥除草，耘指用手除草。江西九江地区跟奉新不同，多用耙除草。

③土宜本秋耕垦：这叫作犁冬晒白，除有利于稻茬腐烂外，还可多蓄水分并减少病虫害。

【译文】

稻田秋收后若不再冬种，应该在当年秋天犁耕，使稻茬腐烂，这抵得上多施一倍的粪肥。有时遇上秋天干旱缺水或者偷懒的农民等到明年开春才耕，收获就会减少。

凡粪田，若撒枯浇泽[①]，恐霖雨至[②]，过水来，肥质随漂而去。谨视天时[③]，在老农心计也。

【注释】

①撒枯浇泽：撒枯饼浇稀粪。枯，油料作物果籽榨油后剩余的渣滓。

②霖雨：连绵大雨。霖，久雨。《左传·隐公九年》："凡雨，自三日以往为霖。"

③天时：农时。《荀子·王霸》："农夫朴力而寡能，则上不失天时，下不失地利，中得人和而百事不废。"

【译文】

施肥时，不论是撒枯饼还是浇稀粪，都怕遇上连绵大雨，雨水一冲，肥分便会流失。注意掌握天气变化，就得靠老农的心计了。

凡一耕之后，勤者再耕、三耕（图1），然后施耙（图2），则土质匀碎，而其中膏脉释化也[①]。凡牛力穷者[②]，两人以杠悬耜，项背相望而起土[③]。两人竟日，仅敌一牛之力。若耕后牛穷，制成磨耙，两人肩手磨轧，则一日敌三牛之力也。

【注释】

①膏脉释化：肥分化开。

②穷：缺乏，不足。

图1 耕

图2 耙

③项背相望:《后汉书·左雄传》:"监司项背相望,与同疾疢(chèn)。"李贤注:"项背相望,谓前后相顾也。"这里指两人一前一后共同拉犁。

【译文】

稻田犁过一遍之后,勤劳的人还要再犁第二遍、第三遍,然后才耙,这样,土质就很匀碎,肥分也就化开了。牛力缺乏的,两个人用木杠悬拉着犁铧,一前一后推拉翻土,干一整天可以顶一头牛力。如果犁耕后也缺乏牛力,可以做个磨耙,两个人用肩和手拉着耙地,干一天可顶三头牛力。

凡牛,中国惟水、黄两种①。水牛力倍于黄,但畜水牛者,冬与土室御寒②,夏与池塘浴水,畜养心计亦倍于黄牛也。凡牛，春前力耕汗出，切忌雨点，将雨，则疾驱入室。候过谷雨[3]，则任从风雨不惧也。

【注释】

①凡牛，中国惟水、黄两种：中原只有水牛和黄牛两种。"中国"这里指中原而言。青藏高原有牦牛可供使役。

②与：给予。

③候过谷雨：江西奉新农谚："人过清明，牛过谷雨。"意思是，过了谷雨这个节气，就不怕风雨了。

【译文】

我国中原地区只有水牛和黄牛两种。水牛力气比黄牛大一倍，然而，养水牛，冬天要有土屋给它防寒，夏天要有池塘让它浸浴，这样花的精力也比养黄牛多一倍。牛在春耕时出汗，千万不要淋雨，雨将要下时要赶紧把它牵进屋里去。等过了谷雨，则不怕风吹雨淋了。

吴郡力田者以"锄"代耜[1]，不藉牛力。愚见贫农之家[2]，会计牛值与水草之资[3]，窃盗死病之变，不若人力亦便[4]。假如有牛者，供办十亩，无牛用锄而勤者半之。既已无牛，则秋获之后，田中无复刍牧之患[5]，而菽、麦、麻、蔬诸种，纷纷可种。以再获偿半荒之亩，似亦相当也。

【注释】

①吴郡力田者以"锄"代耜（sì）：苏州一带努力耕田的人用铁搭（dā）代替犁耙。铁搭为四齿耙，深掘农具。这就是"锄"。

②愚：作者对自己的谦称。

③会（kuài）计：经济核算。

④不若：不如。

⑤刍（chú）牧：种草放牧。

【译文】

苏州一带努力耕田的人用铁鎝代替犁而不用牛力。在我看来，贫苦农家若核算一下买牛和草料的费用，以及失窃和病死等意外损失，用牛力不如用人力划算。假如有牛的能耕种十亩，没有牛而勤用铁鎝的则可耕种五亩。既然是没有牛，秋收后也就省去了要在田里蓄草放牧的麻烦，而可种上豆、麦、麻和蔬菜等冬种作物。拿这些收获来补偿丢荒的五亩，似乎也和有牛的差不多。

凡稻，分秧之后数日，旧叶萎黄而更生新叶。青叶既长，则耔可施焉。俗名挞禾[①]。植杖于手，以足扶泥壅根（图3）[②]，并屈宿田水草使不生也。凡宿田茵草之类[③]，遇耔而屈折。而稊稗与荼蓼非足力所可除者[④]，则耘以继之（图4）[⑤]。耘者苦在腰手，辩在两眸[⑥]。非类既去，而嘉谷茂焉。从此，泄以防潦，溉以防旱，旬月而奄观铚刈矣[⑦]。

【注释】

①挞（tà）禾：即耔。又叫挞田。指用脚壅泥除草。

②壅（yōng）：用土壤或肥料培育植物的根部。

③茵（wǎng）草：又名水稗子。一种禾本科田间杂草。

④稊（tí）稗与荼（tú）蓼（liǎo）：都是田间恶性杂草。它们（尤其是稗子）生长在禾蔸（dōu）里，根系又发达，用脚难以除去，所以要用手拔。稗，是一种常见的禾本科田间杂草。稊，是稗的一个变种，或叫旱稗。荼，苦菜，又叫苦荬（mǎi）菜，是一种菊科田间杂草。蓼，辣蓼，又叫水蓼。是一种蓼科田间杂草。

⑤耘：指用手拔或用耙耙的方式来除草。

图3 耔　　图4 耘

⑥辩在两眸（móu）：分辨在于两眼。辩，通"辨"。辨别。眸，瞳仁。指代眼睛。

⑦奄观铚（zhì）刈：语本《诗经·周颂·臣工》"奄观铚艾"，意思是，同去观看开镰收割。奄，同。铚，禾镰。艾（yì），通"刈"。收获。

【译文】

插秧后几天，禾苗旧叶枯黄而长出新叶。青叶长出后，就可以耔田。俗名叫挞禾。手拄着木棍，用脚把泥壅向禾头，并把杂草踩进泥里，使它不能生长。茼草一类的杂草，经过耔田便可以除去。对于稗子、苦菜和水蓼之类不能用脚除去的杂草，就要把它耘掉。耘田的人辛苦在腰和手，但分辨禾和草却要靠两只眼睛。杂草除掉了，禾苗就长得茂盛。从此以后，排水防涝，灌水防旱，满一个月就可以开镰收割了。

稻灾[1]

凡早稻种，秋初收藏。当午晒时，烈日火气在内，入仓廪中，关闭太急，则其谷粘带暑气。勤农之家偏受此患。明年田有粪肥，土脉发烧，东南风助暖，则尽发炎火[2]，大坏苗穗。此一灾也。若种谷晚凉入廪，或冬至数九天收贮雪水、冰水一瓮[3]，交春即不验。清明湿种时，每石以数碗激洒[4]，立解暑气，则任从东南风暖，而此苗清秀异常矣。祟在种内，反怨鬼神[5]。

【注释】

①稻灾：作者列举了从谷种、播种、禾苗、抽穗到成熟收获这个水稻生产的全过程中的八种灾害，并批判了鬼神迷信思想。

②尽发炎火：禾叶枯黄。这是发生稻瘟病或其他病的现象。谷种晒干入仓时，若仓门关闭太急，则由于种子外干内湿，日后挥发出来的水分弥漫在仓内，容易引起种子霉变而使其抗病性降低，因而容易得稻瘟病等病害。

③冬至数九天：从冬至起每九天为一个“九”，“一九”到“九九”八十一天，是一年中最冷的时节，叫作“数九寒天”。雪水：雪水浸种有一定的效果。现在江西有的山区间或仍有沿用。雪水里面含有少量的重水（H_3O）。

④石（shí，又读 dàn）：作为容量单位时读 shí，一石等于十斗；作为重量单位时读 dàn，一石等于一百二十市斤。

⑤祟在种内，反怨鬼神：由此两句，可以看出作者是个无神论者。

【译文】

早稻谷种在初秋收藏。中午烈日曝晒，谷种被晒得很热，若未等凉下来就入仓，封仓又太急的话，谷种就会粘带暑气。勤快的农家偏受此害。第二年播种后，田里的粪肥使土壤发热，加上东南风一吹，成片禾苗就像被火烧一样发红，损失很大。这是第一种稻灾。如果等到晚上谷种凉了再入仓，或在冬至的数九寒天里，收藏一瓮雪水或冰水，立春后无效。到明年清明浸种时，每石谷种浇洒几碗，就可以消除暑气。这样一来，任凭东南暖风吹来，禾苗也能长得清秀挺拔。病根本是在谷种内，有人却反而怨神怨鬼。

凡稻撒种时，或水浮数寸，其谷未即沉下，骤发狂风，堆积一隅。此二灾也。谨视风定而后撒，则沉匀成秧矣。

【译文】

播种时，如果田里有几寸深的水，谷种还没有沉下，突然刮起狂风，谷种就会堆积到秧田的一角。这是第二种稻灾。注意一定要在风停以后才播，谷种才能均匀地沉下而长成秧苗。

凡谷种生秧之后，妨雀鸟聚食①。此三灾也。立标飘扬鹰俑②，则雀可驱矣。

【注释】

①妨：损害。《国语·越语下》："王若行之，将妨于国家。"这里"妨"后省去个"于"字。

②鹰俑：假鹰。俑，古代殉葬用的动物或人的模型。如秦始皇陵的兵马俑。

【译文】

谷种生出秧苗之后，成群鸟雀飞来啄食。这是第三种稻灾。在田里挂个制作的假鹰随风飘扬，就可以把鸟雀赶走。

凡秧沉脚未定[①]，阴雨连绵，则损折过半。此四灾也[②]。邀天晴霁三日[③]，则粒粒皆生矣。

【注释】

①沉脚：扎根。

②此四灾也：指绵腐病。

③邀天晴霁（jì）：遇上晴天。邀，迎候，希求。霁，雨后天晴。

【译文】

刚插下去的秧苗还没扎下根时，若遇上阴雨连绵，就会损折一大半。这是第四种稻灾。如果连晴三天，秧苗就都能成活了。

凡苗既函之后，亩土肥泽连发，南风熏热，函内生虫[①]。形似蚕茧。此五灾也。邀天遇西风雨一阵，则虫化而谷生矣。

【注释】

①“凡苗既函之后”四句：可能是指稻苞虫或稻纵卷叶虫。两者的幼虫都能吐丝把稻叶卷起来而藏在其中。既函，禾苗返青，长出叶鞘、茎秆。

【译文】

禾苗返青之后，土壤里的肥料不断发热，再加上刮热南风，稻叶上就会生虫。形似蚕茧。这是第五种稻灾。希望能下一阵西风雨，虫就会死亡而稻子就有生机了。

凡苗吐穑之后，暮夜鬼火游烧[①]。此六灾也。此火乃朽木腹中放出。凡木母火子，子藏母腹，母身未坏，子性千秋不灭。每逢多雨之年，孤野墓坟多被狐狸穿塌，其中棺板为水浸，朽烂之极，所谓母质坏也。火子无附，脱母飞扬。然阴火不见阳光，直待日没黄昏，此火冲隙而出，其力不能上腾，飘游不定，数尺而止。凡禾穑叶遇之，立刻焦炎。逐火之人，见他处树根放光，以为鬼也，奋梃击之，反有鬼变枯柴之说。不知向来鬼火见灯光而已化矣。凡火未经人间灯传者，总属阴火，故见灯即灭。

【注释】

①凡苗吐穑（sè）之后，暮夜鬼火游烧：可能是指稻瘟病。其典型症状是禾叶上布满褐色病斑。早稻在抽穗时遇到高温高湿容易发生稻瘟病，晚稻在抽穗时遇到阴雨低温也较容易发生稻瘟病。吐穑，抽穗。鬼火，古代迷信以为是鬼点的火。其实，鬼火是磷火。这是尸骨腐烂时分解出来的磷化氢（PH_3）在空气中自燃发光的现象。因它波长较短又很微弱，所以在太阳光下或灯光下看不见，在晚间则可看见它呈淡绿色。作者虽然不能做出这样的科学解释，但他认为鬼火只是一种自然现象而不是鬼点的火。

【译文】

禾苗抽穗之后，夜里有所谓“鬼火”四处飘游烧禾。这是第六种稻灾。这种火是从腐烂木头里放出来的。木是母，火是子，火藏在木中，木没有坏，火就永远藏在木中。每逢多雨的年头，荒野的坟墓多被狐狸挖穿和崩塌，里面的棺材板被水浸烂了，这就是所谓母质坏了。火子失去了依附便离开母体而到处飘游。然而，阴火是见不得阳光的，只能等到日落黄昏时，才能从坟缝里冲出来，但又无力飞腾，只能在几尺高的空间游荡。禾叶遇到这种火就会被立即烧焦。追逐这种火的人，看到别处的树根发光，以为是鬼，便举起木棒击打，结果反而有“鬼变枯柴”的说法。这些人不晓得“鬼火”向来是一见灯火就灭的。凡不是经过人间灯火点燃的火都是阴火，所以它们一见灯光就灭。

凡苗自函活以至颖栗[①],早者食水三斗,晚者食水五斗。失水即枯。将刈之时少水一升,谷数虽存,米粒缩小,入碾臼中亦多断碎。此七灾也。汲灌之智,人巧已无余矣。

【注释】

①函活:返青。指插秧后几天禾苗长出青叶,生机勃勃。语出《诗经·周颂·载芟》:"播厥百谷,实函斯活。"郑注:"种此百谷,其种皆成,好含生气,言得其时。"颖栗:结实累累,禾穗低垂。语出《诗经·大雅·生民》:"实颖实栗。"郑注:"颖,垂颖也;栗,其实栗栗然。"

【译文】

禾苗从返青到抽穗结实,早稻每蔸禾约需要水三斗,晚稻每蔸禾约需要水五斗。缺水就会枯萎。临收割前,若缺少一升水,粒数虽然没变,但谷粒却长得不饱满即米粒小了,用碾臼加工时米也多断碎。这是第七种稻灾。在引水灌溉方面,人的聪明才智已充分发挥出来了。

凡稻成熟之时,遇狂风吹粒殒落。或阴雨竟旬,谷粒沾湿自烂。此八灾也。然风灾不越三十里,阴雨灾不越三百里,偏方厄难,亦不广被。风落不可为。若贫困之家,苦于无霁[①],将湿谷升于锅内[②],燃薪其下,炸去糠膜,收炒糗以充饥[③],亦补助造化之一端矣[④]。

【注释】

①无霁(jì):雨不停,阴雨连绵。霁,雨止。

②升:登上。

③糗(qiǔ):炒米粉。

④造化：自然界。

【译文】

稻子成熟时，如遇狂风，稻粒就会被吹落。若连续十多天阴雨，稻粒就会沾湿霉烂。这是第八种稻灾。好在风灾范围不会超过方圆三十里，阴雨灾范围也不会超过方圆三百里，这都只是局部的灾害，涉及面不会很广。谷粒被风吹落难以挽回了。贫苦的农家若遇到阴雨连绵时，可以把湿谷放在锅里，烧火爆去谷壳，炒米粉来充饥，这也是补救天时不利的一种办法。

水利[①] 筒车[②] 牛车 踏车[③] 拔车[④] 桔槔[⑤]（皆具图）

凡稻，妨旱藉水独甚五谷[⑥]。厥土沙泥、硗腻[⑦]，随方不一，有三日即干者，有半月后干者。天泽不降[⑧]，则人力挽水以济[⑨]。

【注释】

①水利：这一节介绍的多是引水向上的水力机械。

②筒车：一种以水力为动力把水从低处引到高处的提水工具。唐至北宋称为水轮，南宋才改叫筒车。唐末陈廷章《水轮赋》："箭弛可得而滴沥，辐辏必循乎规律……磬折而下随瑟彼，持盈而上善依于。"南宋张安国《过兴安呈张仲钦》诗有"筒车无停轮"之句。

③踏车：这是一种链唧筒水车，因用人的脚踏来推动，故称踏车。北宋画家杨威《耕获图》有四人脚踏的踏车图像（见张安治编《宋代小品画》）。元代称为龙骨水车。明徐光启《农政全书》称之为翻车。本书又叫作人车。

④拔车：一种车身只有几尺长的用人的双手转动的链唧筒水车。

⑤桔槔（jié gāo）：古代利用杠杆原理制造的一种提水工具。春秋时发明。《庄子·天地》有“凿木为机，后重前轻”等记载。汉武氏祠画像石有桔槔图。《后汉书·张让传》有灵帝令毕岚作翻车（辘轳）、渴乌（桔槔）的记载。

⑥妨：通“防”。

⑦厥土沙泥、硗（qiāo）腻：土质有沙土、泥土和贫瘠、肥沃的区别。厥，其。硗，同“垅”土壤贫瘠。腻，土壤肥沃。

⑧天泽：自然的恩泽，即雨。

⑨济：调剂，弥补。

【译文】

五谷之中，水稻特别需要借水防旱。稻田各个地方不一样，有的是沙土，有的是粘土；有的土瘦，有的土肥；有的灌水后三天就干，有的却半个月才干。天不下雨，就要靠人力引水抗旱。

凡河滨有制筒车者（图5），堰陂障流[①]，绕于车下，激轮使转，挽水入筒，一一倾于枧内[②]，流入亩中。昼夜不息，百亩无忧。不用水时，拴木碍止，使轮不转动。

【注释】

①堰：挡水的低坝。此指筑坝。陂（bēi）：堤岸。此指筑堤。障：阻挡。

②枧（jiǎn）：引水的渡槽或导管，木制或竹制。

【译文】

河边有装置筒车的，可筑个堤坝挡水，使河水绕流筒车下部，冲击轮叶转动而舀水入筒，筒内的水一一倒入引水槽中，再流入田里。这样昼夜不停，灌溉一百亩田是不成问题的。不用水时，用木拴住，不让水轮转动。

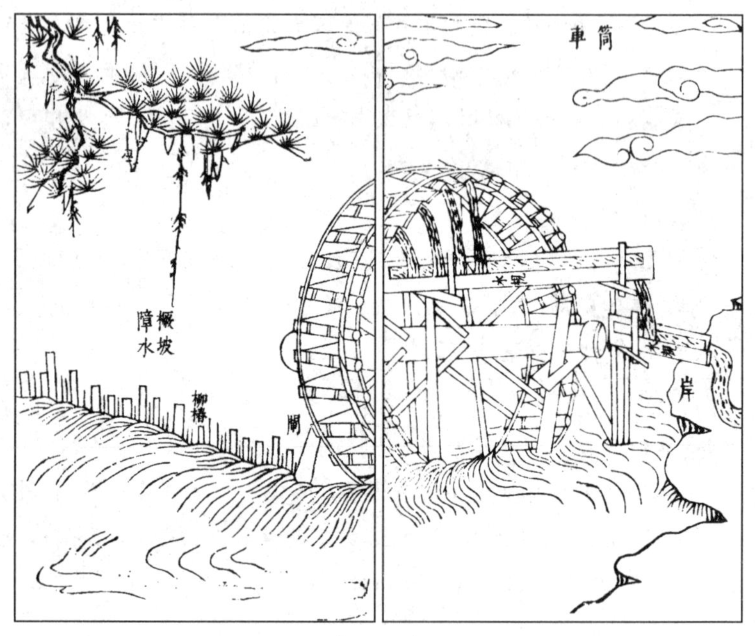

图5 筒车

其湖池不流水，或以牛力转盘（图6），或聚数人踏转（图7）。车身长者二丈，短者半之，其内用龙骨拴串板[①]，关水逆流而上。大抵一人竟日之力，灌田五亩，而牛则倍之。

【注释】

①龙骨：水车别称龙骨车。带水的木板用木榫连接成环带，形如龙骨，故称。

【译文】

对于湖泊或池塘的静水，或者用牛拉转盘来带动水车，或者凑几个人来踏转水车。水车长的两丈，短的一丈，车内用龙骨拴连串板，转时可以把水刮上来。大概一个人干一整天可以灌五亩田，用牛则可加倍。

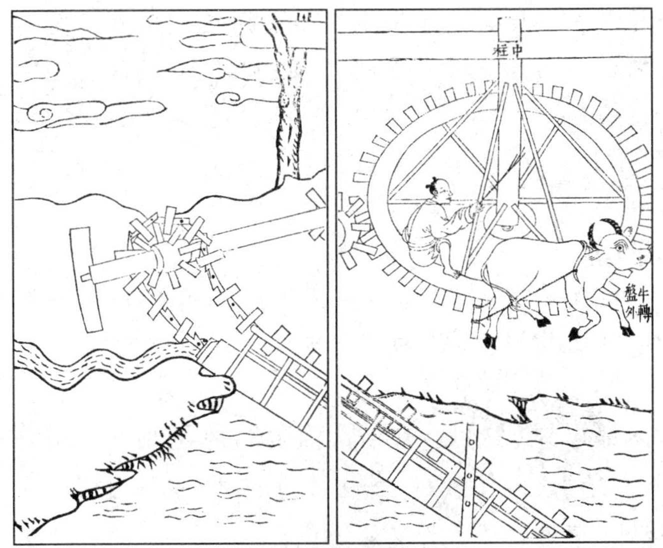

图6　牛力转盘水车

图7　踏车

其浅池、小浍[①]，不载长车者，则数尺之车（图8）。一人两手疾转，竟日之功，可灌二亩而已。

【注释】

①小浍（kuài）：田间水沟。

【译文】

浅池和小水沟，容不下长水车，则可以用几尺长的手摇水车。一个人用两只手握住摇把迅速转动，干一整天只可以灌两亩田。

扬郡以风帆数扇[①]，俟风转车[②]，风息则止。此车为救潦，欲去泽水，以便栽种，盖去水非取水也，不适济旱。用桔槔、辘轳（图9）[③]，功劳又甚细已。

【注释】

①扬郡：今江苏扬州地区。

②俟（sì）：等待，等候。

③辘轳：我国战国时利用定滑轮原理创制的一种提水工具。《墨子·备高临》称为"鹿卢"。李斯《苍颉篇》把辘轳解释为"椟栌，三辅举水具也"。汉画像石水井图和汉画像砖盐井图都有原始型辘轳汲水机装置。这是通过绳索牵引支架上的定滑轮以带动两只水桶一上一下的运动。金墓壁画中的辘轳已比较先进，改用圆轴带摇把以操纵单只汲水桶的垂直运动。元王祯《农书》卷一八记载了更先进的两端绑桶的两人推动的快速辘轳汲水法："用双绠而顺逆交转所悬之器"，遂使"虚者下，盈者上；更相上下，次第不辍"。

【译文】

扬郡用几扇风帆来带动水车，风吹车转，风停车止。这种车是用来

图8　拔车

图9　桔槔

排涝的，即排去积水以便栽种，因为它是排水而不是引水，所以不适于抗旱。用桔槔、辘轳来排水引水，工效又更低了。

麦①

凡麦有数种。小麦曰来，麦之长也；大麦曰牟，曰穬②；杂麦曰雀③，曰荞④。皆以播种同时，花形相似，粉食同功，而得麦名也。

【注释】

①麦：本节主要介绍了麦的品种及其分布地区和用途。

②穬（kuàng）：大麦的一种，即稞麦。

③雀：杂麦的一种，即雀麦。还有一种杂麦叫燕麦。两者都是禾本科，一年生草本，燕麦可供食用，雀麦只作饲料。从文中提到“粉食同功”来看，这里似应指燕麦，而不是雀麦。作者可能是受到《尔雅》注疏的影响而把两者相混淆了。《尔雅·释草》：“蘥：雀麦。”注：“即燕麦也。”疏：“蘥，一名雀麦，一名燕麦。”

④荞：杂麦的一种，即荞麦。作者指出：“荞麦实非麦类。”这是对的，因为它属于蓼（liǎo）科植物。

【译文】

麦子有好几种。小麦叫“来”，是麦子中最主要的一种；大麦叫“牟”，或者叫穬麦；杂麦有的叫雀麦，有的叫荞麦。它们都因播种期相同，花形相似，又都是磨成粉供食用的，所以都统名为麦。

四海之内，燕、秦、晋、豫、齐、鲁诸道，烝民粒食[①]，小麦居半，而黍、稷、稻、粱仅居半。西极川、云，东至闽、浙、吴、楚腹焉，方长六千里中，种小麦者，二十分而一，磨面以为捻头、环饵、馒首、汤料之需，而饔飧不及焉[②]。种余麦者，五十分而一，闾阎作苦[③]，以充朝膳，而贵介不与焉[④]。穬麦独产陕西，一名青稞[⑤]，即大麦随土而变而皮成青黑色者，秦人专以饲马，饥荒人乃食之。大麦亦有粘者，河洛用以酿酒[⑥]。雀麦细穗，穗中又分十数细子，间亦野生。荞麦实非麦类，然以其为粉疗饥，传名为麦，则麦之而已。

【注释】

①烝（zhēng）民：民众，百姓。烝，众多。

②饔飧（yōng sūn）：早餐和晚餐。《孟子·滕文公上》：“贤者与民并

耕而食，饔飧而治。”赵岐注：“饔飧，熟食也，朝曰饔，夕曰飧。”

③闾阎（lǘ yán）：原指里巷的门，这里借指平民。

④贵介：尊贵，富贵人家。

⑤穬麦独产陕西，一名青稞（kē）：青稞并不独产陕西，青藏高原等地都有栽培。

⑥河洛：黄河与洛水之间地区。今河南洛阳一带。

【译文】

在我国，河北、陕西、山西、河南、山东等地的老百姓的口粮，小麦占一半，黍子、粟子和稻谷仅占一半。西自四川、云南，东至福建、江浙，以及长江中下游一带，方长六千里中，种小麦的占二十分之一，把小麦磨成面粉作成花卷、糕饼、馒头和汤面等，但正餐并不吃它。种其他麦子的，只占五十分之一，平民劳作辛苦，拿它来做早餐，富贵人家是不吃的。稞麦只产于陕西，又叫青稞，它是一种因土质不同而皮变成青黑色的大麦，陕西人专用它来喂马，闹饥荒时人也吃它。大麦也有粘的，河南洛阳地区的人拿它来酿酒。雀麦的穗细小，每个穗又分十几个小穗，间或也有野生的。荞麦实际上并不是麦类，只是由于它是磨成粉来充饥的，相传叫麦，那也就算是麦子了。

凡北方小麦，历四时之气[①]，自秋播种，明年初夏方收。南方者，种与收期，时日差短[②]。江南麦花夜发，江北麦花昼发[③]，亦一异也。大麦种获期与小麦相同。荞麦则秋半下种，不两月而即收。其苗遇霜即杀，邀天降霜迟，迟则有收矣。

【注释】

①四时：四季。

②差：稍为，略为。

③江南麦花夜发，江北麦花昼发：这可能是来自唐段成式《酉阳杂

俎》"江南麦花夜发，北地麦日中吐花"的说法。实际上，江南和江北的小麦日夜都开花，只是白天开得多而晚上开得少罢了。而且，夜间气温江南要比江北高些，小麦开花也会多些。可见，这两句是不够精确的。

【译文】

北方的小麦，经历四季气候，从秋天播种到第二年初夏才收获。南方的小麦，从播种到收获，经历的时间稍短一些。江南的麦子晚上开花，江北的麦子白天开花，这也是个差异。大麦的播种和收获期与小麦相同。荞麦则是仲秋下种，不到两个月就能收获。荞麦苗遇到霜就会死掉，若能迟一些时候下霜，就有收成了。

麦工[①] 北耕种 耨[②]（具图）

凡麦与稻，初耕垦土则同，播种以后，则耘耔诸勤苦皆属稻，麦惟施耨而已。

【注释】

①麦工：在这一节中，作者提出了耨不厌勤和用砒霜拌种子的增产措施。

②耨（nòu）：锄草。

【译文】

种麦子和种水稻，初耕时都要耕地翻土，播种以后，稻田还需要多次耘耔等辛勤劳动，麦田却只要锄锄草就行了。

凡北方厥土坟垆易解释者[①]，种麦之法，耕具差异，耕即兼种（图10）。其服牛起土者，耒不用耜，并列两铁于横木之上，其具方语曰耩[②]。耩中间盛一小斗，贮麦种于内，其斗底空梅花眼，牛行摇动，种子即从眼中撒下。欲密而多，则鞭牛疾走，子撒必多；欲稀而少，则缓其牛，撒种即少。既撒种后，用驴驾两小石团，压土埋麦（图11）。凡麦种紧压方生。南方地不北同者，多耕多耙之后，然后以灰拌种，手指拈而种之③，种过之后，随以脚跟压土使紧，以代北方驴石也（图12）。

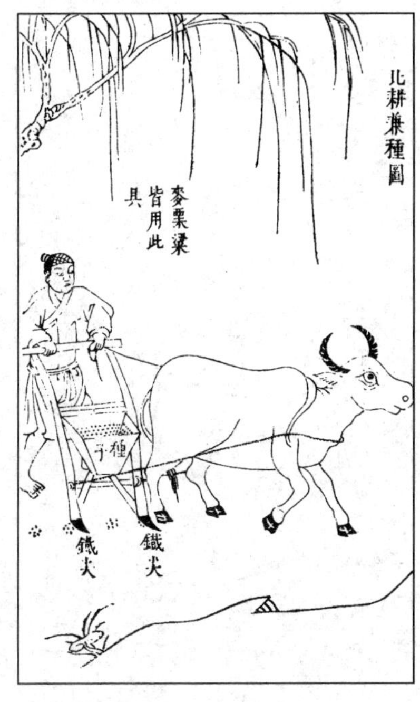

图10　北耕兼种

【注释】

①垆（lú）：即黑垆土，是西北黄土高原地区土质疏松肥力较高的旱作土壤。解释：松散。

②耩（jiǎng）：涂本误作镪。耩，是北方一种播种的方法，用的是耧（lóu）这种农具。

③拈（niān）：用手指取物。

【译文】

北方疏松肥沃的黑垆土，种麦方法和耕具都有所不同，即连耕带种。用牛拉着起土划沟的农具不装犁头，而在横木上并排安装两个铁尖，这种农具方言叫作耩。耩的中部装个小斗，斗内盛麦种，斗底钻些梅花眼。牛走斗摇，种子就从眼中撒下。想种得又密又多，就要赶牛快走；想种得稀些少些，就要让牛慢走。播种后，用驴拖两个小石磙压土埋麦种。土压紧了，麦种才能发芽生长。南方跟北方不同，种麦是先犁和耙几次，然

图11 北盖种

图12 南种牟麦

后用草木灰拌种，用手指拈种子点播，接着用脚跟把土踩实，以代替北方用驴拉石磙压土。

耕种之后，勤议耨锄。凡耨草用阔面大镈（图13）[①]。麦苗生后，耨不厌勤，有三过、四过者。余草生机尽诛锄下，则竟亩精华尽聚嘉实矣。功勤易耨，南与北同也。凡粪麦田，既种以后，粪无可施，为计在先也[②]。陕、洛之间，忧虫蚀者，或以砒霜拌种子[③]；南方所用惟炊烬也。俗名地灰。南方稻田，有种肥田麦者[④]，不冀麦实。当春小麦大麦青青之时，耕杀田中，蒸罨土性[⑤]，秋收稻谷必加倍也。

图13 耨

【注释】

①镈（bó）：宽口的铲形锄草农具。

②“凡粪麦田”四句：作者强调基肥是对的，但否认追肥则是片面的。宋陈旉（fū）《农书》、元王祯《农书》、明徐光启《农政全书》都提到麦田追肥。

③砒霜拌种子：这是历史上首次记载的拌种防虫的有效措施。砒霜，三氧化二砷（As_2O_3），剧毒。

④肥田麦：把麦苗当作绿肥在当时已是较落后的措施。徐光启《农政全书》有关于种植苜蓿等绿肥的记载。

⑤罨（yǎn）：覆盖。

【译文】

播种后，要勤于锄草。锄草用宽面大锄。麦苗出土后，锄草锄得越勤越好，有锄三四次的。杂草锄尽了，田里的肥分就会都用来结麦穗。锄得勤快，草就容易除净，这在南方、北方都是一样的。麦田要施足基肥，麦种播下后就不要施肥了，这得事先计划好。陕西和河南洛河流域，怕害虫蛀蚀麦种，有用砒霜拌种子的；南方拌种只是用草木灰俗称地灰。南方稻田有种麦子来肥田的，这并不希望收割麦子。当春小麦或大麦还一片青绿时，就把它耕翻压在土里做肥，秋收时稻谷的产量必将倍增。

凡麦收空隙，可再种他物。自初夏至季秋[①]，时日亦半载，择土宜而为之，惟人所取也。南方大麦，有既刈之后乃种迟生粳稻者。勤农作苦，明赐无不及也[②]。

【注释】

①自初夏至季秋：初夏指农历四月，季秋指农历九月。

②明赐：恩赐。这里指报酬。

【译文】

麦收后的空地，可再种其他作物。从夏初到秋末还有半年时间，完全可以因地制宜地选种一些作物。南方有在大麦收割后再种晚熟粳稻的。农民勤苦耕作，总会得到酬报。

凡荞麦，南方必刈稻、北方必刈菽稷而后种。其性稍吸肥腴[①]，能使土瘦，然计其获入，业偿半谷有余。勤农之家，何必再粪也？

【注释】

①肥腴（yú）：肥沃。

【译文】

荞麦是在南方割稻后、北方收完豆或谷子后才种的。它吸肥吸得多，会使土地变瘦，但算一下收获量却有原先谷物产量的一半多。因此，勤劳的农家何妨再施些粪肥呢？

麦灾[①]

凡麦妨患，祇稻三分之一[②]。播种以后，雪、霜、晴、潦皆非所计。麦性食水甚少，北土中春再沐雨水一升，则秀华成嘉粒矣[③]。

【注释】

①麦灾：本节指出霉雨和雀害两种麦灾。

②祇（zhǐ）：只，仅。

③秀华：吐穗开花。

【译文】

麦的灾害只有稻子灾害的三分之一。播种以后，雪、霜、晴、涝都没多大关系。麦子吸收水分很少，北方在中春时若下一场透雨，所开的麦花就能结成饱满的麦粒。

荆、扬以南[①]，唯患霉雨[②]。倘成熟之时，晴干旬日则仓廪皆盈，不可胜食。扬州谚云"寸麦不怕尺水"[③]，谓麦初长时，任水灭顶无伤；"尺麦只怕寸水"[④]，谓成熟时，寸水软根，倒茎沾泥，则麦粒尽烂于地面也。

【注释】

①荆、扬以南：荆州和扬州以南，泛指（长）江淮（河）流域。

②霉雨：即梅雨。这里指江淮流域春末夏初阴雨连绵的天气。明李时珍《本草纲目》："梅雨，或作霉雨，言其沾衣及物，皆生黑霉也。"

③寸麦不怕尺水：这句农谚说明小麦生长初期比较耐湿，但并非真的生长全程不怕水浸。

④尺麦只怕寸水：这句农谚说明小麦生长后期非常怕水。如果水分过多，小麦不仅容易倒伏，而且易感染赤霉菌病。

【译文】

荆州和扬州以南地区最怕梅雨天。如果在麦子成熟的时节，能晴上十天，就能麦收满仓，吃不完了。扬州农谚说"寸麦不怕尺水"，是说小麦刚长成苗时，任凭水浸灭顶也没关系；"尺麦只怕寸水"，是说麦子成熟时，即使有一寸深的积水都会使小麦烂根倒伏，麦粒就都烂在地里了。

江南有雀一种①，有肉无骨，飞食麦田，数盈千万，然不广及，罹害者数十里而止②。江北蝗生，则大祲之岁也③。

【注释】

①江南有雀一种：江西奉新一带有土名叫麦雀的，学名是白腰文鸟华南亚种。颜色和形状酷似麻雀但比麻雀小，群栖，为我国长江以南留鸟，常危害农作物。下文所谓"有肉无骨"只是对它肉肥骨嫩的夸张而已。

②罹（lí）：遭受。

③祲（jīn，又读jìn）：原指阴阳相侵的不祥之气，这里指灾患。

【译文】

江南有一种雀，有肉无骨，飞食麦田，成千上万，好在为害不大，受害范围不过几十里而已。江北如果发生蝗虫为害，那就是大灾之年了。

黍稷　粱粟

凡粮食米而不粉者种类甚多。相去数百里，则色、味、形、质，随方而变，大同小异，千百其名。北人唯以大米呼粳稻，而其余概以小米名之。

【译文】

只碾成米不磨成粉的粮食种类很多。相隔几百里，颜色、味道、形状和质地都随地方而变，大同小异，名称很多。北方人只叫粳稻为大米，其余的都叫小米。

凡黍与稷同类[①]，粱与粟同类[②]。黍有粘有不粘，粘者为酒。稷有粳无粘。凡粘黍、粘粟，统名曰秫[③]，非二种外更有秫也。黍色赤、白、黄、黑皆有，而或专以黑色为稷，未是。至以稷米为先他谷熟，堪供祭祀，则当以早熟者为稷，则近之矣。凡黍在《诗》《书》有虋、芑、秬、秠等名[④]，在今方语有牛毛、燕颔、马革、驴皮、稻尾等名。种以三月为上时，五月熟；四月为中时，七月熟；五月为下时，八月熟。扬花结穗，总与来、牟不相见也[⑤]。凡黍粒大小，总视土地肥硗、时令害育[⑥]，宋儒拘定以某方黍定律[⑦]，未是也。

【注释】

①黍（shǔ）与稷同类：这是作者沿用明李时珍《本草纲目》的说法。黍是禾本科一年生草本作物，它主要有三个变种类型：（甲）黍型，即黍子，其特征是圆锥花序较密，主轴弯生，穗的分枝向一侧倾斜，籽实粘。（乙）黍稷型，即糜（méi）子，其特征是秆上有毛，圆锥花序密，穗密聚且主穗直立，籽实不粘。（丙）稷型，即稷，其特征是秆上无毛，圆锥花序较疏，主穗轴直立，穗分枝向四面发散，籽实不粘或粘性不及黍子。可见，稷为不粘之黍，是黍的一个变种。

②粱与粟同类：这也是作者沿用《本草纲目》的说法。粟是禾本科一年生草本作物。其特征是秆粗壮，分蘖，圆锥花序，主轴密生柔毛。穗有圆锥、圆筒、纺锤、棍棒等形，通常下垂，籽实卵圆形，黄白色。北方通称谷子，去壳后叫作小米。至于粱与粟是否同类，有两种看法。历史上多持“同类”说，源于秦李斯《苍颉篇》：

“粱，好粟也。”即粱是粟的一个好品种。其实，粟与高粱是同科而不同属种。二十世纪三十年代，山西万泉荆村新石器时期遗址发现炭化高粱种粒。几十年后，又陆续在石家庄、西安等地也有所发现。五十年代以来有人持“非同类”说，认为“以粱为粟”是错误的，高粱我国古已有之。（详见李长年编著《农业史话》第74～78页，上海科技出版社1981年版）

③秫（shú）：《尔雅·释草》注：“（秫）谓粘粟也。”《说文解字·禾部》：“秫，稷之粘者。”作者在此统称粘黍、粘粟为秫。

④虋（mén）、芑（qǐ）：红粱粟和白粱粟。《尔雅·释草》：“虋，赤苗。”郭璞注：“今之赤粱粟。”《尔雅·释草》：“芑，白苗。”郭璞注：“今之白粱粟。”可见，虋、芑是粟的两个品种，把它看成是黍是欠妥的。秬（jù）、秠（pī）：黍的两个品种。《诗经·大雅·生民》：“维秬维秠。”孔颖达疏：“秠是黑黍之大名，秠是黑黍之中有二米者，别名之为秠。”《尔雅·释草》：“秠，黑黍。秬，一稃二米。”

⑤来：小麦。牟：大麦。后作“麰”。

⑥硗（qiāo）：同“垅”。土地坚硬而贫瘠。

⑦宋儒拘定以某方黍定律：宋代用黍一百粒排列起来，取其长度作为一尺的标准，叫作黍尺。横排的称“横黍尺”，纵排的称“纵黍尺”。横黍尺一尺等于纵黍尺的八寸一分。纵黍尺就是旧制营造尺，横黍尺就是律尺，黄钟的长度为横黍尺的九寸。作者认为，即使是同一个地方出产的黍子，也会因土地肥瘦和天时气候的不同影响而使黍粒大小不同，很难作为长度的标准，他从而批评宋儒拘泥于此。

【译文】

黍和稷同类，粱和粟也是同类。黍有粘的也有不粘的，粘的可以酿酒。稷有不粘的而没有粘的。秫是粘黍和粘粟的统称，并不是这两种之外还有另一种秫。黍有红、白、黄、黑等颜色，有人专把黑黍称为稷是不对的。至于说因为稷米比其他谷物早熟而可用来祭祀，因此把早熟的黍称为稷，则还说得过去。在古代《诗经》《尚书》里，黍有虋、芑、秬、秠等名称，在现在的方言中，黍又有牛毛、燕颔、马革、驴皮、稻尾等名称。黍最早在三月下种，五月成熟；迟一点的在四月下种，七月成熟；最迟在五月下种，八月成熟。扬花结穗总是跟大小麦不同时。黍粒的大小是由土地肥瘦和时令好坏决定的，宋代儒生死板地以某一地方的黍粒作为尺度的标准是不对的。

凡粟与粱统名黄米。粘粟可为酒。而芦粟一种①，名曰高粱者，以其身高七尺，如芦、荻也②。粱粟种类名号之多，视黍稷犹甚③。其命名或因姓氏、山水，或以形似、时令，总之不可枚举。山东人唯以谷子呼之，并不知粱粟之名也。

【注释】

①芦粟：高粱的一个变种，又叫甜高粱。

②芦、荻：芦即芦苇。芦与荻都是禾本科多年生草本。

③视：比照，比较。

【译文】

粟和粱统称为黄米。粘粟可以做酒。另有一种芦粟，名叫高粱，是因为它身高七尺很像芦苇和荻的缘故。粱、粟的品种名称比黍、稷还要多，它们有的用姓氏或山水命名，有的根据形状或时令命名。总之，难以一一列举。山东人只叫谷子，并不知道粱、粟这些名称。

已上四米①，皆春种秋获。耕耨之法与来、牟同，而种收之候则相悬绝云。

【注释】

①已上：以上。已，通“以”。

【译文】

以上四种米都是春种秋收的，耕作方法跟麦子相同，但播种和收获的时间却跟麦子相差很远。

麻[①]

凡麻可粒可油者，惟火麻、胡麻二种[②]。胡麻，即脂麻，相传西汉始自大宛来[③]。古者以麻为五谷之一，若专以火麻当之，义岂有当哉？窃意《诗》《书》五谷之麻[④]，或其种已灭，或即菽、粟之中别种，而渐讹其名号，皆未可知也。

【注释】

①麻：本节只记述大麻和芝麻这两种食用麻。

③火麻：即大麻。大麻科，一年生草本。种子可榨油，古代还拿大麻仁来食用，因此被列为五谷之一。胡麻：即芝麻。胡麻科，一年生草本。种子直接食用或榨油，都很香。

③大宛：古代西域国名。大约在今中亚费尔干纳盆地。

④窃：我。谦辞。

【译文】

麻类中可以整粒吃又可以榨油的，只有大麻和胡麻两种。胡麻就是芝麻，据说是西汉时期才从中亚的大宛国传来的。古时候把麻列为五谷之一，如果专指大麻，难道恰当吗？我认为，《诗经》《尚书》所说五谷之中的麻，或者已经绝种了，或者是豆、粟中的某一种，后来逐渐被传错了名称，这都尚未能确知。

今胡麻味美而功高，即以冠百谷不为过。火麻子粒压油无多，皮为疏恶布[①]，其值几何？胡麻数龠充肠[②]，移时不馁[③]。粔饵、饴饧[④]，得粘其粒，味高而品贵。其为油也，发得之而泽，腹得之而膏，腥膻得之而芳[⑤]，毒厉得之而解[⑥]。农家能广种，厚实可胜言哉！

【注释】

①疏恶布：粗布。

②龠（yuè）：古代容量单位。一龠等于十分之一升。这里比喻少量。

③馁（něi）：饥饿。

④粔（jù）饵：即粔妆蜜饵，是用蜂蜜和米面熬煎而成的一种糕点。饴饧（yí táng）：这里指软糖。李时珍《本草纲目·谷部》："饴即软糖也，北人谓之饧。"

⑤腥膻（shān）：腥味和骚味。《吕氏春秋·本味》："水居者腥，肉玃者臊，草食者膻。"

⑥毒厉（lài）：毒疮。厉，通"癞"。

【译文】

现在的芝麻，味道好，用途大，即使把它摆在百谷的首位也不过分。大麻子榨不出多少油来，麻皮做成的又是粗布，它的价值能有多少？芝麻只要少量进肚，很久都不会觉得饿。糕饼、饴糖若粘些芝麻，就会味道好而品级高。头发用芝麻油来搽能发亮，人吃了芝麻油会长胖，煮食时加点芝麻油能去腥臊味，毒疮还可用芝麻油来治疗呢。农家若能多种些芝麻，好处是说不完的。

种胡麻法，或治畦圃，或垄田亩，土碎草净之极，然后以地灰微湿，拌匀麻子而撒种之。早者三月种，迟者不出大暑前。早种者，花实亦待中秋乃结。耨草之功，唯锄是视[①]。其色有黑、白、赤三者。其结角长寸许，有四棱者，房小而子少；八棱者，房大而子多。皆因肥瘠所致，非种性也[②]。收子榨油，每石得四十斤。余其枯用以肥田[③]。若饥荒之年，则留供人食。

【注释】

①唯锄是视：就看锄得怎样。是，语助词。

②皆因肥瘠所致，非种性也：事实上，芝麻四棱或八棱是种性决定的，房的大小和子的多少才是由土地肥瘦决定的。

③枯：油料作物果籽榨油后剩余的渣滓。

【译文】

种芝麻的方法是，起畦或者作垄，把土打碎并把草除净，然后将芝麻种子用湿草木灰拌匀再撒播。早种的在三月份下种，晚种的不要迟过大暑。早种的要到中秋才能开花结实。除草全靠锄。芝麻有黑、白、红三种颜色，结角有一寸多长，有四棱的，房小粒少；有八棱的，房大粒多。这都是由于土地肥或瘦的缘故，而跟种性没有关系。每石芝麻可榨油四十斤。剩下的枯渣用来肥田。若遇到饥荒之年，就留下来供人食用。

菽[①]

凡菽，种类之多与稻、黍相等。播种收获之期，四季相承。果腹之功，在人日用，盖与饮食相终始。

【注释】

①菽：豆类。古代列为五谷之一。本节记述了大豆、绿豆、豌豆、蚕豆、

小豆、穞（lǚ）豆、白藊（biǎn）豆、豇豆、虎斑豆、刀豆等十种豆子。

【译文】

豆子的种类跟稻、黍一样多。播种和收获却一年四季接连不断。豆子在人们日常生活中始终是不可缺少的食物。

一种大豆[①]。有黑、黄两色。下种不出清明前后。黄者有五月黄、六月爆、冬黄三种。五月黄收粒少，而冬黄必倍之[②]。黑者刻期八月收[③]。淮北长征骡、马，必食黑豆，筋力乃强。凡大豆视土地肥硗、耨草勤怠、雨露足悭[④]，分收入多少。凡为豉、为酱、为腐，皆大豆中取质焉。江南又有高脚黄，六月刈早稻方再种，九、十月收获。江西吉郡种法甚妙[⑤]：其刈稻田，竟不耕垦，每禾稿头中，拈豆三四粒，以指扱之[⑥]。其稿凝露水以滋豆，豆性充发[⑦]，复浸烂稿根以滋已[⑧]。生苗之后，遇无雨亢干，则汲水一升以灌之。一灌之后，再耨之余，收获甚多。凡大豆入土未出芽时，妨鸠雀害[⑨]，驱之惟人。

【注释】

①大豆：是黄豆和黑豆的统称。

②五月黄收粒少，而冬黄必倍之：五月黄和六月爆是早大豆，冬黄是晚大豆，后者产量比前者高很多。

③刻期：限定日期。

④硗（qiāo）：同“墝”。土地坚硬而贫瘠。悭（qiān）：欠缺。

⑤江西吉郡：今江西吉安吉水一带。

⑥扱（chā）：插。

⑦充：涂本误作“克”，据文义改。

⑧浸：涂本误作“侵”，据文义改。

⑨妨：通“防”。

【译文】

一种是大豆。有黑豆和黄豆两种。下种期总是在清明前后。黄豆有五月黄、六月爆、冬黄三个品种。五月黄产量低，冬黄比它多一倍。黑豆限定八月收获。淮北地区跑长途的骡、马，一定要吃黑豆，才能筋强力壮。大豆收得多不多，要看土地肥瘦、除草勤惰、雨露足不足而定。制作豆豉、豆酱、豆腐等都要用大豆做原料。江南还有一种高脚黄，在六月割完早稻后才种，到九、十月收获。江西吉郡一带种大豆的方法很巧妙：那里的稻茬田不用犁耙，在每蔸稻茬里用手指拈进三四粒豆种。稻茬所凝聚的露水滋润着豆种，豆种发芽后，又利用浸烂的稻茬来滋养自己。长出豆苗后，遇到干旱无雨时，每蔸豆要浇一升水。浇水后再除一次草，就可收到很多豆子。大豆下种而还没出芽时，防鸠雀为害，要靠人去驱赶。

一种绿豆。圆小如珠。绿豆必小暑方种。未及小暑而种，则其苗蔓延数尺，结荚甚稀；若过期至于处暑，则随时开花结荚，颗粒亦少。豆种亦有二：一曰摘绿，荚先老者先摘，人逐日而取之；一曰拔绿，则至期老足，竟亩拔取也。凡绿豆磨澄晒干为粉[①]，荡片搓索，食家珍贵。做粉溲浆，灌田甚肥。凡畜藏绿豆种子[②]，或用地灰、石灰[③]，或用马蓼[④]，或用黄土拌收，则四、五月间不愁空蛀。勤者逢晴频晒，亦免蛀。凡已刈稻田，夏秋种绿豆，必长接斧柄，击碎土块，发生乃多。凡种绿豆，一日之内，遇大雨扳土[⑤]，则不复生。既生之后，妨雨水浸[⑥]，疏沟浍以泄之[⑦]。凡耕绿豆及大豆田地，耒耜欲浅，不宜深入，盖豆质根短而苗直，耕土既深，土块曲压，则不生者半矣。深耕二字，不可施之菽类，此先农之所未发者[⑧]。

【注释】

①澄（dèng）：使液体中的杂质沉淀分离，使清澈纯净。

②畜（xù）藏：储藏。

③地灰：草木灰，植物燃烧后的残余物。

④马蓼（liǎo）：又名辣蓼。一种蓼科植物。

⑤扳（bān）土：使土板结。

⑥妨：通“防”。防止。

⑦浍（kuài）：田间的小水沟。

⑧“深耕二字”三句：西汉《氾胜之书》：“大豆戴甲而生，不用深耕。种之上，土不可厚。”这说明大豆要浅播。浅播一般不必深耕。但若能把深耕和浅播结合起来，就更有利于大豆这种深根系作物的根系向下伸展。先农，指神农和后稷。

【译文】

一种是绿豆。它又圆又小像颗珍珠。一定要在小暑播种。如果在小暑前播种，豆苗就会长出好几尺高，结的豆荚非常稀少；如果过了小暑甚至到处暑时才种，就会随时开花结荚，豆粒很少。绿豆有两个品种：一种叫“摘绿”，荚先老的先摘，可以逐天摘收；另一种叫“拔绿”，要到整块田全部成熟时才一起拔起摘取。绿豆磨成粉浆，澄去浆水，晒干成粉，或做成粉皮和粉丝，这些都是人们很喜欢吃的珍贵的食品。做豆粉剩下的浆水，用来灌田，肥效很高。储藏绿豆种，或用草木灰、石灰，或用马蓼，或用黄土，拌匀后收藏起来，即使到了四、五月间也不怕虫蛀了。勤快的人，每逢晴天就拿豆种出来晒，也可以避免虫蛀。稻茬田在夏、秋季种绿豆时，要用长柄斧头来劈碎土块，这样出苗才多。绿豆种下后一天之内，如果遇上大雨，板结了土壤，豆苗就长不出来了。出苗后怕雨水浸坏，要疏通沟渠排水。种绿豆和大豆的田地，要浅耕而不宜太深，因为豆类的根短而苗直，翻土太深，豆种就会受到土块压抑，而有一半长不出苗来。因此，深耕二字不适宜于豆类，这是神农和后稷所没有说过的道理。

一种豌豆[1]。此豆有黑斑点，形圆同绿豆，而大则过之。其种十月下，来年五月收。凡树木叶迟者，其下亦可种。

【注释】

①豌豆：又名小寒豆、淮豆、麦豆等。

【译文】

一种是豌豆。豆粒有黑斑点，形状圆圆的像绿豆，但比绿豆大。十月下种，次年五月收获。春季迟长叶子的落叶树底下也可以种豌豆。

一种蚕豆[1]。其荚似蚕形，豆粒大于大豆。八月下种，来年四月收。西浙桑树之下，遍繁种之。盖凡物树叶遮露则不生[2]，此豆与豌豆，树叶茂时，彼已结荚而成实矣。襄汉上流[3]，此豆甚多而贱，果腹之功，不啻黍稷也[4]。

【注释】

①蚕豆：又名胡豆、罗汉豆、佛豆、寒豆等。

②盖凡物树叶遮露则不生：当时认为植物生长主要跟"土地肥硗、耨草勤怠、雨露足悭"有关，而不知道主要靠阳光的光合作用，所以才有"遮露"而不是遮阴的说法。

③襄汉：襄水与汉水。都在今湖北境内。

④不啻（chì）：不亚于。

【译文】

一种是蚕豆。豆荚像蚕形，豆粒比大豆大。八月下种，次年四月收获。浙江西部地区在桑树下普遍都种蚕豆。本来作物被树叶遮掉露水时就生长不好，不过，蚕豆和豌豆到了树叶茂盛时都已结荚成熟了。襄水与汉水上游地区，蚕豆很多也很便宜，食用价值并不低于黍、稷。

一种小豆。赤小豆入药有奇功[①]，白小豆一名饭豆。当餐助嘉谷[②]。夏至下种，九月收获，种盛江淮之间。

【注释】

①赤小豆：去湿功能特别强，可治水肿等病。

②白小豆：又名饭豆、眉豆。

【译文】

一种是小豆。赤小豆入药有奇效，白小豆又叫饭豆。掺到饭食里能使饭食更可口。小豆夏至播种，九月收获，在长江和淮河之间地区种得很多。

一种稆音吕。豆[①]。此豆古者野生田间，今则北土盛种。成粉荡皮，可敌绿豆。燕京负贩者[②]，终朝呼稆豆皮，则其产必多矣。

【注释】

①稆（lǚ）豆：一种黑色的大豆，或称小黑豆。

②负贩者：小商贩。《礼记·曲礼上》："夫礼者，自卑而尊人，虽负贩者，必有尊也，而况富贵乎？"

【译文】

一种是稆音同"吕"。豆。古时候是野生的，现在北方已大量种植。用它来做粉皮，顶得上绿豆。北京的小贩整天叫卖稆豆皮，可见它的产量一定很多。

一种白藊豆[①]。乃沿篱蔓生者，一名蛾眉豆。

【注释】

①白藊（biǎn）豆：即扁豆，又名“蛾眉豆”。豆科，一年生草本。蔓生，花白色或紫色。种子和嫩荚可以吃。白色种子可入药。

【译文】

一种是扁豆。沿着篱笆蔓生，又叫蛾眉豆。

其他豇豆、虎斑豆、刀豆[①]，与大豆中分青皮、褐色之类，间繁一方者，犹不能尽述。皆充蔬代谷，以粒烝民者[②]。博物者其可忽诸[③]！

【注释】

①豇（jiāng）豆：即豆角。刀豆：一种豆科植物。

②烝民：百姓。烝，众多。

③其可……诸：犹“岂可……之乎”。

【译文】

其他如豇豆、虎斑豆、刀豆，以及大豆中的青皮、褐色等品种，还有一些在个别地方种的豆子，这里不可能都一一谈到了。总之，豆类既可以当作蔬菜又可以代替谷物，以供百姓食用。通晓各种事物的人怎能忽视它们呢！

乃服第二卷

【题解】

本卷讲纺织。“乃服”一词，出自梁周兴嗣《千字文》“乃服衣裳”。

乃服，即是衣裳。宋应星认为，人是万物之灵，必须穿衣服，冬以御寒，夏以蔽体，以别于禽兽，而且应做到贵贱有章。因此，他把乃粒和乃服即吃饭穿衣当作人生最重要的两件大事，放在全书的最前面。

本卷记述了丝、棉、麻、皮、毛等衣料的来源、加工和织造。其中，最为可贵的科技史料有三：

一是蚕的人工变异，即利用早雄（一化性雄蛾）与晚雌（二化性雌蛾）杂交优势培育良种，或利用白茧雄蛾与黄茧雌蛾杂交优势得到褐茧蚕种。

二是防治蚕病。这是世界蚕业科技史上关于蚕病有传染性的最早记述。

上述两项科技成果经过法国汉学家儒莲翻译传到了欧洲。达尔文于1868年将其收入自己的《动物和植物在家养下的变异》一书。中国防治蚕病的方法帮助欧洲制止了十九世纪上半叶蚕病的流行。

三是提花机。作者用与“轴测投影”相类似的方法，图文并茂地描述了处于当时先进水平的提花机的构造，为研究我国纺织机械和技术提供了重要资料。

宋子曰：人为万物之灵[①]，五官百体，赅而存焉[②]。贵者垂衣裳[③]，煌煌山龙[④]，以治天下。贱者裋褐枲裳[⑤]，冬以御寒，夏以蔽体，以自别于禽兽。是故其质则造物之所具也[⑥]。属草木者枲、麻、苘、葛[⑦]，属禽兽与昆虫者为裘、褐、丝、绵[⑧]，各载其半，而裳服充焉矣。

【注释】

①人为万物之灵：语本《尚书·泰誓》："惟天地万物父母，惟人万物之灵。"意思是说，天地生育万物，人是万物之中最聪明灵巧者。

②五官百体，赅（gāi）而存焉：语本《庄子·齐物论》："百骸（hái）、九窍、六脏，赅而存焉。"意思是说，人的肌体和器官都长得很完备。五官，古代具体说法不一。《荀子·天论》以耳、目、鼻、口、形为五官。皇甫谧《针灸甲乙经》以耳、目、口、鼻、舌为五官。《隋书·刘炫传》以耳、目、口及两手为五官。今一般指耳、目、鼻、舌、身。骸，骨骼。赅，完备。

③垂衣裳：语本《周易·系辞下》："黄帝、尧、舜垂衣裳而天下治。"孔疏："所谓垂衣裳者，以前衣皮，其制短小，今衣丝麻布帛，所做衣裳其制长大，故云垂衣裳也。"黄帝时期还有"嫘祖发明养蚕"的传说，可见当时不但在利用野生丝茧上有重大突破，还可能开始对野蚕进行驯养工作。

④煌煌山龙：光采焕发的山和龙等衣饰图案。山龙，语本《尚书·益稷》："予（指舜）欲观古人之象，日、月、星、辰、山、龙、华、虫……以五采彰施于五色，作服。"

⑤裋（shù）褐：粗毛短衣，多为贫苦人所穿。贫苦人因此被称为褐夫。枲（xǐ）：大麻的雄株。作者误以枲为棉："棉花，古书名枲麻。"（《乃服·布衣》）

⑥造物：指自然界。

⑦苘（qǐng）：苘麻，俗称青麻。锦葵科，一年生草本。茎皮纤维可织麻布。葛：豆科葛属藤本植物，茎皮纤维可织葛布。

⑧裘：皮衣。

【译文】

人是万物之中最聪明灵巧的，五官和肢体都长得很完备。高贵的人，穿着堂皇艳丽的以山、龙等为饰的袍服统治天下。低贱的人，穿着粗短衣服，冬天用来御寒，夏天用来遮掩身体，以便同禽兽区别开来。衣料是自然界提供的。属于草木的有棉、大麻、苘麻、葛，属于禽兽和昆虫的有皮、毛、丝、绵，两类各占一半，于是，衣服就很充足。

天孙机杼[①]，传巧人间。从本质而见花，因绣濯而得锦[②]。乃杼柚遍天下[③]，而得见花机之巧者[④]，能几人哉？治乱经纶字义[⑤]，学者童而习之，而终身不见其形象，岂非缺憾也？先列饲蚕之法，以知丝源之所自。盖人物相丽，贵贱有章，天实为之矣。

【注释】

①天孙机杼（zhù）：天孙，织女星。因传说她是天帝的孙女因此叫她“天孙”。机杼，织布机。古乐府《木兰诗》：“不闻机杼声，惟闻女叹息。”这里指织布技巧。

②濯（zhuó）：洗涤。这里指染色。

③杼柚（zhú）：也称“杼轴”。杼是持纬用的梭子，柚是承经的筘（kòu）。两者都是织布机的主要部件，从而指代织布机。

④花机：即提花机。详见本卷《机式》一节。

⑤治乱经纶：治乱，原指丝缕的顺与乱，后引申为国家的治与乱。经纶，原指整理丝缕，后引申为治理国家，也指办事才能。如，满腹经纶。

【译文】

天上织女的巧技已传遍人间。人们把原料织成有花纹的布，经过织绣染色而得到锦缎。虽然到处都有织布机，但是见过提花机织布的又有几个人呢？“治乱经纶”的词义，书生们从小就学习过，但他们一生都没有见过实物形象，这难道不是个缺憾吗？现在先讲讲养蚕的方法，让大家明白丝是从哪里来的。人和衣着相称，贵和贱有别，这是自然而然的。

蚕种①

凡蛹变蚕蛾②，旬日破茧而出，雌雄均等。雌者伏而不动，雄者两翅飞扑，遇雌即交。交一日半日方解③。解脱之后，雄者中枯而死，雌者即时生卵。承藉卵生者，或纸或布，随方所用。嘉、湖用桑皮厚纸④，来年尚可再用。一蛾计生卵二百余粒，自然粘于纸上，粒粒匀铺⑤，天然无一堆积。蚕主收贮，以待来年。

【注释】

①蚕种：做种用的蚕卵。

②蛹：完全变态的昆虫不食不动而酝酿羽化为成虫的一个变态期。蚕是完全变态的绢丝昆虫，即一生经过卵、幼虫、蛹和成虫（蛾）四个阶段。

③一日半日：泛指时间长。这里的“日”指白天。

④嘉、湖：嘉兴府和湖州府。今浙江嘉兴、吴兴一带。

⑤粒粒匀铺：正常情况是这样。若不正常则疏密不匀甚至还有堆积现象。

【译文】

蚕蛹变成蚕蛾，要十天才破茧而出，雌雄数目相等。雌蛾伏着不动，雄蛾两翅飞扑，遇到雌蛾就交尾。交尾一天半天才脱开。脱开后，雄蛾枯竭死亡，雌蛾即刻产卵。用纸或用布承垫蚕蛾产卵。嘉兴、湖州一带用桑皮厚纸，下一年还可以再用。一只蚕蛾产卵二百多粒，自然地粘在纸上，粒粒匀铺，无一堆积。养蚕的人把蚕卵收藏好，准备明年用。

蚕浴①

凡蚕用浴法，唯嘉、湖两郡。湖多用天露、石灰②，嘉多用盐卤水③。

【注释】

①蚕浴：浴洗蚕卵。有消毒和复壮两个作用。

②天露：指寒冬腊月的天然露水。石灰：石灰水是氢氧化钙[$Ca(OH)_2$]的水溶液，呈碱性，有杀菌作用。

③盐卤水：这里指食盐潮解后流出的卤水，含有氯化钠（$NaCl$）、氯化镁（$MgCl_2$）等成分，味涩，有杀菌作用。

【译文】

对蚕种加以浴洗的，只有嘉兴、湖州两个地方。湖州多用天露浴或石灰浴，嘉兴则多用盐卤浴。

每蚕纸一张①，用盐仓走出卤水二升，参水浸于盂内②，纸浮其面。石灰仿此。逢腊月十二即浸浴，至二十四日，计十二日，周即漉起③，用微火炡干④。从此珍重箱匣中，半点风湿不受，直待清明抱产⑤。

【注释】

①蚕纸：盛蚕卵的纸。

②参：通“掺”。杂入，拌和。

③漉（lù）起：捞起并让水滴干。

④炡（zhēng）干：烘干。

⑤抱产：孵化。古人有时把蚕纸抱在怀里靠体温孵化，因此又叫抱产。

【译文】

每张蚕纸，用盐仓流出的卤水二升掺些水倒入盂内，将蚕纸浸浮在水面上。石灰浴也是这样。每逢农历十二月十二日开始浴种，到二十四日，共浸足十二天，就捞起来滴干水，再用微火烘干。然后珍藏在箱匣中，不要让半点风寒湿气侵入，一直等到清明才取出孵化。

其天露浴者，时日相同。以篾盘盛纸，摊开屋上，四隅小石镇压，任从霜雪、风雨、雷电，满十二日方收，珍重待时如前法。盖低种经浴则自死不出①，不费叶故，且得丝亦多也。

【注释】

①低种：劣种。

【译文】

用天露浴种的，时间一样。将蚕纸摊在篾盘上，用小石块压住蚕纸的四个角，放在屋顶上，随它被霜雪、风雨、雷电吹打，放够十二天后才收起来，珍藏方法跟前面说的一样。低劣的蚕种经过浴洗，自然会死掉不出，这样既不浪费桑叶又能收得丝多。

晚种不用浴①。

【注释】

①晚种：指二化性（一年孵化二次）的蚕种。也叫夏蚕种。

【译文】

二化性的蚕种不必浴洗。

种忌[1]

凡蚕纸，用竹、木四条为方架，高悬透风避日梁枋之上[2]。其下忌桐油烟、煤火气。冬月忌雪映，一映即空[3]。遇大雪下时，即忙收贮，明日雪过，依然悬挂，直待腊月浴、藏。

【注释】

①种忌：蚕种的禁忌。

②枋（fāng）：方柱形木材。

③冬月忌雪映，一映即空：蚕种在腊月浴、藏以前，禁忌接触低温刺激（所谓"雪映"），否则会在清明之前陆续自行孵化而剩下空卵壳。

【译文】

蚕种纸，用四根竹或木条做成四方框把它张开，悬挂在通风而不被阳光直射的屋梁上。下面禁忌桐油烟和煤火气。冬天禁忌雪光映照，若一照，蚕卵就空了。所以在大雪天时要把它收下来，等雪停了，仍旧挂上去，一直挂到十二月才取下来浴洗，然后收藏。

种类[1]

凡蚕有早、晚二种[2]。晚种每年先早种五六日出，川中者不同[3]。结茧亦在先，其茧较轻三分之一。若早蚕结茧时，彼已出蛾生卵，以便再养矣。晚蛹戒不宜食。

【注释】

①种类：蚕的品种。作者记述了利用杂交优势培育蚕良种的两种方法。

②早、晚二种：早种指一化性蚕（一年孵化一次），晚种指二化性蚕（一年孵化二次）。此外，还有多化性蚕。

③川中：以成都为中心的四川中部地区。

【译文】

蚕有早蚕和晚蚕两种。晚种每年比早种早孵化五六天，四川中部的蚕不一样。结茧也较早，但茧约轻三分之一。当早蚕结茧时，晚蚕已出蛾产卵，以便再重新饲养了。晚蚕蛹禁止食用。

凡三样浴种[①]，皆谨视原记。如一错误，或将天露者投盐浴，则尽空不出矣。

【注释】

①三样浴种：指盐卤水浴、石灰水浴、天露水浴。

【译文】

三样浴种方法，都要仔细看清原来的记号。如果弄错了，或许把天露浴的放到盐卤水里浴洗，蚕卵就会全部变空而不出蚕。

凡茧色唯黄、白二种。川、陕、晋、豫有黄无白，嘉、湖有白无黄。若将白雄配黄雌，则其嗣变成褐茧[①]。黄丝以猪胰漂洗[②]，亦成白色，但终不可染漂白、桃红二色。

【注释】

①若将白雄配黄雌，则其嗣变成褐茧：利用不同茧色的蚕蛾杂交从而产生新茧色蚕种。

②猪胰（yí）漂洗：这是利用胰酶分解丝胶而保存丝索，以使黄茧丝变白的技术措施。当时还不晓得胰酶的存在及其作用。

【译文】

茧色只有黄和白两种。四川、陕西、山西、河南有黄茧而无白茧，嘉兴和湖州有白茧而无黄茧。如果将白茧雄蛾和黄茧雌蛾相交配，它们的下一代便变成了褐茧。黄茧丝用猪胰漂洗，也可以变成白色，但是毕竟不能漂成纯白和染成桃红色。

凡茧形亦有数种：晚茧结成亚腰葫芦样，天露茧尖长如榧子形①，又或圆扁如核桃形。又一种不忌泥涂叶者，名为贱蚕②，得丝偏多。

【注释】

①榧（fěi）：香榧，紫杉科常绿乔木。种子广椭圆形，叫榧子。

②贱蚕：指尚未受人珍视而抗逆力较强的蚕。

【译文】

茧的形状也有几种：晚蚕茧结成束腰葫芦形，天露浴种的蚕茧尖长像榧子，或圆扁像核桃。还有一种不怕吃沾泥桑叶的蚕，名叫“贱蚕”，吐丝反而较多。

凡蚕色亦有纯白、虎斑、纯黑、花纹数种①，吐丝则同。

【注释】

①蚕色：涂本原作“蚕形”，据上下文改。

【译文】

蚕的颜色，有纯白、虎斑、纯黑、花纹等几种，吐丝却是同一样颜色。

今寒家有将早雄配晚雌者,幻出嘉种[①]。一异也。

【注释】

①今寒家有将早雄配晚雌者,幻出嘉种:一化性雄蚕蛾与二化性雌蚕蛾杂交,从而产生良种。

【译文】

现在,贫穷人家有将早种雄蛾和晚种雌蛾相配而得到了良种的。这是一件新鲜事。

野蚕自为茧[①],出青州、沂水等地[②],树老即自生。其丝为衣,能御雨及垢污。其蛾出即能飞,不传种纸上。他处亦有,但稀少耳。

【注释】

①野蚕:指柞(zuò)蚕。因喜食柞树叶得名。也叫山蚕。

②青州、沂(yí)水:今山东益都、沂水一带。

【译文】

野蚕自己结茧,产于青州和沂水一带,树老自然会长出。用野蚕丝做衣服,既能防雨又能耐脏。野蚕蛾一出茧就飞走,不在蚕纸上产卵传种。野蚕别处也有,但很稀少。

抱养[①]

凡清明逝三日[②],蚕眇即不偎衣衾暖气[③],自然生出。蚕室宜向东南,周围用纸糊风隙。上无棚板者宜顶格[④]。值寒冷则用炭火于室内助暖[⑤]。

【注释】

①抱养：抱产（孵化）和饲养。

②逝：时间过去。

③蚕蚴（miáo）：初生的蚁蚕。梁顾野王《玉篇》："蚴，蚕初生。"又清屈大均《广东新语·虫语·八蚕》："凡蚕初出曰蚴。"衾（qīn）：被子。

④顶格：顶上隔开，即装天花板。

⑤值：逢着。

【译文】

清明过后三天，不再用衣、被保暖，蚁蚕就自然孵化出来了。蚕室最好面向东南方，四周墙壁上的缝隙要用纸糊好。室内没有天花板的，要装上顶棚。天气变冷时，室内要用炭火保温。

凡初乳蚕[①]，将桑叶切为细条。切叶不束稻麦稿为之[②]，则不损刀。摘叶用瓮坛盛，不欲风吹枯悴。二眠以前[③]，眷筐方法[④]，皆用尖圆小竹筷提过。二眠以后，则不用箸[⑤]，而手指可拈矣。凡眷筐勤苦，皆视人工。怠于眷者，厚叶与粪湿蒸，多致压死。凡眠齐时[⑥]，皆吐丝而后眠。若眷过，须将旧叶些微拣净。若粘带丝缠叶在中，眠起之时，恐其即食一口，则其病为胀死。三眠已过，若天气炎热，急宜搬出宽凉所，亦忌风吹。凡大眠后[⑦]，计上叶十二餐方眷，太勤则丝糙[⑧]。

【注释】

①乳蚕：喂蚕。乳，以乳汁喂养。

②不（dǔn）：砧板，木墩。

③二眠：第二次休眠。

④眷筐：即腾筐。又称“除沙”。把蚕转移到另一干净筐中，为的是清除原筐中的残叶、蚕粪、脱皮等脏物。眷，通“腾”。

⑤箸（zhù）：筷子。

⑥眠齐（zhāi）：眠而不食。齐，同“斋”。斋戒。

⑦大眠：第四次脱皮前的休眠。蚕的幼虫期一般要经过四次（少数三次）脱皮才成熟而吐丝结茧。《广东新语·虫语·八蚕》：“眠至四而茧成。然眠必齐眠，乃良。齐眠曰大眠。”

⑧太勤则丝糙：蚕喜欢先吃嫩叶，若除沙太勤，则往往把还没吃的营养较丰富的成熟桑叶取走，而影响了蚕的营养，致使丝变粗糙。

【译文】

喂初生的蚁蚕，要把桑叶切成细条。切桑叶的砧板用稻或麦秆扎成，就不会损坏刀口。摘回的桑叶，要用陶瓮、陶坛装好，以免让风吹干。二眠以前，腾筐的方法是用尖圆的小竹筷把蚕夹过去。二眠以后，就可以不用筷子而直接用手拈过去了。腾筐勤不勤，全在于人工。如果懒于腾筐，让残叶堆积加上蚕粪湿气蒸熏，往往会把蚕压死。蚕眠时，都是先吐丝才眠的。腾筐时要把残叶都拣得干干净净。如有粘带丝的残叶留下来，蚕眠起之后哪怕吃上一口也会得病胀死。三眠过后，如果天气炎热，应赶紧把蚕转移到宽敞凉爽的地方，但也怕风吹。大眠过后，要上十二次桑叶才可腾筐，若腾得太勤，蚕丝就会粗糙。

养忌[①]

凡蚕畏香复畏臭。若焚骨灰、淘毛圊者[②]，顺风吹来，多致触死。隔壁煎鲍鱼、宿脂[③]，亦或触死。灶烧煤炭、炉爇沉、檀[④]，亦触死。懒妇便器摇动气侵，亦有损伤。若风则偏忌西南。西南风太劲，则有合箔皆僵者[⑤]。

凡臭气触来，急烧残桑叶烟以抵之[⑥]。

【注释】

①养忌：养蚕的禁忌。这里只谈气味方面的禁忌。

②毛圊（qīng）：厕所。

③鲍（bào）鱼：咸鱼。《孔子家语·六本》："如入鲍鱼之肆，久而不闻其臭。"宿脂：不新鲜而发臭的油脂。

④炉爇（ruò）沉、檀：炉里点燃沉香和檀香。爇，点燃。沉，沉香，瑞香料。檀，檀香，檀香料。

⑤合箔（bó）皆僵：整筐蚕都僵死。其实是得了僵蚕病而死光。箔，养蚕用的竹席之类。

⑥凡臭气触来，急烧残桑叶烟以抵之：这是熏烟换气法，可以取得一定效果。

【译文】

蚕怕香气又怕臭气。如果烧骨灰或掏大粪的臭气顺风吹来，蚕一旦接触到，往往就会被熏死。隔壁煎咸鱼或不新鲜的油脂所散发出来的臭味，也可能把蚕熏死。灶里烧煤炭或炉里点燃沉香或檀香，也会把蚕熏死。摇动懒妇久不倒换的便桶所散发的臭气，对蚕也有损害。如果是刮风，则蚕最怕西南风。西南风刮得很猛时，有整筐蚕都僵死的。

当臭气袭来时，要赶紧烧残桑叶起烟抵挡。

叶料[①]

凡桑叶[②]，无土不生。

嘉、湖用枝条垂压[③]。今年视桑树傍生条[④]，用竹钩挂卧，逐渐近地面，至冬月则抛土压之。来春每节生根，则剪开他栽。其树精华皆聚叶上，不复生葚与开花矣[⑤]。欲叶便剪摘，则树至七八尺，即斩截当顶，叶则婆娑可扳伐[6]，不必乘梯缘木也。

【注释】

①叶料：蚕的食料，主要有桑叶和柘（zhè）叶两种。

②桑叶：即桑科植物桑的叶子。桑树在全国各地都有栽培。

③用枝条垂压：即压条繁殖。

④傍（páng）：通“旁”。

⑤葚（shèn）：桑葚，桑树的聚花果。

⑥婆娑（suō）：扶疏，即枝叶纷披。唐张籍《新桃》诗：“桃生叶婆娑，枝叶四面多。”

【译文】

桑树到处都能生长。

嘉兴、湖州用压条法繁殖。当年选桑树的侧枝，用竹钩拉下，使它逐渐接近地面，到冬天时扒土压住枝条。第二年春天每节都长出根来，便剪开移植。用这种方法育成的桑树，养分都聚积在叶子上，不再开花结桑葚。为了便于采桑叶，可在桑树长到七八尺高时，截去树顶，枝叶便会披散生长，任人随手扳摘，不必登梯爬树。

其他用子种者，立夏桑葚紫熟时取来，用黄泥水搓洗，并水浇于地面，本秋即长尺余，来春移栽。倘灌粪勤劳，亦易长茂。但间有生葚与开花者，则叶最薄少耳。

【译文】

此外，用种子种桑的方法是，在立夏时摘下紫红色成熟的桑葚，用黄泥水搓洗，然后连泥带水一起泼到地里。当年秋天桑树就可长出一尺多高，到第二年春天再移栽。如果经常浇粪水，枝叶也容易长得茂盛。但其中间或有开花结桑葚的，桑叶就又薄又少了。

又有花桑，叶薄不堪用者，其树接过，亦生厚叶也。

【译文】

又有一种花桑，叶太薄不能用，若经过嫁接也能长出厚叶来。

又有柘叶三种[①]，以济桑叶之穷。柘叶浙中不经见，川中最多。寒家用浙种，桑叶穷时，仍啖柘叶[②]，则物理一也[③]。凡琴弦、弓弦丝，用柘养蚕，名曰棘茧，谓最坚韧[④]。

【注释】

①柘（zhè）叶三种：柘又名黄桑或奴柘。桑科。叶可饲蚕，有全缘、二裂和三裂三种。

②啖（dàn）：吃。

③物理：事物的道理。《淮南子·览冥训》："耳目之察，不足以分物理。"

④谓：通"为"。因为，以。

【译文】

还有柘叶三种，可以接济桑叶的不足。柘叶在浙江不常见，四川却最多。贫苦人家养的是浙江蚕种，桑叶不够时，也吃柘叶，道理是一样的。琴弦和弓弦用喂柘叶的蚕的丝，这种茧叫棘茧，因为它的丝最坚韧。

凡取叶必用剪。铁剪出嘉郡桐乡者最犀利[①]，他乡未得其利。剪枝之法，再生条次月叶愈茂，取资既多，人工复便。

凡再生条叶，仲夏以养晚蚕[2]，则止摘叶而不剪条[3]。二叶摘后，秋来三叶复茂，浙人听其经霜自落，片片扫拾，以饲绵羊，大获绒毡之利。

【注释】

①嘉郡桐乡：今浙江桐乡。作者的哥哥宋应昇曾于崇祯四年(1631)赴任桐乡县令。

②晚蚕：二化性蚕，夏蚕。

③止：只，仅。

【译文】

采桑叶必须用剪。嘉兴桐乡出产的铁剪最锋利，其他地方出的比不上它。桑树经剪枝后，再生枝条第二个月就长得更茂盛，这样桑叶又多，又便于采摘。再生枝条的叶，农历五月摘来喂晚蚕，这时只摘叶而不再剪枝。第二次长出的桑叶摘了之后，到秋天第三次长出的桑叶又很茂盛，浙江人让它经霜自落，然后把它全都扫起来喂绵羊，大可获得羊毛织造绒毡的收益。

食忌[1]

凡蚕大眠以后[2]，径食湿叶[3]。雨天摘来者，任从铺地加餐，晴日摘来者，以水洒湿而饲之，则丝有光泽。

【注释】

①食(sì)忌：饲蚕方面的禁忌。食，同“饲”。喂食。

②大眠：蚕第四次脱皮前的休眠。

③径食(sì)：直接喂饲。

【译文】

蚕大眠以后，就可以直接喂湿桑叶了。雨天摘来的叶，可以随便铺在地上喂蚕。晴天摘来的叶，要用水洒湿再喂蚕，丝才有光泽。

未大眠时，雨天摘叶，用绳悬挂透风檐下，时振其绳，待风吹干。若用手掌拍干，则叶焦而不滋润，他时丝亦枯色。

【译文】

蚕大眠以前，雨天摘的桑叶，要用绳子悬挂在通风的屋檐下，经常抖动绳子，让风吹干才喂。如果用手掌拍干，叶就变黄黑而不滋润了，用它来喂蚕，吐的丝也将没有光泽。

凡食叶①，眠前，必令饱足而眠。眠起，即迟半日上叶无妨也②。雾天湿叶甚坏蚕。其晨有雾，切勿摘叶，待雾收时，或晴或雨，方剪伐也。露珠水亦待旰干而后剪摘③。

【注释】

①食（sì）叶：饲叶。

②眠起，即迟半日上叶无妨也：蚕刚眠起时，大颚尚未硬化，消化功能也较差，迟半日（六个小时）喂叶，反而不容易得病。

③旰（xū）干：晾干。

【译文】

喂蚕，临眠前一定要喂饱。眠起后，即使迟半日上叶也无妨。雾天的湿叶对蚕的危害很大。早晨如有雾，一定不要去摘桑叶，等雾散后，不管放晴还是下雨才去剪摘。桑叶上如有露珠，也要等太阳出来晾干后才剪摘。

病症[①]

凡蚕卵中受病，已详前款。出后湿热积压，妨忌在人[②]。初眠沓时，用漆合者[③]，不可盖掩逼出炁水[④]。

【注释】

①病症：本节述蚕病的症状。

②妨：通“防”。

③合：同“盒”。

④炁（qì）：同“气”。

【译文】

蚕在卵中得病的，前面已经说过了。蚕孵出后，防止湿热堆压，就靠人了。一眠龄蚕腾筐时，若用漆盒装，就不要加盖，以免湿气太重。

凡蚕将病，则脑上放光[①]，通身黄色，头渐大而尾渐小[②]。并及眠之时，游走不眠，食叶又不多者，皆病作也。急择而去之，勿使败群。

【注释】

①脑上放光：胸部透亮。古人习惯把蚕的胸部称为脑或头。

②头：这里指蚕的胸部。

【译文】

蚕将要发病时，胸部透亮，通身发黄，头慢慢变大而尾慢慢变小。该眠的时候仍在游走不眠，食叶又不多的，都是病态发生。应迅速拣出病蚕丢掉，以免败坏蚕群。

凡蚕强美者必眠叶面;压在下者,或力弱,或性懒,作茧亦薄。其作茧不知收法,妄吐丝成阔窝者,乃蠢蚕[①],非懒蚕也[②]。

【注释】

①蠢蚕:指不正常的蚕。

②懒蚕:指不健康的蚕。

【译文】

健康而色泽好看的蚕,一定眠在桑叶上面;压在桑叶下面的蚕,不是体弱就是性懒,结的茧很薄。结茧不知收拢而胡乱吐丝成阔窝的,是蠢蚕而不是懒蚕。

老足[①]

凡蚕食叶足候,只争时刻。自卵出蚴[②],多在辰、巳二时[③],故老足结茧,亦多辰、巳二时。老足者,喉下两颊通明[④]。捉时嫩一分[⑤],则丝少;过老一分,又吐去丝,茧壳必薄。捉者眼法高,一只不差方妙。黑色蚕不见身中透光,最难捉。

【注释】

①老足:老熟。指蚕的幼虫成熟了即将吐丝结茧转化为蛹。

②蚴(miáo):初生的蚕。

③辰、巳(sì):十二时辰中的两个时辰。辰指上午七时至九时,巳指上午九时至十一时。

④喉下两颊:此指蚕的胸部第一节两侧。

⑤嫩:未老熟,还需要吃点桑叶。

【译文】

当蚕吃足桑叶到了成熟的时候，要抓紧时间捉蚕作茧。蚕卵孵化出蚁蚕，多在上午七时至十一时，所以老熟结茧，也多在这个时间。老熟的蚕胸部两侧透明。捉蚕时，如果偏嫩一点，吐丝就少；过老一点，又因已吐掉一部分丝，茧壳必定薄。捉蚕的人眼法要高明，一条也没捉错才好。黑色的蚕，因为看不见它胸部两侧是否透明，最为难捉。

结茧[①] 山箔（具图）

凡结茧，必如嘉、湖，方尽其法。他国不知用火烘[②]，听蚕结出，甚至丛秆之内，箱匣之中，火不经，风不透。故所为屯、漳等绢[③]，豫、蜀等绸，皆易朽烂。若嘉、湖产丝成衣，即入水浣濯百余度[④]，其质尚存。

【注释】

①结茧：嘉兴、湖州结茧有两条经验：一是经火，二是透风，所以丝的质量特好。

②他国：其他地方。国，此指一个地域。唐王维《相思》诗："红豆生南国。"

③屯：安徽屯溪。漳：福建漳溪。

④浣濯（zhuó）：洗涤。度：次，回。

【译文】

蚕结茧，要用嘉兴、湖州的方法，才是最好的。其他地方都不知道用火烘，而是任蚕到处吐丝结茧，甚至爬到秆把、箱匣里面，既不经火又不通风。因此，用这种茧丝织成的料子如屯溪、漳溪等地的绢，河南、四川等地的绸，都容易朽烂。如果用嘉兴、湖州产的丝做衣服，即使入水洗涤一百多次，也还是完好的。

其法：析竹编箔（图14）[①]，其下横架料木，约六尺高，地下摆列炭火[②]，炭忌爆炸。方圆去四五尺即列火一盆。初上山时[③]，火分两略轻少，引他成绪[④]，蚕恋火意，即时造茧，不复缘走[⑤]。茧绪既成，即每盆加火半斤，吐出丝来，随即干燥，所以经久不坏也。

【注释】

①箔（bó）：蚕箔。江浙地区叫蚕匾，广东地区叫蚕窝。是用竹篾编织成的帘、筛之类，供养蚕用。

②地下：江西奉新土语，即指地面。

③山：蚕山。又叫蚕簇。供蚕结茧用。

④绪：茧绪，即最初的茧形。

⑤缘走：到处爬行。

图14　山箔

【译文】

嘉兴、湖州的方法是：破竹篾织成蚕箔，箔下面用木料搭架，高约六尺。地面摆列炭火盆，禁用会“爆炸”的炭。每隔四五尺放一个。蚕刚开始上簇结茧时，火力要小一些，以便引蚕吐丝，蚕喜欢温暖而立即结茧，不再到处乱爬了。当茧衣结成后，每个火盆要加半斤炭，使蚕吐出的丝随即干燥，因此，这种丝经久耐用。

其茧室不宜楼板遮盖，下欲火而上欲风凉也。凡火顶上者不以为种，取种宁用火偏者[①]。其箔上山，用麦稻稿斩齐，随手纠捩成山[②]，顿插箔上。做山之人，最宜手健。箔竹稀疏，用短稿略铺洒，妨蚕跌坠地下与火中也[③]。

【注释】

①凡火顶上者不以为种，取种宁用火偏者：火盆顶上结成的茧因温度太高，可能造成蚕蛹死亡、不育或生命力下降，因此不能做种。

②纠捩（liè）：扭结。

③妨：通“防”。

【译文】

茧室不宜盖棚板，下面要加温，上面要通风。火盆正顶上结的茧不能做蚕种，要选用离火盆远些的茧做蚕种。蚕箔上的山用斩齐的麦秆或稻秆随手扭成，插立在箔上。做山的人手艺要熟练。蚕箔稀疏的，可铺一些短秆，以免蚕掉到地面上或火盆里。

取茧

凡茧造三日，则下箔而取之。其壳外浮丝，一名丝匡者[①]，湖郡老妇贱价买去，每斤百文。用铜钱坠打成线，织成湖绸。去浮之后，其茧必用大盘摊开架上，以听治丝、扩绵[②]。若用厨箱掩盖[③]，则浥郁而丝绪断绝矣[④]。

【注释】

①丝匡：茧衣。即蚕开始结茧时吐出的松乱丝缕，起固定位置用，因其纤维细而脆弱，含丝胶又多，不宜缫（sāo）丝但可织绸。

②治丝：缫丝。详见本卷《治丝》一节。扩绵：拉丝绵。详见本卷《造绵》一节。

③厨：同"橱"。

④浥（yì）郁：湿润不通风。

【译文】

结茧后三天，便可以下箔摘茧了。茧壳外面的浮丝，叫作丝匡，湖州的老太婆以低价买回去，每斤一百文钱。用铜钱坠打成线，再织成湖绸。蚕茧剥去浮丝后，必须用大盘摊开放在架上，准备缫丝和拉丝绵。如果用柜子或箱子装蚕茧并把它盖上，就会因湿气太重而断丝。

物害[①]

凡害蚕者，有雀、鼠、蚊三种[②]。雀害不及茧，蚊害不及早蚕，鼠害则与之相终始。防驱之智，是不一法，唯人所行也。雀屎粘叶，蚕食之立刻死烂[③]。

【注释】

①物害：指某些动物对蚕的危害。

②凡害蚕者，有雀、鼠、蚊三种：另外，苍蝇对蚕也有危害，表现是生蛔虫。明末清初方以智《物理小识·蚕法》说："蝇叮蚕则生肚虫。"

③雀屎粘叶，蚕食之立刻死烂：这是一种夸张的说法。

【译文】

危害蚕的动物有雀、鼠和蚊子三种。雀危害不到茧，蚊子危害不到早蚕，老鼠危害则始终存在着。除害办法各式各样，任人实行。雀屎粘在桑叶上，蚕吃了会立即死烂。

择茧

凡取丝，必用圆正独蚕茧，则绪不乱。若双茧并四五蚕共为茧[①]，择去取绵用；或以为丝，则粗甚[②]。

【注释】

①双茧：双宫茧，即两条蚕共同结的茧。

②粗：粗糙，不精致。这是因为丝绪较乱而容易断头的缘故。

【译文】

缫丝一定要选用圆正的单茧，丝才不会乱。如果是双宫茧或由四五条蚕一起结成的同宫茧，就应该拣出来造丝绵；若用来缫丝，丝就很粗劣。

造绵[①]

凡双茧，并缫丝锅底零余[②]，并出种茧壳[③]，皆绪断乱，不可为丝，用以取绵。用稻灰水煮过，不宜石灰。倾入清水盆内。手大指去甲净尽，指头顶开四个，四四数足，用拳顶开，又四四十六拳数[④]，然后上小竹弓。此庄子所谓洴澼絖也[⑤]。

【注释】

①造绵：造丝绵，也叫扩丝绵。

②缫（sāo）丝锅底零余：叫锅底绵，又叫汤茧。缫丝，即煮茧抽丝。

③出种茧壳：种茧出蛾后的茧壳，又叫蛾口茧。

④“手大指去甲净尽”五句：这是拉丝绵的一种操作规程。四四数足，此为一“小抖”。

⑤洴澼絖（píng pì kuàng）：语本《庄子·逍遥游》：“世世以洴澼絖为事。”指漂洗丝绵絮。洴澼，漂洗丝绵絮的声音。絖，丝绵絮。

【译文】

双宫茧、缫丝剩下的断茧、种茧出蛾后的茧壳，丝绪都已断而乱，不可缫丝，只能用来造丝绵。这些茧用稻草灰水煮过后，不宜用石灰。倒入清水盆中。把大拇指的指甲剪干净，用大拇指将茧逐个顶开，顶够四个又合套在一起为一“小抖”。再用拳头顶开，接连顶开四个“小抖”共十六个茧，再合套在小竹弓上。这种操作就是庄子所说的“洴澼絖”。

湖绵独白净清化者，总缘手法之妙。上弓之时，惟取快捷，带水扩开。若稍缓，水流去，则结块不尽解，而色不纯白矣。

【译文】

湖州的丝绵之所以特别洁白干净，全在于手法的巧妙。上弓的时候，动作要快捷，带着水扩开。如果稍微慢一点，水已流掉，丝绵就会缠结在一起而不能均匀扩开，颜色也就不纯白了。

其治丝余者，名锅底绵。装绵衣、衾内以御重寒，谓之挟纩①。

【注释】

①挟纩（jiā kuàng）：把丝绵絮装入衣服或被子里制成丝绵袄或丝绵被。挟，同“夹”。夹取。纩，丝绵絮。又写作“絖”。

【译文】

缫丝剩下的叫“锅底绵”。把它装在衣服或被子里，用来御寒，叫作“挟纩”。

凡取绵人工，难于取丝八倍，竟日只得四两余。用此绵坠打线织湖绸者，价颇重。以绵线登花机者，名曰花绵，价尤重。

【译文】

造丝绵比缫丝费工八倍，一人干一整天才得四两多丝绵。用这种绵坠打成线又织成湖绸，价钱很高。这种绵线用提花机织成花绵，价钱就更高了。

治丝① 缫车（具图）

凡治丝，先制丝车。其尺寸器具开载后图（图15）。

图15 治丝

【注释】

①治丝：缫丝，即煮茧抽丝。这里记述的是边煮茧边缫丝的“热釜”缫丝法。明徐光启《农政全书》记述了另一种“冷盆”缫丝法，即将煮好的茧放在温水盆中再进行缫丝。这样可以防止茧煮得太熟而影响丝的质量。

【译文】

缫丝，要先做缫车。尺寸和部件列在后图上。

锅煎极沸汤。丝粗细视投茧多寡。穷日之力，一人可取三十两。若包头丝则只取二十两①，以其苗长也②。凡绫罗丝，一起投茧二十枚，包头丝只投十余枚。

【注释】

①包头丝：织包头巾用的丝。

②苗长：细。

【译文】

把锅里的水烧开。丝的粗细要看投入锅中的茧数多少而定。一个人干一整天可缫丝三十两。如果是缫包头丝，只能缫二十两，因为它的丝缕比较细。缫绫罗丝，一次投二十只茧；缫包头丝，一次只投十多只。

凡茧滚沸时，以竹签拨动水面，丝绪自见。提绪入手，引入竹针眼①，先绕星丁头②，以竹棍做成，如香筒样。然后由送丝干勾挂③，以登大关车④。断绝之时，寻绪丢上⑤，不必绕接。其丝排匀不堆积者，全在送丝干与磨不之上⑥。

【注释】

①竹针眼：竹针的针眼，集丝成缕用。

②星丁头：滑轮，导丝用。

③送丝干：移丝竿。干，通“竿”。

④大关车：大籆（yuè），又叫籰子，绕丝用。

⑤丢：抛。

⑥磨不（dǔn）：带动送丝竿的脚踏摇柄。

【译文】

当茧滚沸时，用竹签拨动水面，丝头自然露出。用手牵住丝头，穿过竹针眼，绕上星丁头，用竹棍做成香筒状的导丝轮。然后勾挂在移丝竿上，再绕在大关车上。遇到断丝时，可找到丝头搭上去，而不必重新绕接。要使大关车绕丝绕得均匀，关键在于移丝竿和脚踏摇柄配合得好。

川蜀丝车制稍异。其法架横锅上，引四五绪而上，两人对寻锅中绪。然终不若湖制之尽善也。

【译文】

四川的缫车，形制稍有不同，它横架在锅上，两人相对寻找锅里的丝头，一次牵引四五条丝绪上车。但这样终究不如湖州的完善。

凡供治丝薪，取极燥无烟湿者，则宝色不损。

【译文】

用干透不冒烟的柴烧水缫丝，就不会损害丝的珠宝光色。

丝美之法有六字：一曰“出口干”①，即结茧时用炭火烘；一曰“出水干”②，则治丝登车时，用炭火四五两，盆盛，去车关五寸许③。运转如风时，转转火意照干。是曰“出水干”也。若晴光又风色，则不用火。

【注释】

①出口干：目的一是把蛹杀死，二是使丝干燥。

②出水干：目的是使丝干燥。

③车关：篗（yuè）角。

【译文】

使丝质量好，有个六字口诀：一叫“出口干”，即结茧时用炭火烘干；一叫“出水干”，即缫丝上车时，用盆盛四五两炭火，放在离大关车五寸远的地方。当大关车飞快转动时，生丝边转边被烘干。这就叫“出水干”。如天晴又有风，就不必用火烘。

调丝[①]

凡丝议织时，最先用调（图16）。透光檐端宇下，以木架铺地，植竹四根于上，名曰络笃[②]。丝匡竹上，其傍倚柱高八尺处[③]，钉具斜安小竹偃月挂钩[④]，悬搭丝于钩内，手中执籰旋缠[⑤]，以俟牵经织纬之用[⑥]。小竹坠石为活头[⑦]，接断之时，扳之即下。

图16　调丝

【注释】

①调丝：把丝绕在籰子上。

②络笃：绕丝具。又叫“络皿”“丝陀”等。络，缠丝。

③傍（páng）：通“旁”。

④偃（yǎn）月：半月形。

⑤籰（yuè）：绕丝具。又叫篗（yuè）子、握头。

⑥俟：等待。牵经织纬：牵织经线和纬线。

⑦活头：活动的接头。

【译文】

丝准备织时，首先要调丝。在光线好的屋檐下，用木架铺在地上，木架上插四根竹竿，叫作络笃。丝套在它上面，在络笃旁边的柱子上八尺高的地方钉装一根倾斜的小竹竿，竿的一头安个半月形的挂钩，把丝悬挂在钩上，手拿着篗子旋转绕丝，以备牵经织纬时用。小竹竿上拉一根坠着小石块的绳子作为活动的接头，要接断丝时，一拉绳子，挂钩就可落下。

纬络[1] 纺车（具图）

凡丝既篗之后，以就经纬。经质用少，而纬质用多。每丝十两，经四纬六[2]，此大略也。

图17 纺纬

【注释】

①纬络：把丝绕在纬线管上。又叫卷纬、摇纡（yū）。

②经四纬六：因纬线（横线）相对于经线（直线）要织密些织物才平挺好看，才确定这个大概比例。

【译文】

丝绕在篗子上之后，就可以用来牵经卷纬了。经线用丝少，纬线用丝多。每十两丝，经线用四两，纬线用六两，这是个大概。

凡供纬篗，以水沃湿丝[1]，摇车转锭[2]，而纺于竹管之上（图17）。竹用小箭竹[3]。

【注释】

①以水沃湿丝：目的是增强丝的韧性。沃，浇，灌。

②锭（dìng）：锭子。这里指卷纬车上带动纬线管转动的轴。

③小箭竹：一种细竹，即刚竹，质硬且富有弹性。

【译文】

供卷纬用的篗子，先用水把它上面的丝淋湿或浸湿，才摇车转锭，把丝绕在竹管上。竹管是用小箭竹做的。

经具[①] 溜眼 掌扇 经耙 印架（皆有图）

凡丝既篗之后，牵经就织。以直竹竿穿眼三十余，透过篾圈，名曰溜眼[②]。竿横架柱上，丝从圈透过掌扇[③]，然后缠绕经耙之上[④]。度数既足，将印架捆卷[⑤]。既捆，中以交竹二度[⑥]，一上一下间丝，然后扱于筘内[⑦]。此筘非织筘。扱筘之后，以的杠与印架相望[⑧]，登开五七丈（图18）。或过糊者[⑨]，就此过糊；或不过糊，就此卷于的杠，穿综就织[⑩]。

【注释】

①经具：牵经的用具。

②溜眼：经眼。根据其原料的不同可称为篾眼、藤眼、磁眼，等等。

③掌扇：分交用的经牌，或叫分交筘（kòu）。

④经耙：牵经架。广东叫经挞。

⑤印架：卷经架。

⑥交竹：使经线分交的竹竿。又叫分交杆、交棒。

⑦筘（kòu）：这里指分经筘，或叫梳筘。形状像梳子，用来固定经线的位置和密度，控制经面宽窄。另有一种织筘，还兼有打紧纬线的功能。

图18 经具

⑧的杠：经轴。

⑨过糊：上浆。

⑩综（zèng）：综眼，即综丝中部的小孔。织造时，经纱从综眼中穿过。每根综丝控制一根经纱，综丝上下运动时将经纱分开，形成梭口，以便引入纬纱。

【译文】

丝绕在篗子上以后，便可牵经备织。用一条直竹竿钻三十多个小孔，穿上篾圈，名叫溜眼。把这条竹竿横架在柱子上，丝穿过篾圈，再穿过掌扇，然后缠绕在经耙上。当足够长时，就卷在印架上。卷好后，中间用两根交棒把丝分间成一上一下，然后插入梳筘内。这个筘跟织筘不同。穿过梳筘后，把经轴与印架相对拉开五至七丈。如要上浆，就在这时进行，如不上浆，就直接卷到经轴上，以便穿综织造。

过糊[①]

凡糊，用面筋内小粉为质[②]。纱罗所必用[③]，绫绸或用或不用[④]。其染纱不存素质者，用牛胶水为之，名曰清胶纱。糊浆承于箱上，推移染透[⑤]，推移就干（图19）。天气晴明，顷刻而燥，阴天必藉风力之吹也[⑥]。

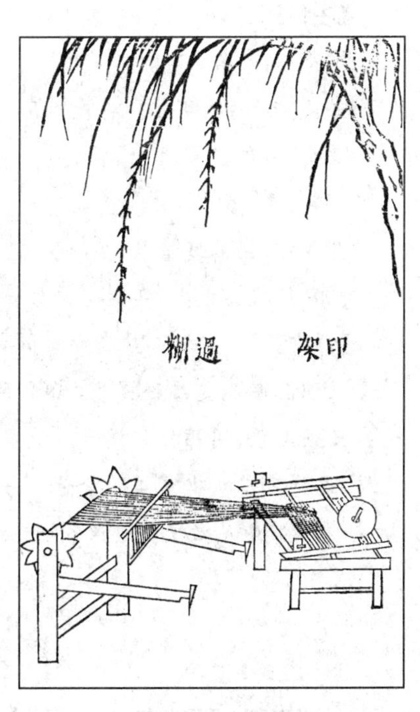

图19　过糊

【注释】

①过糊：上浆。

②面筋内小粉：做面筋（主要成分是不溶性蛋白质）剩下的沉淀，主要成分是淀粉。小粉并不在“面筋内”。

③纱罗：较薄、透气、花纹别致的丝织物。

④绫绸：较厚且有斜纹或提花的丝织物。

⑤染：沾。

⑥藉（jiè）：凭借，利用。

【译文】

浆丝的糊，用做面筋剩下的小粉为原料。织纱罗的丝一定要浆，织绫绸的可浆可不浆。染色丝因失去了原来光滑、不发毛等特性，要用牛皮胶水上浆的，这叫清胶纱。浆料放在箱上，来回推移使丝浆透、晾干。若天气晴朗，很快就能干，阴天则要风力吹干。

边维[①]

凡帛[②]，不论绫、罗，皆别牵边[③]。两傍各二十余缕[④]。边缕必过糊，用箝推移梳干。凡绫罗必三十丈、五六十丈一穿，以省穿接繁苦。每匹应截画墨于边丝之上[⑤]，即知其丈尺之足。边丝不登的杠，别绕机梁之上[⑥]。

【注释】

①边维：边经。

②帛（bó）：丝织物。古代叫帛，到了汉代又叫缯（zèng）。

③别：另外。

④傍：通“旁”。

⑤匹：布帛的度量名。古代一匹长四丈。今则因品种而不同。

⑥别绕机梁之上：实际上是另外绕起来后才挂在机梁上的。

【译文】

丝织品不论是绫还是罗，都要另外牵边。两边各牵经丝二十多根。边经必须上浆，用箝推移梳干。绫罗的经线每三十丈或五六十丈就穿一次箝，这样可以减少穿接的繁劳。每够一匹长就要在边经上用墨划个记号，一看便知道足数了。边丝不绕在经轴上，而是另外绕在织机的梁上。

经数[①]

凡织帛，罗纱箝以八百齿为率[②]，绫绢箝以一千二百齿为率。每箝齿中度经过糊者[③]，四缕合为二缕。罗纱经计三千二百缕，绫绸经计五千、六千缕。古书八十缕为一升[④]。今绫绢厚者，古所谓六十升布也。

【注释】

①经数：经线的数目。

②率（lǜ）：标准。

③度：同“渡”。渡过，越过。

④升：古代布八十缕为升。《礼记·杂记上》：“朝服十五升。”

【译文】

织罗纱的筘以八百齿为标准，织绫绢的则以一千二百齿为标准。每个筘齿中都穿引上浆经丝，把四根合成二根。罗纱的经丝共有三千二百根，绫绸的经丝共有五六千根。古书以八十根为一升，现在较厚的绫绢就是古书所说的六十升布。

凡织花文必用嘉、湖出口、出水皆干丝为经[①]，则任从提挈，不忧断接。他省者即勉强提花[②]，潦草而已。

【注释】

①文：同“纹”。出口、出水皆干丝：结茧和缫丝时都用炭火烘干的丝。

②提花：织花，即用经、纬线绞织花纹。织花时需提起经线，所以叫提花。

【译文】

织花纹必须用嘉兴、湖州在结茧和缫丝时都烘干的丝来做经线。这种丝可以任意提拉都不愁断头。其他省产的丝即使能勉强提花，也是很粗劣的。

机式[①]（具全图）

凡花机[②]，通身度长一丈六尺[③]，隆起花楼[④]，中托衢盘[⑤]，下垂衢脚[⑥]。水磨竹棍为之，计一千八百根。对花楼下堀坑二尺许[7]，以藏衢脚。地气湿者，架棚二尺代之。

【注释】

①机式：花机式样。

②花机：提花织机。

③度：制度，规格。

④花楼：花机上用人力按花本（纹样）控制经线起落的部件。

⑤衢（qú）盘：花机上调整经线开口位置的部件。今叫目板。

⑥衢脚：花机上使经线复位的部件。今叫纹针、下垂。

⑦堀（kū）：江西奉新土语。掘，挖。

【译文】

提花机，通身长一丈六尺，高起的部分叫花楼，中间托有衢盘，下面垂吊着衢脚。用加水磨滑的竹棍制成，共一千八百根。花楼下面挖个二尺深的坑，用来藏放衢脚。地气湿的，可架二尺高的棚代替。

提花小厮坐立花楼架木上（图20）[1]。机末以的杠卷丝，中用叠助木两枝[2]，直穿二木，约四尺长，其尖插于筘两头。叠助，织纱罗者视织绫绢者减轻十余斤方妙[3]。其素罗不起花纹，与软纱绫绢踏成浪、梅小花者，视素罗只加桄二扇[4]，一人踏织自成，不用提花之人闲住花楼，亦不设衢盘与衢脚也。

【注释】

①小厮（sī）：童工或学徒。

②叠助木：织机上打筘用的压木。

③视：比较，比照。

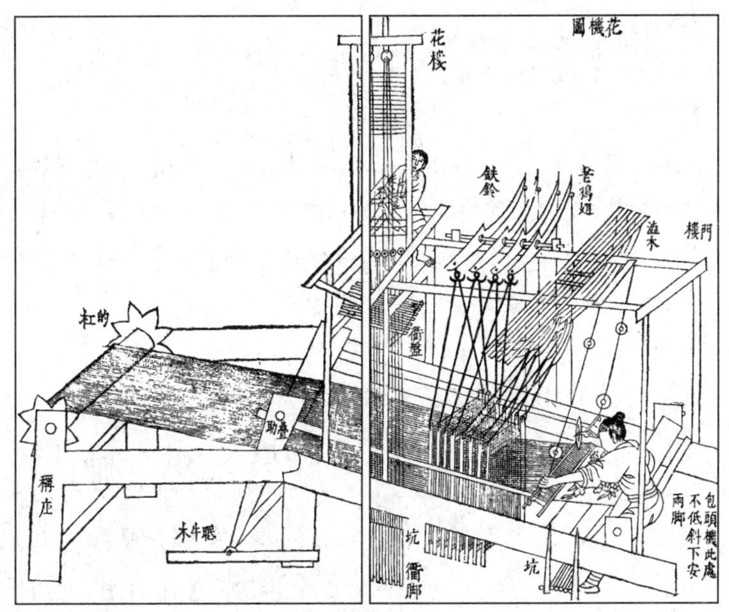

图20 花机

④桄（guàng）：综框。

【译文】

提花的徒工半坐半立在花楼木架上。花机尾部用经轴卷丝，中部用叠助木两根，垂直穿两条长约四尺的木棍，棍尖插入筘的两头。织纱罗的叠助木比织绫绢的轻十多斤才好。织素罗不起花纹，如要在软纱、绫绢上织出波浪、梅花等小花纹时，只要比织素罗多加两片综框，由一个人踏织就行了，用不着一个提花的人闲坐在花楼上，也不必安装衢盘和衢脚。

其机式两接。前一接平安，自花楼向身一接，斜倚低下尺许，则叠助力雄。若织包头细软，则另为均平不斜之机，坐处斗二脚[①]，以其丝微细，防遏叠助之力也。

【注释】

①斗（dòu）：接合，拼合。

【译文】

花机分成两段。前一段水平安放，自花楼朝织工的一段向下倾斜一尺左右，这样叠助木的冲力才大。如果织包头巾等细软织物，就要另做不倾斜的花机，并在人坐的地方装上两个脚架，这是因为包头丝太细，要减少叠助木的冲力。

腰机式[1]（具图）

凡织杭西、罗地等绢，轻、素等绸，银条、巾、帽等纱，不必用花机，只用小机。织匠以熟皮一方置坐下[2]，其力全在腰尻之上[3]，故名腰机（图21）。普天织葛、苎、棉布者，用此机法，布帛更整齐坚泽。惜今传之犹未广也。

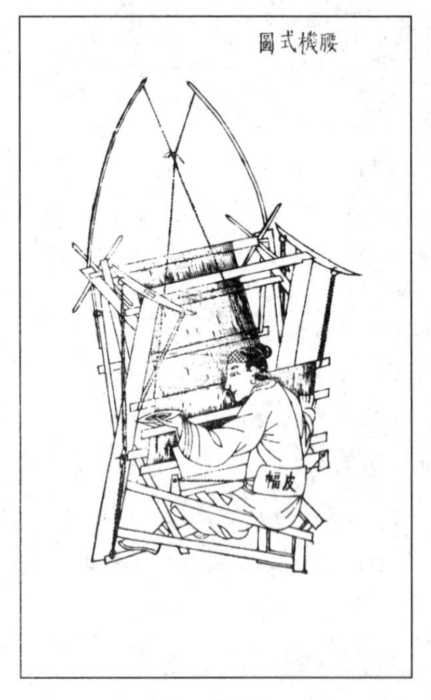

图21 腰机

【注释】

①腰机：一种用来织绢、绸、纱的小机。

②坐下：疑为“腰间”之误。

③尻（kāo）：脊骨的末端，臀部。

【译文】

织杭西、罗地等绢，轻、素等绸，银条、巾、帽等纱，都不必用花机，只用小机就行了。织匠用一块熟皮放在腰间，操作时全靠腰和臀部用力，所以叫作腰机。各地织葛布、苎麻布和棉布的，用这种机织，布就更加整齐结实又有光泽。可惜这种机织法至今尚未推广。

花本[①]

凡工匠结花本者，心计最精巧。画师先画何等花色于纸上，结本者以丝线随画量度[②]，筭计分寸秒忽而结成之[③]。张悬花楼之上，即织者不知成何花色，穿综带经，随其尺寸度数提起衢脚，梭过之后，居然花现。盖绫绢以浮经而见花，纱罗以纠纬而见花。绫绢一梭一提，纱罗来梭提，往梭不提。天孙机杼，人巧备矣。

【注释】

①花本：织花的样稿，俗称纹样。相当于现在提花机上的纹板。

②结本：根据图案织成丝线花本。

③筭（suàn）：同“算”。计算，谋划。秒忽：古代最小的长度单位。《隋书·律历志上》：“《孙子算经》云：‘蚕所生吐丝为忽，十忽为秒，十秒为毫，十毫为厘，十厘为分。’”

【译文】

结花本的工匠，最为心灵手巧。不管画师在纸上先画出什么图案，他都能按照画面量度，精确计算分寸秒忽，用丝线编结出花本来。花本悬挂在花楼上，织匠并不知道会织出什么花样，但穿综带经，按照花本的尺寸提起纹针，投梭以后，花样竟然现出来了。绫绢是以凸起经线来形成花样的，而纱罗是以绞纠纬线来形成花样的。因此，织绫绢，一梭一提；织纱罗，来梭提，回梭不提。天上织女那套纺织技术，人间巧匠都把它掌握了。

穿经[①]

凡丝穿综度经[②]，必用四人列坐。过筘之人，手执筘耙先插，以待丝至。丝过筘，则两指执定，足五、七十筘，则绦结之[③]。不乱之妙，消息全在交竹[④]。即接断，就丝一扯即长数寸，打结之后，依还原度。此丝本质自具之妙也。

【注释】

①穿经：穿综度经的简称。

②穿综度经：丝织的两个工序。先将丝穿过综，然后再过筘（kòu）。每个工序二人操作。

③绦（tāo）结：编结。

④消息：机关上的枢纽。引申为关键。

【译文】

将丝穿过综再穿过织筘，需要四个人前后排坐着操作。穿筘的人，手拿筘耙先插入筘中以准备接丝。丝过织筘后，就用手指抓住，每五十至七十筘合起来编结在一起。丝之所以不乱，关键在于交竹。接断丝时，一拉丝线就能伸长几寸，打结接好后，又会缩回到原来的长度。这是丝本身具有的妙处。

分名[①]

凡罗，中空小路以透风凉，其消息全在软综之中[②]。衮头两扇打综[③]，一软一硬[④]。凡五梭三梭最厚者七梭。之后，踏起软综，自然纠转诸经，空路不粘[5]。若平过不空路而仍稀者曰纱，消息亦在两扇衮头之上。直至织花绫绸，则去此两扇，而用桄综八扇[6]。凡左右手各用一梭交互织者，曰绉纱。凡单经曰罗地[7]，双经曰绢地[8]，五经曰绫地[9]。凡花分实地与绫地[10]，绫地者光，实地者暗。先染丝而后织者曰缎[11]。北土屯绢，亦先染丝。就丝绸机上织时，两梭轻，一梭重，空出稀路者，名曰秋罗，此法亦起近代。凡吴越秋罗、闽广怀素，皆利搢绅当暑服[12]。屯绢则为外官、卑官逊别锦绣用也[13]。

【注释】

①分名：丝织物的种类和名称。

②消息：关键。软综：用绳做综丝的综。

③衮（gǔn）头：即老鸦企。

④一软：指绞综，织平纹或素纹。一硬：指起绞孔，织纠纹或网纹。

⑤自然纠转诸经，空路不粘：指两股经线绞组而形成清晰的纱孔网眼。

⑥桄（guàng）综：辘踏牵引的综。

⑦单经：经线单起单落的织物组织。

⑧双经：经线双起双落的织物组织。

⑨五经：经线每隔四根提起一根的五枚织物组织。

⑩实地：平纹，较暗。绫地：斜纹，较亮。

⑪缎：以缎纹或缎纹作地组织提花织成的丝织物。详见本卷《倭缎》一节。

⑫搢（jìn）绅：高级官吏。

⑬外官：地方官。

【译文】

罗有很多纱孔，可透风凉，织造关键全在软综上。用两扇衮头打综可织平纹,又可起绞孔。织五梭或三梭最多七梭。后,踏起软综,自然会使经丝绞起纱孔,形成清晰网眼。如果普遍起纱孔,经纬都显得稀疏的叫纱,织造关键也在两扇衮头上。等到织花绫绸时,才去掉这两扇衮头,而改用八扇桄综。左右两手各拿着一梭交互织成的叫绉纱。经线单起单落织成的叫罗地,经线双起双落织成的叫绢地,经线每隔四根提一根织成的叫绫地。提花织物分平纹地和斜纹地两种。斜纹地光亮,平纹地较暗。丝先染后织成的叫缎。北方的屯绢也是先染后织的。丝在织机上织时,两梭轻,一梭重,纬稀疏的叫秋罗,这个织法也是近代才有的。江浙的秋罗和闽广的怀素,是供高级官吏做夏服用的。屯绢则是供不够资格穿锦绣的地方官和小官用的。

熟练①

凡帛织就,犹是生丝②,煮练方熟。练用稻稿灰入水煮,以猪胰脂陈宿一晚③,入汤浣之④,宝色烨然⑤。或用乌梅者,宝色略减⑥。凡早丝为经,晚丝为纬者,练熟之时,每十两轻去三两。经纬皆美好早丝,轻化只二两。练后日干张急⑦,以大蚌壳磨使乖钝,通身极力刮过,以成宝色⑧。

【注释】

①熟练:又叫“精练”或“脱胶”。这是利用猪胰酶在碱性环境中分解丝胶而保存丝素,使生丝变成熟丝的一种加工过程。近代已改用碱性蛋白酶了。

②生丝:未除丝胶的丝。其中,丝素约含70%～80%,丝胶约含20%～30%。

③胰脂:其中的胰酶在碱性介质中只分解丝胶而不分解丝素。近代已用碱性蛋白酶2709代替胰脂。

④浣（huàn）：洗濯。

⑤宝色烨（yè）然：珠宝光很显眼。烨然，光辉灿烂。

⑥或用乌梅者，宝色略减：乌梅水带酸性，洗后丝发亮。酸洗应是第二道工序。近代改用稀醋酸洗，丝更亮。

⑦张急：绷紧。后用平光机。

⑧“以大蚌壳磨使乖钝”三句：这叫“刮光”。近代只有白丝缎需要“刮光”，而且已改用硬橡皮刮。

【译文】

丝织品织成后还是生丝，要经过煮练才变成熟丝。煮练时，先用稻草灰水煮，后用猪胰脂浸一晚，再放入热水中洗濯，这样，丝就带有珠宝光。如果用乌梅水煮的，丝的色泽就差一些。用早蚕丝为经线、晚蚕丝为纬线的，经煮练后，每十两减轻三两。经纬线都是上等的早蚕丝的，每十两只减轻二两。煮练后要立刻绷紧晾干，并用磨光滑的大蚌壳用力通身刮过，使它呈现珠宝光泽。

龙袍[①]

凡上供龙袍[②]，我朝局在苏杭[③]。其花楼高一丈五尺，能手两人，扳提花本，织过数寸即换。龙形各房斗合，不出一手。赭黄亦先染丝[④]，工器原无殊异，但人工慎重与资本皆数十倍，以效忠敬之谊。其中节目微细，不可得而详考云。

【注释】

①龙袍：皇帝穿的绣有龙形图纹的袍。

②上供（gòng）：上交朝廷。

③我朝局：杨素卿刊本为“大明朝局”。

④赭（zhě）：红褐色。

【译文】

上贡皇帝的龙袍，本朝织局设在苏杭。龙袍织机的花楼高一丈五尺，两个织造能手，拿着花本提花，每织过几寸之后，就换另两个人织。龙形图案就是这样由几个织房分织接合而成的，并非出自一人之手。龙袍上的红黄色丝是先染后织的，织具没有什么特别，但人工慎重，人工和成本都要加几十倍，以表示对朝廷的忠诚敬重。其中细节很多，未能详细考察。

倭缎①

凡倭段②，制起东夷③，漳、泉海滨效法为之。丝质来自川蜀，商人万里贩来，以易胡椒归里。其织法亦自夷国传来。盖质已先染，而斫绵夹藏经面，织过数寸，即刮成黑光④。北虏互市者见而悦之⑤。但其帛最易朽污，冠弁之上⑥，顷刻集灰；衣领之间，移日损坏⑦。今华、夷皆贱之，将来为弃物⑧，织法可不传云。

【注释】

①倭（wō）缎：即漳缎。本文所指实际并非漳缎而是漳绒。两者都是享有盛名的立体织物。在织造过程中将一部分经线用割绒的办法形成绒毛，而这部分绒毛就凸出在织物表面形成立体结构。漳绒绝大部分为绒毛构造，仅小部分显出地纹组织形成的凹形花纹；漳缎则由少数绒毛构成凸出花纹。

②段：同“缎”。锦缎。

③东夷：日本。

④“斫（zhuó）绵夹藏经面”三句：把截断的铜线沿着纬线织进去，每织成经面几寸后，沿着铜线把上面的经线割断以形成绒。抽出

铜线而反复操作下去。

⑤北虏：对北方少数民族的蔑称。互市：国家或民族之间的贸易活动。

⑥冠弁（biàn）：帽子。

⑦损：涂本作“捐”，据杨本等改。

⑧今华、夷皆贱之，将来为弃物：其实，漳绒作为衣冠已逐渐淘汰，作为装饰品还是方兴未艾的。

【译文】

倭缎是日本创制的，漳州、泉州等沿海地区加以仿造。织缎的丝来自四川，商人不远万里贩运来卖，再买胡椒回去。织缎法也是从日本传来的。丝先染色，把截断的铜丝作为纬线暂时织入经线之中，织过经面几寸以后，就割断经线起绒，然后刮成黑光。北方少数民族在互市上一见到它就喜欢。但这种织物最容易脏损，用它做的帽子很快就积满了灰尘，用它做的衣领没几天就破损了。现在国内外都不大喜欢它，将来会被淘汰掉，织法也就可以不传了。

布衣[①] 赶 弹 纺（具图）

凡棉布御寒，贵贱同之。棉花，古书名枲麻[②]，种遍天下。种有木棉、草棉两者[③]，花有白、紫二色，种者白居十九，紫居十一。

【注释】

①布衣：明朝以前，平民穿的布衣，实际上是麻布而不是棉布。棉布直至宋朝末年还是很珍贵的东西。元成宗元贞年间（1295—1296），黄道婆把棉纺技术从海南岛带回松江乌泾，松江便成了元代植棉中心之一。明太祖朱元璋下令全国种棉。《明史·食货志》云：“太祖立国，即下令：民田五亩至十亩者栽桑、麻、木棉各

半亩，十亩以上倍之。”到了明中叶以后，棉布才成为全国流通的商品，成为人们普遍穿用的服装原料，出现了“凡棉布御寒，贵贱同之”的局面。

②枲（xǐ）麻：大麻的雄株，作者误以为枲麻是棉花。其实，大麻雌雄异株，雄的叫枲，雌的叫苴（jū）。枲麻纤维少但强度高，可以纺织；苴麻纤维粗硬，色黑，不宜纺织，但籽可榨油。

③木棉：又名中棉、亚洲棉、树棉。锦葵科，多年生。自印度传入，初以广东、海南岛最盛，十三世纪已广植于长江、黄河流域。草棉：又名小棉、非洲棉、阿拉伯棉。锦葵科，一年生。据《农桑辑要》说，十三世纪经中亚细亚传入我国新疆、甘肃、陕西一带。

【译文】

用棉布御寒，达官显贵和平民百姓都可以这样做。棉花，古书称为枲麻，各地都有种植。棉有木棉、草棉两种，棉絮有白、紫两种，种白色棉絮的占十分之九，紫色的只占十分之一。

凡棉春种秋花，花先绽者逐日摘取[①]，取不一时。其花粘子于腹，登赶车而分之（图22）[②]。去子取花，悬弓弹化（图23）。为挟纩温衾袄者[③]，就此止功。弹后以木板擦成长条（图24），以登纺车，引绪纠成纱缕（图25），然后绕籰牵经就织。凡纺工能者一手握三管[④]，纺于锭上。捷则不坚。

【注释】

①绽（zhàn）：开裂。

②赶车：轧花机。除棉籽用。

③挟纩（jiā kuàng）：把丝绵絮装入衣服或被子里制成丝绵袄或丝绵被。纩，丝绵絮。

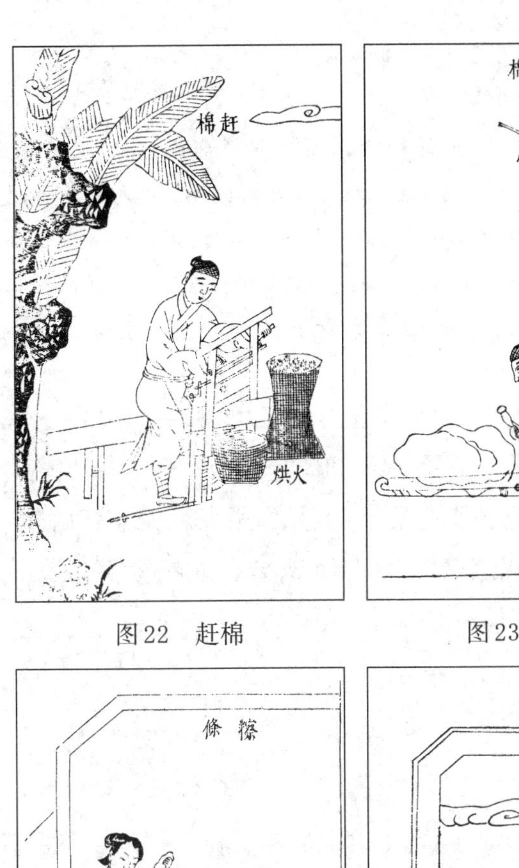

图22　赶棉

图23　弹棉

图24　擦条

图25　纺缕

④管：棉管。纺锤。

【译文】

棉花都是春天种，秋天结棉桃的，棉桃先吐絮的先摘，收摘期不一致。棉絮和棉籽粘在一起，要经过轧花机才能分开。去籽取出棉花，用弹弓弹松。棉被、棉袄用的棉絮，加工到此为止。然后，用木板搓成长条，再用纺车纺成棉纱，然后绕在籰子上，就可以牵经织布了。熟练的纺纱工，一只手能同时握三个纺锤把棉纱纺在锭子上。纺得太快，棉纱就不结实。

凡棉布寸土皆有，而织造尚松江①，浆染尚芜湖。凡布缕紧则坚，缓则脆。碾石取江北性冷质腻者②。每块佳者值十余金。石不发烧，则缕紧不松泛。芜湖巨店，首尚佳石。广南为布薮而偏取远产③，必有所试矣。为衣敝浣④，犹尚寒砧捣声，其义亦犹是也。

【注释】

①松江：今上海。

②腻：滑腻，细腻。

③广南：广东南部。屈大均《广东新语·地语》："地至广南而尽。尽者，尽之于海也。"薮（sǒu）：聚集处。

④浣：洗涤。

【译文】

棉布各地都有，织造以松江为最好，浆染以芜湖为最好。纱缕纺得紧的布就结实，否则就比较脆弱。碾石要选江北性冷质滑的。好的每块值十几两银子。碾布时不发烧，布缕就紧而不松散。芜湖的大布店最看重好碾石。广东南部是棉布聚集的地方，他们偏要远地出产的碾石，想必是试用过了的。这和人们漂洗衣裳，也注重找性冷的石砧来捣舂的道理是一样的。

外国，朝鲜造法相同，惟西洋则未核其质，并不得其机织之妙。凡织布有云花、斜文、象眼等，皆仿花机而生义。然既曰布衣，太素足矣[①]。织机十室必有，不必具图。

【注释】

①太素：语本《列子·天瑞》："太素者，质之始也。"原指构成宇宙的初始物质，引申为朴素。

【译文】

至于外国布，朝鲜的造法相同，只是西洋的还没研究，不了解它机织的奥妙。织布有云花、斜纹、象眼等花纹，都是仿花机织出来的。但既然是布衣，朴实就行了。织布机已很普遍，不必附图了。

枲著[①]

凡衣衾挟纩御寒，百人之中，止一人用茧绵，余皆枲著。古缊袍[②]，今俗名胖袄[③]。棉花既弹化，相衣衾格式而入装之[④]。新装者附体轻暖，经年板紧，暖气渐无，取出弹化而重装之，其暖如故。

【注释】

①枲（xǐ）著：这里指棉被服。

②缊（yùn）袍：以乱麻为絮的袍子。《论语·子罕》："衣敝缊袍，与衣狐貉者立而不耻者，其由也与？"朱熹注："缊，枲著也；袍，衣有著者也。盖衣之贱者。"宋应星误以为这是棉袍。

③胖（pāng）袄：棉袄。

④相（xiàng）：视。

【译文】

做棉衣、棉被御寒，用丝绵的人只有百分之一，其余的人都用棉絮。古书上说的“缊袍”，今天俗名叫“胖袄”。棉花弹松后，根据衣、被的格式装进去。新装的穿或盖起来既轻又暖，一年以后，就会逐渐板紧而不保暖了，这时把棉花取出弹松，再装进去，又会像原先那样暖和了。

夏服①

凡苎麻无土不生②。其种植有撒子、分头两法③。池郡每岁以草粪压头④，其根随土而高。广南青麻⑤，撒子种田茂甚。色有青、黄两样。每岁有两刈者，有三刈者，绩为当暑衣裳、帷帐⑥。

【注释】

①夏服：夏天穿的衣服，主要指麻布和葛布。这两者吸湿和排湿都比其他纤维快，所以夏天穿起来感到凉快。

②苎（zhù）麻：荨麻科，多年生草本。一年可收割三次。其茎皮纤维可织麻布。国外称之为“中国草”。

③分头：分株。

④池郡：明池州府。在今安徽贵池、青阳、东至一带。

⑤广南：广东南部。青麻：青叶苎麻。苎麻的一个变种。

⑥绩：纺绩。把麻搓成线织成布。

【译文】

苎麻到处可生。种植有播种和分株两种方法。池州府每年用草粪壅在株头上，根茎就会随土而长高。广东南部的青麻是在田里撒子种植的，长得很茂盛。颜色有青、黄两种。每年收割两次或三次，纺织成布，做夏天的衣服和帷帐。

凡苎皮剥取后，喜日燥干，见水即烂。破析时则以水浸之，然只耐二十刻[①]，久而不析则亦烂。苎质本淡黄，漂工化成至白色。先用稻灰、石灰水煮过，入长流水再漂，再晒，以成至白[②]。

【注释】

①刻：我国古代计时单位。在清代使用时钟之前，以铜漏计时，一昼夜分为一百刻。一刻相当于今十四分二十四秒。

②“先用稻灰、石灰水煮过”四句：苎麻外皮难以用沸水脱胶，所以要用这种化学脱胶法。通过漂和晒变白的原理是，利用日光紫外线进行界面化学反应产生的臭氧（O_3）把麻缕的生色基团变成无色基团，从而达到漂白目的。

【译文】

苎麻皮剥取下来后，最好晒干，若潮湿则腐烂。撕纤维时，要先用水浸，但只能浸五个小时以内，浸太久不撕就会烂掉。苎麻本来是淡黄色的，漂工把它加工成白色。先用稻草灰、石灰水煮过，再放到流水中漂洗，晒干，就变得很白。

纺苎纱，能者用脚车，一女工并敌三工。惟破析时，穷日之力只得三五铢重[①]。织苎机具与织棉者同。凡布衣缝线，革履串绳[②]，其质必用苎纠合。

【注释】

①铢（zhū）：我国古代重量单位。二十四铢为一两，十六两为一斤。

②革履：皮鞋。

【译文】

纺苎纱，能手用脚踏纺车，一个熟练的女工抵得上三个普通工。然而，撕一天苎麻只能得到三五铢。织苎麻的机具与织棉布的相同。缝布衣的线，缝合皮鞋鞋帮与鞋底的绳，都是用苎麻搓成的。

凡葛蔓生，质长于苎数尺，破析至细者，成布贵重。

【译文】

葛是蔓生的，它的纤维比苎麻长几尺，若撕得很细，织成的布就很贵重。

又有苘麻一种[①]，成本甚粗，最粗者以充丧服。即苎布，有极粗者，漆家以盛布灰[②]，大内以充火炬[③]。

【注释】

①苘（qǐng）麻：俗称青麻。锦葵科，一年生草本。茎皮纤维可织麻布。

②以盛布灰：布灰是招布和刮灰（刮腻子）两套工序的缩语。漆工在油漆前，先用油漆腻子遍刮木器表面，然后将粗麻布蒙上并绷紧，在其上再刮油漆腻子，使之平坦且与原来所刮腻子相粘合而看不到布纹，待干后再上漆。

③大内以充火炬：皇宫用它来点火把。作者在《野议·军饷议》中要求节省无益上贡，指出："袁郡解粗麻布，内府用蘸油充火把。节省一年，万金出矣。"

【译文】

另有一种苘麻，织成的布很粗，最粗的用来做丧服。即使是苎布，也有非常粗的，漆工用它来招布和刮灰，皇宫用它来做火把。

又有蕉纱[①]，乃闽中取芭蕉皮析缉为之，轻细之甚，值贱而质枵[②]，不可为衣也。

【注释】

①蕉纱：这里指芭蕉的茎纤维。此外，香蕉、野蕉、蕉麻等的茎纤维均可织布。

②枵（xiāo）：空。这里指布的纱缕稀薄。

【译文】

还有一种蕉纱，是福建人用芭蕉皮撕搓后织成的，轻细得很，但稀薄而价贱，不能做衣服。

裘[①]

凡取兽皮制服，统名曰裘。贵至貂、狐[②]，贱至羊、麂[③]，值分百等。

【注释】

①裘（qiú）：皮衣。

②貂（diāo）：貂鼠。主要有紫貂和水貂两种。本文指的是紫貂。哺乳纲，鼬科。毛皮极为珍贵。狐：哺乳纲，犬科。我国有北狐和南狐两种，毛皮极为珍贵。

③麂（jǐ）：哺乳纲，鹿科。似鹿而比鹿小。我国有黄麂、黑麂和赤麂等种，麂皮细软。是绒面革的上乘原料。

【译文】

用兽皮做的衣服统称为裘。贵重的有貂皮、狐皮等，便宜的有羊皮、麂皮等，价格等级有上百种。

貂产辽东外徼建州地及朝鲜国[①]。其鼠好食松子，夷人夜伺树下，屏息悄声而射取之。一貂之皮，方不盈尺。积六十余貂，仅成一裘。服貂裘者，立风雪中，更暖于宇下；眯入目中[②]，拭之即出，所以贵也。色有三种：一白者曰银貂，一纯黑，一黯黄。黑而毛长者，近值一帽套已五十金。

【注释】

①外徼（jiào）建州地：明建州卫。关外辽宁新宾、吉林珲（hún）春等边区。徼，边界。

②眯（mǐ）：异物进入眼中。

【译文】

貂产于东北辽宁、吉林等边区和朝鲜国。貂鼠好吃松子，那里的人晚上静候在树下伺机射取。一张貂皮不够一尺见方，六十多张才能连制成一件皮衣。穿貂皮衣的人，站在风雪中，会觉得比待在屋里暖和；遇有灰沙入眼时，用貂皮毛一抹就出来了，貂皮因此很贵重。貂皮颜色有三种：一种白色的叫银貂，一种纯黑，一种暗黄。黑色毛长的帽套最近值一件五十两银子。

凡狐、貉[①]，亦产燕、齐、辽、汴诸道。纯白狐腋裘价与貂相仿；黄褐狐裘，值貂五分之一，御寒温体功用次于貂。凡关外狐[②]，取毛见底青黑，中国者吹开见白色，以此分优劣。

【注释】

①貉（hé）：又名狸或狗獾。哺乳纲，犬科。外形如狐，但体较胖，尾较短，毛皮珍贵。

②关外：指山海关以外的辽宁、吉林、黑龙江三省。

【译文】

狐、貉产于河北、山东、辽宁、河南等地。纯白的狐腋皮衣价格与貂皮差不多；黄褐色的狐皮价格为貂皮的五分之一，御寒保暖功能也比貂皮差。关外出产的狐皮，拨开毛看见皮板是青黑色的，内地出产的却是白色，用这个方法可分别优劣。

羊皮裘，母贱子贵。在腹者名曰胞羔，毛文略具。初生者名曰乳羔，皮上毛似耳环脚。三月者曰跑羔，七月者曰走羔。毛文渐直。胞羔、乳羔，为裘不膻。古者羔裘为大夫之服[①]，今西北搢绅亦贵重之。其老大羊皮，硝熟为裘[②]，裘质痴重，则贱者之服耳，然此皆绵羊所为。若南方短毛革，硝其鞟如纸薄[③]，止供画灯之用而已。服羊裘者，腥膻之气，习久而俱化，南方不习者不堪也，然寒凉渐杀，亦无所用之。

【注释】

①大夫：古官职名。周代在国君之下有卿、大夫、士三等，各等又分上、中、下三级。后因以大夫为任官职者之称。

②硝熟：用芒硝（$Na_2SO_4 \cdot 10H_2O$）等鞣制毛皮。

③鞟（kuò）：去毛的兽皮。

【译文】

羊皮衣，老羊皮价贱，幼羊皮贵重。胎羔叫胞羔，皮上略有毛纹。初生羔叫乳羔，皮上的毛弯卷得像耳环脚一样。三个月龄的叫跑羔，七个月龄的叫走羔。毛纹逐渐变直了。用胞羔和乳羔皮做的皮衣没有羊骚味。古时候，羔羊皮衣是大夫的服装，现在西北的高级官吏也很看重它。老羊皮“硝熟”做成的皮衣很笨重，是穷人穿的，这些都是绵羊皮。如果是南方的短毛山羊皮，“硝熟”后薄得像纸，只能用来做画灯。穿羊皮衣有膻味，但穿习惯而且穿久了膻味也就消失了，南方不习惯穿它的人就受不了，好在越往南气候越暖，皮衣也就用不着了。

麂皮去毛，硝熟为袄裤，御风便体，袜靴更佳。此物广南繁生外，中土则积集楚中，望华山为市皮之所[①]。麂皮且御蝎患[②]，北人制衣而外，割条以缘衾边，则蝎自远去。

【注释】

①望华山：疑为"望楚山"之误。在今湖北襄阳。市：交易，买卖。

②蝎（xiē）：蛛形纲，钳蝎科。毒虫。有一尾刺，内具毒腺。

【译文】

麂皮去毛鞣制成的袄裤，穿起来又轻便又挡风，做成的鞋袜就更好。麂在广东南部很多，中原地区则集中在湖北、湖南一带，望楚山是毛皮交易的场所。麂皮还能防御蝎子，北方人除了用它做衣服外，还把它割成长条来做被边，蝎子就自然远远避开了。

虎豹至文，将军用以彰身；犬豕至贱，役夫用以适足；西戎尚獭皮[①]，以为毳衣领饰[②]。襄、黄之人[③]，穷山越国，射取而远货，得重价焉。殊方异物，如金丝猿[④]，上用为帽套；扯里狲[⑤]，御服以为袍，皆非中华物也。兽皮衣人，此其大略。方物则不可殚述。飞禽之中，有取鹰腹雁胁毳毛，杀生盈万乃得一裘，名天鹅绒者，将焉用之？

【注释】

①獭（tǎ）：又名水獭。哺乳纲，鼬科。皮毛棕色，很珍贵。明末清初方以智《物理小识》卷十："其皮不著尘垢，故贵之。"

②毳（cuì）：鸟兽的细毛。

③襄、黄：襄阳府（今湖北襄阳一带）和黄州府（今湖北黄冈一带）。

④金丝猿：即金丝猴，哺乳纲，疣猴科。我国特产动物，毛质柔软，极

为珍贵。

⑤扯里狲（sūn）：又名猞猁狲。哺乳纲，猫科。毛皮贵重。

【译文】

虎豹皮有美丽的花纹，将军穿上它可以显示威武；狗皮与猪皮最低贱，役夫用它来做鞋穿；西北少数民族喜欢用獭皮做细毛皮衣的衣领。襄阳府、黄州府一带的人们，翻山越岭去猎取獭，运到远处去卖，可以赚到很多钱。其他地方的特产，如金丝猴，皮可供皇帝做帽套；又如猞猁狲，皮可供皇帝做皮袍，这些都不是内地出产的。这是用兽皮做衣服的大概情形。各地特产不可能一一记述了。至于飞禽，有取鹰腹和雁腋细毛来做衣料的，要杀上万只才能制成一件天鹅绒，耗费这么大，又有什么用呢？

褐　毡①

凡绵羊有二种。一曰蓑衣羊②。剪其毳为毡、为绒片，帽袜遍天下，胥此出焉③。古者西域羊未入中国，作褐为贱者服，亦以其毛为之。褐有粗而无精，今日粗褐亦间出此羊之身。此种自徐淮以北州郡无不繁生④，南方唯湖郡饲畜绵羊⑤。一岁三剪毛。夏季希革不生⑥。每羊一只，岁得绒袜料三双，生羔牝牡合数得二羔⑦，故北方家畜绵羊百只，则岁入计百金云。

【注释】

①褐：粗毛布。毡（zhān）：毛毡（毛制无纺布）。

②蓑（suō）衣羊：即蒙古羊。

③胥（xū）：都是。

④徐淮：指江苏徐州地区和淮河流域。

⑤南方唯湖郡饲畜绵羊：这种羊叫湖羊，羔皮著称于世。湖郡，湖州府，因地滨太湖得名。

⑥希革：脱毛。

⑦牝牡（pìn mǔ）：雌雄。

【译文】

绵羊有两种。一种叫蓑衣羊。剪下细毛可以做毡或绒片，各地的绒帽和绒袜都是以它为原料的。古时西域羊还没传入内地以前，穷人穿的粗毛布衣就是用这种蓑衣羊毛做的。毛布因此只有粗糙的而没有精致的，现在有的粗毛布也是用这种羊毛做的。这种羊在徐州和淮河流域以北养得很多，南方只有湖州才有饲养。一年剪毛三次。夏季不长新毛。每只羊一年剪下的毛可以做三双绒袜，还可以生二只羊羔，所以北方人家如果养一百只绵羊，一年就可收入一百两银子。

一种矞芀羊[①]。番语。唐末始自西域传来，外毛不甚蓑长，内毳细软，取织绒褐，秦人名曰山羊，以别于绵羊。此种先自西域传入临洮，今兰州独盛，故褐之细者皆出兰州，一曰兰绒。番语谓之孤古绒，从其初号也。山羊毳绒亦分两等：一曰挡绒，用梳栉挡下[②]，打线织帛，曰褐子、把子诸名色；一曰拔绒，乃毳毛精细者，以两指甲逐茎挦下[③]，打线织绒褐。此褐织成，揩面如丝帛滑腻。每人穷日之力，打线只得一钱重，费半载工夫方成匹帛之料。若挡绒打线，日多拔绒数倍。凡打褐绒线，冶铅为锤，坠于绪端，两手宛转搓成。

【注释】

①矞芀（yù lì）羊：即羖䍽（gǔ lì）羊。

②栉（zhì）：梳篦的总称。捣（chōu）下：梳下。

③挦（xún）：拔。

【译文】

另一种羊叫作羖䍽羊。西部地区少数民族语。唐代末年才从西域传来，这种羊外毛没有蓑衣羊的外毛长，内毛很细软，用来织绒毛布，陕西人叫它"山羊"，以区别于绵羊。这种羊先从西域传到甘肃临洮，现在兰州最多，所以细毛布都来自兰州，又叫兰绒。西部少数民族叫它孤古绒，这是沿用它原来的名称。山羊的细毛绒又分两个等级：一种叫捣绒，是用梳篦把羊毛梳下来打线织成的毛布，有褐子、把子等名称；另一种叫拔绒，是细毛中比较精细的，用两个指甲逐根把它从羊身上拔下再打线织成的绒毛布。这种绒毛布，摸起来像丝织品那样光滑柔软。一人拔一整天的绒毛只够打一钱重的线，要花半年功夫才凑够一匹绒布的毛料。如果是用捣绒打线，一天要比拔绒多打几倍。打绒线时，铸铅为锤并用它坠着线端，两手宛转搓成。

凡织绒褐机，大于布机。用综八扇，穿经度缕，下施四踏轮，踏起经隔二抛纬，故织出文成斜现。其梭长一尺二寸。机织、羊种皆彼时归夷传来[1]，名姓再详。故至今织工皆其族类，中国无与也。

【注释】

①归夷：归附的少数民族。

【译文】

织绒毛布机，大于织布机。用八扇综，穿经过缕，下面装有四个踏轮，每踏起两根经线就过一次纬线，因而织成斜纹。梭长一尺二寸。机织方法和羊种都是当时归附的少数民族传来的，姓名待查考。所以直至现在织工都是那个民族的人，而没有内地人。

凡绵羊剪毳[①]，粗者为毡，细者为绒。毡皆煎烧沸汤投于其中搓洗，俟其粘合，以木板定物式，铺绒其上，运轴擀成[②]。凡毡、绒白、黑为本色，其余皆染色。其氍俞、氆鲁等名称[③]，皆华夷各方语所命。若最粗而为毯者，则驽马诸料杂错而成[④]，非专取料于羊也。

【注释】

①毳（cuì）：细毛，又叫寒毛。

②擀（gǎn）：用棍棒来回碾压。

③氍（qú）俞：即氍毹（yú）。毛织的地毯。氆（pǔ）鲁：即氆氇（lǔ）。藏语音译。藏族手工生产的一种羊毛织品。

④驽马：劣马。

【译文】

剪取绵羊的细毛，粗的做毡，细的做绒。毡都是将羊毛放到沸水里搓洗，等到粘合后，再用木板格成一定的式样，把绒铺在上面用轴擀成的。毡、绒的本色是白或黑，其他颜色则都是加染的。氍毹、氆氇等名称都是来自方言。至于做毯子用的最粗糙的毛，则是掺杂有劣马之类的毛的，而并非是纯羊毛。

彰施第三卷

【题解】

本卷讲服装染色。彰施，语本《尚书·益稷》："以五采彰施于五色，作服，汝明。"意思是用五种色彩染在五种服装上，以表明等级的尊卑。所谓五色，指青（象征木）、赤（象征火）、黄（象征土）、白（象征金）、黑（象征水）。一般以色彩明度高的黄色、红色为尊，以色彩明度低的灰色、黑色为卑。但是各个朝代因其五德不同而崇尚不同色彩，例如：夏（木德）尚青色，商（金德）尚白色，周（火德）尚红色，秦（水德）尚黑色，唐（土德）尚黄色，明（火德）尚红色，清（水德）尚黑色。

本卷是对我国传统染色技术的系统总结。字里行间映射出色彩科学和色彩文化。染色的主要染料有蓝淀（蓝色）、红花（红色）和槐花（黄色）三种（三基色）。通过不同的比例组合及染色工艺，可以从中染出原色（红、黄、蓝三色）、间色（由两种原色调配而成的颜色，如橙色、绿色、紫色等）或复色（由一种原色和一种间色调配而成的颜色，如绿紫色、金黄色、茶褐色、油绿色等）。通过科技手段将三种染料变幻出二十八种染料，充分显示出"天工开物"的科技创新魅力。

宋子曰：霄汉之间[①]，云霞异色；阎浮之内[②]，花叶殊形。天垂象而圣人则之[③]，以五彩彰施于五色。有虞氏岂无所用其心哉[4]？飞禽众而凤则丹[5]，走兽盈而麟则碧[6]。夫林林青衣望阙而拜黄朱也[7]，其义亦犹是矣。君子曰："甘受和，白受采。"[8]世间丝、麻、裘、褐，皆具素质，而使殊颜异色得以尚焉[9]。谓造物不劳心者，吾不信也[10]。

【注释】

①霄汉：天空。

②阎浮：梵文的音译。阎浮是佛教经典中所谓四大部洲之一，这里指大地。

③天垂象而圣人则之：语出《周易·系辞上》："天垂象，见吉凶，圣人象之；河出图，洛出书，圣人则之。"垂，呈现。则，效法。

④有虞氏：即虞舜。我国古代传说中的一个帝王。

⑤凤：凤凰。

⑥麟：麒麟。

⑦青衣：古代低贱者穿的黑色衣服。这里指代平民百姓。阙(què)：皇宫。黄朱：黄袍朱衣。这里指代帝王。

⑧"君子曰"三句：语本《礼记·礼器》："君子曰：'甘受和，白受采。'"意思是说，甜味是众味之本，所以能调和各种味道；白色是五色之本，所以能染成各种颜色。

⑨尚：加在上面。

⑩谓造物不劳心者，吾不信也：作者把自然界加以拟人化，说它也是劳心的，带有"物活论"的思想色彩。造物，指发育万物的自然界。

【译文】

天空中的云霞色彩缤纷，大地上的花叶绚丽多姿。大自然显示出这种种现象而圣人就加以仿效，按照五种色彩染成五种服色。难道虞舜没有他的意图吗？飞禽众多而只有凤凰丹红无比，走兽成群而唯独麒麟碧绿异常。穿着黑色衣服的平民百姓,望着皇宫向穿着黄袍朱衣的帝王朝拜,道理是一样的。君子说:"甜味可以调和各种味道,白色可以染成各种颜色。"世间的丝、麻、皮衣和粗毛布的质地都是素色的,因此可以染成各种颜色。如果说大自然不劳心,我是不信的。

诸色质料[①]

大红色。其质红花饼一味,用乌梅水煎出,又用碱水澄数次[②]。或稻稿灰代碱,功用亦同。澄得多次,色则鲜甚。染房讨便宜者先染栌木打脚[③]。凡红花最忌沉、麝,袍服与衣香共收,旬月之间,其色即毁。凡红花染帛之后,若欲退转,但浸湿所染帛,以碱水、稻灰水滴上数十点,其红一毫收转,仍还原质。所收之水藏于绿豆粉内[④],放出染红,半滴不耗。染家以为秘诀,不以告人。

【注释】

①诸色质料:各种染料。

②"其质红花饼一味"三句:红花饼,是用菊科植物红花的花制成的薄饼(详见《造红花饼法》一节)。其中所含红色素即红花甙(dài),是一种酚甙,溶于碱而不溶于酸。因此,先用碱水浸提,然后加酸(如乌梅酸水)中和析出,便可得到带有荧光的红色染料,乌梅是经过熏制的梅子。梅,通称酸梅。乌梅水显然是起发色剂的作用。当然,在碱水浸提前也可以先用乌梅水进一步除去红花饼中残存的黄色素。但由于红花甙溶于热水中,因此不能"煎"。由此看来,作者把乌梅水和碱水的使用顺序搞反了。应该是先用碱水浸提或"煎出",然后再用乌梅水澄几次。澄(dèng),使水变清。

③栌(lú)木:又叫黄栌。漆树科落叶灌木。其木材可提取黄色染料。

④绿豆粉:在这里作色素吸附剂用。

【译文】

大红色。以红花饼为原料,用乌梅水煎出后,再用碱水澄几次。或用稻草灰代替碱,效果一样。澄几次后,颜色很鲜艳。贪图便宜的染坊,先将织物用栌木水染黄打底。红花最怕沉香和麝香,若红袍和这些香料放在一起,十天到一个月内就会褪色。用红花染过的丝绸,如果想褪色,只要把它浸湿,滴上几十滴碱水或稻灰水,红色就可以完全褪掉,恢复丝绸本色。将所得的色水吸收在绿豆粉内收藏,再用来染红色,半滴也不损失。染坊作为一种秘方不外传。

莲红、桃红色,银红、水红色。以上质亦红花饼一味,浅深分两加减而成。是四色皆非黄茧丝所可为,必用白丝方现。

木红色。用苏木煎水[①],入明矾、棓子[②]。

紫色。苏木为地,青矾尚之[③]。

赭黄色。制未详。

鹅黄色。黄檗煎水染[④],靛水盖上[⑤]。

金黄色。栌木煎水染,复用麻稿灰淋碱水漂。

茶褐色。莲子壳煎水染,复用青矾水盖。

大红官绿色。槐花煎水染[⑥],蓝淀盖,浅深皆用明矾。

豆绿色。黄檗水染,靛水盖。今用小叶苋蓝煎水盖者名草豆绿[⑦],色甚鲜。

油绿色。槐花薄染,青矾盖。

天青色[⑧]。入靛缸浅染,苏木水盖。

蒲萄青色[⑨]。入靛缸深染,苏木水深盖。

蛋青色。黄檗水染,然后入靛缸。

翠蓝，天蓝[10]。二色俱靛水，分深浅。

玄色[11]。靛水染深青，栌木、杨梅皮等分煎水盖[12]。又一法：将蓝芽叶水浸[13]，然后下青矾、棓子同浸，令布帛易朽。

月白、草白二色[14]。俱靛水微染。今法用苋蓝煎水，半生半熟染。

象牙色。栌木煎水薄染，或用黄土。

藕褐色。苏木水薄染，入莲子壳、青矾水薄盖。

【注释】

①苏木：豆科，常绿小乔木。心材（称“苏方”）赭褐色，可浸提红色染料。李时珍《本草纲目》说，苏木“花黄……其木人用染绛色”。并指出早在三世纪的《南方草木状》中已有记载。直至目前，苏木这种天然染料在国内外仍有生产。

②明矾：白矾。媒染剂。详见《燔石》卷。棓（bèi）子：即五倍子，又叫没食子。内含单宁酸。媒染剂。

③青矾：又叫皂矾。七水硫酸亚铁（$FeSO_4 \cdot 7H_2O$），蓝绿色。与苏木的红色互补而产生紫色，同时又是媒染剂。

④黄檗（bò）：黄柏，芸香料，落叶乔木。内皮可提取黄色染料小檗碱（黄连素），既可染色，又可防蛀。东晋葛洪（281—341）曾用黄檗汁浸染麻纸，这就是所谓“入潢”。

⑤靛（diàn）水：蓝淀水。详见《蓝淀》一节。

⑥槐花：指槐蕊，黄色。详见《槐花》一节。

⑦苋（xiàn）蓝：蓝淀的一种，即蓼（liǎo）蓝小叶者。

⑧天青：蓝色较淡的称为天青。

⑨蒲萄：即葡萄。

⑩天蓝：蓝色较深的称为天蓝。

⑪玄色：带赤的黑色。

⑫杨梅皮：杨梅的树皮，含有单宁，起固色和配色作用。

⑬蓝芽叶：蓝淀的嫩叶。

⑭月白：比天青更淡的称为月白。

【译文】

莲红、桃红色，银红、水红色。以上几种原料也是红花饼，颜色深浅决定于用量多少。这四种红色，黄茧丝染不了，只有白茧丝才能染。

木红色。用苏木煮水，再加明矾、五倍子染成。

紫色。用苏木水染，再用青矾水套染。

赭黄色。制法不清楚。

鹅黄色。用黄檗煮水染，再用蓝淀水套染。

金黄色。用栌木煮水染，再用麻秆灰淋出的碱水漂。

茶褐色。用莲子壳煮水染，再用青矾水套染。

大红官绿色。用槐花煮水染，再用蓝淀水套染，颜色深浅都用明矾。

豆绿色。用黄檗水染，再用蓝淀水套染。现在用小叶苋蓝煮水套染的叫作草豆绿色，颜色很鲜艳。

油绿色。用槐花水薄染，再用青矾水套染。

天青色。放入靛缸中薄染成浅蓝色，再用苏木水套染。

葡萄青色。放在靛缸中染成深蓝色，再用苏木深套染。

蛋青色。用黄檗水染，放入靛缸中再染。

翠蓝，天蓝。两种颜色都是用蓝淀水染成的，只是深浅不同。

玄色。用蓝淀水染成深蓝色，再用等量的黄栌木、杨梅树皮煮水套染。另一种方法是：先在蓼蓝的嫩叶水中浸染，再在青矾、五倍子的水中浸染，这种布帛较易腐烂。

月白、草白两种颜色。都是用蓝淀水薄染。现在是用苋蓝煮水，煮到半生半熟时浸染。

象牙色。用栌木煮水薄染，或用黄土染。

藕褐色。用苏木水薄染，再用莲子壳、青矾水薄薄套染。

附：染包头青色[①]。此黑不出蓝靛，用栗壳或莲子壳煎煮一日，漉起[②]，然后入铁砂、皂矾锅内，再煮一宵即成深黑色。

【注释】

①青色：古代的"青"一词多义：一指蓝色，如青花；一指青绿色，如青瓷（绿釉瓷器）；一指黑色，如青丝（比喻黑而柔软的头发）。李白《将进酒》诗："朝如青丝暮成雪。"这里"青色"当指黑色。

②漉（lù）：捞起，过滤。

【译文】

附：染包头巾的黑色。这种黑色不是用蓝淀染成的，而是用栗壳或莲子壳煮一天，把壳捞起来，加入铁砂、皂矾再煮一夜，就成了深黑色。

附：染毛青布色法[①]。布青初尚芜湖千百年矣。以其浆碾成青光，边方、外国皆贵重之。人情久则生厌。毛青乃出近代，其法：取松江美布，染成深青，不复浆碾，吹干，用胶水参豆浆水一过[②]，先蓄好靛，名曰标缸，入内薄染即起。红焰之色隐然[③]。此布一时重用。

【注释】

①毛青布：即毛蓝布。这是布面保留一层纤毛的棉织蓝布。其特点是，每水洗一次就轻微地褪一次色，但褪得均匀，因此越洗颜色就越鲜艳。

②用胶水参豆浆水一过：目的是降低纤维与蓝淀之间的亲和力而起缓染作用。参，通"掺"。

③红焰之色隐然：这是因为天然靛蓝杂有少量靛红的缘故。合成靛

蓝则无此现象。

【译文】

附:毛蓝布染色法。蓝布最初流行在安徽芜湖一带,到现在已经有一千多年了。由于它经过浆碾后带有蓝光,边区和外国都把它看得很贵重。但人情久则生厌。毛蓝布是近代才有的,制法是:用松江好布染成深蓝色,不再浆碾,吹干,用胶水掺豆浆水浸一下,再放在上乘蓝淀即所谓标缸的缸内薄染即取出。这种蓝布略带红色,一时很受欢迎。

蓝淀①

凡蓝五种,皆可为淀②。茶蓝即菘蓝,插根活。蓼蓝、马蓝、吴蓝等皆撒子生。近又出蓼蓝小叶者,俗名苋蓝,种更佳。

【注释】

①蓝淀:一种深蓝色染料,简称为靛。天然蓝淀是从植物"蓝"的茎、叶里提取靛甙(一种吲哚酚的葡萄糖甙),经过发酵、水解,得到游离的吲哚酚(靛白),再经空气氧化缩合而成靛蓝。我国在商周时期已开始用天然靛染色。十九世纪末期蓝淀已可人工合成,并逐渐取代天然蓝淀。

②凡蓝五种,皆可为淀:包括十字花科的茶蓝(菘蓝)、蓼科的蓼蓝、爵床科的马蓝(板蓝)、豆科的吴蓝(木蓝)等。

【译文】

蓝有五种,都可以造蓝淀。茶蓝,即菘蓝,插根成活。蓼蓝、马蓝、吴蓝等都是撒种子生长的。近来又出现一种小叶的蓼蓝,俗名叫苋蓝,蓝淀更好。

凡种茶蓝法，冬月割获，将叶片片削下，入窖造淀；其身斩去上下，近根留数寸，薰干，埋藏土内；春月烧净山土，使极肥松，然后用锥锄其锄勾末向身长八寸许。刺土，打斜眼，插入于内，自然活根生叶。其余蓝皆收子撒种畦圃中[①]，暮春生苗，六月采实，七月刈身造淀。

【注释】

①畦（qí）圃：园圃。

【译文】

种茶蓝的方法是，农历十一月割取茶蓝，把叶子一片片削下来，入窖造淀，把茎秆斩剩靠近根部几寸长的一段，熏干后埋进土里；一到春二月时放火烧山，使山土变得极为松肥，然后用锥锄锄勾长约八寸。掘土，打成斜眼，插入蓝根，自然就会根活叶生。其他几种蓝，都是撒子在园圃里，春末出苗，六月采子，七月割蓝造淀。

凡造淀，叶与茎多者入窖，少者入桶与缸。水浸七日，其汁自来。每水浆一石下石灰五升，搅冲数十下，淀信即结[①]。水性定时，淀沉于底[②]。

【注释】

①信：使者，消息。

②沉：涂本作“澄”，据《古今图书集成·考工典》改。

【译文】

造淀，茎和叶多的放进窖里，少的放在桶里或缸里。加水浸泡七天，蓝汁就出来了。每一石蓝汁，加入石灰五升，搅动几十下，就会凝结成淀。静置后，淀就沉积在底部。

近来出产，闽人种山皆茶蓝，其数倍于诸蓝。山中结箬篓[①]，输入舟航。

【注释】

①箬（ruò）：箬竹。禾本科。叶片大而薄，常用作篓的衬垫。

【译文】

近来福建人在山地种的都是茶蓝，数量比其他蓝的总和还多几倍。就地装入箬篓，再上船外运。

其掠出浮沫晒干者，曰靛花。凡靛入缸，必用稻灰水先和[①]，每日手执竹棍搅动，不可计数[②]。其最佳者曰标缸。

【注释】

①和（huò）：混和，拌。

②每日手执竹棍搅动，不可计数：搅拌的作用有二：一是保证靛白不断与空气接触而氧化缩合成靛蓝；二是防止局部过热，尽量减少靛红的生成量，以免蓝中带红。因此，明末清初方以智《物理小识》说："撞水必力士，一气三百余杵则成。缓歇一杵，捫水无声，则靛不佳。"所谓"靛不佳"，即指靛蓝的产量不高，而且带有红光。

【译文】

造淀时撇出的浮沫晒干后叫"靛花"。入缸的靛要先用稻草灰水拌和，每天用竹棍搅动无数次。其中质量最好的叫作"标缸"。

红花[①]

红花场圃撒子种，二月初下种。若太早种者，苗高尺许，即生虫如黑蚁[②]，食根立毙。凡种地肥者，苗高二三尺。每路打橛[③]，缚绳横阑，以备狂风拗折[④]。若瘦地，尺五以下者，不必为之。

【注释】

①红花：菊科，一年生直立草本。西汉初年已在中原开始种植，《齐民要术》和《本草纲目》都有记述。因红花染力过弱，近代已不再用它作染料，而多入药用。

②生虫如黑蚁：这可能是红花蚜虫，头黑色，体褐色，有翅，雌蚜虫的背部还有黑色斑纹。

③橛（jué）：木桩。

④拗（ǎo）折：折断。

【译文】

红花是在园圃里撒子种的，一般在二月初播种。如果种得太早，苗长到一尺左右时，会生出一种像黑蚁的小虫咬吃根部而使苗枯死。土地肥沃的，苗可长到两三尺高。每行要打桩，绑上绳子横拦起来，以防被狂风折断。土地瘦瘠的，苗高不过一尺半，就不必这样做了。

红花入夏即放绽[①]，花下作梂汇[②]，多刺，花出梂上。采花者必侵晨带露摘取[③]。若日高露旰[④]，其花即已结闭成实，不可采矣。其朝阴雨无露，放花较少，旰摘无妨[⑤]，以无日色故也。红花逐日放绽，经月乃尽。

【注释】

①放绽：开花。

②梂（qiú）汇：这里指头状花序的苞片聚集的总苞（变态叶）。

③侵晨：天蒙蒙亮时。

④旰（gàn）：晚，天色晚。

⑤妨：涂本作“防”，据杨素卿刊本和《古今图书集成》改。

【译文】

红花入夏就开花，花长在聚集的总苞上面，苞片有许多刺。采花的人必须在天蒙蒙亮时带露水摘取。当太阳升起，露水干时，花已闭合，就不能摘了。阴雨而没有露水的早晨，花开得比较少，因为没有太阳，晚一点摘也无妨。红花是逐日开放的，持续一个月才开完。

入药用者，不必制饼。若入染家用者，必以法成饼然后用，则黄汁净尽，而真红乃现也①。其子煎压出油。或以银箔贴扇面，用此油一刷，火上照干，立成金色。

【注释】

①“若入染家用者”四句：红花含有大量的黄色素，而只含少量的红色的红花甙。因此，只有利用红花甙（一种酚甙）只溶于热水或碱水而黄色素却易溶于带酸性的冷水这一性质把黄色素除去（详见《造红花饼法》一节），才能现出红的本色。

【译文】

入药用的不必制成饼。供染坊用的就要按照一定的方法先制成饼再用，把黄汁除尽，真红才能显出来。红花子煮后可以榨油。如果用银箔贴扇面，用这种油一刷，在火上烘干，就可立刻显出金色。

造红花饼法①

带露摘红花，捣熟，以水淘，布袋绞去黄汁。又捣，以酸粟或米泔清又淘②，又绞袋去汁。以青蒿覆一宿③，捏成薄

②绿衣所需：槐花本身是黄色染料。槐花（黄色）与蓝淀（蓝色）套染成绿色，或者，槐花（黄色）与青矾媒染成绿色。详见《彰施·诸色质料》一节之大红官绿色与油绿色所述。

③箅（yú）：竹筐。稠：繁多。

④漉（lù）：捞起，过滤。

【译文】

槐树生长十几年后才开花结实。

含苞欲放的槐花叫作槐蕊。染绿色衣服要用它，就像染红色要用红花一样。采时把竹筐排布在槐树下收集。将槐蕊加水煮沸，捞起滴干，捏成饼，供染坊用。

已开的花慢慢变黄，收集起来后，洒上少量石灰拌匀晒干，储藏备用。

粹精第四卷

【题解】

本卷讲粮食加工。粹精，语本《周易·乾·文言》："刚健中正，纯粹精也。"粹精原指乾卦六爻都是阳爻，后来借以形容去其糠麸、取其精华（米面）的五谷加工。正如《攻麦》一节所说："盖精之至者，稻中再舂之米；粹之至者，麦中重罗之面也。"

本卷提到的一举三用的水碓，一节转磨成面，二节运碓成米，三节引水灌于稻田，共有发动机、传动机和工作机三个部分，具备了现代机器的雏形，可以说是系统工程的萌芽。

作者在本卷继续宣扬"天人合一"思想和"天工开物"学说。他说：人们食不厌精，利用杵臼加工五谷，表面看来只是人力在起作用，其实是人们巧妙地利用小过卦上动下静的卦象显示的自然规律在加工五谷。

宋子曰：天生五谷以育民。美在其中，有黄裳之意焉[①]。稻以糠为甲，麦以麸为衣，粟、粱、黍、稷毛羽隐然。播精而择粹[②]，其道宁终秘也[③]？

【注释】

①美在其中，有黄裳之意焉：作者借用《周易·坤》的"黄裳元吉"

和“美在其中”两句话，说明谷物有一层黄裳般的外壳，精粹却在其中。

②播（bǒ）：通“簸”。扬去谷米粒中的糠皮杂物。

③宁（nìng）：岂，难道。

【译文】

自然界生长五谷来养活人类。五谷的精粹藏在黄色外壳里面，似有《周易》所说的“黄裳……美在其中”的意趣。稻谷以糠皮为甲壳，麦子把麸皮当外衣，粟、粱、黍、稷却隐藏在毛羽丛中。通过扬簸和舂磨等加工取得米和面等精粹，这个道理难道永远是个秘密吗？

饮食而知味者，食不厌精[①]。杵臼之利，万民以济，盖取诸小过[②]。为此者，岂非人貌而天者哉[③]？

【注释】

①食不厌精：语本《论语·乡党》：“食不厌精，脍不厌细。”意思是食粮越精越好，如精米、精面。

②“杵臼（chǔ jiù）之利”三句：语本《周易·系辞下》：“断木为杵，掘地为臼，臼杵之利，万民以济，盖取诸小过。”小过，是《周易》的第六十二卦，卦形是上动下静。意思是说，杵臼是根据小过卦卦形造出来的。

③人貌而天：语本《庄子·田子方》：“其为人也真，人貌而天，虚缘而葆真，清而容物。”据西晋郭象注，“人貌而天”指“虽貌与人同，而独任自然”。清俞樾《诸子平议》卷十八云：“郭注以‘人貌而天’四字为句，殆失其读也。此当以‘人貌而天虚’为句。……此云人貌而天虚，即人貌而天心，言其貌则人，其心则天也。”宋应星此处只借用《庄子》文辞，非实取其文义，故与注家歧异无涉。宋应星的意思是说，没有天然的木和地就做不成杵臼，因此

看起来是人力加工，实际上是利用天工（自然力）。

【译文】

饮食讲究味道的人希望谷物加工得越精越好。人们使用了杵臼就解决了谷物加工问题，这是从“小过”卦象得到启示的。这样做，难道不是看起来是人力加工而实际上是利用天工吗？

攻稻[1]

击禾　轧禾　风车　水碓　石碾　臼　碓　筛（皆具图）

凡稻刈获之后，离稿取粒。束稿于手而击取者半，聚稿于场而曳牛滚石以取者半[2]。凡束手而击者，受击之物，或用木桶（图26）或用石板（图27）。收获之时，雨多霁少，田、稻交湿，不可登场者，以木桶就田击取。晴霁稻干，则用石板甚便也。凡服牛曳石滚压场中（图28），视人手击取者力省三倍[3]。但作种之谷，恐磨去壳尖减削生机[4]，故南方多种之家，场禾多藉牛力，而来年作种者则宁向石板击取也。

图26　湿田击稻

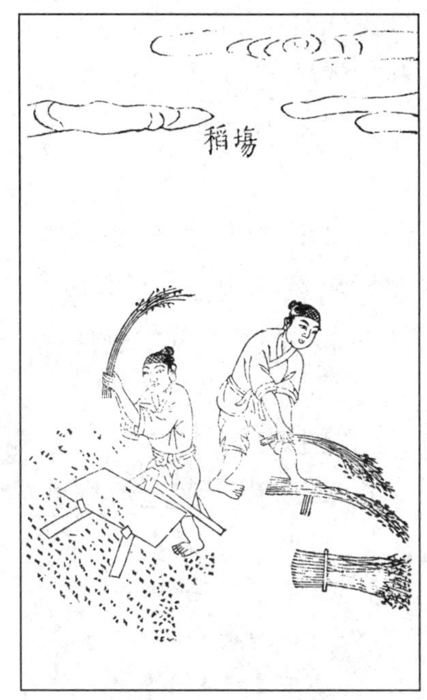

图27　场稻

图28　牛碾

【注释】

①攻稻：加工稻谷。

②曳（yì）：牵引，拖。石：此指磙（gǔn）子。石制的圆筒形碾轧工具。

③视：比较，比照。

④壳尖：谷壳两端都叫壳尖，胚芽藏在米粒靠柄的一端。若胚芽受损或外露，就会降低谷种发芽率。

【译文】

水稻收割了就要脱粒。手握稻秆摔打脱粒的占一半，把稻子铺在禾场上用牛拉石磙滚压脱粒的也占一半。用手来脱粒，就在木桶里或石板上打禾。收割时如果碰上阴雨天气，田间和稻谷都很湿，难以把稻子运到禾场，就用木桶就地脱粒。天晴稻干时，用石板脱粒很方便。牛拉石磙在禾场脱粒，比用手脱粒省力三倍。但留着做谷种的稻谷则恐怕磨掉壳尖而减低发芽率，所以南方种稻多的人家，把大部分稻谷运到禾场上用牛力脱粒，而留着明年用的谷种就宁可在石板上摔打脱粒。

凡稻最佳者九穰一秕[1]。倘风雨不时，耘耔失节，则六穰四秕者容有之。凡去秕，南方尽用风车扇去（图29）[2]。北方稻少，用扬法，即以扬麦、黍者扬稻，盖不若风车之便也。

图29　风扇车

【注释】

①九穰（rǎng）一秕（bǐ）：饱满的谷粒占十分之九。穰，庄稼丰熟，谷粒饱满。秕，谷粒中空不饱满。

②风车：利用风力扇（shān）去秕而保留穰的器具。

【译文】

最好的稻谷有九成精谷一成秕谷。如果风雨不调，耘耔失时，则可能只有六成精谷。南方都用风车扇掉秕谷。北方稻子少，则用扬场的方法，像扬麦子或黍子那样扬净稻谷，这总是不如风车方便。

凡稻去壳用砻[1]，去膜用舂、用碾[2]。然水碓主舂[3]，则兼并砻功。燥干之谷入碾亦省砻也。

【注释】

①砻(lóng):去壳取米的器具。

②舂(chōng):用杵臼捣去谷物的皮壳。碾:转磨或转压的器具。

③水碓(duì):利用水力使杵起落以脱去谷粒的皮或舂成粉的器具。这是杠杆原理的运用之一。

【译文】

稻谷去壳用砻,去皮用舂或碾。若用水碓舂,则同时起砻的作用。干燥的稻谷可以用碾加工而不用砻。

凡砻有二种。一用木为之(图30)。截木尺许,质多用松。斫合成大磨形,两扇皆凿纵斜齿,下合植笋穿贯上合[①],空中受谷。木砻攻米二千余石,其身乃尽。凡木砻,谷不甚燥者入砻亦不碎,故入贡军、国漕储千万[②],皆出此中也。一土砻(图31)。析竹匡围成圈[③],实洁净黄土于内,上下两面各嵌竹齿。上合篘空受谷[④],其量倍于木砻。谷稍滋湿者,入其中即碎断。土砻攻米二百石,其身乃朽。凡木砻必用健夫,土砻即孱妇弱子可胜其任[⑤]。庶民饔飧皆出此中也[⑥]。

【注释】

①植笋:安装轴心。笋,同"榫"。器物利用凹凸方式相接处凸出的部分。

②漕(cáo):漕运,即水运。

③匡:同"框"。

④篘(chōu):土砻上扇装盛谷粒的竹编围子。

⑤孱(chán):弱。

⑥饔飧(yōng sūn):早餐和晚饭。此指饭食。

图30 木砻

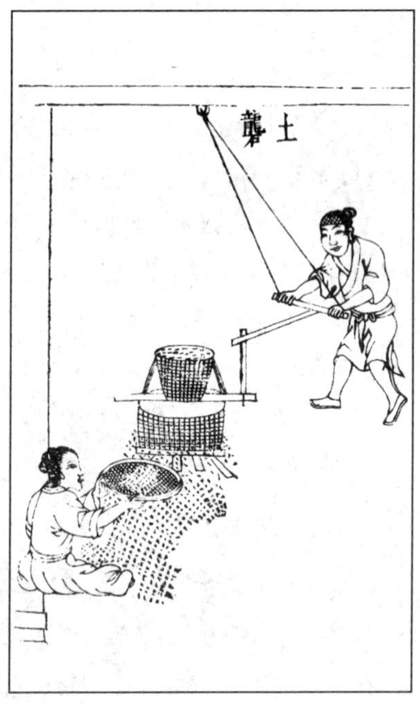

图31 土砻

【译文】

砻有两种。一种是木砻。锯两段一尺长的圆木，多数用松木。斫成大磨盘形状，两扇都凿有纵斜齿，下扇安一根轴心贯穿上扇，上扇中间挖空以装稻谷。木砻加工两千多石米就坏了。不很干燥的谷用木砻加工，米粒也不碎，因此，上缴的军粮和官粮，无论是漕运的还是库存的，都是用木砻加工的。另一种是土砻。用竹篾编个圆筐，中间用干净的黄土填实，上下两扇都镶上竹齿。上扇安个竹篾漏斗来装谷，装谷量比木砻多一倍。稍湿的谷用土砻加工，米粒就会断碎。土砻加工两百石米就坏了。木砻必须靠强劳动力来推，土砻则即使是弱小的妇女儿童也能胜任。老百姓吃的米都是用土砻加工的。

凡既砻，则风扇以去糠秕，倾入筛中团转，谷未剖破者浮出筛面，重复入砻。凡筛，大者围五尺，小者半之。大者其中心偃隆而起，健夫利用；小者弦高二寸，其中平洼，妇子所需也。

【译文】

稻谷砻过后，用风车扇去谷糠和秕谷，然后倒入筛中团团转动，没有破壳的稻谷便浮在上面，把它拿去再砻。筛有大有小，大筛周长五尺，小筛周长为大筛的一半。大筛中心稍微隆起，是强壮的男子用的；小筛边高二寸，中间低平，是妇女儿童用的。

凡稻米既筛之后，入臼而舂。臼亦两种。八口以上之家，堀地藏石臼其上[①]。臼量大者容五斗，小者半之。横木穿插准头，碓嘴冶铁为之，用醋滓合上[②]。足踏其末而舂之。不及则粗，太过则粉。精粮从此出焉。晨炊无多者，断木为手杵，其臼或木或石，以受舂也。既舂以后，皮膜成粉，名曰细糠，以供犬豕之豢[③]。荒歉之岁，人亦可食也。细糠随风扇播扬分去，则膜尘净尽而粹精见矣。

【注释】

①堀（kū）：掘，挖。

②用醋渣合上：醋渣本身具有粘性，加上其中的醋酸与铁碓头表面作用生成醋酸铁，进而水解缩聚成胶状氢氧化铁，粘结得更牢。

③豢（huàn）：喂养牲畜。这里指饲料。

【译文】

米过筛后，再放在臼里舂。臼也有两种。八口以上的人家需要挖坑埋石臼。大臼容量五斗，小臼容量两斗半。用横木一条，前端嵌入碓头，碓嘴由铁锻成，用醋渣粘合。脚踏横木的末端来舂。舂得不够米就糙，舂得过头米又碎了。精米都是用臼舂出来的。吃粮不多的人家，往往用木做手杵，用木或石做臼来舂米。舂后，皮膜就变成粉，这叫作细糠，用来喂猪狗。歉收的荒年，人也可以吃。细糠被风车扇净了，剩下来的就是大米。

凡水碓，山国之人居河滨者之所为也（图32）。攻稻之法省人力十倍，人乐为之。引水成功，即筒车灌田同一制度也。设臼多寡不一，值流水少而地窄者[①]，或两三臼；流水洪而地室宽者，即并列十臼无忧也。江南信郡[②]，水碓之法巧绝。盖水碓所愁者，埋臼之地，卑则洪潦为患，高则承流不及。信郡造法，即以一舟为地，撅桩维之[③]，筑土舟中，陷臼于其上，中流微堰石梁，而碓已造成，不烦椓木壅坡之力也[④]。又有一举而三用者，激水转轮头，一节转磨成面，二节运碓成米，三节引水灌于稻田。此心计无遗者之所为也。凡河滨水碓之国，有老死不见砻者，去糠去膜皆以臼相终始。惟风筛之法则无不同也。

【注释】

①值：逢。

②信郡：广信府。今江西上饶一带。

③撅（jué）桩：打桩。撅，打木桩。

④椓（zhuó）木：打桩。壅：堆积。

【译文】

水碓是山区靠河滨的人造的。用它来加工稻谷，比人工省力十倍，因此大家都乐于用它。引水带动水碓，与用筒车引水灌田都是水流激轮

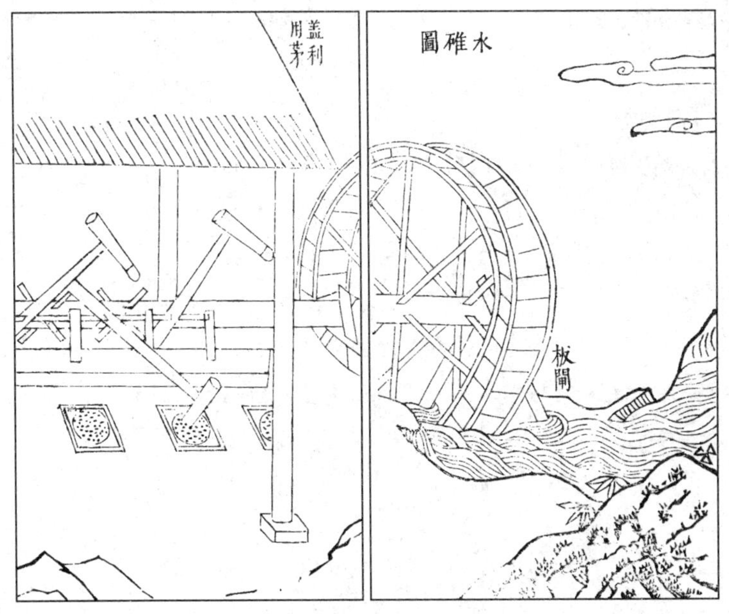

图32 水碓

使转的。设臼多少没有一定，水量少地方又窄的，则设二三臼；水量大地方又宽的，并列十臼也不成问题。江南信郡造水碓的方法非常巧妙。造水碓的困难在于选择埋臼的地方，地势太低会给水淹，地势太高水又流不到水轮上来。信郡的造法是，用一条船当地面用，打桩把船固定，在船中填土埋臼，又在河中筑个小石坝，不费打桩筑坡的劳力，水碓就造成了。还有一举三用的水碓，利用水流冲激转轮，第一节带动水磨磨面，第二节带动水碓舂米，第三节引水灌田。这是心思工巧的人造的。使用水碓的河滨地区，有些人一辈子也没见过砻，除去稻谷的糠皮都是用臼。唯独风筛却到处都有。

凡硙[①]，砌石为之，承藉、转轮皆用石[②]。牛犊、马驹惟人所使。盖一牛之力，日可得五人。但入其中者，必极燥之谷，稍润则碎断也。

【注释】

①硙（wèi）：《说文解字·石部》："硙，礳（mò，磨）也。"这里指石碾或牛碾。

②承藉、转轮：指碾槽盘和碾石。

【译文】

碾是用石块砌成的，碾盘和转轮都用石做。用牛犊或马驹拉都可以。一头牛力一天可顶五个人力。但是受碾的稻谷必须很干，稍微湿一点米就碎了。

攻麦[①] 扬 磨 罗（具图）

凡小麦，其质为面。盖精之至者，稻中再舂之米；粹之至者，麦中重罗之面也[②]。

【注释】

①攻麦：加工麦子。

②罗：用一种密孔的筛子（罗）筛东西。

【译文】

小麦的质地是面。稻谷最精华的部分是舂过多次的精米，小麦最纯粹的部分是罗了又罗的精面粉。

小麦收获时，束稿击取，如击稻法。其去秕法，北土用扬[①]，盖风扇流传未遍率土也[②]。凡扬，不在宇下[③]，必待风至而后为之。风不至，雨不收，皆不可为也。凡小麦既扬之后，以水淘洗，尘垢净尽，又复晒干，然后入磨。

【注释】

①扬：簸动，掀动。

②率（shuài）土：语本《诗经·小雅·北山》："率土之滨，莫非王臣。"率土，是率土之滨的省语。意指四海之内，即全国。

③宇下：屋檐下。宇，屋檐。

【译文】

小麦收割时，手握麦秆摔打脱粒，这跟稻谷脱粒的方法一样。北方是用扬场的方法去秕的，而没有用南方早已普遍使用的风车。扬场不能设在屋檐底下，还必须等有风时才能扬。没有风或者雨不停都不能扬。小麦扬过之后，用水淘洗干净，再晒干，然后入磨。

凡小麦有紫、黄二种，紫胜于黄。凡佳者每石得面一百二十斤，劣者损三分之一也。

【译文】

小麦有紫皮、黄皮两种，紫皮的比黄皮的好。好麦每石可磨得面粉一百二十斤，差的要少三分之一。

凡磨大小无定形。大者用肥犍力牛曳转[①]。其牛曳磨时用桐壳掩眸[②]，不然则眩晕；其腹系桶以盛遗，不然则秽也。次者用驴磨，斤两稍轻。又次小磨，则止用人推挨者[③]。凡力牛一日攻麦二石，驴半之，人则强者攻三斗，弱者半之。若水磨之法，其详已载《攻稻·水碓》中，制度相同，其便利又三倍于牛犊也（图33）。凡牛、马与水磨，皆悬袋磨上，上

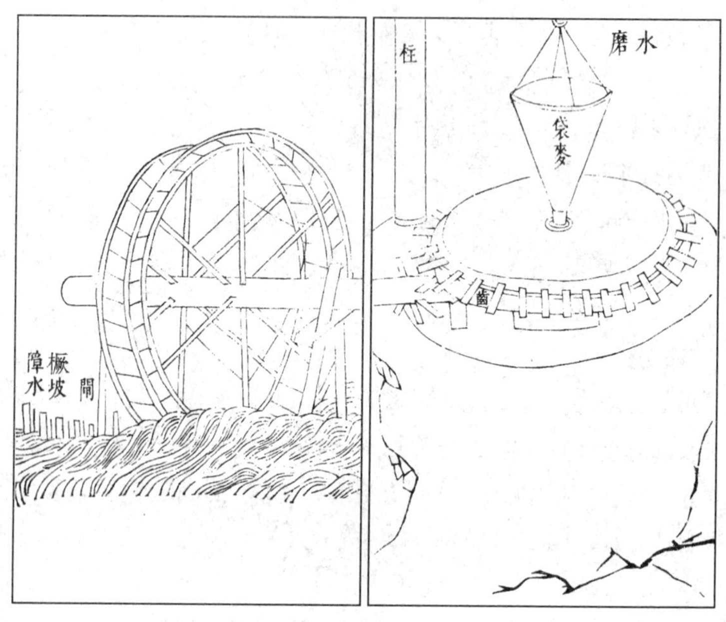

图33 水磨

宽下窄，贮麦数斗于中，溜入磨眼。人力所挨则不必也。

【注释】

①犍（jiān）：阉割过的公牛。曳（yè）：拉，牵引。

②用桐壳掩眸（móu）：用桐子壳遮住牛的眼珠。现在江西民间多用竹篾编成牛眼罩。

③挨（ǎi）：推，击。

【译文】

磨的大小没有一定规格。大的磨要用力气大的阉牛来拉。牛拉磨时，要用桐壳遮住它的眼珠，不然牛就会转晕；腹部要绑个小桶承接便尿，不然就会把面粉弄脏了。小一点的磨，重量稍轻些，可用驴来拉。再小一点的磨就只需要人来推。一头力气大的牛一天可磨两石麦子，驴可磨一石，强壮的人可磨三斗，体弱的人只能磨一斗半。水磨已在《攻稻·水碓》一节说过了，式样相同，功效却比牛磨高三倍。用牛、马或水磨磨面，要在磨上面悬挂一个上宽下窄的袋子，里面装上几斗麦子，可慢慢溜入磨眼。人力推的磨就不必这样做了。

凡磨石有两种，面品由石而分。江南少粹白上面者，以石怀沙滓[①]，相磨发烧，则其麸并破，故黑颣参和面中[②]，无从罗去也。江北石性冷腻[③]，而产于池郡之九华山者[④]，美更甚。以此石制磨石不发烧，其麸压至扁秕之极不破，则黑疵一毫不入，而面成至白也。凡江南磨二十日即断齿，江北者经半载方断。南磨破麸得面百斤，北磨只得八十斤，故上面之值增十之二，然面筋、小粉皆从彼磨出[⑤]，则衡数已足，得值更多焉。

【注释】

①以：因为。

②颣（lèi）：颣节，也叫糙疵。生丝上的外观疵（cī）点。这里的黑颣、黑疵都指碎麸皮。

③腻：光滑，细腻。

④九华山：在今安徽青阳西南。由花岗岩组成。因其九峰形似莲花而得名。与峨眉、五台、普陀合称我国佛教四大名山。

⑤面筋、小粉：都是麸皮制品。面筋为不溶性蛋白质，小粉为淀粉。

【译文】

磨石有两种，面粉随两种磨石而分成两个品级。江南很少出上等的精白面粉，就是因为磨石含有沙滓，磨时会发热，以致带黑色的麸皮破碎而掺杂在面粉里难以罗去。江北的石性凉而且细腻，安徽池州九华山产的石更好，用这种石做的磨，磨面时不会发热，麸皮虽被压得很扁但不会破碎，因此一点也不会掺杂到面粉里，罗过的面粉自然就很白了。江南的磨用二十天就磨钝了，磨齿要重新修凿，江北的磨却可以用半年。江南的磨由于磨破了麸皮，所以一百斤麦子能得面粉一百斤，江北的磨只能得八十斤，因此精面粉要比标面粉贵百分之二十。然而，面筋和小粉却都是从磨出的麸皮得来的，这样一算，总斤数已够了，价值也更大了。

凡麦经磨之后，几番入罗，勤者不厌重复（图 34）。罗匡之底，用丝织罗地绢为之。湖丝所织者，罗面千石不损，若他方黄丝所为，经百石而已朽也。凡面既成后，寒天可经三月，春夏不出二十日则郁坏。为食适口，贵及时也。

【译文】

麦子磨过之后，要多次入罗，勤劳的人不厌其烦。罗底是用丝织的罗地绢做的。若用湖州一带出产的“湖丝”织造，罗过一千石面粉也不会损坏，如果用其他地方出产的黄丝织造，罗过一百石就朽坏了。面粉在寒冷天气可保存三个月，春夏时则不到二十天就变质了。要想食用可口，面粉就要随磨随吃。

凡大麦则就舂去膜，炊饭而食，为粉者十无一焉。荞麦则微加舂杵去衣，然后或舂或磨以成粉而后食之（图 35）。盖此类之视小麦，精粗贵贱大径庭也[①]。

【注释】

①径庭：悬殊。

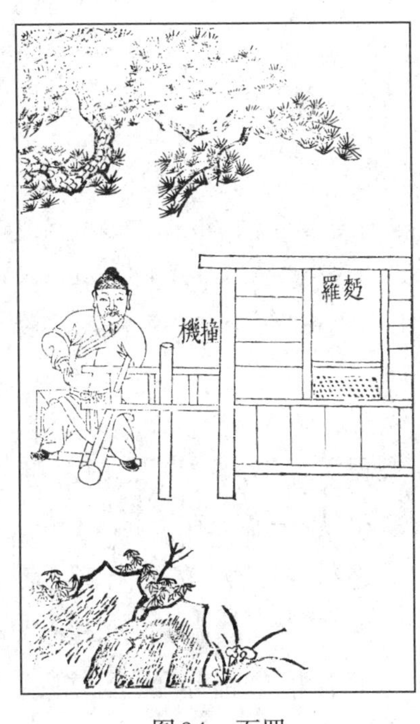

图34　面罗

图35　舂及杵臼

【译文】

大麦舂去外皮就可以煮来食用了，磨成粉来吃的不到十分之一。荞麦是先稍微舂一下去掉皮，然后再舂或磨成粉来吃的。这一类麦子跟小麦比起来，真是一精一粗，一贵一贱，相差太远了。

攻黍、稷、粟、粱、麻、菽　小碾　枷(具图)

凡攻治小米，扬得其实，舂得其精，磨得其粹。风扬、车扇而外，簸法生焉[①]。其法：篾织为圆盘，铺米其中，挤匀扬播。轻者居前，揲弃地下[②]；重者在后，嘉实存焉。

【注释】

①簸（bǒ）：颠动簸（bò）箕，扬去糠秕。

②揲（shé）弃：积聚着弃落。揲，积。

【译文】

小米是这样加工的：经过扬得到谷粒，经过舂得到小米，经过磨得到小米粉。除了风扬、车扇外，还可以簸。簸的方法是：用篾条编成圆盘，把谷子铺在上面，均匀地簸。轻的秕糠集中在前头而被簸弃地下，重的饱满谷粒则留在簸里。

凡小米舂、磨、扬、播制器[①]，已详《稻》《麦》之中。唯小碾一制，在《稻》《麦》之外。北方攻小米者，家置石墩，中高边下，边沿不开槽。铺米墩上，妇子两人相向接手而碾之（图36）。其碾石圆长如牛赶石，而两头插木柄。米堕边时，随手以小篲扫上[②]。家有此具，杵臼竟悬也。

图36　小碾

【注释】

①播（bǒ）：通“簸”。扬。

②篲（huì）：竹扫帚。

【译文】

小米加工用的舂、磨、扬、簸等工具，已在《攻稻》《攻麦》

两节中详述了，只是小碾这个工具还没说过。北方加工小米，是在家里安置一个石墩，中间高，四周低，边沿不开槽。碾时，把谷子铺在墩上，妇女小孩两个人对着用手交接碾柄来回碾压。碾石是长圆形的，好像牛拉的石磙，两头插上木柄。米落到边上时，随手用小扫帚扫进去。家里若有个小碾，就用不着杵臼了。

凡胡麻刈获[①]，于烈日中晒干，束为小把，两手执把相击，麻粒绽落，承藉以簟席也[②]。凡麻筛与米筛小者同形，而目密五倍[③]。麻从目中落，叶残角屑皆浮筛上而弃之。

【注释】

①胡麻：即芝麻。

②藉（jiè）：凭借。簟（diàn）：竹席。

③目：孔眼。

【译文】

芝麻收割后，在烈日下晒干，捆成小把，两只手各拿一把相互拍打，芝麻壳就会裂开，而麻粒就落到席子上了。麻筛和小的米筛形状相同，但筛眼比米筛密五倍。麻粒从筛眼中落下，叶屑和碎壳却留在筛上面被抛弃。

凡豆菽刈获[①]，少者用枷[②]，多而省力者仍铺场，烈日晒干，牛曳石赶而压落之（图37）。凡打豆枷，竹木竿为柄，其端锥圆眼，拴木一条，长三尺许，铺豆于场，执柄而击之（图38）。凡豆击之后，用风扇扬去荚叶，筛以继之，嘉实洒然入廪矣[③]。是故，舂磨不及麻，硙碾不及菽也。

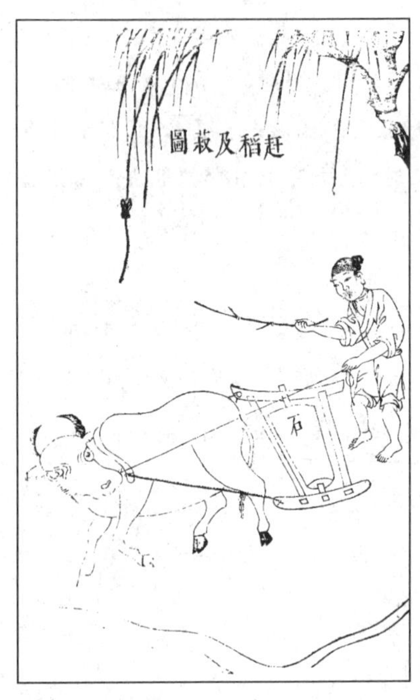

图37 赶稻及菽

图38 打枷

【注释】

①菽（shū）：豆类。

②枷（jiā）：连枷。谷物击打脱粒的一种器具。

③洒然：水浇注的状态。廪（lǐn）：粮仓。

【译文】

豆类收割后，量少的用连枷脱粒，量多又图省力的办法是，铺在场上，烈日晒干，用牛拉石磙来脱粒。打豆的连枷，是用竹竿或木杆做柄，前端钻个圆孔，拴上一条三尺长的木棒，把豆铺在场上，手拿枷柄甩打。豆打落后，用风车扇去荚叶，再筛过，便可得到饱满的豆粒入仓了。所以说，芝麻用不着舂和磨，豆类用不着砻和碾。

作咸第五卷

【题解】

本卷讲制盐。作咸，语出《尚书·洪范》的“润下作咸”句，其义是以咸水制盐。卷中记述了我国六种主要盐产——海盐、池盐、井盐、土盐、崖盐和砂石盐。在井盐生产方面，采用顿钻凿挖套井，运用杠杆、滑杆和液体唧筒装置汲卤，以及利用天然气煮盐。这些都是我国宋代以前的独创。明中叶以来，在井盐开采方面，出现了分工细致的以钻井、打捞、补井为系统的工具群，在工艺安排方面，形成了开井口、下石圈、锉大口、下木柱、扇泥、抽小眼等一整套凿井程序，井深也由几十丈加深到一两百丈。可惜本卷没有相关记述。

宋应星知道，咸为五味之长。他说：“口之于味也，辛、酸、甘、苦经年绝一无恙。独食盐，禁戒旬日，则缚鸡胜匹，倦怠恹然。”其实，食盐学名叫氯化钠（NaCl），对人有利有弊：吃少了手无缚鸡之力，吃多了则易患肾病合并高血压病，只有适量才有利于人体健康。按世界卫生组织建议，每人每天食盐摄入量不高于6克。

制盐行业也彰显出“天工开物”仍在持续中：今天，海水制盐不仅用大盐田晒盐，而且可用离子交换膜浓缩海水制盐。盐种方面，可以在海盐和矿盐基础上生产竹盐。其制作工艺大体是，将生长三年以上的楠竹砍成竹筒，把盐压入竹筒中，用干净黄泥封口，放入特制炉中，以松木松脂为燃料，烧至八百度左右，约九个小时，竹筒变灰，得灰色盐棒，粉碎成一烤调味竹盐。可以重复烧烤至八烤竹盐。第九烤则要升温到一千三百度，得褐灰色的九烤竹盐。它味道鲜美，还有点药用价值。

宋子曰：天有五气，是生五味。润下作咸，王访箕子而首闻其义焉[①]。口之于味也，辛、酸、甘、苦，经年绝一无恙[②]。独食盐[③]，禁戒旬日，则缚鸡胜匹，倦怠恹然[④]。岂非天一生水[⑤]，而此味为生人生气之源哉？四海之中，五服而外[⑥]，为蔬为谷，皆有寂灭之乡[⑦]，而斥卤则巧生以待[⑧]。孰知其所以然[⑨]？

【注释】

①“天有五气”四句：语本《尚书·洪范》：“水曰润下，火曰炎上，木曰曲直，金曰从革，土爰稼穑。润下作咸，炎上作苦，曲直作酸，从革作辛，稼穑作甘。”五气，指水、火、木、金、土“五行”之气。五味，指由五行之气相应产生的咸、苦、酸、辛、甘五种味道。从味觉来看，基本味觉只有甜、酸、苦、咸四种。辛（辣）觉只是热觉、痛觉和基本味觉的混合感觉而已。由于味觉细胞（味蕾）因人而异，才有“众口难调”之说。王访箕子，指周武王灭商后访问商纣王的朝臣箕子。《尚书·洪范》篇相传就是箕子的答语，其中论述了古代五行说。

②恙（yàng）：病。

③食盐：即氯化钠（NaCl）。盐类化合物的一种。如今它既是人类日常生活必需品，又是重要的化工原料。

④缚鸡胜匹，倦怠恹然：引自《孟子·告子下》：“有人于此，力不能胜一匹雏，则为无力人矣。”意思是说，连缚鸡提鸡的力气都没有了。胜匹，是“胜一匹雏”的缩语。胜，举，提。匹，只。

⑤天一生水：按古代阴阳五行学说，水是由天数的一与地数的六相

配合而形成的，因此说“天一生水”。这里强调水和盐的重要。

⑥五服而外：边远地区。五服，古代王都外围，以五百里为一区划，由近及远划成五个“服”，即侯服、甸服、绥服、要服、荒服。服，服事天子。

⑦寂灭之乡：佛教把死亡叫作“寂灭”，这里指不长庄稼的“不毛之地”——盐碱地。它之所以不长庄稼，是由于土壤中盐分过多，破坏庄稼与水之间的正常渗透压的平衡关系，使水及溶解在其中的营养物质不能透过植物的细胞去供应生长需要。解决办法是引进淡水，改良土壤，或种植某些耐盐碱的庄稼。今天我国有许多地方已实现了苏东坡“斥卤变桑田”（《看潮》诗）的夙愿。

⑧斥卤：又叫潟（xì）卤或舄（xì）卤。《史记·夏本纪》：“海滨广潟，厥田斥卤。”司马贞索隐引《说文解字》：“卤，咸地。东方谓之斥，西方谓之卤。”斥卤，原指盐碱地，这里引申为食盐。

⑨所：涂本原无，据文义补。

【译文】

自然界有五行之气，因而产生了咸、苦、酸、辛、甘五种味道。水性向下渗透具有咸味，周武王访问了箕子才开始明白这个道理。人们对于辛、酸、甜、苦四种味，常年缺少哪一种都不会生病。唯独食盐，十天不吃，就会疲乏得手无缚鸡之力了。不正说明自然界首先产生了水，水的咸味成了人类体力的源泉吗？内地和边疆都有不长庄稼的所谓“不毛之地”，而食盐恰巧就产在那里等待人们取用。谁知道那是什么原因呢？

盐产

凡盐产最不一[①]：海、池、井、土、崖、砂石，略分六种，而东夷树叶、西戎光明不与焉[②]。赤县之内[③]，海卤居十之八，而其二为井、池、土碱。或假人力，或由天造。总之，一经舟车穷窘，则造物应付出焉。

【注释】

①凡盐产最不一：北宋沈括《梦溪笔谈》卷十一说："盐之品至多，前史所载，夷狄间自有十余种；中国所出，亦不减数十种。今公私通行者四种：一者末盐，海盐也……其次颗盐……又次井盐……又次岩盐。"《明史·食货四》："盐所产不同：解州之盐，风水所结。宁夏之盐，刮地得之。淮浙之盐，熬波。川滇之盐，汲井。闽粤之盐，积卤。淮南之盐，煎。淮北之盐，晒。山东之盐，有煎有晒。此其大较也。"可见我国盐产从种类到制法都是多种多样的。

②东夷树叶：东夷，指古代居住在东北地区的肃慎（又称勿吉、靺鞨、女贞）族。树叶，指树叶盐。我国东北产树叶盐，古籍早有记载。例如，《魏书·勿吉传》："（勿吉国）水气咸凝，盐生树上。"《北史·勿吉传》："水气咸，盐生于木皮之上。"《隋书·东夷传》："（靺鞨）水气咸，生盐于木皮之上。"东北所产柽（chēng）柳科的柽柳属植物和红虱（枇杷柴）都是典型的泌盐植物。天气干燥时，树叶上出现一层盐霜，可以刮取下来食用。西戎光明：西戎，指我国古代西北部少数民族。光明，即光明盐，又称水晶盐。多数产在石山上，无色透明，状如水晶，不用煎炼便可食用。据明李时珍《本草纲目》第十一卷所说，这种盐有"开盲明目"的疗效。

③赤县：指中国。

【译文】

食盐的种类很多，大体可分为海盐、池盐、井盐、土盐、崖盐和砂石盐等六种，而东北肃慎族聚居地的树叶盐和西北少数民族地区的光明盐，都还没有算在内。中国所产的盐，海盐占八成，井盐、池盐和土碱占两成。这些食盐或者靠人力煎晒，或者是天然结成。总之，凡是车船不到的地方，大自然都会就地产出食盐来的。

海水盐

凡海水自具咸质[①]。海滨地,高者名潮墩[②],下者名草荡,地皆产盐。

【注释】

①凡海水自具咸质:海水中各种盐类的总含量(盐度)为30‰~35‰,其中氯化钠占78%,氯化镁、硫酸镁、氯化钾等占22%。这种比例各个海洋几乎相同,但总盐度却有变化。例如,红海40‰(最高);波罗的海1‰~3‰(最低)。我国的南海34‰,东海、黄海30‰~32‰,渤海25‰~28‰。

②潮:潮汐。指由于月球和太阳的吸潮力作用而使海水发生周期性涨落的现象。一般每天涨落两次。昼涨叫潮,夜涨叫汐(也叫晚潮)。

【译文】

海水本身含有盐分。海边地势高的地方叫潮墩,地势低的地方叫草荡,都可产盐。

同一海卤传神,而取法则异[①]。

【注释】

①取法则异:本节所述的前三种方法在今天看来都比较古老,今天我国只有少数个体盐户还在沿用。现在的盐场都是用盐田晒盐,盐田主要包括蒸发池、结晶池和保卤池,机械化程度逐渐提高。近现代制盐技术有盐田法和电渗析法两种。盐田法用盐田晒盐;电渗析法通过选择性离子交换膜浓缩海水制卤,真空蒸发制盐。

【译文】

同是海盐,制取的方法却有所不同。

一法：高堰地[1]，潮波不没者，地可种盐（图39）。种户各有区画经界，不相侵越。度诘朝无雨[2]，则今日广布稻麦稿灰及芦茅灰寸许于地上，压使平匀。明晨露气冲腾，则其下盐茅勃发[3]。日中晴霁，灰、盐一并扫起淋煎。

图39　布灰种盐

【注释】

①高堰地：挡水的高坝地。

②度（duó）：预计，估计。诘朝（jié zhāo）：明晨。

③明晨露气冲腾，则其下盐茅勃发：露是指地面或地物表面水汽夜间受冷结成的水珠。露气冲腾，指露大，地面很湿。常见于晴朗无风的夜间或清晨。灰下盐茅勃发的道理是，露水把地面表层所含的盐分溶解成卤水，它被草灰吸收而浓缩，第二天太阳照晒，盐分便像茅草般地结晶析出。

【译文】

一种方法是：在不被潮水淹没的岸边高地种盐。种户各有一定的地段界限，互不侵占。预计明天天晴，就把稻、麦秆灰和芦、茅灰撒在地上约一寸厚并把它压平。第二天早晨，露气很重，盐便像茅草般在灰下长出来。等到雾散天晴，过了中午，便可将灰和盐一并扫起，拿去淋洗和煎炼。

一法:潮波浅被地,不用灰压,候潮一过,明日天晴,半日晒出盐霜,疾趋扫起煎炼。

【译文】

另一种方法是:在潮水浅盖的地方,不用撒灰,只等潮水一过,如果第二天天晴,半天就能晒出盐霜来,然后赶快扫起来煎炼。

一法:逼海潮深地,先堀深坑①,横架竹木,上铺席苇,又铺沙于苇席之上。俟潮灭顶冲过,卤气由沙渗下坑中②。撤去沙、苇,以灯烛之,卤气冲灯即灭③,取卤水煎炼④。

【注释】

①堀(kū):掘,挖。

②卤气:指含有盐分的水蒸气,俗称"咸气"。

③卤气冲灯即灭:卤气之所以能冲灯即灭,可能还含有二氧化碳、一氧化碳、氮气等不助燃气体。当时利用它作为一种信息,来间接地、粗略地估算卤水的盐度。近代已改用比重计或电导盐度计直接测定卤水盐度了。

④卤水:矿化度大于60克/升的含有较多盐分的水。这里指经过蒸发浓缩后的海水。其主要成分是氯化钠,也有少量的硫酸钙、氯化钾、氯化镁、硫酸镁,以及其他微量元素。

【译文】

再一种方法是:在潮水深没的地方,预先掘一个深坑,把竹或木横架在坑上,铺上草席,再铺上沙。当海潮盖顶冲过时,卤气便通过沙子渗入坑中。把沙和草席掀去,用灯向坑里照一照,当卤气能把灯火熄灭时就可取卤水出来煎炼了。

总之，功在晴霁。若淫雨连旬，则谓之盐荒[1]。

【注释】

①盐荒：自古以来，盐田生产一靠海水二靠天，遇到阴雨连绵就要闹盐荒。二十世纪五十年代以来，盐工们改造了盐田，大筑保卤池，并采用塑料薄膜遮盖结晶池等抗雨措施，机械化程度也提高了，于是不再出现盐荒。

【译文】

总之，关键在于天晴。如果阴雨连绵，盐就停产，酿成盐荒。

又淮场地面[1]，有日晒自然生霜如马牙者[2]，谓之大晒盐。不由煎炼，扫起即食。海水顺风漂来断草[3]，勾取煎炼，名蓬盐。

【注释】

①淮场：又称淮扬场。我国著名盐场区之一。宋应星说："国家盐课，淮居其半，而长芦、解池、两浙、川井、广池、福海共居其半。"（《野议·盐政议》）此盐区明朝时在淮安府和扬州府辖内，相当于今江苏的黄河沿岸一带。所产盐叫淮盐，或两淮盐。

②马牙：即马牙硝。芒长，似马牙。又称芒硝或朴硝。化学成分为十水硫酸钠（$Na_2SO_4 \cdot 10H_2O$）。

③断草：这里指海藻。用它煎成的盐叫蓬盐，含有较多的碘质。

【译文】

在淮扬盐场，靠日光把海水晒干，便能得到像马牙硝那样白的盐霜，这叫大晒盐。不必再煎炼，扫起来便可食用。此外，利用顺风漂来的海草熬成的盐叫蓬盐。

凡淋煎法，堀坑二个，一浅一深。浅者尺许，以竹木架芦席于上，将扫来盐料，不论有灰无灰，淋法皆同。铺于席上，四周隆起，作一堤垱形[①]，中以海水灌淋，渗下浅坑中（图40）。深者深七八尺，受浅坑所淋之汁，然后入锅煎炼。

【注释】

①垱（dàng）：横筑在河中或低洼田地中以挡水的小堤。

【译文】

盐的淋洗和煎炼的方法是，挖两个坑，一浅一深。浅的坑深一尺左右，用竹或木横架在坑上，再铺上草席，将扫来的盐料，不论有灰无灰，淋洗方法都一样。铺在草席上，四周堆高些，围成个堤坝，坝内用海水淋洗，卤水便渗入浅坑中。深的坑有七八尺深，接受从浅坑来的卤水，然后倒入锅里煎炼。

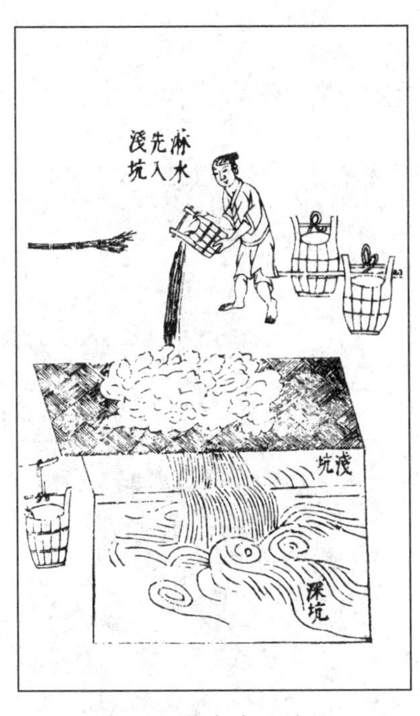

图40　淋水先入浅坑

凡煎盐锅，古谓之牢盆[①]，亦有两种制度，其盆周阔数丈，径亦丈许。用铁者，以铁打成叶片，铁钉拴合，其底平如盂，其四周高尺二寸，其合缝处一经卤汁结塞，永无隙漏。其下列灶燃薪，多者十二三眼，少者七八眼，共煎此盘（图41）。南海有编竹为者，将竹编成阔丈深尺，糊以蜃灰[②]，附

图41 海卤煎炼

以釜背。火燃釜底，滚沸延及成盐。亦名盐盆，然不若铁叶镶成之便也。

【注释】

①牢盆：煮盐器。李时珍《本草纲目·石部五》"食盐"条引苏颂曰："煮盐之器，汉谓之牢盆。"汉武帝开始实行盐铁官营政策。因此，《汉书·食货志》有"官与牢盆"（盐官发放牢盆）的说法。

②蜃（shèn）灰：蛤蜊壳烧成的灰，主要成分为氧化钙。性质与石灰相同。

【译文】

熬盐锅，古时候叫牢盆，大致有两种规格，周围几丈长，直径约有一丈。一种是铁盆。用铁打成薄片，铁块用铁钉铆合，底部像盂那样平，边高一尺二寸，接口的地方经过卤水结晶堵塞之后就不会再漏了。牢盆下面排列炉灶，多的有十二三个，少的也有七八个，用柴火同时烧煮。南海有另一种盆，是用竹编成丈把阔尺把深的竹围，糊上蛤蜊灰，衔接在铁锅边上的。锅下烧火，卤水便滚沸而逐渐结盐。这种盆也叫牢盆，但没有铁牢盆方便。

凡煎卤未即凝结，将皂角椎碎[1]，和粟米糠二味，卤沸之时，投入其中搅和，盐即顷刻结成。盖皂角结盐，犹石膏之结腐也。

【注释】

①皂角：又名皂荚。能发泡，可絮凝卤水中的杂质以促进食盐结晶析出。近代已改用明矾作絮凝剂。

【译文】

用卤水熬盐，若不凝结，可以将皂角舂碎，混合粟米糠，趁卤水沸腾时倒入锅中搅匀，盐分马上就会晶析出来。加皂角促使结盐，就好像做豆腐要加石膏一样。

凡盐，淮扬场者质重而黑，其他质轻而白。以量较之，淮场者一升重十两，则广、浙、长芦者只重六七两[①]。

【注释】

①广：广盐。特点是盐味较咸。屈大均《广东新语·食语·盐》："南海阴火太盛，其味益咸。故广盐为吴楚所重，南赣人为醯酱者必以广盐，谓气力重于淮盐一倍云。"长芦：我国著名盐场区之一。在今河北的渤海沿岸，北起山海关，南至海丰，一共有二十四个盐场，总称长芦盐区，以运盐司驻在长芦（今河北沧州）而得名。

【译文】

淮扬盐场产的盐重而黑，其他盐场的却轻而白。就其重量来说，淮扬盐一升有十两重，广东、浙江和长芦盐一升则只有六七两重。

凡蓬草盐，不可常期，或数年一至，或一月数至。

【译文】

蓬草盐的来源不定期，有时几年才来一次，有时一个月就来几次。

凡盐，见水即化，见风即卤，见火愈坚[①]。凡收藏不必用仓廪。盐性畏风不畏湿[②]。地下叠稿三寸，任从卑湿无伤。周遭以土砖泥隙[③]，上盖茅草尺许，百年如故也。

【注释】

①“凡盐”四句：食盐（NaCl）易溶于水，见水即溶化，一直至饱和，出现液—固平衡态为止。食盐遇到饱含水蒸气的南风时，由于所含杂质氯化镁的吸潮性特别强，会渗出苦卤水（主要含氯化镁）。食盐在盐多火少时不易燃烧，而可以熔化成团。

②盐性畏风不畏湿：这是相对而言的。食盐遇到干风，附着的水分就会挥发；遇到湿风，却会部分潮解成盐卤流失。这两种情况都使得盐的重量减轻而造成“损耗”。如果只是天气潮湿而无风，盐溶解少许就饱和了，因而损失很小。

③泥：这里作动词用，涂上或填塞的意思。

【译文】

盐见水就溶，见风就流盐卤，见火却愈坚硬。储存盐不必用仓库。盐的特性是怕风不怕湿。只要地上铺稻草三寸，什么地势低、湿气重都不怕了。如果四周再砌上土砖，砖隙用泥封固，上面盖上一尺厚的茅草，那么放置一百年也将依然如故。

池盐

凡池盐，宇内有二[①]：一出宁夏，供食边镇；一出山西解池[②]，供晋、豫诸郡县。

【注释】

①凡池盐，宇内有二：宇内，指当时的“天下”，即国内。池盐现在统

称为湖盐。我国不止宁夏、山西两省才产湖盐,还有青海柴达木盐湖等一千多个盐湖(凡湖水含盐量超过3.5%的都叫盐湖)。我国盐湖类型较多,除食盐型即氯化钠型外,还有碳酸盐型、硫酸盐型等。本卷池盐专指食盐型。

②解(xiè)池:即解州盐池。是我国开发最早、历史最悠久的一个盐池。北魏郦道元《水经注》卷六:"《汉书·地理志》曰:'盐池在安邑西南……长五十一里,广六里,周百一十四里。'……今池水东西七十里,南北十七里。"北宋沈括《梦溪笔谈》卷三:"解州盐泽,方百二十里。"可见,解池面积在变化着。解池所产的盐叫解盐。《新唐书·食货志》:"蒲州安邑解县,有池五:总曰两池。岁得盐万斛,以供京师。"

【译文】

我国池盐产地在两处:一处在宁夏,供应边区食盐;另一处在山西解池,供应山西、河南各郡县食盐。

解池界安邑、猗氏、临晋之间[①],其池外有城堞[②],周遭禁御。池水深聚处,其色绿沉。土人种盐者,池傍耕地为畦陇[③],引清水入所耕畦中(图42),忌浊水,参入即淤淀盐脉。

图42 池盐

【注释】

①安邑:古县名,今镇名。

在解池附近。猗（yī）氏：古地名。在今山西临猗之南，有盐池。临晋：古县名。今与猗氏合并为临猗。

②城堞（dié）：城墙。堞，城墙上的凹凸部分。

③傍：通“旁”。陇：同“垄”。

【译文】

解池位于安邑、猗氏和临晋之间，池四周筑有城墙加以保护。池水深的地方，水色深绿。当地制盐的人，就在池边犁地成畦，引清水入畦中，切忌浊水混入，否则就会堵塞盐脉。

凡引水种盐，春间即为之，久则水成赤色。待夏秋之交，南风大起[①]，则一宵结成，名曰颗盐，即古志所谓大盐也。以海水煎者细碎，而此成粒颗，故得大名。其盐凝结之后，扫起即成食味。种盐之人，积扫一石交官，得钱数十文而已[②]。

【注释】

①南风：山西大陆性气候的南风是干燥的，与南方沿海相反。北宋沈括《梦溪笔谈》：“解州盐泽之南，秋夏间多大风，谓之盐南风。……解盐不得此风不冰。”《本草纲目》：“池盐出河东安邑、西夏灵州，今惟解州种之。疏卤地为畦陇而堑围之。引清水注入，久则色赤。待夏秋南风大起，则一夜结成，谓之盐南风。”

②“种盐之人”三句：汉武帝以来实行盐铁官营。盐工向盐官领取牢盆，煮得的盐全部交官，不准私分，更不准私营。作者在《野议·盐政议》中抨击官府对盐工剥削过于深重，对盐商苛捐杂税太多，要求撤去各省盐法道、巡盐兵，改革盐政，通商惠民。

【译文】

每到春季便要引水制盐，太迟了水就会变成红色。等到夏秋之交，南风劲吹，一夜之间就能结成盐了，这种盐叫作颗盐，即古书所说的大盐。海盐比较细碎，而池盐呈颗粒状，因此被称为“大盐”。这种盐一经结成，便可扫起来食用。制盐的人，交一担盐给官府，只能得到几十个铜钱而已。

其海丰、深州[①]，引海水入池晒成者，凝结之时，扫食不加人力，与解盐同；但成盐时日，与不借南风，则大异也。

【注释】

①海丰、深州：长芦盐区的盐场名。海丰在今河北盐山县东，深州在今河北沧州一带。

【译文】

在海丰和深州，引海水入池中晒成的盐，不用煎炼即可扫起来食用，这一点与解盐是相同的；但成盐时日和不依靠南风这两点，却跟解盐大不相同。

井盐

凡滇、蜀两省，远离海滨，舟车艰通，形势高上，其咸脉即韫藏地中。

凡蜀中石山去河不远者，多可造井取盐（图43）。盐井周圆不过数寸，其上口一小盂覆之有余，深必十丈以外，乃得卤信[①]，故造井功费甚难。其器冶铁锥，如碓嘴形，其尖使极刚利，向石山舂凿成孔[②]。其身破竹缠绳，夹悬此锥。每舂深入数尺，则又以竹接其身，使引而长。初入丈许，或以足踏碓梢，如舂米形。太深则用手捧持顿下。所舂石成碎粉，随以长竹接引，悬铁盏挖之而上。大抵深者半载，浅者月余，

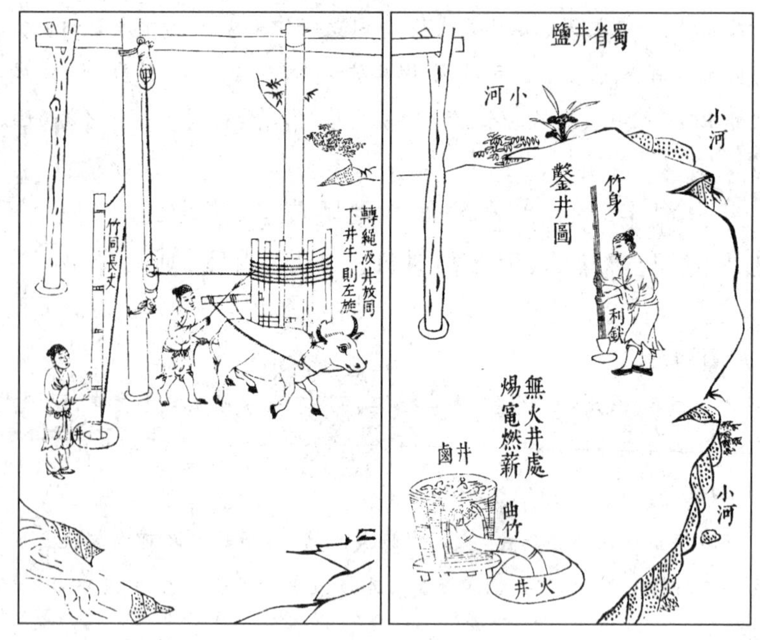

图43　蜀省井盐

乃得一井成就。盖井中空阔，则卤气游散，不克结盐故也[③]。

【注释】

①深必十丈以外，乃得卤信：卤信，指地下卤水或盐岩的信息。如果是黄卤井，卤信可能是指淡水。明末清初方以智《物理小识》卷七："蜀中盐井，先凿得淡水，深乃得盐。"如果是黑卤井，卤信可能是指天然气和硫化氢的混合气体，有刺鼻臭味。无论是黄卤井还是黑卤井，卤信也可能是指"腰脉水"。顾炎武《天下郡国利病书·蜀中方物记·井法》引马骥《盐井图记》云：凿小窍，"凿至二十丈，中见白沙数丈，有盐水数担，名曰'腰脉水'，去盐水不远。寻凿之，而盐水涓涓自见也"。关于井深，《旧唐书·地理

志》说:“(泸州富义)界有富世盐井,深二百五十尺,以达盐泉,俗呼玉女泉。”这是我国古代盐井深度的最早记录。明代凿井技术已很发达,所谓“深必十丈以外”,若按一般明尺(营造尺)计算则太浅了,当指最浅井深。这跟马骥《盐井图记》所说的大窍深约二三十丈,小窍深二十丈,合计井深约四五十丈大体相符。若按“板凳尺”(以一米多长的一条板凳为一尺)计算,则超过一百米以上,相当于当时的一般井深。近现代盐井一般深度已达五百米至一千二百米,甚至更深。

②“其器冶铁碓”四句:当时使用的工具是顿钻的雏形,相当于近代的冲击式钻井工具。现在已改用旋钻了。“冶”字疑为“治”字之误,因铁锥是治(锤锻)出来的,而不是冶(铸造)出来的。

③“盖井中空阔”三句:事实上,井卤能否结盐,关键在于是否有淡水渗入而使其盐度大大下降。宋代以前的盐井是裸井,没有用套管隔绝地下淡水的装置。北宋仁宗庆历、皇祐年间(1041—1053),已把秦汉以来的大口浅裸井改革成为小口深套井(卓筒井),即用竹筒为井屏,以防崩坍和隔绝淡水(详见苏轼《东坡志林》卷四)。明中叶以后,凿井技术又大大提高了,井深由几十丈发展到一两百丈。

【译文】

云南、四川两省,远离海滨,交通不便,地势也较高,那里的盐矿都蕴藏在地下。

四川离河不远的石山,多数可以凿井取盐。盐井的圆周只有几寸,一个小盂便能绰绰有余地盖住它的上口,而井深却要超过十丈以上才能找到卤水或盐岩,因此凿井的费用很高。凿井使用的铁锥,形状很像碓嘴,它的尖端要刚硬而锐利,才能把石山冲凿成孔。铁锥用破开两半的竹夹住,并用绳缠紧。每凿进数尺,就要用竹竿把它接长。起初凿到一丈多深,可用脚踏,就像踏碓舂米一样。太深了,就要用手把竹竿提起,然后用力舂下去。舂成的碎石粉，可用长竹安上铁勺子把它掏上来。大概深井要半年，浅井要一个多月才能挖成功。如果凿的井眼太空阔了，卤气就会散失，以致不能结盐。

井及泉后，择美竹长丈者，凿净其中节，留底不去，其喉下安消息①，吸水入筒，用长絙系竹沉下②，其中水满。井上悬桔槔、辘轳诸具。制盘驾牛，牛拽盘转，辘轳绞絙，汲水而上。入于釜中煎炼，只用中釜，不用牢盆。顷刻结盐，色成至白。

【注释】

①消息：这里指阀门。俗名叫"皮钱"。

②絙（gēng）：粗绳索。

【译文】

当盐井凿到卤水层后，选择一丈长的好竹子，把间节凿穿，只保留最底下的那一间节，在竹筒下端安上阀门，以便汲水入筒。把这根竹用粗绳拴住沉下去，便汲满了卤水。井上用桔槔和辘轳等作为提水工具。操作时由牛带动转盘，辘轳便绞起绳索，把汲满卤水的竹筒提上来。然后，将卤水倒入锅里煎炼，只用中号锅，不用牢盆。很快就结成雪白的盐了。

西川有火井①，事奇甚，其井居然冷水，绝无火气。但以长竹剖开去节，合缝漆布，一头插入井底，其上曲接，以口紧对釜脐，注卤水釜中，只见火意烘烘，水即滚沸。启竹而视之，绝无半点焦炎意。未见火形而用火神②，此世间大奇事也！

凡川、滇盐井，逃课掩盖至易③，不可穷诘。

【注释】

①火井：即天然气井。可分干腔、卤火（有卤水掺杂其中）等类型。《四川盐政史》卷二曰：四川火井“最初始于邛崃县，似在汉时颇为兴盛”。西晋张华《博物志》：“临邛火井一所，纵广五尺，深二三丈。井在县南百里。”并记载有诸葛亮巡视临邛火井和用火井煮盐的史实。到了宋元明时已普遍用天然气煮盐了。

②未见火形而用火神：形与神是中国古代哲学的一对范畴，是指形体与精神的关系。作者继承了荀子“形具而神生”和范缜“形者神之质，神者形之用”的唯物主义思想，在这里描述天然气煮盐是表面上看不见火的形象（火焰），实际上却起了火的加热作用。

③课：课税。

【译文】

四川西部有一种火井，非常奇妙，井里居然是冷水，完全没有热气。但是只要剖开长竹去掉间节，再用漆布缝合好，将一头插入井底，另一头用曲管接到锅底正中，锅里注入卤水，只见热烘烘的，卤水很快沸腾起来。可是，打开竹管一看，却没有半点烧焦的痕迹。看不到火的形象却起了火的作用，这是世界上一大奇事啊！

四川、云南的盐井，容易掩盖逃税，很难查究。

末盐①

凡地碱煎盐，除并州末盐外②，长芦分司地土人亦有刮削煎成者③，带杂黑色，味不甚佳。

【注释】

①末盐：粉末状的矿盐。

②并州：古代九州之一。在今山西太原一带。

③长芦分司：长芦（今河北沧州）盐运司下面的分司。

【译文】

地碱熬的盐，除了并州的粉末盐之外，还有长芦盐运分司的当地人刮取地碱所熬成的盐，这种盐有杂质，颜色较黑，味道不太好。

崖盐①

凡西省阶、凤等州邑②，海、井交穷，其岩穴自生盐，色如红土，恣人刮取③，不假煎炼④。

【注释】

①崖盐：即岩盐，也称石盐。由古代地质时期潟湖和海湾中海水的盐分沉积而成。纯净的崖盐白色透明，可供食用。含有杂质的只作化工原料用。

②西省阶、凤：陕西阶州和凤县。阶州相当今甘肃武都、康县一带。凤县位于陕西西南部，邻接甘肃。

③恣（zì）：听任，任凭。

④不假：用不着，不必。假，借，利用。

【译文】

陕西阶州、凤县等地，没有海盐也没有井盐，但当地岩洞却出产食盐，色如红土，任人刮取，不必煎炼。

甘嗜第六卷

【题解】

本卷讲制糖。甘嗜（shì），语出《尚书·五子之歌》："甘酒嗜音。"是说沉溺于喝酒听音乐。此处甘与嗜同为爱好义。宋应星此卷中"甘嗜"两字，取义为嗜甘（爱好甜味），引申为制糖。

本卷记述关于蔗糖、饴饧（yí táng）和蜜糖等三种糖的制造工艺。蔗糖又分红糖、白糖和冰糖三种。饴是麦芽糖，饧是麦芽糖加糯米粉熬成的硬糖。

关于种蔗，宋应星说：正月雨水（二十四节气之一）前五六天，把甘蔗砍成两个节长，密布地上，微加土掩，头尾相枕，若鱼鳞状，两芽平放，不得一上一下，以致芽向土难发。由此可见，我国不仅是粮食作物，即使是经济作物也是精耕细作的。

宋应星说：人巧千方，以供甘旨，颐养天下。他赞美糖对人的好处，但他受到时代的局限而不认识糖的化学结构，也不知道各种糖对人的功用不同。今天我们早已明白：蔗糖是葡萄糖和果糖组成的双糖，麦芽糖是葡萄糖组成的双糖，蜂蜜是葡萄糖和果糖混合的单糖。其中，葡萄糖才容易被人体直接吸收。

宋子曰：气至于芳，色至于艳[①]，味至于甘，人之大欲存焉[②]。芳而烈，艳而艳，甘而甜，则造物有尤异之思矣[③]。世间作甘之味，什八产于草木[④]，而飞虫竭力争衡[⑤]，采取百花，酿成佳味，使草木无全功。孰主张是而颐养遍于天下哉[⑥]？

【注释】

①靘（jìng）：同"靓"。美丽。如"靓布""靓衣"等。

②人之大欲存焉：语出《礼记·礼运》："饮食男女，人之大欲存焉。"宋应星强调人欲存在，跟当时流行的所谓"存天理，去人欲"的程朱理学是针锋相对的。

③造物有尤异之思：自然界有特异的构思。作者把自然界加以拟人化，带有"物活论"思想。

④世间作甘之味，什八产于草木：直接来自草木的糖，明代只有甘蔗糖一种。甜菜糖只是近代才有的。近现代化学还可使淀粉或纤维素等多糖降解为糖（双糖或单糖），甚至能够合成糖精等。

⑤飞虫：此指蜜蜂。

⑥孰主张是：语出《庄子·天运》。孰，谁，什么。主张，主宰，支配。是，这个。

【译文】

气味要芳香，颜色要美丽，味道要清甜可口，这都是人的正常欲望。芳香而浓烈，美丽而鲜艳，可口而甜蜜，则是自然界的特意安排。世间制糖的原料，十分之八来自草木，蜜蜂也不甘落后，采集百花酿成蜜糖，使草木不能占有全部功劳。不知是什么在支配这些东西而使世人普遍受益呢？

蔗种

凡甘蔗有二种[①]，产繁闽、广间，他方合并得其十一而已。似竹而大者为果蔗[2]，截断生啖，取汁适口，不可以造糖。似荻而小者为糖蔗[3]，口啖即棘伤唇舌，人不敢食，白霜、红砂皆从此出。

【注释】

①凡甘蔗有二种：北宋王灼《糖霜谱》把甘蔗分成四种："蔗有四色：曰杜蔗；曰西蔗；曰艻蔗，《本草》所谓荻蔗也；曰红蔗，《本草》所谓昆仑蔗也。红蔗止堪生啖，艻蔗可作砂糖，西蔗可作霜，色浅，土人不甚贵；杜蔗紫嫩，味极厚，专用作霜。"

②果蔗：作为水果而培育的甘蔗品种。茎大，质脆，汁多，清甜可口。

③糖蔗：茎小，质硬，糖分高，适于榨糖，又叫糖蔗。因它像荻，又叫荻蔗。

【译文】

甘蔗有两种，盛产于福建、广东一带，其他地区的产量总和只占十分之一。茎粗大像竹子的叫果蔗，截断生吃，汁多可口，不宜制糖。茎细小像芦荻的叫糖蔗，因易刺破唇舌，人不敢生吃，白砂糖和红砂糖却都是用糖蔗造的。

凡蔗古来中国不知造糖。唐大历间，西僧邹和尚游蜀中遂宁，始传其法[1]。今蜀中种盛，亦自西域渐来也[2]。

【注释】

①"凡蔗古来中国不知造糖"四句：早在东汉时广东南海人杨孚《异物志》就有关于甘蔗造糖的记载："甘蔗，远近皆有，交趾所产甘蔗特醇好，本末无薄厚，其味至均，围数寸，长丈余，颇似竹，斩而食之，既甘，榨取汁如饴饧，名之曰糖，益复珍也。又煎而曝之，

既凝，如冰，破如砖其，食之，入口消释，时人谓之‘石蜜’者也。”南朝梁陶弘景《名医别录》也提到沙糖：“（蔗）今出江东为胜，庐陵亦有好者。广州一种，数年生，皆大如竹，长丈余，取汁以为沙糖，甚益人。”唐太宗曾派人去印度学习制糖技术，使蔗糖的色和味都超过了外国。《新唐书·西域列传》说：“摩揭它，一曰摩伽陀，本中天竺属国。……贞观二十一年……太宗遣使取熬糖法，即诏扬州上诸蔗，榨汁如其剂，色味愈西域远甚。”贞观二十一年即647年。可见，在唐大历（766—799）之前，中国已经能制造蔗糖了。本卷说到的西僧邹和尚一事，来源于北宋王灼《糖霜谱》的一段记载：“先是唐大历年间，有僧号邹和尚，不知所从来，跨白驴登繖山，结茅以居。……一日，驴犯山下黄氏者蔗苗，黄请偿于邹，邹曰：‘汝未知窨蔗糖为霜利当十倍，吾语女，塞责可乎？’试之，果信，自是流传其法。”原文并没有“西”字，邹和尚很可能是中国人。“唐大历间……始传其法”，也只是四川遂宁的情况。

②渐（jiān）：流入，引进。

【译文】

中国古代不晓得用甘蔗造糖。唐大历年间，西域僧人邹和尚到四川遂宁游历时，才传授了制糖的方法。现在四川大量种蔗，也是从西域引进来的。

凡种荻蔗，冬初霜将至，将蔗砍伐，去杪与根①，埋藏土内。土忌洼聚水湿处。雨水前五六日，天色晴明，即开出，去外壳，砍断约五六寸长，以两个节为率②。密布地上，微以土掩之，头尾相枕，若鱼鳞然。两芽平放，不得一上一下，致芽向土难发。芽长一二寸，频以清粪水浇之。俟长六七寸，锄起分栽③。

【注释】

①杪（miǎo）：末梢。

②率（lǜ）：标准。

③锄起分栽：这叫甘蔗育苗移栽，是我国一项古老的栽培技术，也是一项高产措施。

【译文】

种植荻蔗，是在冬初将要打霜时，把蔗砍下，除去头尾，埋在泥土里。不宜用低洼积水地。雨水节气前五六天，天晴就把它挖出来，剥掉外壳，斩成一段段的，每段约五六寸长，以有两节为准。密布在地里，用少量的土覆盖，像鱼鳞一样头尾相枕。每段的两节芽要平放，不能一上一下，以防种芽难以萌发。芽长到一两寸时，要经常浇清粪水。长到六七寸时，就可挖起来移栽。

凡栽蔗必用夹沙土，河滨洲土为第一。试验土色，堀坑尺五许[1]，将沙土入口尝味，味苦者不可栽蔗。凡洲土近山上流河滨者，即土味甘，亦不可种，盖山气凝寒，则他日糖味亦焦苦。去山四五十里，平阳洲土择佳而为之[2]。黄泥脚地毫不可为。

【注释】

①堀（kū）：掘，挖。

②平阳洲土：平坦向阳的水边地。

【译文】

种蔗必须用沙壤土，最好是河边的淤积土。试验土质时，掘坑一尺五寸深，用嘴巴尝尝沙土的味道，若味苦就不能种蔗。深山上游河边的淤积土，即使味甜也不能种蔗，因为山气寒冷，蔗糖也将是焦苦的。应该在离山四五十里平坦向阳的淤积土上，选择较好的地段来种蔗。黄泥脚地不宜种蔗。

凡栽蔗，治畦行阔四尺，犁沟深四寸，蔗栽沟内，约七尺列三丛。掩土寸许，土太厚则芽发稀少也。芽发三四个或六七个时，渐渐下土，遇锄耨时加之[1]。加土渐厚则身长根深，庶免欹倒之患[2]。

【注释】

①耨（nòu）：除草。

②庶免欹（qī）倒：幸免倒斜。

【译文】

种蔗时，整成每行宽四尺的畦，犁出四寸深的沟，把蔗种在沟内，七尺远种三丛。盖上约一寸厚的土，土太厚了发芽就少。当每丛发有三四个或六七个芽时就要分次培土了，每当中耕除草时都要结合培土。培土逐渐加厚，甘蔗秆高根深，可免倒伏。

凡锄耨不厌勤过，浇粪多少，视土地肥硗[1]。长至一二尺，则将胡麻或芸薹枯浸和水灌[2]，灌肥欲施行内。高二三尺，则用牛进行内耕之，半月一耕用犁，一次垦土断傍根[3]，一次掩土培根。九月初培土护根，以防砍后霜雪[4]。

【注释】

①硗（qiāo）：同“垸”。土地坚硬而贫瘠。

②胡麻：即芝麻。芸薹：油菜。枯：油料作物果籽榨油后剩余的渣滓。

③傍：通“旁”。

④九月初培土护根,以防砍后霜雪:这是宿根蔗栽培的一项措施。甘蔗是一种多收的宿根性作物,当其地上部分砍收后,只有土厚才能保证地下根芽借土温安全过冬,来年春天重新萌发成株。

【译文】

中耕除草的次数不嫌多,浇粪多少,要看土地肥瘦而定。蔗苗长到一两尺高时,就用芝麻枯或油菜籽枯泡水浇灌在行内。蔗高两三尺时,用牛在蔗行间中耕,每半个月犁耕一次,翻一次土就犁断一次旁根,并培一次土。到九月初要再培土护根,以防蔗砍后宿根被霜雪冻坏。

蔗品

凡荻蔗造糖,有凝冰、白霜、红砂三品。糖品之分,分于蔗浆之老嫩[①]。

【注释】

①糖品之分,分于蔗浆之老嫩:蔗的老嫩反映蔗是否成熟。成熟的蔗,即老蔗,不但含糖量多,而且还原糖和色素都少,较易造出白糖。所以说,古代造糖,糖品常常取决于蔗的老嫩。

【译文】

用荻蔗造糖,有冰糖、白糖和红糖三个品级。糖的品级取决于蔗的老嫩。

凡蔗性[①],至秋渐转红黑色,冬至以后,由红转褐,以成至白。五岭以南无霜国土,蓄蔗不伐以取糖霜。若韶、雄以北[②],十月霜侵,蔗质遇霜即杀[③],其身不能久待以成白色,故速伐以取红糖也,凡取红糖,穷十日之力而为之。十日以前，其浆尚未满足；十日以后，恐霜气逼侵，前功尽弃。故种蔗十亩之家，即制车、釜一付[④]，以供急用。若广南无霜，迟早惟人也。

【注释】

①蔗性：指甘蔗表皮的特性。

②韶：广东韶关。雄：广东南雄。

③蔗质遇霜即杀：蔗质指蔗糖等内含物，遇霜会部分降解为葡萄糖和果糖。这两者的混合物叫转化糖（因使旋光性由右旋转化为左旋而得名），它本身虽不影响结晶，但其热氧化和热分解产物（如有机酸和棕色物质等），不但使糖浆颜色加深，而且影响糖浆容易形成过饱和溶液而妨碍蔗糖结晶析出。冻害严重时，蔗汁酸败，甚至霉变，失去制糖价值。

④付：用同“副”。器物的一对或一套。

【译文】

获蔗的表皮，到了秋天逐渐变成红黑色，冬至以后，由红转褐，最后出现白蜡。岭南无霜地区，甘蔗留在田里不砍，以便用它来造白糖。但韶关、南雄以北的地区，十月开始下霜，蔗质遇到霜就要被破坏，无法留到蔗皮变白，不如早点砍下来制作红糖，力争在十天内完成。这十天以前，甘蔗还没有成熟；这十天之后，又怕霜冻一来而前功尽弃。所以种有十亩蔗的人家，要准备好一套造糖车、釜以供急用。至于广东南部无霜地区，砍蔗就可以迟早由人了。

造糖[①]（具图）

凡造糖车（图44）[②]，制用横板二片，长五尺、厚五寸、阔二尺，两头凿眼安柱。上笋出少许，下笋出板二三尺[③]，

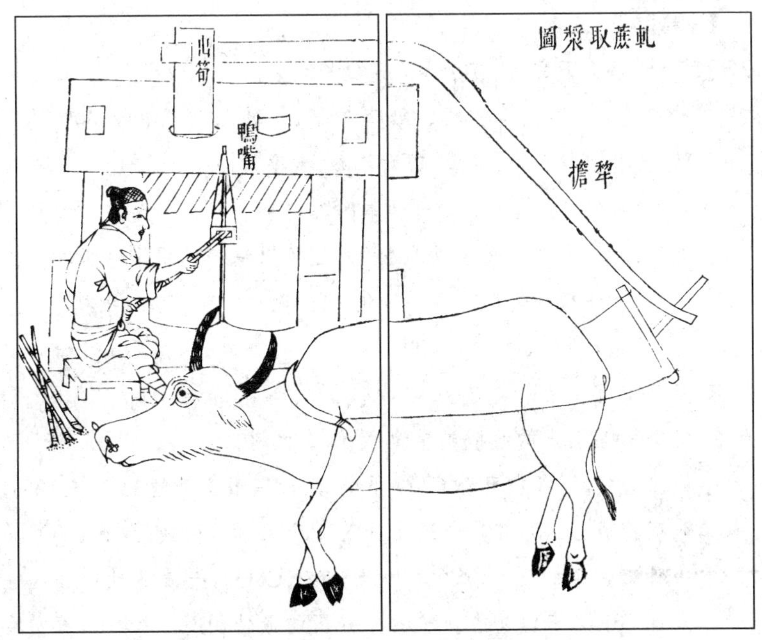

图44 轧蔗取浆

埋筑土内，使安稳不摇。上板中凿二眼，并列巨轴两根，木用至坚重者。轴木大七尺围方妙。两轴一长三尺，一长四尺五寸，其长者出笋安犁担。担用屈木，长一丈五尺，以便架牛团转走。轴上凿齿分配雌雄，其合缝处须直而圆，圆而缝合。夹蔗于中，一轧而过，与棉花赶车同义。蔗过浆流，再拾其滓，向轴上鸭嘴扱入，再轧，又三轧之，其汁尽矣，其滓为薪[④]。其下板承轴，凿眼只深一寸五分，使轴脚不穿透，以便板上受汁也。其轴脚嵌安铁锭于中[⑤]，以便捩转[⑥]。凡汁浆流板有槽枧[⑦]，汁入于缸内。每汁一石，下石灰五合于中[⑧]。

【注释】

①造糖：据上下文，此节所述为造红糖之法。

②造糖车：两辊式压榨机。效率较低，一次只可榨出约60%的蔗汁，因此要榨三次。现在辊数增多，效率提高了。

③板：涂本作“版”，据杨素卿刊本改。

④其滓为薪：近代蔗渣除当柴烧外，还可以综合利用来造纸和人造纤维，蔗渣糠还能提炼糠醛等化工原料。

⑤锭（dìng）：通“铤”。金属块。

⑥捩（liè）转：转动。

⑦枧（jiǎn）：引水的渡槽或导管，木制或竹制。

⑧每汁一石，下石灰五合（gě）于中：蔗汁一般含蔗糖11%～13%，非蔗糖成分2.5%（其中还原糖0.5%～2%），微酸性（pH=5），是一种暗黄色的混浊糖液。加入石灰（CaO），把微酸性中和成偏碱性（pH=7.5），以达到非糖分凝聚的最佳pH值。因此，石灰在这里主要起澄清剂作用。至于文中所述加石灰的比例，则只是土法制糖的某一经验值。这是“冷汁加灰法”，操作方便，转化糖少，但石灰用量大。此外，还有“热汁加灰法”“分次加灰二次加热法”等。这种石灰法一般只用于制粗糖。近代主要采用碳酸法或亚硫酸法制糖。合，古代容量单位。十合为一升，十升为一斗，十斗为一石。

【译文】

造糖用的轧蔗机，规格是用上下两块横板，每块长五尺、厚五寸、宽二尺，两端凿孔安柱。柱的上榫突出上板少许，下榫穿过下板二至三尺，埋在地下，使整个机身安稳不摇。在上板中央凿两个眼，并列安上两根大木辊，用坚实木材造成。木辊以圆周长七尺为宜。一辊长三尺，另一辊长四尺五寸，长辊有榫突出，用来安装犁担。犁担用一根长一丈五尺的弯木造成，以便架牛团团转。辊上凿有相互配合的凹凸传动齿，两辊必须直而圆，缝合一致。把蔗夹在两辊之间一轧而过，这和轧棉花的原理是相同的。蔗经压榨便流出蔗汁，经再榨、三榨后，蔗汁便榨尽了，剩下的蔗渣当柴草烧。下板支承轴脚的两个眼只有一寸五分深，辊轴穿不过下板，以便下板承住蔗汁。辊轴下端要嵌装铁锭子，以便转动。承板上有过水槽，蔗汁流入缸内。每一石蔗汁加石灰五合。

凡取汁煎糖，并列三锅如品字，先将稠汁聚入一锅，然后逐加稀汁两锅之内。若火力少束薪，其糖即成顽糖[①]，起沫不中用。

【注释】

①顽糖：由于火力不足，熬糖时间过长，糖浆部分变成转化糖并进一步热氧化分解而增加胶体物质，使糖浆呈粘胶状，泡沫不易发散，蔗糖难以起砂析出。

【译文】

用蔗汁熬糖时，把三口锅排成品字形，先把熬浓的蔗汁集中在一口锅里，再把稀蔗汁逐次加入其余两口锅中。若少一小捆柴而致火力不足，就会熬成顽糖，尽起泡沫而不中用了。

造白糖[①]

凡闽、广南方经冬老蔗，同车同前法，笮汁入缸[②]。看水花为火色。其花煎至细嫩，如煮羹沸，以手捻试，粘手则信来矣[③]。此时尚黄黑色，将桶盛贮，凝成黑沙[④]。然后，以瓦溜教陶家烧造。置缸上（图45）[⑤]。其溜上宽下尖，底有一小孔，将草塞住，倾桶中黑沙于内，待黑沙结定，然后去孔中

图45　澄结糖霜瓦器

塞草，用黄泥水淋下[6]。其中黑滓入缸内[7]，溜内尽成白霜。最上一层厚五寸许，洁白异常，名曰洋糖[8]；西洋糖绝白美，故名。下者稍黄褐。

【注释】

①白糖：这里是个广义概念，冰糖也包括在内。

②笮（zé）：压榨。

③以手捻试，粘手则信来矣：蔗糖水溶液一般要大于70%浓度时才可能结晶。当时尚未发明比重计来测定浓度，只得用手捻试。粘手则表明浓度已够，可以停止蒸发了。近代土法熬糖，一般是滴几滴糖浆到冷水中，若能凝结成小块则说明熬好了，即所谓“信来矣”。这时浓度94%～96%。捻，用手指搓转。信，消息。

④黑沙：糖膏。即内含结晶状砂糖的黑褐色浓糖浆。

⑤瓦溜：一种利用糖膏自身的重力除去糖蜜以取得白砂糖的陶制分离器。近代糖厂已改用高效率的离心机了。教(jiāo)：让，令，使。

⑥黄泥水：这里作吸附脱色剂。现早已改用活性炭了。

⑦黑滓：糖蜜，又叫漏水糖。即从糖膏中分离出砂糖后剩下的胶粘母液。

⑧洋糖：清李调元《粤东笔记》卷十四："最白者以日爆之，细若粉雪，售于东西二洋，曰洋糖。"洋糖这里是指适于销售到外洋去的白糖，而不一定是西洋所产。

【译文】

福建、广东南部过了冬的成熟老蔗，压榨蔗汁入缸的方法跟上面说的一样。熬蔗汁时，通过观察水花来掌握火候。当熬到水花呈细珠状，好像煮羹一样沸腾时，就用手捻试一下，如果粘手指就说明熬好了。这时的糖浆还是黄黑色的，把它盛在桶里，让它凝结成糖膏。然后把瓦溜请陶工烧制。放在缸上。瓦溜上宽下尖，底部有个小孔，用草塞住，把桶里的糖膏倒到瓦溜中，等黑沙结定后，除去孔中草塞，用黄泥水淋下。其中黑色的糖蜜便流入缸内，留在瓦溜里的全是白糖。最上一层厚约五寸，非常洁白，叫洋糖；西洋糖很白，因此得名。下层稍带黄褐色。

造冰糖者，将洋糖煎化①，蛋青澄，去浮滓②，候视火色。将新青竹破成篾片③，寸斩，撒入其中，经过一宵，即成天然冰块。

【注释】

①煎化：可能是宋应星"煎水极沸，投……化之"的缩语。因为他有类似的提法："煎水极沸，投矾化之。"(《燔石·白矾》)这种缩语容易产生歧义，因为在无水条件下加热叫煎，在有水条件

下加热叫煮。近代制冰糖也要先将白糖倒入开口锅中，掺和25%～30%的净水，加热使之溶化成糖浆，再来浓缩。

②蛋青澄，去浮滓：这叫撇泡。蛋清，即蛋白。利用蛋白质受热凝固后吸附非糖分杂质这一特性，可以把白砂糖精炼成冰糖。

③篾片：它起的是结晶中心的作用。

【译文】

造冰糖，是将白砂糖加热水溶化，用鸡蛋白澄清并撇去面上的浮渣，要掌握火候。将新鲜青竹皮破成一寸长的篾片撒入其中，经过一夜，就自然凝结成冰糖块。

造狮、象、人物等，质料精粗由人。

【译文】

造狮、象、人物等各种形状的糖，糖质精粗可由人选择。

凡白糖有五品：石山为上，团枝次之，瓮鉴次之，小颗又次，沙脚为下[①]。

【注释】

①"凡白糖有五品"五句：这里说的"白糖"指冰糖。五品分类引自北宋王灼《糖霜谱》："糖霜一名糖冰"，"凡霜，一瓮中品色亦自不同：堆叠如假山者为上，团枝次之，瓮鉴次之，小颗块次之，沙脚为下。"

【译文】

冰糖有五个品级：石山是一等品，团枝是二等品，瓮鉴是三等品，小颗是四等品，沙脚是五等品。

附：造兽糖[①]

凡造兽糖者，每巨釜一口[②]，受糖五十斤。其下发火慢煎，火从一角烧灼，则糖头滚旋而起。若釜心发火，则尽沸溢于地。每釜用鸡子三个[③]，去黄取青，入冷水五升化解，逐匙滴下用火糖头之上，则浮沤黑滓尽起水面[④]，以笊篱捞去[⑤]，其糖清白之甚。然后，打入铜铫[⑥]，下用自风慢火温之[⑦]，看定火色，然后入模。

【注释】

①造兽糖：这是初刻本“澄结糖霜瓦器”图下面一段关于造兽糖的文字。现把它当作正文的一节附在这里。

②釜（fǔ）：古炊具。相当于今天的大锅。

③鸡子：鸡蛋。

④浮沤（ōu）：浮泡。

⑤笊篱（zhào li）：一种有孔眼能捞物的勺子。

⑥铫（diào）：吊子。一种有柄有嘴的小釜。

⑦自风：即“自来风”末煤。详见《燔石》卷。

【译文】

兽糖的造法是，在一口大锅中，加入白糖五十斤。锅下文火慢煎，火从一角烧热，则熔融的糖液滚旋而起。如果在锅底中心加热，糖液就会全部沸溢于地。每锅糖用三个鸡蛋，去掉蛋黄只取蛋白，加五升冷水调匀，逐匙滴到滚旋而起的糖液上，浮泡和黑滓就会全部浮起，用笊篱捞去，糖液就变得洁白了。把糖液打入铜铫，下面用“自来风”末煤慢火保温，掌握火候，倾入模中。

凡狮、象糖模，两合如瓦为之。杓写糖入[①]，随手覆转倾下。模冷糖烧，自有糖一膜靠模凝结，名曰享糖，华筵用之[②]。

【注释】

①杓（sháo）：同“勺”。舀东西的器具。写（xiè）：同“泻”。

②筵（yán）：酒席。

【译文】

狮、象糖模是用两半像瓦的模子合成的。用勺子把糖注入模中，随手翻转，把多余的糖液倾出。因为模冷糖热，靠模凝结成一层糖膜，这叫享糖，豪华的酒席要用到它。

蜂蜜

凡酿蜜蜂，普天皆有，唯蔗盛之乡，则蜜蜂自然减少[①]。蜂造之蜜，出山岩土穴者十居其八，而人家招蜂造酿而割取者，十居其二也[②]。凡蜜无定色，或青、或白、或黄、或褐，皆随方土花性而变。如菜花蜜、禾花蜜之类[③]，百千其名不止也。

【注释】

①唯蔗盛之乡，则蜜蜂自然减少：甘蔗属非蜜源植物，蜜蜂因蜜源不足而迁徙他方。

②“蜂造之蜜”四句：近代的蜂蜜多来自家蜂（有中国蜂、意大利蜂等品种），而极少采自野蜂的。

③禾花蜜：水稻扬花时收得的蜜俗称禾花蜜。其实，禾花（水稻花）只有少量花粉，并没有花蜜，因此只能酿出蜂粮而酿不出蜂蜜。

【译文】

酿蜜的蜂到处都有，只是在盛产甘蔗的地方，蜜蜂自然就减少。蜂蜜当中，出自山岩土穴的野蜂蜜占十分之八，家蜂蜜占十分之二。蜂蜜没有固定的颜色，或青、或白、或黄、或褐，随各地花蜜种类不同而变。有菜花蜜、禾花蜜等等，名目非常之多。

凡蜂不论于家于野，皆有蜂王①。王之所居②，造一台如桃大。王之子世为王③。王生而不采花，每日群蜂轮值，分班采花供王④。王每日出游两度，春夏造蜜时。游则八蜂轮值以待⑤。蜂王自至孔隙口，四蜂以头顶腹，四蜂傍翼飞翔而去，游数刻而返，翼、顶如前。

【注释】

①凡蜂不论于家于野，皆有蜂王：蜂群内分蜂王（母蜂）、雄蜂和工蜂三种。每巢一般只有一只蜂王，它的职能是分泌激素控制蜂群并产卵繁殖后代。

②王之所居：指母蜂房，俗称王台。这是为培育新母蜂（处女王）而临时建造的，新母蜂育成而爬出王台后，工蜂就把王台拆掉。

③王之子世为王：这是用封建社会现象比拟大自然现象的一种说法。其实，整群蜂都是“王之子”，为王的只不过是王之骄子。蜜蜂属于完全变态昆虫，其个体发育经过卵、幼虫、蛹和成虫四个阶段。蜂王（母蜂）有控制后代性别的能力。它在工蜂房和王台内产下受精卵，在雄蜂房中产下未受精卵。经过三天半左右，受精卵和未受精卵各孵化出雌性幼虫和雄性幼虫（后者叫孤雌生殖）。幼虫在三天内吃的都是王浆，三天后却分化了：继续食王浆至封盖，并在王台内发育的雌性幼虫发育成蜂王，改吃蜂粮

（花粉和蜜的混合物）并在工蜂房内发育的雌性幼虫发育成工蜂，改吃蜂粮并在雄蜂房内发育的雄性幼虫发育成雄蜂。

④采花供王：蜂王的饲料王浆（蜂乳），是青年工蜂从上咽腺中吐出来的一种淡黄色浓浆。化学成分很复杂，至今还不能用人工方法合成。内含多种氨基酸、激素、酶、微量金属元素、酯类、糖类、维生素、乙酰胆碱等。营养特别丰富，对人具有滋养强壮和防治疾病等医疗价值。

⑤王每日出游两度，游则八蜂轮值以待：处女王羽化出房后，第三天出巢试飞，第四、五天性成熟，开始出巢婚飞，放出性诱素招引雄蜂，在空中交尾。第二次交尾婚飞一般是在当天或第二天进行，直到受精充足为止。若天气不好，可能要拖延半个月才完成交尾。最后一次交尾后的两三天开始产卵。从此终身不再交尾。除了分蜂或逃亡外，蜂王再也不出游了。所谓“王每日出游两度（春夏造蜜时），游则八蜂轮值以待”只是个有条件的比附的说法。

【译文】

无论家蜂还是野蜂，都有蜂王。蜂王居住的地方，造成如桃子一样大的王台。蜂王的子孙世代为王。蜂王天生不采花，每天由蜂群轮值采花供养。蜂王每天出游两次，在春夏造蜜季节。出游时，有八只蜂值班侍候。等到蜂王自己爬到洞口，就有四只蜂用头顶住它的腹部，另有四只蜂跟它傍翼飞翔出去，出游几刻钟之后，又照样顶着、护卫着蜂王回巢。

畜家蜂者，或悬桶檐端，或置箱牖下[①]，皆锥圆孔眼数十，俟其进入。凡家人杀一蜂二蜂，皆无恙，杀至三蜂，则群起螫人[②]，谓之蜂反。凡蝙蝠最喜食蜂，投隙入中，吞噬无限。杀一蝙蝠，悬于蜂前，则不敢食，俗谓之枭令[③]。凡家蓄蜂，东邻分而之西舍，必分王之子去而为君[④]，去时如铺扇拥卫。乡人有撒酒糟香而招之者。

【注释】

①牖(yǒu):窗户。

②螫(shì):蜂的腹部尖端有螫针一枚,内连毒囊,囊内有蚁酸。螫针是防御器官,当刺入人或动物体内时,螫针连同毒囊脱落在皮肤里,随着毒液的注入,皮肤产生红肿、发热、痛痒等现象。

③枭(xiāo)令:又叫枭首或枭示,即斩首示众,起杀一儆百的作用。

④必分王之子去而为君:王之子指新蜂王,它除了产卵,有控制后代性别的能力外,还能分泌蜂王物质(外激素),通过饲喂它的工蜂传递给整个蜂群,起着控制工蜂行为和卵巢发育的作用,使整个蜂群处于正常生活状态。

【译文】

养家蜂的人,把蜂桶挂在屋檐下,或者把蜂箱放在窗下,都是钻有几十个圆孔以让蜂群进出的。弄死一两只蜂没有关系,若弄死三只以上时,蜂就会群起而螫之,这叫作“蜂反”。蝙蝠最喜欢吃蜜蜂,如果被它钻进蜂桶,就会吃个没完。可以杀死一只蝙蝠挂在蜂桶前面,其他的蝙蝠就不敢再来吞食,俗话叫作“枭令”。家养蜂分群到邻舍时,必定是新蜂王分出去做王,蜂群组成扇形簇拥着它飞去。乡下人有撒酒糟招引蜂群的。

凡蜂酿蜜,造成蜜脾,其形鬣鬣然,咀嚼花心汁,吐积而成[①]。润以人小遗,则甘芳并至,所谓臭腐神奇也[②]。凡割脾取蜜,蜂子多死其中[③]。其底则为黄蜡。

【注释】

①“凡蜂酿蜜”五句:蜜蜂的口器很发达,分为上部口器(咀嚼器官)和下部口器(吸吮器官)两部分。花蜜采回来后还有个酿蜜

的过程。外勤蜂采蜜归巢，吐出蜜汁分配给一至数只内勤蜂。内勤蜂把花蜜吸进蜜囊，又吐回口腔咀嚼，再次吸进蜜囊，如此反复多次，利用唾液中的酶，把花蜜中的蔗糖转化为葡萄糖和果糖，同时扇风蒸发水分，酿成蜂蜜，再吐入巢房贮存。蜜脾，指贮有蜂蜜而没有下卵的巢脾。鬣鬣（liè）然，像鬃毛一样整齐美观。

②“润以人小遗”三句：蜜蜂除采花蜜和花粉外，还需采集水分和无机盐等生存物质。每逢早春，特别是夏季缺蜜时，蜜蜂急于采集水分和盐分。这时，确有蜜蜂飞到小便处的现象。这是生理需要，跟酿蜜并无直接关系。所谓“臭腐神奇”，只是作者的猜测而已。臭腐神奇，语本《庄子·知北游》：“是其所美者为神奇，其所恶者为臭腐。臭腐复化为神奇，神奇复化为臭腐。”

③凡割脾取蜜，蜂子多死其中：当时是割脾即绞脾取蜜，蛹都被绞死。现在是保脾取蜜，即用离心机取蜜，就能不伤巢脾和蜂蛹。

【译文】

蜜蜂酿蜜，先造巢脾，形状好像疏松多孔的鬃毛一样，蜜是蜂咀嚼着花心汁液，一点一滴吐出来积聚而成的。若以人的小便滋润一下，味道就又甜又香，这就是所谓“化臭腐为神奇”。割脾取蜜时，多数蜂蛹都被绞死在脾里。底层是黄色的蜂蜡。

凡深山崖石上有经数载未割者，其蜜已经时自熟，土人以长竿刺取，蜜即流下。或未经年而扳缘可取者，割炼与家蜜同也。土穴所酿多出北方，南方卑湿，有崖蜜而无穴蜜。凡蜜脾一斤，炼取十二两。西北半天下，盖与蔗浆分胜云。

【译文】

深山岩石上有几年没有割取过的巢脾，其中的蜂蜜早就成熟了，当地的人用长竹竿刺取，蜜就会流下来。有些巢脾不够一年而能爬上去割取的，割炼方法跟家蜂蜜一样。穴蜜多出在北方，南方因地势低而潮湿，只有崖蜜而没有穴蜜。一斤蜜脾可炼十二两蜂蜜。西北地区蜂蜜产量约占全国一半，可与南方蔗糖产量相媲美。

饴饧[1]

凡饴饧，稻、麦、黍、粟皆可为之。《洪范》云："稼穑作甘[2]。"及此乃穷其理。其法[3]：用稻麦之类浸湿，生芽，暴干[4]，然后煎炼调化而成。色以白者为上。赤色者名曰胶饴，一时宫中尚之，含于口内即溶化，形如琥珀[5]。南方造饼饵者谓饴饧为小糖，盖对蔗浆而得名也。

【注释】

①饴饧（yí táng）：东汉许慎《说文解字》说："饴，米蘖煎也。""饧，饴和馓者也。"段玉裁注："不和馓谓之饴，和馓谓之饧。"可见，饴是麦芽糖，严格说来是麦芽糖和糊精的混合物。饧是麦芽糖加糯米粉熬成的硬糖。

②稼穑（sè）作甘：语本《尚书·洪范》。意思是百谷产生甜味。

③其法：北魏贾思勰《齐民要术》有所记述：每米一石，用蘖米五升；米饭摊开散热至手有温感，和入蘖米，装入瓮中，保温一天，加热水除渣取液，用文火熬成。作者宋应星家乡江西奉新叫麦芽糖为米糖，做法大致可分三个步骤：第一步，把麦子或谷发成一定长度的麦芽或谷芽；第二步，把米浆煮熟并适当冷却后，加入麦（谷）芽，放置一宿后，过滤；第三步，把滤液放入锅里煮，这叫熬糖。以两根筷子插下去能"扯旗"为度。若过火则太硬，若火嫩则粘粘糊糊成了小糖。

④暴(pù):晒。后作"曝"。

⑤琥珀:石化的树脂,黄褐色,透明。常产于煤层中,能摩擦生电。

【译文】

麦芽糖,可以用稻、麦、黍或粟来做。《尚书·洪范》说:"百谷产生甜味。"现在可明白这句话的道理了。做法是:把稻谷或麦子浸湿,发芽,晒干后,再煎炼调化而成。白色的是上等品。赤色的叫胶饴,皇宫里的人一度喜欢吃,含在嘴里会慢慢溶化,样子像琥珀。南方制造糕饼点心的人把饴饧叫作小糖,以区别于蔗糖。

饴饧,人巧千方,以供甘旨,不可枚述。惟尚方用者名一窝丝[①],或流传后代,不可知也。

【注释】

①尚方:皇宫。一窝丝:饴饧的一种。用拔糖棒多次拉制而成,色白,既甜又酥。清毛奇龄《西河词话》卷二:"梁尚书上元席上,出窝丝糖供客,其形如扁蛋,光面有二掐,若指掐者,啮之粉碎,散落皆成细丝,座客无识者。"现在还有这类糖果。

【译文】

人们为了千方百计提供甜品,制造麦芽糖的方法很多,不可能一一列举。皇宫里有一种名叫一窝丝的,或许能流传到后代,这就不知道了。

陶埏第七卷

【题解】

本卷讲陶瓷。陶埏（shān），语本《道德经》："埏埴为器。"汉河上公注："埏，和也；埴，土也。和土以为饮食之器。"意思是塑造粘土烧成器皿。

远在七八千年前的新石器时代，我们的祖先就发明了陶器，至于瓷器则更是我国首创。在商周时期，发现了制瓷原料高岭土，并初步掌握了釉药原材料，制成了原始瓷器（彩陶）；东汉末有了较成熟的瓷器，晋朝对"瓷"有所记载，潘岳《笙赋》："披黄苞以授柑，倾缥（piǎo，青白色）瓷以酌醽（líng，美酒）。"其中，缥瓷就是原始青瓷。到了隋唐有了真瓷。宋元时期景德镇瓷器已誉满天下，畅销国内外。到了明朝制瓷手工业进一步发展，不但窑数和产量有所增加，技术上也有三大突破：一是用轮转旋刀取代竹刀旋坯；二是红釉器鲜艳夺目，如宣红器宝光四溢；三是青花瓷更趋精美绝伦，如宣德青花赫赫有名。

本卷是作者对中国瓷都景德镇陶瓷业进行科技考察的记录，比以往的古籍材料要详实得多，是研究中国陶瓷史的一份珍贵史料。

宋应星在本卷声称，陶瓷之所以能成为雅器，必须具备两个条件：一是方土效灵（天工），二是人工表异（人工），两者缺一不可。由此可见，陶瓷也是"天工开物"的伟大杰作之一。

宋子曰：水火既济而土合[①]。万室之国，日勤千人而不足[②]，民用亦繁矣哉。上栋下室以避风雨，而瓴建焉[③]。王公设险以守其国，而城垣雉堞[④]，寇来不可上矣。泥瓮坚而醴酒欲清[⑤]，瓦登洁而醯醢以荐[⑥]。商、周之际，俎豆以木为之[⑦]，毋亦质重之思耶！后世方土效灵，人工表异，陶成雅器，有素肌玉骨之象焉[⑧]。掩映几筵，文明可掬[⑨]。岂终固哉？

【注释】

①水火既济而土合：这句话是作者用物质构成的五行说对整个陶瓷生产过程（从制坯到烧成）的科学概括。既济，六十四卦之一。卦形是水上火下（䷾），象征着陶瓷器的烧成。

②万室之国，日勤千人而不足：典出《孟子·告子下》："万室之国一人陶，则可乎？曰：不可，器不足用也。"到了明朝，陶瓷业迅猛发展，人口也增加了很多。宋氏创造性地借用此典，而把"一人"改为"千人"。这个数字不是统计出来的，而带有夸张的文学色彩，形容当时陶瓷业的兴旺发达。

③瓴（líng）：屋顶上仰盖的瓦，也叫瓦沟。

④雉堞（zhì dié）：城上排列如齿状的矮墙，作掩护用。

⑤醴（lǐ）：甜酒。详见《曲蘖》卷。

⑥瓦登：古代祭祀礼器。陶制。醯醢（xī hǎi）：醋和肉酱。

⑦俎（zǔ）豆：古代祭祀礼器。木制漆饰，或青铜制。

⑧素肌玉骨：清兰浦《景德镇陶录·历代窑考》记景德镇的两处唐窑——陶窑和霍窑——"质薄"，"莹缜如玉"，有"假玉器"之称。冯先铭等主编的《中国陶瓷史》（文物出版社1982年版）认为指的是景德镇宋代青白瓷。景德镇白瓷颇负"薄如纸，白如玉，声如磬"的盛名。

⑨文明可掬（jū）：文雅可观。掬，用双手捧取。

【译文】

水和火相互协调起了作用，粘土就牢固地结合而成陶瓷器。在上万户的城镇里，每天有上千人在辛勤制陶，也还是供不应求，可见民间日用陶瓷需求量很大。修建房屋以避风雨，要用砖瓦。王公设置险阻以防守邦土，要用砖来建造城墙和城墙上的护身矮墙，使敌人攻不上来。泥瓮坚实，能使甜酒保持清澈；瓦器清洁，好盛醋和肉酱来献祭。商、周时期，俎、豆等礼器用木制造，无非是讲究庄重罢了。后来，好多地方发现了陶、瓷土，人工又创造出各种技巧，制成了洁雅的陶瓷器皿，有白绢似的肌肤、玉石般的质地。摆设在桌几或筵席上交互辉映，文雅可观。难道这就不再变化了吗？

瓦

凡埏泥造瓦[①]，堀地二尺余[②]，择取无沙粘土而为之。百里之内，必产合用土色，供人居室之用。凡民居瓦形皆四合分片。先以圆桶为模骨，外画四条界（图46）。调践熟泥，叠成高长方条。然后用铁线弦弓，线上空三分，以尺限定，向泥不平戛一片，似揭纸而起，周包圆桶之上。待其稍干，脱模而出，自然裂为四片[③]。凡瓦大小，苦无定式[④]，大者纵横八九寸，小者缩十之三。室宇合沟中，则必需其最大者，名曰沟瓦，能承受淫雨不溢漏也。

【注释】

①埏（shān）：以水和土。

②堀（kū）：掘，挖。

图46　造瓦坯

③“先以圆桶为模骨”几句：这是制作瓦坯的全过程。根据江西奉新近代工艺，大致有如下四个步骤：(1)用四根小木条竖钉在圆桶的四周以均分成四块，以便脱模时自然裂成四片。(2)用夏布做成桶套套在瓦桶上，以免做瓦坯时泥巴粘在瓦桶上。(3)泥巴敷上瓦桶后，用泥擦子上下移动擦泥，以使瓦坯与瓦桶紧密粘合不留空隙，瓦坯表面光滑，确保片片成型。(4)泥擦干净后，把瓦桶放在地上，将桶把向内卷缩（瓦桶由许多小薄竹片用钢丝穿成，可向内外伸缩），提出瓦桶，从瓦坯内自下而上取出桶套，瓦坯就立在地上了。晾至半干后掰成四片，竖叠起来。（详见宋应星纪念馆徐钟济《宋应星传》）不（dǔn），江西景德镇一带俗称瓷土原矿经粉碎淘洗后塑成的长方形泥墩为不子。戛（jiá），击。这里是割削的意思。

④苦：极，尽。

【译文】

和泥造瓦，要掘地两尺多深，选择无沙粘土来造。方圆百里之内，必有适合造房子用的粘土。民房用瓦是四片合在一起成型的。先用圆桶做模型，桶外壁画四条界。把粘土踩成熟泥，堆成一定厚度的长方形泥墩。然后用铁线弦弓向泥墩平拉，割出一片三分厚的陶泥，像揭纸张一样把它揭起来，包在圆桶的外壁上。等它稍干，脱模出来，自然裂成四片瓦坯。瓦的大小并没有一定的规格，大的长八九寸，小的则缩小十分之三。屋顶上的瓦沟，必须用最大的所谓“沟瓦”，才能承受久雨而不溢漏。

凡坯既成，干燥之后，则堆积窑中，燃薪举火，或一昼夜，或二昼夜，视陶中多少为熄火久暂。浇水转釉[1]，音右。与造砖同法。其垂于檐端者有滴水，下予脊沿者有云瓦，瓦掩覆脊者有抱同，镇脊两头者有鸟兽诸形象，皆人工逐一做成。载于窑内，受水火而成器则一也。

【注释】

①浇水转釉：也叫济水转釉。这是烧制青瓦、青砖的一项技术措施。详见《砖》一节。

【译文】

瓦坯造成并干燥之后，堆砌在窑内，点火烧柴，有烧一昼夜的，也有烧两昼夜的，这要看窑里有多少瓦坯来定。在窑顶浇水使瓦片转色的方法跟烧青砖一样。垂在檐端的“滴水”瓦，用在屋脊两边的“云瓦”，覆盖屋脊的“抱同”瓦，装饰屋脊两头的陶鸟陶兽，都是人工一片一片或一个一个做成的。放进窑里烧成，却与普通瓦一样。

若皇家宫殿所用，大异于是。其制为琉璃瓦者[1]，或为板片，或为宛筒，以圆竹与斫木为模，逐片成造。其土必取于太平府[②]。舟运三千里方达京师，参沙之伪、雇役掳舡之忧[③]，害不可极。即承天皇陵亦取于此[④]，无人议正。造成，先装入琉璃窑内，每柴五千斤烧瓦百片。取出，成色，以无名异、棕榈毛等煎汁涂染成绿黛[⑤]，赭石、松香、蒲草等涂染成黄[⑥]。再入别窑，减杀薪火，逼成琉璃宝色。外省亲王殿与仙佛宫观间亦为之[⑦]，但色料各有譬合，采取不必尽同。民居则有禁也。

【注释】

①琉璃瓦：涂上釉料烧制的瓦。其坯、釉在明代多是分两次烧成。釉色有绿、蓝、金黄等。琉璃，带釉陶器，有瓦、砖等款式。堂皇瑰丽，历久如新，是我国特有的传统建筑材料之一。琉璃之名，源于《汉书》。本作"流离"，即言其流光陆离之意。

②太平府：府名。府治即今安徽当涂，明代直隶南京。

③参：杂。舡（chuán）：同"船"。

④承天皇陵：指明代兴献王朱祐杬的坟墓，在承天府（辖境相当于今湖北京山、钟祥等地）钟祥北的松林山上。

⑤无名异：钴土矿。是一种含有氧化钴和二氧化锰等成分的复矿[$m(Co、Ni)O \cdot MnO_2 \cdot nH_2O$]，主要是钴盐呈蓝色，可作青料。详见《青瓷》一节。棕榈：棕榈科常绿乔木。棕毛长在其叶柄基部上。棕毛汁可能含有羟基，能使釉浆稳定。黛（dài）：蓝黑色。

⑥赭（zhě）石：因以代郡（今山西代县一带）出产为佳，又称代赭石。即赤铁矿，主要成分是氧化铁（α-Fe_2O_3）。可作红色颜料。松香：淡黄或黄褐色透明熔合体，主含松脂酸（$C_{19}H_{29}COOH$，含菲环），在色釉中起胶结剂和展色剂等作用。它在300℃以上分解放气，使色料与素坯具有相近的气孔率，以利于色料与坯面的

结合。蒲草:即香蒲。香蒲科,多年生草本。花粉叫蒲黄。

⑦观(guàn):道教的庙宇。

【译文】

至于皇家宫殿所用的瓦,就大不相同了。那是琉璃瓦,有板片形的,也有半圆筒形的,都是用圆竹筒或木块做模,逐片成型的。所用的粘土指定要从安徽太平府运来。船运三千里才到达京都,有掺沙作假的,有强雇民工、抢船承运的,害处极大。甚至承天皇陵也要用这种土,没有人提出来纠正。瓦坯造成后,先装入琉璃窑内,每烧一百斤瓦要用五千斤柴。烧后取出来上釉色,用无名异和棕榈毛汁涂成蓝黑色,或用赭石、松香、蒲草等涂成黄色。然后再入另一窑中,用较低窑温烧成带有琉璃光泽的漂亮色彩。京都以外的亲王宫殿和寺观庙宇,也有用琉璃瓦的,各地有它自己的配方,不一定都相同。一般民房则禁用琉璃瓦。

砖

凡埏泥造砖[①],亦堀地验辨土色[②],或蓝、或白、或红、或黄。闽广多红泥。蓝者名善泥,江浙居多。皆以粘而不散、粉而不沙者为上。汲水滋土,人逐数牛错趾踏成稠泥,然后填满木匡之中[③],铁线弓戛平其面[④],而成坯形(图47)。

【注释】

①埏(shān):以水和土。

②堀(kū):掘,挖。

③匡:同"框"。此指模子。

④戛(jiá):此指割削,刮。

【译文】

和泥造砖,也要掘取地下的粘土加以鉴别,一般有蓝、白、红、黄几种

图47 泥造砖坯

土色。福建、广东多红泥。蓝色的泥叫善泥，江苏、浙江较多。以粘而不散、土质细而无沙的为最好。把水浇在泥上，赶几头牛去践踏，踏成稠泥，然后把泥填满木模子，用铁线弓削平表面，脱模就成了砖坯。

凡郡邑城雉、民居垣墙所用者，有眠砖、侧砖两色。眠砖方长条砌。城郭与民人饶富家不惜工费，直叠而上。民居筭计者[①]，则一眠之上，施侧砖一路，填土砾其中以实之，盖省啬之义也[②]。凡墙砖而外，甃地者曰方墁砖[③]；榱桷上用以承瓦者[④]，曰楻板砖；圆鞠小桥梁与圭门与窀穸墓穴者[⑤]，曰刀砖，又曰鞠砖。凡刀砖削狭一偏面，相靠挤紧，上砌成圆，车马践压，不能损陷。造方墁砖，泥入方匡中，平板盖面，两人足立其上，研转而坚固之，烧成效用。石工磨斫四沿，然后甃地[⑥]。刀砖之直视墙砖稍溢一分[⑦]，楻板砖则积十以当墙砖之一，方墁砖则一以敌墙砖之十也。

【注释】

①筭（suàn）：同“算”。谋划。

②啬:节省。

③甃(zhòu):用砖砌。方墁砖:铺地的方阶砖。

④榱桷(cuī jué):屋椽(chuán)和屋桷。桷,方形的椽子。

⑤圭(guī)门:小圆拱门。窀穸(zhūn xī):墓穴。

⑥石工磨斫四沿,然后甃地:石工把方砖四周的侧面蘸水磨成斜面,以白灰浆填底,使甃地时砖面不露灰缝。北京俗称它为"磨砖对缝"。这是元末和明清时期北京地区最讲究的建筑技术之一。

⑦直:同"值"。视:比较,比照。

【译文】

郡县城墙和民房院墙所用的砖,有眠砖和侧砖两种砌法。眠砖是卧着方长条状砌的。城墙和有钱人家的墙壁,不惜工本,全部用眠砖叠砌上去。精打细算的居民为了节省,在一层眠砖上面砌两行侧砖,中间用泥土瓦砾之类填实。除了墙砖之外,还有其他砖:铺砌地面用的叫方墁砖;屋椽和屋桷斜枋上用来承瓦的叫榥板砖;砌小拱桥、拱门和墓穴用的砖叫刀砖,又叫鞠砖。刀砖用时削窄一边,紧密排列,砌成圆拱,车马践压也不会损坏坍塌。造方墁砖,是把泥放入木方框中,上铺平板,两个人站在上面踩转把泥压实,烧成后用。石匠先磨削方砖的四周而成斜面,然后用来铺砌地面。刀砖的价钱比墙砖稍贵一些,榥板砖只值墙砖的十分之一,而方墁砖则比墙砖贵十倍。

凡砖成坯之后,装入窑中,所装百钧则火力一昼夜[①],二百钧则倍时而足。凡烧砖有柴薪窑,有煤炭窑。用薪者出火成青黑色,用煤者出火成白色。凡柴薪窑,巅上偏侧凿三孔以出烟,火足止薪之候,泥固塞其孔,然后使水转釉(图48)[②]。凡火候少一两,则釉色不光。少三两,则名嫩火砖,本色杂现,他日经霜冒雪,则立成解散,仍还土质。火候多

图48　济水转釉

一两，则砖面有裂纹。多三两，则砖形缩小坼裂，屈曲不伸，击之如碎铁然，不适于用。巧用者以之埋藏土内为墙脚，则亦有砖之用也。凡观火候，从窑门透视内壁。土受火精，形神摇荡，若金银熔化之极然[3]。陶长辨之。

【注释】

①钧：古代重量单位。一钧等于三十斤。

②使水转釉：此指在窑顶浇水使砖变成青灰色。

③"土受火精"三句：根据普朗克热辐射定律：$E=f(\lambda、T)$ 推算，窑温550℃时为暗红色，800℃时为殷红色，1100℃时为橘红色，1300℃时为白色。既然能观察到像金银熔化那样的现象，可推知烧成温度是在1000～1300℃之间。

【译文】

砖坯做好后就可装窑，每装三千斤砖要烧一昼夜，装六千斤则要烧两昼夜才够火候。烧砖用柴薪窑，或用煤炭窑。用柴烧成的砖呈青灰色，用煤烧成的砖呈浅白色。柴薪窑顶上偏侧凿有三个出烟孔，当火候已足而不再烧柴时，就用泥封住出烟孔，然后在窑顶浇水使砖变成青灰色。焙烧时，如果火力少一两，砖就没有光泽。火力少三两，就烧成嫩火砖，现出坯土原色，日后经霜冒雪，立即松散，变回泥土。如果过火一两，砖面就会有裂纹。过火三两，砖形就会缩小坼裂，弯曲不直，一敲就碎，好比一堆烂铁，不适于砌墙。会使用材料的人把它埋在地里做墙脚，这也算是起了砖的作用。烧窑时观察火候，是从窑门往里面看的。砖坯受到高温的作用，看起来好像在摇荡，就像金银完全熔化的样子。这要靠窑长辨认掌握。

凡转釉之法[①]，窑颠作一平田样，四围稍弦起，灌水其上。砖瓦百钧，用水四十石。水神透入土膜之下，与火意相感而成[②]，水火既济，其质千秋矣。若煤炭窑视柴窑深欲倍之，其上圆鞠渐小，并不封顶。其内以煤造成尺五，径阔饼，每煤一层，隔砖一层，苇薪垫地发火（图49）。

图49　煤炭烧砖窑

【注释】

①转釉之法：烧青砖大致可分三个步骤：一、焙烧。要求窑温达到1000～1300℃，当时还没有发明温度计，观察火候以“若金银熔化之极然”为准。二、捻烟。火足止薪并塞住顶上偏侧的三个出烟孔。窑内由氧化气氛转入还原气氛，窑温降到约900℃时，高价氧化铁被还原为低价氧化铁：Fe_2O_3（红色）$+CO \xrightarrow{900℃} 2FeO$（青色）$+CO_2$ 或 $Fe_2O_3+H_2 \xrightarrow{900℃} 2FeO+H_2O$；继

续冷却到700℃以下时，水煤气析出碳黑，渗入坯体。三、饮窑。即窑顶浇（济）水转釉。使窑温迅速降到低价铁可能被氧化的温度（500～600℃）以下，以防砖坯二次氧化。所谓“转釉之法”，应该包括第二和第三两个步骤。

②水神透入土膜之下，与火意相感而成：这时是否有水煤气的生成反应（$C+H_2O \rightarrow CO+H_2$），尚值得研究。

【译文】

使砖变成青灰色的方法，是在窑顶作一平田，四周稍高一点，在上面灌水。每烧三千斤砖瓦要灌水四十担。窑顶的水从土层渗透下来，与窑里的火相互作用，借助水火的配合，砖就坚实耐用了。煤炭窑比柴薪窑要深一倍，顶上圆拱逐渐缩小，不用封顶。窑里放直径一尺五寸的煤饼，每放一层煤饼，就放一层砖坯，最下层垫有芦苇柴草以便引火烧窑。

若皇居所用砖，其大者厂在临清①，工部分司主之②。初名色有副砖、券砖、平身砖、望板砖、斧刃砖、方砖之类，后革去半。运至京师，每漕舫搭四十块③，民舟半之。又细料方砖以甃正殿者④，则由苏州造解⑤。其琉璃砖，色料已载瓦款。取薪台基厂⑥，烧由黑窑云⑦。

【注释】

①临清：即今山东临清。《万历实录》卷一五四记载：“临清砖，敲之有声，断之无孔。”

②工部：明代中央六部之一。掌管工程、工匠、屯田、水利、交通等政令。

③漕舫：运粮船。详见《舟车·漕舫》。

④细料方砖：即铺地金砖，又名澄浆砖，青色。一般要先用柴火烧

一百多天，后用桐油泡。耐磨且光滑，但造价非常之高。北京故宫太和等殿和定陵前殿和中殿的地面就有用此砖砌的。甃（zhòu）：以砖铺地。

⑤解（jiè）：押送。

⑥台基厂：工部管辖的存放柴草的地方。

⑦黑窑：明京师地区的砖瓦窑名。专造琉璃砖瓦。

【译文】

皇宫所用的砖，大厂设在山东临清，由工部分司主管。最初有副砖、券砖、平身砖、望板砖、斧刃砖、方砖等等名目，后来革去了一半。这些砖运到京都，规定每只运粮船要搭运四十块，民船减半。用来砌皇宫正殿的细料方砖，是在苏州烧成后上调的。至于琉璃砖，釉料已在《瓦》那一节记述了。据说它是用台基厂的柴草由黑窑烧成的。

罂瓮①

凡陶家为缶属②，其类百千。大者缸、瓮，中者钵、盂，小者瓶、罐。款制各从方土，悉数之不能。造此者，必为圆而不方之器。试土寻泥之后，仍制陶车旋盘。工夫精熟者，视器大小捏泥③，不甚增多少，两手扶泥旋转④，一捏而就。其朝廷所用龙凤缸，窑在真定、曲阳与扬州仪真⑤。与南直花缸⑥，则厚积其泥，以俟雕镂，作法全不相同，故其直或百倍，或五十倍也。

【注释】

①罂瓮：两种小口大腹的陶制盛器。

②缶（fǒu）：小口大腹陶器的统称。

③捏：用手指捻聚。

④手：涂本原作“人”，据文义改。

⑤真定、曲阳：旧府名。今河北正定和曲阳。扬州仪真：今江苏仪征。

⑥南直：即南直隶。明成祖从南京迁都北京后，叫直隶北京的地区为北直隶；叫直隶南京的地区为南直隶，相当于今江苏、安徽两省。

【译文】

陶坊造缶，种类很多。大的有缸、瓮，中等的有钵、盂，小的有瓶、罐。式样各地不同，难以一一枚举。这类陶器都是圆的而不是方的。通过试验找到合用的陶土后，还要制造陶车旋盘。技术熟练的人按所制陶器大小取泥，不用增添多少，两手扶泥，旋转陶车，一捏而成。朝廷用的龙凤缸，窑在真定、曲阳以及扬州仪真。和南直花缸，要造得厚一点，以便雕花，这种缸的做法跟一般缸完全不同，价钱也贵五十到一百倍。

图50 造瓶

凡罂缶有耳、嘴者，皆另为合上，以釉水涂粘（图50）[①]。陶器皆有底，无底者，则陕以西炊甑[②]，用瓦不用木也。

【注释】

①以釉水涂粘：釉水是用釉料和泥浆水调成的。用釉水涂粘，可使接口的烧结温度降低，利于接合。

②甑（zèng）：古代蒸具。

【译文】

罂缶若有耳、嘴，都是另外用釉水粘上去的。陶器都有底，没有底的只是陕西以西地区蒸饭用的甑，它是用陶土烧成的而不是用木制成的。

凡诸陶器，精者中外皆过釉，粗者或釉其半体。惟沙盆、齿钵之类，其中不釉，存其粗涩，以受研擂之功。沙锅、沙罐不釉，利于透火性，以熟烹也。

【译文】

精陶器，里外都上釉；粗陶器，有的只是下半体上釉。沙盆、齿钵之类，里面也不上釉，使内壁保持粗涩，以便研磨。砂锅、瓦罐不上釉，以利于传热煮食。

凡釉质料随地而生。江、浙、闽、广用者，蕨蓝草一味[①]。其草乃居民供灶之薪，长不过三尺，枝叶似杉木，勒而不棘人[②]。其名数十，各地不同。陶家取来燃灰，布袋灌水澄滤，去其粗者，取其绝细。每灰二碗，参以红土泥水一碗，搅令极匀，蘸涂坯上，烧出自成光色。北方未详用何物。苏州黄罐釉，亦别有料。惟上用龙凤器，则仍用松香与无名异也。

【注释】

①蕨（jué）蓝草：即芒萁（qí），又名凤尾草、狼萁草。蕨类植物。其草灰含磷酸钙，可使釉色光泽柔和。

②勒：捆缚。棘：草木刺人，刺伤。

【译文】

制造陶釉的原料到处都有。江苏、浙江、福建、广东用狼萁草一味。

它原是居民用的柴草，不到三尺长，枝叶像杉树，捆缚它不感到棘手。这种草有几十个名称，各地叫法不同。陶家把狼萁草烧成灰，装入布袋，灌水过滤，除去粗的，取其极细的灰末。每两碗灰末，掺一碗红泥水，搅匀，就成了釉料，把它蘸涂到坯上，烧成后就自然现出光泽。不晓得北方是用什么釉料。苏州黄罐釉用的是别的原料。供朝廷用的龙凤器却仍然用松香和无名异作釉料。

凡瓶窑烧小器[①]，缸窑烧大器[②]。山西、浙江各分缸窑、瓶窑，余省则合一处为之。凡造敞口缸，旋成两截，接合处以木椎内外打紧匝口（图51）[③]。坛瓮亦两截，接内不便用椎，预于别窑烧成瓦圈，如金刚圈形，托印其内，外以木椎打紧，土性自合。

图51 造缸

【注释】

①小器：许多件陶器装在一个匣钵内烧成的叫小器。

②大器：一个匣钵装一件陶器烧成的叫大器。

③匝（zā）口：接口。

【译文】

瓶窑烧小件陶器，缸窑烧大件陶器。山西、浙江两省的缸窑和瓶窑是分开的，其他省的则合在一起。造敞口缸，先旋成上下两截再接合起来，接合处用木槌内外打紧。小口坛瓮也是由两截接合成的，里面不便槌打，便预先烧个像金刚圈那样的瓦圈承托内壁，外面用木槌打紧，两截泥坯就自然接合在一起了。

凡缸、瓶窑不于平地，必于斜阜山冈之上。延长者或二三十丈，短者亦十余丈，连接为数十窑，皆一窑高一级（图52）。盖依傍山势，所以驱流水湿滋之患，而火气又循级透上。其数十方成陶者，其中苦无重值物，合并众力众资而为之也。其窑鞠成之后，上铺覆以绝细土，厚三寸许，窑隔五尺许，则透烟窗，窑门两边相向而开。装物以至小器装载头一低窑，绝大缸瓮装在最末尾高窑。发火先从头一低窑起，两人对面交看火色。大抵陶器一百三十斤，费薪百斤。火

图52　瓶窑连接缸窑

候足时，掩闭其门，然后次发第二火，以次结竟至尾云。

【译文】

缸窑和瓶窑都不是建在平地上的，而必须建在山岗的斜坡上。长的有二三十丈，短的也有十多丈，几十个窑连接在一起，一窑比一窑高。这样依傍山势，既可避免积水浸湿，又可使火气逐级透上。几十个窑连接起来烧成的陶器，虽然不怎么值钱，但也要好多人合资合力才能做到。窑顶的圆拱砌成后，上面铺一层三寸厚的极细的土，窑顶每隔五尺开一个透烟窗，窑门是在两侧相向而开的。最小件装入前头的最低窑，最大的缸瓮则装在末尾的最高窑。烧窑从最低窑烧起，两人对看火色。大概陶器一百三十斤，用柴火一百斤。第一窑火候足时，关闭窑门，再烧第二窑，就这样逐窑烧到最高窑为止。

白瓷[①] 附：青瓷[②]

凡白土曰垩土[③]，为陶家精美器用。中国出惟五六处：北则真定定州、平凉华亭、太原平定、开封禹州[④]，南则泉郡德化、土出永定，窑在德化。徽郡婺源、祁门[⑤]。他处白土陶范不粘，或以扫壁为墁[⑥]。德化窑，惟以烧造瓷仙、精巧人物、玩器，不适实用[⑦]。真、开等郡瓷窑所出，色或黄滞无宝光。合并数郡，不敌江西饶郡产[⑧]。浙省处州丽水、龙泉两邑，烧造过釉杯碗，青黑如漆，名曰处窑[⑨]。宋、元时龙泉琉华山下[⑩]，有章氏造窑，出款贵重，古董行所谓哥窑器者即此[⑪]。

【注释】

①白瓷：我国早期瓷器全属青釉系统，因为所有制瓷原料都含有铁

质。后来,控制住胎釉中的含铁量,克服了铁的呈色干扰,才发明了白瓷。可见,由青瓷到白瓷,是陶瓷史上的新的里程碑。白瓷和青瓷的唯一区别是原料中含铁量的不同。河南安阳在北齐武平六年(575)范粹墓中首次发现了北朝的早期白瓷,釉层薄而滋润,呈乳白色,但普遍泛青,有些釉厚的地方呈青色。直至隋唐仍有此现象。白瓷脱胎于青瓷的渊源关系,由此可见一斑。

②青瓷:一般指绿色釉瓷。是由釉中约占1%～3%的氧化亚铁(FeO)呈色的,用还原焰烧成。作者在此节中提到了青花瓷。这两者显然是有区别的。青花瓷是氧化钴(CoO)呈色,白地蓝花。古代习惯用"青"表示蓝色。国外有的学者认为"用无名异造成绿色,是出于误传"(木村康一《中国的制陶技术》,载《天工开物研究论文集》,商务印书馆1961年版)。其实,这是对"青"字义的误解。

③垩(è)土:白色瓷土。

④真定定州:今河北曲阳。宋代名窑之一的定窑的所在地。定窑在宋代以烧白瓷为主,兼烧黑釉、酱釉、绿釉及白釉剔花器。平凉华亭:今甘肃华亭。明代陇上窑的所在地。主要烧青釉器。太原平定:今山西平定。平定窑在今山西阳泉。起于唐宋,以白釉为主,兼烧黑釉瓷器。开封禹州:今河南禹州。宋代钧窑所在地。首先创造性地烧制成功铜红釉。以紫红釉(钧瓷)驰名。兼烧青釉器,有印花和光素无纹两种。

⑤泉郡德化:今福建德化。德化窑白瓷起于宋代,到了明代已独具一格。其主要特点是瓷胎致密,透光度好,釉色又纯白,有"象牙白"之称。这是由于胎釉中的氧化铁(Fe_2O_3)含量特别低,氧化钾(K_2O)含量特别高,烧成时采用中和气氛的结果。永定:疑为"永春"之误。永春就在德化附近,永定却隔很远。永春盛产瓷土,其中以四班硬土著称。德化窑必取此土。徽郡婺源、祁门:今

江西婺源和安徽祁门。

⑥墁(màn):涂饰过的墙壁。

⑦"德化窑"三句:据传世实物来看,日用器皿也还是有生产的,如梅花杯、八仙杯、瓷箫笛等。德化瓷雕颇负盛名,一是能于各种雕像中见性格,如观音的温柔、寿星的诙谐;二是对比装饰强,面部刻划细腻。

⑧饶郡:明饶州府。瓷产以景德镇为中心。

⑨处窑:即龙泉窑。元汪大渊《岛夷志略》提到,其出口瓷器叫"处瓮"或"青处器"。这种属于龙泉釉系统的瓷器,主要是青釉器,而以油青、灰青为最多。因为所用的釉料含铁质较多,故烧成墨蓝色,光泽如漆。宋代盛极一时的龙泉青瓷到了明代有衰退之势,无论在釉色方面还是在瓷质方面都不如以前,但还能烧造大花瓶、大盘等一些大器。

⑩琉华山:涂本原作"华琉山",误。

⑪哥窑:宋代五大名窑(汝、官、哥、钧、定)之一。此词最早见于明宣德三年(1428)的《宣德鼎彝谱》:"内库所藏柴、汝、官、哥、均、定各窑器皿,款典雅者,写图进呈……"明嘉靖四十年(1561)成书的《浙江通志》第一次把哥窑解释成章生一窑:"相传旧有章生一、生二兄弟二人,未详何时人,至琉田窑造青器,粹美冠绝当世,兄曰哥窑,弟曰生二窑……"明嘉靖四十五年(1566)刊刻的《七修类稿续稿》进一步肯定章生一兄弟是南宋人在处州龙泉烧窑,并指出哥窑以碎器著称于世:"哥窑则多断纹,号曰百圾破。"哥窑到底是以地名称窑还是以哥哥称窑,一直是个悬而未决的问题。至今窑址尚未找到。浙江省博物馆认为龙泉的大窑与溪口窑址即哥窑窑址。轻工业部陶瓷工业科学研究所推测哥窑就是杭州附近的"哥哥洞窑"。(参看《中国的瓷器》,轻工业出版社1983年修订版)

【译文】

白色瓷土叫垩土，陶家用它来塑造精美的瓷器。我国只有五六个地方出产瓷土：北方有真定定州、平凉华亭、太原平定和开封禹州，南方有泉郡德化、土出永春，窑在德化。徽郡婺源和祁门。其他地方出的白土，拿来造瓷坯不够粘，可用来刷墙壁。德化窑专烧瓷仙、精巧人物和玩物，不合实用。真定、开封等郡的窑烧出的瓷器，颜色发黄，暗淡无珠宝光。上述所有的产品都比不上江西饶郡的好。浙江处州丽水、龙泉两县烧造出来的过釉杯碗，青黑如漆，这叫作处窑器。宋、元时期，龙泉的琉华山山脚有章氏兄弟建的窑，出品非常名贵，这就是古董行所说的哥窑器。

若夫中华四裔驰名猎取者[①]，皆饶郡浮梁景德镇之产也。此镇从古及今为烧器地，然不产白土。土出婺源、祁门两山：一名高梁山[②]，出粳米土，其性坚硬；一名开化山[③]，出糯米土，其性粢软[④]。两土和合，瓷器方成。其土作成方块，小舟运至镇。造器者将两土等分入臼，舂一日，然后入缸水澄[⑤]。其上浮者为细料，倾跌过一缸；其下沉底者为粗料。细料缸中再取上浮者，倾过为最细料，沉底者为中料。既澄之后，以砖砌方长塘，逼靠火窑，以借火力。倾所澄之泥于中，吸干，然后重用清水调和造坯。

【注释】

①四裔（yì）：四方边远之地。《左传·文公十八年》："投诸四裔，以御螭魅。"

②高梁山：即高岭。在景德镇附近的浮梁内，不属婺源。所产粳米土，质硬，含氧化铝30%以上，耐火度高达1710℃，国内外称之为高岭土。

③开化山：祁门开化山，又叫祁山。在今浙江开化。所产糯米土，质软，含氧化铝18%，耐火度约1470℃，因其碱金属氧化物含量较高，能促进烧结并降低烧结温度。可塑性比高岭土好。它跟高岭土正好起互补作用。

④粢（zī）软：像糍粑一样又粘又软。

⑤澄（dèng）：使液体中的杂质沉淀分离，使清澈纯净。

【译文】

至于我国远近闻名人人争购的瓷器，则都是饶郡浮梁景德镇的产品。该镇历来是烧瓷器的地方，但不产白土。白土出自婺源和祁门两山：一叫高梁山，出粳米土，土质坚硬；一叫开化山，出糯米土，土质粘软。两种白土混合，才能做成瓷器。这两种白土分别塑成方块，用小船运到景德镇。造瓷器的人取等量的两种瓷土放入臼内，舂一天，然后放入缸内用水澄。上浮的是细料，把它倒入另一缸中；下沉的是粗料。细料缸中再倒出上浮的部分便是最细料，沉底的是中料。澄过后，分别倒入窑边用砖砌成的长方塘内，借窑的热力吸干水分，然后重新加清水调揉造坯。

凡造瓷坯有两种。一曰印器，如方圆不等瓶、瓮、炉、合之类，御器则有瓷屏风、烛台之类。先以黄泥塑成模印，或两破，或两截，亦或囫囵[①]，然后埏白泥印成[②]，以釉水涂合其缝[③]，烧出时自圆成无隙。一曰圆器。凡大小亿万杯盘之类，乃生人日用必需[④]，造者居十九，而印器则十一。造此器坯，先制陶车。车竖直木一根，埋三尺入土内，使之安稳，上高二尺许，上下列圆盘，盘沿以短竹棍拨运旋转，盘顶正中用檀木刻成盔头，冒其上（图53）。

【注释】

①囫囵（hú lún）：整个的。

②埏（shān）：揉和，以水和土。

③以釉水涂合其缝：釉水是釉料和坯土泥浆配成的。当生坯各部件干燥时，用釉水来粘接，可以降低粘接部位的烧结温度，使烧出时自圆成无隙。这段记录是符合实际的。现在多用坯浆来粘接，当生坯各部件还湿润时就可接上去。

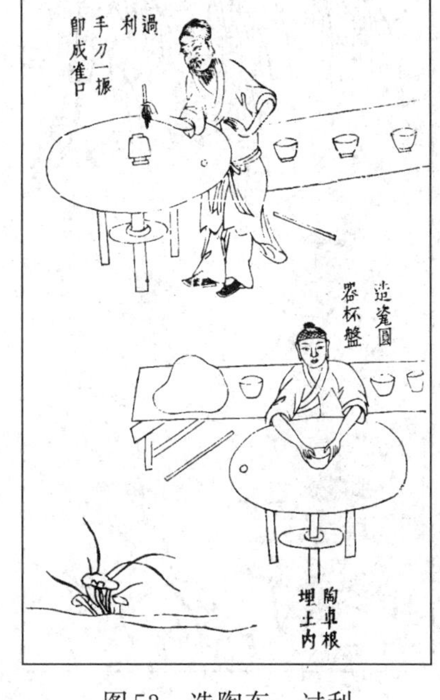

图53　造陶车　过利

④生人：即生民，人。《孟子·公孙丑上》："自有生民以来，未有孔子也。"唐人避太宗李世民讳，将"民"字改作"人"。

【译文】

瓷坯有两种。一种叫印器。有方有圆，如瓶、瓮、香炉、瓷盒之类，朝廷用的瓷屏风、烛台也属于这一类。先用黄泥塑成模印，或对半分开，或上下两截，或是整个的，然后将瓷土放入泥模印出瓷坯，再用釉水涂接缝处合起来，烧出时自然完美无缝。另一种叫圆器。如数不胜数的大小杯盘之类，都是人们的日用品，圆器产量占了十分之九，印器只占十分之一。造圆器坯，要先做陶车。用直木一根，埋入地下三尺并使它稳固，露出地面两尺左右，安装两个圆盘，一上一下，用小竹棍拨动盘沿，陶车便会旋转，用檀木刻成一个盔头戴在上盘的正中。

图54　瓷器汶水

凡造杯盘，无有定形模式，以两手捧泥盔冒之上，旋盘使转，拇指剪去甲，按定泥底，就大指薄旋而上，即成一杯碗之形。初学者任从作费，破坏取泥再造。功多业熟，即千万如出一范。凡盔冒上造小坯者，不必加泥；造中盘、大碗则增泥大其冒，使干燥而后受功。凡手指旋成坯后，覆转用盔冒一印，微晒留滋润，又一印，晒成极白干。入水一汶（图54）①，漉上盔冒，过利刀二次，过刀时手脉微振，烧出即成雀口。然后补整碎缺，就车上旋转打圈（图56）。圈后或画或书字，画后喷水数口，然后过釉。

【注释】

①入水一汶：入水一蘸而起。"瓮器汶水"图画得不准确。干燥的生坯不应该浮泡在水面。汶，蘸。

【译文】

塑造杯盘，没有固定的模式，用双手捧泥放在盔头上，拨盘使转，用剪净指甲的拇指按住泥底，使瓷泥沿着拇指旋转向上展薄，便可塑成杯碗形状。初学者塑不好没关系，泥可以反复用来塑坯。功夫深技术熟练，就可以做到千万个杯碗好像都是用同一个模子印出来的一样。在盔帽上塑小坯时，不必加泥；塑中盘、大碗时，就要加泥扩大盔帽，等干燥后再操作。用手指在陶车上旋成泥坯之后，把它翻过来罩在盔帽上印一下，稍晒一会儿而坯还保持湿润时，再印一次，然后晒至又干又白。再蘸一下水，沥干放在盔帽上，过利刀两次，执刀时稍有振动，成品便会有缺口。坯修好后就可在旋转陶车上画圈。接着，在坯上绘画或写字，喷上几口水，然后上釉。

凡为碎器与千钟粟与褐色杯等[①]，不用青料。欲为碎器，利刀过后，日晒极热，入清水一蘸而起，烧出自成裂文。千钟粟则釉浆捷点，褐色则老茶叶煎水一抹也。古碎器，日本国极珍重，真者不惜千金。古香炉碎器不知何代造，底有铁钉[②]，其钉掩光色不釉。

【注释】

①碎器：即裂纹釉器。一般是利用釉层和坯体的热膨胀系数不同而造成的。因此，关键在于试验出合适的裂纹釉配方。本文所记述的虽是景德镇在生坯表面涂蘸裂纹釉的传统工艺，但由于技术保密的关系，作者并没有了解到，在生坯“入清水一蘸而起”和“烧出自成裂文”之间，还有一道最关键的工序——涂蘸裂纹釉，因而漏记了。千钟粟：指有粟米点状花纹的瓷器。古籍只见《天工开物》记载，但仍未找到实物。褐色：即褐色杯，用老茶叶水抹成褐色。是不是鞣酸铁呈色，值得研究。现在多用硫酸锰（$MnSO_4$）溶液浸蘸，二次烧成。

②底有铁钉：这是指烧成的瓷器底部留有护胎足或垫饼的痕迹，一般呈红褐色。

【译文】

凡是造碎器、千钟粟和褐色杯等，都不用青釉料。要造碎器，用利刀修整生坯，把它晒得极热，入清水一蘸而起，再蘸上裂纹釉——译者。烧成后自然呈现裂纹。千钟粟是用釉浆快速点染的。褐色杯是用老茶叶煎的水一抹而成的。日本非常珍重古碎器，不惜千金购买真品。古香炉碎器不知是哪个朝代造的，底部有“铁钉”，没有釉光。

凡饶镇白瓷釉，用小港嘴泥浆和桃竹叶灰调成[①]，似清泔汁[②]，泉郡瓷仙用松毛水调泥浆，处郡青瓷釉未详所出。盛于缸内。凡诸器过釉，先荡其内，外边用指一蘸涂弦，自然流遍（图55）。

【注释】

①小港嘴：景德镇南的一个地名。桃竹：竹的一种。又名桃枝竹、桃丝竹。

②泔（gān）：淘米水。

【译文】

景德镇的白瓷釉，是用小港嘴的泥浆和桃竹叶灰调成的，很像淘米水，德化窑的瓷仙釉用松毛灰和瓷泥调成，处窑的青瓷釉不知用什么原料。盛在瓦缸里。瓷器上釉，先把釉水倒进坯里荡一遍，再张开手指撑住坯往釉水里蘸一下，使釉水刚好浸到外壁弦边，这样釉料就自然布满全坯身了。

凡画碗青料，总一味无名异（图56）[①]。漆匠煎油，亦用以收火色[②]。此物不生深土，浮生地面，深者堀下三尺即止，各省直皆有之，亦辨认上料、中料、下料。用时先将炭火丛红煅过，上者出火成翠毛色，中者微青，下者近土褐。上者每

图55　瓷器过釉

图56　打圈　回青画

斤煅出只得七两，中、下者以次缩减。如上品细料器及御器龙凤等，皆以上料画成，故其价每石值银二拾四两，中者半之，下者则十之三而已。凡饶镇所用，以衢、信两郡山中者为上料③，名曰浙料，上高诸邑者为中④，丰城诸处者为下也⑤。凡使料煅过之后，以乳钵极研，其钵底留粗，不转釉。然后调画水。调研时色如皂，入火则成青碧色⑥。

【注释】

①凡画碗青料，总一味无名异：无名异，即钴土矿[m(Co、Ni)O·MnO_2·nH_2O]，又名无名子或画烧青，也叫珠明料。这里的“青”

指蓝色。国产钴土矿作青料，烧成后青中泛灰。进口钴土矿叫作苏麻离青，或译作苏渤泥青（Smalt）。明高濂《遵生八笺》："宣窑之青，乃苏渤泥青。"这种青花料也是氧化钴（CoO）呈色，但因含锰量较低，含铁量较高，青色浓艳，带有黑斑，颇负盛名。

②漆匠煎油，亦用以收火色：明末清初方以智《物理小识》卷八把无名异叫作"催干"。对于桐油来说，密陀僧（PbO）干外，无名异干内，所以熬熟桐油一般都要同时加1%的密陀僧和1%的无名异，近代多改用环烷酸盐。

③衢、信：今浙江衢州、江西上饶。

④上高：今江西上高。

⑤丰城：今江西丰城。

⑥入火则成青碧色：用钴土矿水在瓷胎上绘画，然后上透明釉，在高温下一次烧成，呈现蓝色花纹的釉下彩瓷器，叫作青花。景德镇于元代开始烧制成功。由于色料充裕，呈色稳定，白地蓝花，实用美观，受到国内外的好评。明永乐、宣德时期用进口青料，更加浓艳悦目。青花作为我国国瓷，是明代瓷器生产的主流。

【译文】

画碗的青花釉料，只用无名异一味。漆匠熬炼桐油也用无名异作催干剂。它不藏深土而浮生在地面，最多挖三尺深便可得到，各省都有，分上料、中料、下料三种。用时要先经炭火煅过，上料出火时呈翠绿色，中料微青色，下料接近土褐色。每煅烧无名异一斤，只得到上料七两，中、下料依次减少。制造上等精致的瓷器和皇帝用的龙凤器等，都是用上料绘画后烧成的，因此上料无名异每石值白银二十四两，中料值一半，下料只值十分之三。饶郡景德镇所用的，以衢、信两郡出的为上料，这叫作浙料，上高出的为中料，丰城等地出的为下料。青花料煅过后，用研钵磨得极细，钵内底部粗涩不上釉。然后再调制画水。这时是黑色的，入窑烧成后却变成了亮蓝色。

凡将碎器为紫霞色杯者，用胭脂打湿[1]，将铁线扭一兜络[2]，盛碎器其中，炭火炙热，然后以湿胭脂一抹即成。

【注释】

①胭脂：一种红色染料。详见《彰施》卷。

②兜络：网兜。

【译文】

将碎器染成紫霞色的方法是，先把胭脂打湿，用铁线扭成的网兜盛着碎器放到炭火上炙热，再用湿胭脂一抹就成了。

凡宣红器，乃烧成之后出火，另施工巧微炙而成者[1]，非世上朱砂能留红质于火内也[2]。宣红元末已失传，正德中历试复造出[3]。

【注释】

①“凡宣红器”三句：宣红器指明宣德年间（1426—1435）烧制的红釉器。又名祭红、霁红、鲜红或宝石红。作者这里说的是釉上红采，而不是宣红。因为红釉是还原焰高温（1100～1250℃）烧成，铜红（Cu_2O，Cu）呈色；红采则是氧化焰微火（500～800℃）炙成，铁红（Fe_2O_3）呈色。据明末清初方以智《物理小识》卷八记载，嘉靖年间（1522—1566）“鲜红土断绝”，“止可采矾红”。崇祯年间（1628—1644）亦是如此，作者才有此误解，把红采器误当成红釉器。

②朱砂：即硫化汞（HgS），朱红色。详见《丹青》卷。

③宣红元末已失传，正德中历试复造出：方以智《物理小识·窑器本末》：“于司直曰：‘宣德祭红杯盘发古未有，以西红宝石末之，入泑（釉）凸起者也。’”西红宝石很可能是指欧洲出的红色玻璃

釉料。所谓“元末已失传，正德中历试复造出”，是指原来使用的西红宝石末已失传，正德年间（1506—1521）才历试复造出来。冯先铭等主编的《中国陶瓷史》指出：“宣德以后，红釉制品就极少烧造，成化、正德时期虽力图烧好红釉，但从传世品看，除少数几件外，大多是不太成功的制品。到了嘉靖初，就用矾红来代替鲜红了。”（文物出版社1982年版）元，通“原”。原来。

【译文】

宣红瓷器是烧成后再巧用微火炙成的，这种红色并不是朱砂在火中所留下来的。宣红器原来用的西红宝石粉末已经失传了，正德年间经多次试验又造了出来。

凡瓷器经画过釉之后，装入匣钵。装时手拿微重，后日烧出，即成坳口，不复周正。钵以粗泥造，其中一泥饼托一器，底空处以沙实之。大器一匣装一个，小器十余共一匣钵。钵佳者装烧十余度，劣者一二次即坏。凡匣钵装器入窑，然后举火。其窑上空十二圆眼，名曰天窗。火以十二时辰为足[①]。先发门火十个时，火力从下攻上，然后天窗掷柴烧两时，火力从上透下。器在火中，其软如棉絮，以铁叉取一[②]，以验火候之足。辨认真足，然后绝薪止火（图57）。共计一杯工力，过手七十二，方克成器。其中微细节目尚不能尽也。

【注释】

①时辰：简称为“时”。一昼夜为十二个时辰，一个时辰等于两小时。

②一：指一个火照子，即一块上釉的碎片。

【译文】

瓷坯经过画彩和上釉之后，装入匣钵。装时若用力稍重，后来烧出的瓷器就会凹陷变形，不再周正。匣钵用粗泥造成，其中一个泥饼托住一个瓷坯，底空部分用沙填实。大件瓷坯一个匣钵只装一个，小件瓷坯一个匣钵可装十几个。好的匣钵可装烧十几次，差的一两次就坏了。把装满瓷坯的匣钵放入窑后，就开始点火烧窑。窑顶有十二个圆孔，叫作天窗。烧十二个时辰火候就足了。先从窑门发火烧十个时辰，火力从下攻上，然后从天窗丢柴入窑烧两个时辰，火力从上透下。瓷器在烈火中软得像棉絮一样，用铁叉取出一个照子来检验火候是否已足。辨认火候已足了就停止烧窑。合计造一个瓷杯所费的工夫，要经过七十二道工序才能完成，其中很多细节还没有算在内呢。

图57　瓷器窑

附:窑变　回青

正德中[①]，内使监造御器。时宣红失传不成[②]，身家俱丧。一人跃入自焚，托梦他人造出，竞传窑变[③]。好异者遂妄传烧出鹿、象诸异物也。

【注释】

①正德：明武宗朱厚照的年号，1506—1521年。

②时宣红失传不成：宣红，指宣德年间（1426—1435）烧成的铜红釉器，红色纯正鲜艳。北京故宫博物院珍藏的红釉菱花式盘，就是其中的珍品之一。因为铜红釉烧造技术难度特大，往往由于配方或烧成条件（窑温和气氛）的微小变化，就会导致呈色不正常，所以成品率很低，加上科学理论缺乏和技术保密严重等原因，宣德以后就逐渐失传了。正德年间（1506—1521）虽力图烧好红釉，但成品率极低。到了嘉靖（1522—1566）初，就改烧矾红。它是铁红呈色，烧成比较容易而又稳定，但往往带有一种橙味的砖红色。《大明会典》第二〇一卷云："嘉靖二年，令江西烧造瓷器，内鲜红改作深矾红。"直至清康熙年间（1662—1722）烧出郎窑红后，宣红才得以恢复和发展。

③窑变：瓷器的釉色在烧成过程中发生了意料之外的变化。这是由于呈色剂是变价金属盐，它十分敏感地随着配方和烧成条件（温度和气氛）的微小变化而变化不定，有时高价，有时低价，因而呈色不同。例如，瓷釉中的铜盐，在氧化焰中形成氧化铜（CuO），按其含量的多少而呈现绿色或蓝色；在还原焰中形成氧化亚铜（Cu_2O），按其含量的多少而呈现紫色或红色。又如，铁盐在氧化焰中形成氧化铁（Fe_2O_3），呈黄色或褐色，在还原焰中形成氧化亚铁（FeO）呈青绿色。窑变起于宋代钧窑。瓷工凭世代相传的经验积累，逐渐发展出窑变系列产品。

【译文】

正德年间，皇宫派出专使监造御用瓷器。当时，宣红因制法失传而造不出来，甚至有为此而家破人亡的。有一人跳入窑内自焚，托梦给别人把宣红造出来，于是，人们竞相传说发生了窑变。爱好奇异之事的人更妄传烧出了鹿、象等怪物。

又：回青[①]，乃西域大青，美者亦名佛头青。上料无名异出火似之，非大青能入烘炉存本色也。

【注释】

①回青：不是指李时珍《本草纲目》所说的石青［蓝铜矿，$2CuCO_3 \cdot Cu(OH)_2$］，而是指外国产的钴土矿。明王世懋《窥天外乘》云："回青者，出外国。正德间，大珰镇云南得之，以炼石为伪宝，其价初倍黄金。已知其可烧窑器，用之果佳。"又云："永乐、宣德间，内府烧造，迄今为贵。其时以骔眼、甜白为常，以苏麻离青为饰，以鲜红为宝。"高濂《遵生八笺》亦云："宣窑之青，乃苏渤泥青。"江西省博物馆1984年瓷器展览解说词说："嘉靖青花瓷用进口回青，呈色浓艳幽倩，晕散，带有黑色结晶斑点；万历青花瓷用国产回青，却青中泛灰。"可见，回青即苏麻离青（Smalt），是由波斯一带引进的一种青花釉料。它跟国产上料无名异成分和功效大致相同。作者对此有所误解。

【译文】

又：回青，就是西域大青，其中上等的叫佛头青。上料无名异烧出来的颜色很像大青，可是大青入窑后却失去了它原来的蓝色。

冶铸第八卷

【题解】

本卷讲铸造。冶铸，语出《管子·任法》："犹金之在炉，恣冶之所以铸。"意思是说，就像金属在熔炉中，任由冶工去铸造。《淮南子·俶真训》也说："今夫冶工之铸器，金踊跃于炉中。"由此可见，所谓冶铸就是熔炼和铸造，简称铸造。

我国铸造技术源远流长。到了商代，青铜铸造已有相当高的水平，重达875公斤的司母戊大鼎、结构复杂且造型精致的四羊方尊都能铸出来。春秋战国时期的《考工记》还提出了六齐（六种铜锡合金）的比例。到了明代，铸造业的发展则更进了一步。

本卷通过钟、鼎、锅、钱等的具体铸法，记述了明代的铸造技术：从铸型材料看，有泥范铸造和熔模（失蜡）铸造；从造型工艺看，有分铸法、叠铸法、小行炉相继倾注的连续浇注大件法、小群炉汇流槽注大件法，等等。风箱是冶炼提高炉温的最关键的鼓风设备，本卷在人类历史上第一次勾画出了居于世界先进水平的活塞式风箱。

宋子曰：首山之采，肇自轩辕[1]，源流远矣哉！九牧贡金，用襄禹鼎[2]，从此火金功用，日异而月新矣。

【注释】

①首山之采，肇自轩辕：语出《史记·封禅书》："黄帝采首山之铜，铸鼎于荆山下。"首山，又叫首阳山、雷首山。在今山西永济南。肇，创始。轩辕，黄帝的号。一说因居轩辕之丘（在今河南新郑西北）而得名，一说因作轩冕之服（古时卿大夫的车服）而得名。

②九牧贡金，用襄禹鼎：语出《汉书·郊祀志》："禹收九牧之金，铸九鼎，象九州。"九牧，指九州的长官。九州，是我国上古时的九个行政区划，州名有几种说法。其中，《尚书·禹贡》认为是冀、兖、青、徐、扬、荆、豫、梁、雍这九州。金，当时指铜。

【译文】

黄帝时期已开始在首山采铜铸鼎，真是源远流长啊！自从九州进贡铜给夏禹铸成九个大鼎以来，冶铸技术就日新月异地发展起来了。

夫金之生也，以土为母，及其成形而效用于世也，母模子肖，亦犹是焉。精、粗、巨、细之间，但见钝者司舂，利者司垦；薄其身以媒合水火而百姓繁，虚其腹以振荡空灵而八音起[①]；愿者肖仙梵之身[②]，而尘凡有至象[③]；巧者夺上清之魄[④]，而海寓遍流泉[⑤]。即屈指唱筹[⑥]，岂能悉数？要之，人力不至于此。

【注释】

①八音：语出《周礼·春官·大师》："八音：金、石、土、革、丝、木、匏、竹。"为我国古代八大类乐器的统称。具体有：金（铜）—钟，石—磬，土（陶土）—缶，革（皮革）—鼓，丝（弦）—琴、瑟等，木—敔、祝，匏—笙、簧，竹—箫、笛等乐器。

②愿者：诚谨、善良的人。

③至象：或作“至像”，即法身，佛之真身，此处指佛像。

④上清之魄：天上的月亮。上清，三清（玉清、太清、上清）之一。道家幻想的仙境。这里泛指天空。魄，月亮的轮廓。《尚书·武成》：“旁死魄。”孔疏：“魄者，形也，谓月之轮郭。无光之处名魄也。”

⑤泉：钱币。《周礼·地官·泉府》贾公彦疏：“泉与钱，今古异名。”《汉书·食货志下》：“故货，宝于金，利于刀，流于泉。”颜师古注：“流行如泉也。”

⑥筹：数码。

【译文】

金属从泥土里产生出来，当它成器以供人使用时，形状又跟泥土做的母模一个样，这真是“以土为母”“母模子肖”。铸件有精有粗有大有小，作用各不相同：钝的可用来舂东西，利的可用来耕地；薄壁的可用来烧水煮食而使百姓多了起来，空腔的可用来振荡空气而使八音响了起来；善良朴实的人模拟仙界之身给人间造出了逼真的佛像，心灵手巧的人采用天上月亮的圆形造出了天下流通的钱币。任你屈指头，唱数码，又怎能说得完呢？总之，这些东西光靠人力是做不出来的。

鼎[①]

凡铸鼎，唐虞以前不可考。唯禹铸九鼎，则因九州贡赋壤则已成，入贡方物岁例已定，疏浚河道已通，《禹贡》业已成书[②]，恐后世人君增赋重敛，后代侯国冒贡奇淫，后日治水之人不由其道，故铸之于鼎。不如书籍之易去，使有所遵守，不可移易。此九鼎所为铸也。年代久远，末学寡闻[③]，如玭珠、暨鱼、狐狸、织皮之类[④]，皆其刻画于鼎上者，或漫灭改形，亦未可知，陋者遂以为怪物。故《春秋传》有使知神奸、不逢魑魅之说也[5]。此鼎入秦始亡。而春秋时郜大鼎、莒二方鼎[6]，皆其列国自造，即有刻画，必失《禹贡》初旨，此但存名为古物。后世图籍繁多，百倍上古，亦不复铸鼎，特并志之。

【注释】

①鼎（dǐng）：古代炊器。圆形三足或方形四足，多用青铜铸造，盛行于商周时期。本卷"铸鼎"图描述了小炉群汇流槽注大件法和"鼎足别铸斗合"的接铸法。

②《禹贡》：《尚书》中的一篇。大约成书于战国时期，记述了我国古代的区划、山川和物产，是我国最古老的一篇地理文献。

③末学寡闻：见识少而浅薄。末学，肤浅、无本之学。

④玭（pīn）珠：蚌珠，即珍珠。《尚书·禹贡》："淮夷玭珠暨鱼。"孔颖达疏："玭是蚌之别名。此蚌出珠，遂以玭为珠名。"暨（jì）鱼：江海里的一种"美鱼"。清屈大均《广东新语·鳞语·暨鱼》："暨鱼，大者长二丈余，脊若锋刃。"织皮：粗毛布。语出《尚书·禹贡》："织皮昆仑。"

⑤故《春秋传》有使知神奸、不逢魑魅（chī mèi）之说也：《左传·宣公三年》："贡金九牧，铸鼎象物，百物而为之备，使民知神奸，故民入川泽山林，不逢不若，螭魅罔两，莫能逢之。"意思是说，夏禹铸鼎，上面画有许多妖魔鬼怪，使百姓有了识别能力，即使遇到也不怕了。《春秋传》，即《春秋左传》。螭魅罔两，妖魔鬼怪。

⑥郜（gào）：周朝的一个侯国。始封之君为周文王之子。故都在今山东成武东南。春秋时为宋所灭。莒二方鼎：据《左传·昭公七年》载，春秋时期莒国（在今山东境内）献二鼎给晋侯，晋侯又转

赠给子产,此谓“赐子产莒之二方鼎”。

【译文】

关于铸鼎,尧舜以前已无法考证了。只有夏禹铸造九鼎,那是因为当时九州缴纳赋税的条例已经制定,各地每年进贡物产的品种已经制定,河道已经疏通,《禹贡》已经成书,但唯恐后世的帝王增赋重敛,诸侯用奇技淫巧做出来的东西冒充贡品,治水的人不再遵循原来的一套办法,于是把这一切都铸在鼎上。这样就不会像书籍那样容易失去,使后人有所遵守而不能任意改动。这就是铸造九鼎的目的。过了许多年代,刻在鼎上的画象,如蚌珠、暨鱼、狐狸、织皮之类,也许因锈蚀而变了样,见识少而浅薄的人却以为这是怪物。所以《左传》才有禹铸鼎是为了使百姓识别妖魔鬼怪而不怕它的说法。这些鼎到了秦朝就绝迹了。而春秋时郜国的大鼎和莒国的两个方鼎,都是诸侯国铸造的,即使有刻画,也必定失去了《禹贡》的原意,只不过名为古物罢了。后世图书已多了几百倍,就不必再铸鼎了,这里特地提一下。

钟

凡钟,为金乐之首。其声一宣[①],大者闻十里,小者亦及里之余。故君视朝、官出署,必用以集众;而乡饮酒礼[②],必用以和歌;梵宫仙殿[③],必用以明揖谒者之诚[④],幽起鬼神之敬。

【注释】

①宣:传播。

②乡饮酒礼:据《仪礼·乡饮酒礼》记述,周代乡学荐举贤能时,由乡大夫设宴庆贺。这就叫乡饮酒礼。清道光二十三年(1843)废除。

③梵宫:佛寺。

④揲(dié):打动。谒(yè)者:朝拜者。

【译文】

钟是最重要的金属乐器。钟声一响,大的可以传闻十里,小的也声达一里多。所以君主临朝听政、官府升堂办案,必用钟声来集众;乡饮酒礼,必用钟声来和歌;佛寺仙殿,必用钟声来打动朝拜者的诚心,唤起鬼神们的敬意。

凡铸钟,高者铜质,下者铁质。今北极朝钟[1],则纯用响铜[2],每口共费铜四万七千斤、锡四千斤、金五十两、银一百二十两于内,成器亦重二万斤,身高一丈一尺五寸,双龙蒲牢高二尺七寸[3],口径八尺,则今朝钟之制也。

【注释】

①北极朝钟:北京北极阁挂的朝钟。永乐大钟比北极朝钟大多了:高6.75米,底口外径3.3米,重四万六千六百多斤。钟声宏亮绵长,远达四五十公里。堪称世界钟王之一。

②响铜:造响器的铜。本书《五金·铜》:"凡用铜造响器,用出山广锡无铅气入内。钲(今名锣)、镯(今名铜鼓)之类,皆红铜八斤,入广锡二斤;铙、钹,铜与锡更加精炼。"

③蒲牢:古代传说中的海边兽。它被鲸鱼袭击时鸣声洪亮。把蒲牢刻在钟上,意味着要钟声洪亮。

【译文】

铸钟以铜为上料,以铁为下料。现在北极阁挂的朝钟纯粹是用响铜铸成的,每口共花费铜四万七千斤、锡四千斤、金五十两、银一百二十两,成品钟重二万斤,身高一丈一尺五寸,上面的双龙、蒲牢图像高二尺七寸,口径八尺,这就是今天朝钟的规格。

凡造万钧钟与铸鼎法同。堀坑深丈几尺[1]，燥筑其中如房舍。埏泥作模骨[2]，其模骨用石灰三和土筑[3]，不使有丝毫隙坼。干燥之后，以牛油、黄蜡附其上数寸[4]。油、蜡分两：油居什八，蜡居什二。其上高蔽抵晴雨。夏月不可为，油不冻结。油蜡墁定[5]，然后雕镂书文、物象，丝发成就（图58）。然后，舂筛绝细土与炭末为泥，涂墁以渐而加厚至数寸。使其内外透体干坚，外施火力炙化其中油蜡，从口上孔隙熔流净尽，则其中空处即钟、鼎托体之区也[6]。凡油蜡一斤虚位，填铜十斤。塑油时尽油十斤，则备铜百斤以俟之。

图58 铸鼎

【注释】

①堀（kū）：掘，挖。

②埏（shān）：和土作泥，拌合。

③三和土：由石灰、细砂、粘土三者拌和而成。

④牛油：即牛脂，是油酸、棕榈酸、硬脂酸的甘油酯。黄蜡：即蜂蜡，主要为荳蔻酸蜡醇脂和蜡酸的混合物，熔点62～65℃。牛油中加入黄蜡（占20%），是为了提高造型材料的硬度和熔点，便于雕塑。

⑤墁（màn）：粉饰。

⑥"外施火力炙化其中油蜡"三句：这是熔模（失蜡）铸造中制模的最后一个工序。

【译文】

铸造朝钟之类的万斤以上的大钟和铸鼎的方法相同。掘一个丈多深的地坑，使它干燥，并把它筑成房舍一样。内模是用石灰、细砂和粘土调成的三合土塑造的，要求没有一丝裂缝。内模干燥后，用牛油加黄蜡涂附在上面约有几寸厚。油和蜡的比例是：牛油占十分之八，黄蜡占十分之二。在钟模上空搭一个高棚以防日晒雨淋。夏天不能做模，因为油不冻结。油蜡层用墁刀批荡平整后，就可在上面精雕细刻文字和图案。再用舂、筛过的极细泥粉和炭末，调成糊状，逐层涂铺在油蜡上约有几寸厚。等到外模的内外都干透坚固后，便用慢火在外烤炙，使里面的油蜡熔化而从下口流干净，内外模之间的空腔就成了钟、鼎成型的区域了。一斤油蜡空出的位置需要十斤铜填充。塑模时若用去十斤油蜡，就要准备好一百斤铜。

中既空净，则议熔铜。凡火铜至万钧[①]，非手足所能驱使，四面筑炉，四面泥作槽道，其道上口承接炉中，下口斜低以就钟、鼎入铜孔，槽傍一齐红炭炽围（图59）[②]。洪炉熔化时，

图59　铸千斤钟与仙佛像

决开槽梗，先泥土为梗塞住。一齐如水横流，从槽道中枧注而下，钟、鼎成矣③。凡万钧铁钟与炉、釜，其法皆同，而塑法则由人省啬也。

【注释】

①火铜：黄铜，即铜锌合金。本书《五金·铜》："凡铸器，低者红铜、倭铅均平分两，甚至铅六铜四；高者名三火黄铜、四火熟铜，则铜七而铅三也。"

②傍：通"旁"。

③"洪炉熔化时"五句：这是小炉群汇流槽注大件法，有着系统工程思想的萌芽。枧（jiǎn），引水的渡槽或导管，木制或竹制。

【译文】

内外模之间的油蜡已经流净,就着手熔铜。要熔的火铜有万斤以上的,就不能再靠人的手脚来浇注了,而要在钟模的周围修筑好多个熔炉和泥槽,槽的上端同炉的出水口连接,下端倾斜接到模的浇口上,槽两旁还要用炭火围起来。当所有熔炉的铜都已经熔化时,就打开出水口的塞子,事先用泥塞塞住。铜就像水横流那样沿着泥槽一齐注入模内,钟或鼎便铸成了。但凡万斤以上的铁钟、香炉和大锅,都用这种方法铸造,只是塑造模子的细节可由人有所省略而已。

若千斤以内者,则不须如此劳费,但多捏十数锅炉。炉形如箕[①],铁条作骨,附泥做就。其下先以铁片圈筒直透作两孔,以受杠穿。其炉垫于土墩之上,各炉一齐鼓鞴熔化[②]。化后,以两杠穿炉下,轻者两人,重者数人抬起,倾注模底孔中。甲炉既倾,乙炉疾继之,丙炉又疾继之,其中自然粘合[③]。若相承迂缓,则先入之质欲冻,后者不粘,衅所由生也[④]。

【注释】

①箕(jī):簸箕。扬米去糠的器具。

②鞴(bài):鼓风箱。本节在历史上第一次绘出了活塞式鼓风箱的图。

③“甲炉既倾”四句:这是小行炉连续浇注大件法。

④衅(xìn):裂缝。

【译文】

至于铸造千斤以内的钟,就不必这么劳费,只要造十来个炉子就行了。这种炉像簸箕,用铁条作骨架,用泥塑成。炉体下部先用铁片卷成的两根圆筒穿透成两个孔道以便杠棒穿过。这些炉子都立在土墩上,一齐鼓风熔铜。熔化后,用两根杠棒穿过炉底,轻的两个人,重的几个人,一齐抬起炉子，把铜水倾注入模孔中。甲炉刚刚倾注完，乙炉就倾注了，丙炉又跟着倾注了，这样，模里的铜就会自然粘合。如果各炉倾注承接太慢，先注入的将近凝冻，就难以和后注入的互相粘合，而出现裂缝。

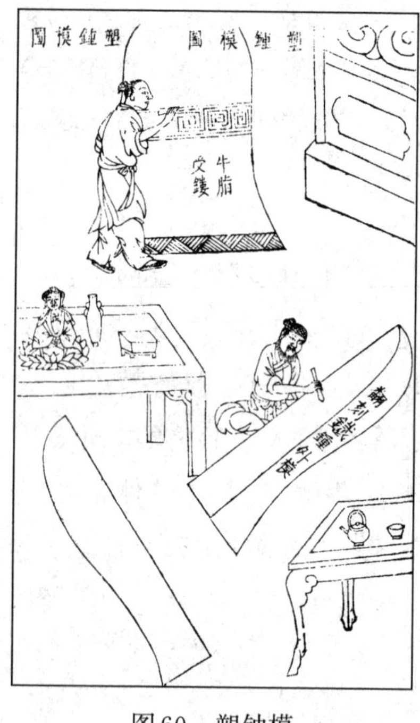

图60　塑钟模

凡铁钟模不重费油蜡者[1]，先埏土作外模[2]，剖破两边形，或为两截，以子口串合，翻刻书文于其上（图60）。内模缩小分寸，空其中体，精算而就[3]。外模刻文后，以牛油滑之，使他日器无粘欖[4]。然后盖上，泥合其缝而受铸焉。巨磬、云板[5]，法皆仿此。

【注释】

①铁钟模：这是泥模空腔铸造薄壁件法，其中图文是反模铸造。

②埏（shān）：和土作泥。

③算（suàn）：同“算”。

④欖（làn）：粥稠而粘。引申为粘粘糊糊。

⑤巨磬（qìng）：这里指佛寺中的钵形铜铸打击乐器。云板：一种长形扁铁板做的打击乐器。因两端作云头形所以叫云板。又因官署和权贵之家以敲击云板为报事集众的信号，所以又叫“点”。

【译文】

铁钟模不用花费很多油蜡，先用粘土做成外模，这是剖成左右两半的或是上下两截的，剖面上有接合的子母口，文字、图案反刻在内壁上。内模缩小一定的尺寸，以使内外模之间留有一定的空隙，这要经过精密计算来确定。外模刻好文字、图案后，要用牛油涂滑它，以免浇铸时粘模。然后，把内外模组合起来，并把接口缝用泥糊封，就可浇铸了。巨磬、云板的铸法与此相似。

釜[①]

凡釜，储水受火，日用司命系焉。铸用生铁或废铸铁器为质[②]，大小无定式，常用者，径口二尺为率[③]，厚约二分。小者径口半之，厚薄不减。其模内外为两层。先塑其内，俟久日干燥，合釜形分寸于上，然后塑外层盖模。此塑匠最精，差之毫厘则无用。

【注释】

①釜（fǔ）：古炊具。相当于现在的锅。

②生铁：本书《五金·铁》："凡铁分生、熟：出炉未炒则生，既炒则熟。"生铁一般指含碳2%以上的铁碳合金。我国古代的生铁，先后发展有四个品种：白口铁、灰口铁、麻口铁和韧性铸铁。其中，灰口铁的铸造性能较好。本节的生铁锅可能就是灰口铁铸造的。

③率（lǜ）：标准。

【译文】

锅用来烧水煮食，人们的日常生活少不了它。用生铁或废铸铁器来铸锅，大小没有固定的规格，常用的口径二尺，厚约二分。小的口径一尺，厚同样约二分。铸锅模分内、外两层。先塑造内模，等它干燥后，按锅的尺寸折算好后,再塑造外模。这种铸模要求塑造功夫最精细,尺寸稍有偏差,模就作废了。

图61　铸釜

模既成就干燥,然后泥捏冶炉,其中如釜,受生铁于中。其炉背透管通风,炉面捏嘴出铁。一炉所化约十釜、二十釜之料。铁化如水,以泥固纯铁柄杓从嘴受注(图61)①。一杓约一釜之料,倾注模底孔内,不俟冷定,即揭开盖模,看视罅绽未周之处②。此时,釜身尚通红未黑,有不到处,即浇少许于上补完③,打湿草片按平,若无痕迹。凡生铁初铸釜,补绽者甚多,唯废破釜铁熔铸,则无复隙漏。朝鲜国俗:破釜必弃之山中,不以还炉。

【注释】

①杓(sháo):同"勺"。舀东西的器具。

②罅绽(xià zhàn):裂缝。

③补完:这是浇不足时的弥补办法,很难做到"若无痕迹"。

【译文】

模已塑并干后，用泥捏造熔铁炉，炉膛像个锅，用来装生铁。炉背接一条管通到风箱，炉面捏一个出铁嘴。一炉所熔化的铁水，大约可铸十到二十口锅。生铁熔化成铁水后，用涂上泥的带柄铁勺从炉嘴承接。一勺铁水大约可浇铸一口锅，倾注到模内，不等它冷下来就揭开外模，查看有无裂缝。这时，锅身还是通红的，如果发现有些地方浇不足，马上补浇少量铁水，并打湿草片按平，使不留下痕迹。生铁初次铸锅，需要补浇的地方较多，唯有用废铁铸锅回炉熔铸的，才不会有隙漏。朝鲜的风俗是：破锅丢弃山中，不再回炉。

凡釜既成后，试法以轻杖敲之，响声如木者佳①，声有差响则铁质未熟之故②，他日易为损坏。海内丛林大处③，铸有千僧锅者④，煮糜受米二石⑤，此直痴物云。

【注释】

①响声如木者佳：明末清初方以智在《物理小识》卷七中补充说："然惟佛山铸锅为最，以其薄而光。熔铁既精，工法又熟。他处皆厚。"这就是说，广东佛山所铸的锅又薄又光滑，质量最好。

②铁质未熟：这里可能是指一方面由于杂质多致使裂纹孔隙多，一方面由于灰口铁少而白口铁多，致使铁质硬脆，铸造性能较差。

③丛林大处：指的是密林丛中的大寺庙。

④千僧锅：号称可供一千个和尚粥食的特大的锅。

⑤糜（mí）：粥。

【译文】

锅铸成后，检验好坏的方法是用小木棒敲它，如果响声像敲硬木那样沉实，就是好锅；如果有杂音，就说明铁质未熟，将来容易损坏。国内有的大寺庙铸有"千僧锅"，可以煮两石米的粥，但很笨重。

像

凡铸仙佛铜像，塑法与朝钟同。但钟、鼎不可接而像则数接为之[①]，故写时为力甚易[②]。但接模之法，分寸最精云[③]。

【注释】

①钟、鼎不可接：本书《锤锻·治铜》："成乐器者必圆成无焊。"钟为了保证音质和音响，不搞接铸；鼎身一般也不搞接铸，但鼎足却常是另外铸好后才斗合的。《铸鼎》图就明明写有这句话："鼎足别铸斗合。"

②写：同"泻"。

③接模之法，分寸最精：这是分铸和嵌铸相结合的铸造工艺。将一些部件分别铸成，然后把事先铸好的部件装到范里，使与器嵌或套在一起。湖南出土的商代四羊方尊，结构复杂，造型精致，工艺精巧，就是用这种方法铸成的。它要求接模处的尺寸要特别精确。

【译文】

铸造仙佛铜像，塑模方法跟朝钟一样。但是，钟、鼎不能接铸，而像却可以分铸后再接铸起来，所以浇注比较容易。不过，这种接模工艺对分寸的要求却是最高的。

炮[①]

凡铸炮，西洋、红夷、佛郎机等用熟铜造[②]，信炮、短提铳等用生、熟铜兼半造[③]，襄阳、盏口、大将军、二将军等用铁造[④]。

【注释】

①炮:本节没有提及炮是用泥范、铁范或者是熔模(失蜡)铸造的,估计可能是泥范铸造的。鸦片战争时期,浙江龚振麟创议用铁范铸炮并获得成功,他所撰写的《铁模铸炮图说》,由魏源收入《海国图志》中,是世界上最早论述金属范铸造的专著。

②西洋、红夷、佛郎机:当时从欧洲引进的三种炮名。西洋炮,熟铜铸,圆形,如铜鼓;红夷炮,本节说是熟铜造,《佳兵》篇说是铸铁造,身长一丈,守城用;佛朗机,水战舟头用。详见《佳兵·火器》。

③信炮:即信号炮,一尺长左右。短提铳(chòng):即短枪,有一尺多长。生、熟铜:这是生、熟铁比拟的说法。生铜较脆,只宜铸造,熟铜可供锤锻。

④襄阳、盏口、大将军、二将军:当时我国造的四种炮名。

【译文】

铸造大炮,西洋、红夷、佛郎机等炮用熟铜,信炮和短提铳等用生、熟铜各一半,襄阳、盏口、大将军、二将军等炮则用铁。

镜[①]

凡铸镜,模用灰沙,铜用锡和。不用倭铅[②]。《考工记》亦云:“金、锡相半谓之鉴、燧之剂[③]。”开面成光,则水银附体而成,非铜有光明如许也[④]。唐开元宫中镜[⑤],尽以白银与铜等分铸成,每口值银数两者以此故。朱砂斑点乃金银精华发现。古炉有入金于内者。我朝宣炉[⑥],亦缘某库偶灾,金、银杂铜、锡化作一团,命以铸炉。真者错现金色。唐镜、宣炉,皆朝廷盛世物也。

【注释】

①镜：这里只是提到青铜镜，因当时还没有镀银的玻璃镜。我国古铜镜水平很高，除一般铜镜外，还有“透光镜”，把这种镜面放在阳光下，反照到墙上，就会出现与镜背花纹字迹相应的明暗相间的图像。北宋沈括《梦溪笔谈》卷十九说：“世有透光鉴，鉴背有铭文，凡二十字，字极古，莫能读。以鉴承日光，则背文及二十字皆透在屋壁上，了了分明。”这个秘密今天已经揭穿了。详见阮崇武等《中国“透光”古铜镜的奥秘》（上海科技出版社1982年版）。

②倭铅：即锌。

③金、锡相半谓之鉴、燧（suì）之剂：语本战国成书的《周礼·考工记》：“金有六齐……金、锡半谓之鉴、燧之齐。”这是世界上最早的合金工艺的记载。金，指铜。六齐，指六种合金配比。鉴，指平面镜。燧，指凹面反射镜，又叫火镜。关于“金锡半”有两种解释：一种认为铜和锡各占一半，宋应星也持这种看法，所以他说“金、锡相半”。另一种则认为锡是铜的一半。后一种解释比较接近对古铜镜的分析结果。上海博物馆曾对汉唐青铜镜的成分配比做过化学分析，结果表明锡的成分相当于铜的三分之一。（见阮崇武等《中国“透光”古铜镜的奥秘》，上海科技出版社1982年版）

④“开面成光”三句：由物理学原理看来，只要表面光亮，使光线反射最多，折射和吸收最少，就能映像而成镜子。用铜锡合金铸成的镜坯表面粗糙，因此需要研磨和抛光。由于锡偏析表面成铸造组织而较难磨。若表面沾上水银形成汞齐，则较易打磨。这就是“水银附体”，“开面成光”。

⑤开元：唐玄宗李隆基的年号，713—741年。

⑥宣炉：即宣德炉。是明宣德年间（1426—1435）铸造的铜质香炉，

因铜精炼过，又掺有贵金属，显得特别美观，成了朝廷珍品。

【译文】

铸造铜镜，模子用灰沙做成，铜则用锡来和。不用锌。《考工记》说到：“铜、锡各占一半，是适合于铸镜的合金配比。”镜面之所以能反光，是镀上了水银的缘故，而不是铜本身这样明亮。唐开元年间宫中所用的镜子，都是用白银和铜对半铸成的，所以每面铜镜值几两银子。铸件上呈现朱砂一样的红斑，是掺进去的金银发出来的。有些古香炉是掺有金子的。我朝宣炉的铸造，是由于某金库偶然失火，金、银夹杂着铜、锡熔成一团，拿它来铸造香炉的。真品闪现金色。唐镜和宣炉都是朝廷盛世的物品。

钱

凡铸铜为钱，以利民用，一面刊国号通宝四字①，工部分司主之。凡钱通利者，以十文抵银一分值。其大钱当五、当十，其弊便于私铸，反以害民，故中外行而辄不行也②。

【注释】

①通宝：中国旧时钱币的一种名称。起于唐高祖武德四年（621）铸造的开元通宝。“开元”在此为开辟新纪元之意，而并非指唐开元年号。以后历代都曾沿用，在“通宝”二字前冠以国号、朝代或年号。如“大明通宝”“永乐通宝”，等等。

②中外行而辄（zhé）不行：中央和地方流通了一阵就停止了。中外，中央和地方。辄，即，就。

【译文】

铸造铜钱，是为了便利民众使用，一面印有“××通宝”四个字，由工部属下的一个部门主管。通行的铜钱十文抵白银一分。大钱的面值大五倍或十倍，发行大钱的弊病是容易私铸，反而害了百姓，所以中央和地方都曾发行过一阵大钱就不再发行了。

凡铸钱每十斤，红铜居六七，倭铅京中名水锡。居四三，此等分大略。倭铅每见烈火，必耗四分之一。我朝行用钱高色者，唯北京宝源局黄钱与广东高州炉青钱[①]，高州钱行盛漳、泉路，其价一文，敌南直江、浙等二文。黄钱又分二等：四火铜所铸曰金背钱：二火铜所铸曰火漆钱[②]。

【注释】

①青钱：这里指的是颜色泛青的黄铜钱，而不是青铜钱。它的原料配比是：红铜50%，锌41.5%，铅6.5%，锡2%。

②“黄钱又分二等”三句：四火铜，指经四次熔炼的黄铜，其中红铜约占七成，锌约占三成，也叫三七黄铜，延展性能特好，它所铸的钱叫金背钱。二火铜，指经两次熔炼的黄铜，其中红铜约占六成，锌约占四成，它所铸的钱叫火漆钱。这两种钱统称为黄钱。

【译文】

铸钱十斤，要用六七斤红铜和三四斤锌，北京叫锌为水锡。这是个大概比例。锌每经火一次就要耗损四分之一。我朝通用的钱，成色高的只有北京宝源局铸的黄钱和广东高州炉铸的青钱，高州钱通行福建漳州、泉州一带。这两种钱一文等于南京操江局和浙江铸造局铸的二文。黄钱又分两等：四火铜铸的叫金背钱，二火铜铸的叫火漆钱。

凡铸钱熔铜之罐[①]，以绝细土末打碎干土砖妙。和炭末为之。京炉用牛蹄甲，未详何作用。罐料十两，土居七而炭居三，以炭灰性暖，佐土使易化物也。罐长八寸，口径二寸五分。一罐约载铜、铅十斤[②]，铜先入化，然后投铅，洪炉扇合，倾入模内。

【注释】

①铸钱熔铜之罐：这里指的是熔铜坩埚（gān guō），要求耐高温，所以要用耐火材料做成，粘土和炭末符合这个条件。

②铅：这里指倭铅（锌）。以下均同。这种简称易与铅混淆，因此不科学。

【译文】

铸钱用来熔铜的坩埚，是用很细的泥粉以打碎的土砖干粉为好。和炭粉混合造成的。北京坩埚还加有牛蹄甲，不知起什么作用。每十两坩埚料中，泥粉占七两而炭粉占三两，因炭粉保温性能好，可配合泥粉使铜易于熔化。坩埚高八寸，口径二寸五分。一个坩埚大约可装铜和锌十斤，先把铜放进去熔化，然后才加锌，鼓风使它们熔合后，再倾注入模。

凡铸钱模（图62）[①]，以木四条为空匡[②]，木长一尺二寸，阔一寸二分。土、炭末筛令极细，填实匡中，微洒杉木炭灰或柳木炭灰于其面上，或熏模则用松香与清油。然后，以母钱百文，用锡雕成。或字或背布置其上。又用一匡，如前法填实合盖之，既合之后，已成面、背两匡。随手覆转，则母钱尽落后匡之上。又用一匡填实，合上后匡，如是转覆，只合十余匡[③]。然后，以绳捆定。其木匡上弦原留入铜眼孔，铸工用鹰嘴钳，洪炉提出熔罐，一人以别钳扶抬罐底相助，逐一倾入孔中。冷定，解绳开匡，则磊落百文，如花果附枝，模中原印空梗，走铜如树枝样。挟出逐一摘断，以待磨锉成钱。凡

图62 铸钱

钱，先错边沿[④]，以竹木条直贯数百文受锉；后锉平面，则逐一为之（图63）。

【注释】

①铸钱模：这是用锡质母钱印出的泥模。其特点是非常讲究分型材料，要求"微洒"，即薄而均匀。

②匡：同"框"。

③只合十余匡：这是叠铸法。

④错：锉。

【译文】

铸钱的模，是用四根木条斗成空框，木条各长一尺二寸，宽一寸二分。用筛过的非常细的泥粉和炭粉混合填实空框，面上再撒少量的杉木或柳木炭灰，或者用松香和菜子油的混合烟熏过。然后，把一百枚锡质母钱按有字的正面或无字的背面排布在框面上。又用一个如上述方法填实泥粉和炭粉的木框合盖上去，就构成了钱的面、背两框模。随手覆转揭开前框，母钱就全部脱落在后框上面。再用另一个填实了的木框合盖在后框上，照样翻转，就这样反复做成十几套框模。然后把它们叠合在一起用绳索绑紧。木框上边原留有浇铜口，铸工用鹰嘴钳把熔铜坩埚从炉里提出来，另一个人用钳托着坩埚底，共同把熔铜注入模中。冷定之后，解下绳索打开框，只见一百个铜钱果实累累般结在树枝上，因为模中原来的铜水通路也已凝结成树枝状了。把它夹出来，将钱逐个摘下，以便磨锉加工。先锉钱的边沿，用竹条或木条串几百个一起锉；然后，逐个锉平钱面。

图63　锉钱

凡钱高低，以铅多寡分。其厚重与薄削，则昭然易见。铅贱铜贵，私铸者至对半为之，以之掷阶石上，声如木石者，此低钱也。若高钱铜九铅一，则掷地作金声矣。凡将成器废铜铸钱者，每火十耗其一。盖铅质先走，其铜色渐高，胜于新铜初化者。若琉球诸国银钱[①]，其模即凿锲铁钳头上[②]，

图64　倭国造银钱

银化之时，入锅夹取，淬于冷水之中[3]，即落一钱其内。图并具右（图64）。

【注释】

①琉球：即琉球群岛。

②锲（qiè）：雕刻。

③淬（cuì）：淬火。目的是提高硬度和强度。

【译文】

铜钱成色的高低，以锌的含量多少来区分。至于轻重与厚薄，那是显而易见的。由于锌贱铜贵，私铸的人甚至用铜、锌各一半来铸钱，这种钱掷在石阶上，发出像掷木头或石块的声响，表明成色低。成色高的钱，铜与锌是九比一，把它掷在地上，发出铿锵的金属声。用废铜器来铸钱，每熔化一次则损耗十分之一。由于锌挥发掉一些，铜的含量逐渐提高，所以钱的成色比新铜第一次铸的要高。琉球群岛一带铸银币，模子就刻在铁锚头上，当银熔化时，用钳伸进坩埚里夹取，淬于冷水之中，一块银币就落下来了。参看“倭国造银钱”图。

附：铁钱

铁质贱甚，从古无铸钱。起于唐藩镇魏博诸地[1]，铜货不通，始冶为之，盖斯须之计也[2]。皇家盛时，则冶银为豆[3]；

杂伯衰时④,则铸铁为钱。并志博物者感慨。

【注释】

①唐藩镇魏博诸地:唐朝在安史之乱后,中央权力大为削弱,代宗广德元年(763),唐王朝被迫以魏博、成德、幽州等河北三个藩镇分授给安史旧将为节度使,从而形成藩镇割据局面。魏博的治所在魏州(今河北大名东北)。辖境跨今河北、河南和山东三省边地。

②斯须之计:权宜之计。斯须,一会儿。

③冶银为豆:据明黄瑜《双槐岁抄》第七卷"金钱银豆"条:明代"景泰初开经筵……是时,每讲毕,命中官布金钱于地,令讲官拾之,以为恩典。……时宫中又赐诸内侍以银豆等物为哄笑"。又据明刘若愚《酌中志·内府衙门职掌·银作局》:"豆者圆珠重一钱或三、五分不等,豆叶则方片,其重亦如豆不拘,以备钦赏之用。"

④杂伯(bà):即杂霸。意思是王道中掺杂着霸道。伯,通"霸"。

【译文】

铁质低贱,自古以来都不用来铸钱。铁钱起源于唐朝魏博藩镇地区,由于藩镇割据,铜贩运不来,只得用铁来铸钱,这只是权宜之计罢了。皇家兴盛时,用白银铸成豆子来玩乐;王道掺杂着霸道而衰落时,却铸铁为钱币。把它记在这里以表示博物者的感慨。

舟车第九卷

【题解】

本卷讲船和车。我国河流多，海岸线又长，是世界上最先掌握造船技术的国家之一。七千多年前，就出现了独木舟。正如《周易·系辞下》所说："刳（kū，破开再挖空）木为舟，剡（yǎn，削刮）木为楫（jí，船桨），舟楫之利，以济不通，致远以利天下，盖取诸涣。"《周易》六十四卦之一的涣卦木在水上飘的卦象显示，我们的祖先早就创造了船。

本卷记述漕舫、海舟和杂舟三种船，并记述了抢风（逆风行船）的做法和经验。我国造船技术和航海技术在明朝已处于世界先进水平。郑和七下西洋就是铁证。

至于车，《左传·定公元年》载："薛之皇祖奚仲居薛，以为夏车正。"《墨子·非儒》："奚仲作车，巧垂作舟。"《荀子》等先秦文献也都认为车是夏朝创制的。从马车的系驾法来看，商周至战国为轭靷（yǐn，引车前行的革带）式，汉至宋为胸带式，元朝以后为鞍套式。本卷对马车的结构记述得较详细，但未讲明当时已普遍采用鞍套式系驾法。

作者在本卷开头借用列子御风和奚仲造车这两个典故，称赞首创车船的奚仲和巧垂为神人，从而歌颂能工巧匠的匠心精神和创新能力。

宋子曰:人群分而物异产,来往贸迁,以成宇宙[①]。若各居而老死,何藉有群类哉?人有贵而必出,行畏周行;物有贱而必须,坐穷负贩[②]。四海之内,南资舟而北资车[③]。梯航万国[④],能使帝京元气充然。何其始造舟车者,不食尸祝之报也[⑤]?浮海长年,视万顷波如平地,此与列子所谓御泠风者无异[⑥]。传所称奚仲之流[⑦],倘所谓神人者,非耶?

【注释】

①"人群分而物异产"三句:中心意思是有贸易才有世界。体现了作者的重商思想。

②坐穷负贩:由于缺乏而需要贩运。坐,因为,由于。负贩,担货贩卖。

③资:凭借,依靠。

④梯航:"梯山航海"的缩语。即指登山航海。喻为长途跋涉。梯,登。

⑤不食尸祝之报:没有受到祭祀。食,受纳。尸,代表鬼神受享祭的人。祝,传告鬼神言辞的人。

⑥列子所谓御泠(líng)风者:语出《庄子·逍遥游》:"夫列子御风而行,泠然善也。"郭象注:"泠然,轻妙之貌。"列子,战国时期郑国人,名御寇。御,乘。泠风,轻风。

⑦奚仲:夏代车正(古代掌管车服诸事的官),车的创造者。《墨子·非儒》《左传·定公元年》《管子·形势》《荀子·解蔽》《说文解字·车部》等较早期著作都有关于奚仲造车的记载。从纺轮已在新石器早期出现、陶轮已在仰韶文化期出现、新石器时期末期又有了精确几何形状的玉琮来看,车创制于夏代是完全可能的。遗憾的是,目前只从河南安阳殷墟出土的文物中发现有商代殉葬的车。

【译文】

人类分居在各地,物产各地不一样,只有通过贸易交往才能组成一个世界。如果彼此各居一方而老死不相往来，还凭什么构成人类社会呢？身价高贵的人必然要出门，但怕走远路；物品价钱低贱却为生活所必需，由于缺乏而需要贩运。从全国来看，南方靠船，北方靠车。人们凭借车船翻山渡海，沟通国内外物资，使得京都繁荣起来。既然如此，为什么创造车船的人，却得不到后人的祭祀呢？有些人长年漂洋过海，把万顷波涛看成平地一样，这和列子乘风而飞没有两样。如果把史书上记载的造车者奚仲等人称为神人，不也是可以吗？

舟[①]

凡舟古名百千，今名亦百千。或以形名，如海鳅、江鳊、山梭之类。或以量名，载物之数。或以质名，各色木料。不可殚述。游海滨者得见洋船，居江湄者得见漕舫[②]，若局趣山国之中[③]，老死平原之地，所见者一叶扁舟、截流乱筏而已[④]。粗载数舟制度，其余可例推云[⑤]。

【注释】

①舟：船。这是对船的原始形式——独木舟的叫法的沿用。浙江余姚河姆渡文化遗址出土过一件舟形陶器，这是模仿当时的独木舟制成的，两头尖，底部略圆，一端有一透孔。由此可推测远在七千年前，我国就已发明首尾皆尖的梭形独木舟。

②湄（méi）：岸边。漕舫（cáo fǎng）：古时专运田赋粮的船。详见下节。

③局趣（cù）：拘束。趣，通“促”。

④筏：竹筏、木筏或皮筏，是最原始的渡水工具。

⑤例推：类推，是由此及彼的比照推理，即从某一事物的道理推出同类其他事物的道理，相当于近现代的由个别推到个别的类比推理。

【译文】

船的古名和今名都有许多。有的按船形命名，如海鳅、江鳊、山梭之类。有的按载重量命名，载物数量。有的按船的质料命名，各种木料。名称多得很呢。在海滨的人可以见到远洋船，在江边的人可以见到漕舫，如果老是呆在山区或平原，则只能见到独木舟和筏子而已。这里粗略记载几种船的规格，其余可以类推。

漕舫[①]

凡京师为军民集区，万国水运以供储，漕舫所由兴也。元朝混一，以燕京为大都[②]。南方运道，由苏州刘家港、海门黄连沙开洋，直抵天津，制度用遮洋船。永乐间因之。以风涛多险，后改漕运。

【注释】

①漕舫：漕船。这是始于秦代终于清代的历代封建王朝专运田赋粮的船。特点是底平舱浅，多装快运。因最初采用舫的船型（两船相并，加板于上），所以沿用旧名叫它为漕舫，明代已统一船型和规格，由清江专造。

②燕京：今北京。

【译文】

京都是军民聚集的地方，全国各地都要利用水运向它供应物资，漕船就这样兴起来了。元朝统一后，以北京为大都。当时南方的北运航道，是从苏州的刘家港或海门的黄连沙出发，沿海路直抵天津，用的是遮洋船。直到明永乐年间还是这样。后来，因海运风浪大危险多，才改为漕运。

平江伯陈某，始造平底浅船，则今粮舡之制也[①]。凡船制，底为地，枋为宫墙[②]，阴阳竹为覆瓦；伏狮[③]，前为阀阅[④]，后为寝堂；桅为弓弩弦[⑤]，篷为翼[⑥]；橹为车马[⑦]；簟纤为履鞋[⑧]；绯索为鹰雕筋骨[⑨]；招为先锋[⑩]，舵为指挥主帅[⑪]；锚为扎军营寨（图65）[⑫]。

【注释】

①“平江伯陈某”三句：平江伯陈某，指的是明永乐初封为平江伯的陈瑄。平江，即苏州府，今江苏苏州。伯，古代五等爵位（公、侯、伯、子、男）的第三等。据《明史·陈瑄列传》记载，明永乐九年（1411）命工部尚书宋礼开复会通河（运河），“宋礼既治会通河成，朝廷议罢海运，仍以瑄董漕运，议造浅船二千余艘”。这种漕

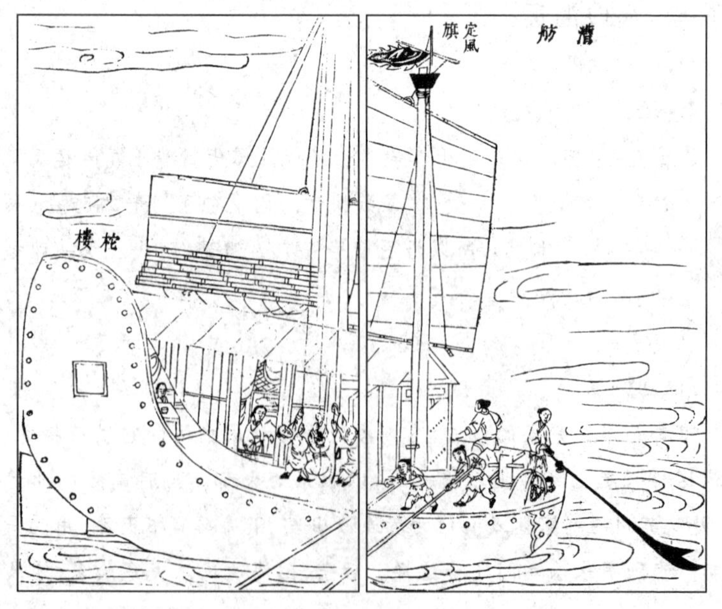

图65 漕舫

船的特点是：平底浅舱，体形肥短，船身坚固，运载量大。唐代时已很盛行，明代又发明了“对漕船”，它平底体长，中间可拆开也可接合。本卷指的是一般漕船。舡（chuán），同“船”。杨素卿刊本和《古今图书集成》的有关引文都把“舡”字改作“船”字。

②枋（fāng）：截面为方形的木条。

③伏狮：船头和船尾顶端的大横木梁。

④阀阅：即伐阅。世宦门前旌表功绩的柱子。

⑤桅：挂帆的桅杆。

⑥篷：船帆。

⑦橹：一种由桨演变而来又比桨效能高的既能操纵方向又能推动前进的行船工具。汉代已出现边橹。刘熙《释名》：“在旁曰橹。橹，膂也，用膂力然后舟行也。”唐代有了尾格。敦煌千佛洞323窟初唐壁画有尾橹图。橹实际上是一个杠杆，只要在橹手处施加不大的力，就可以摇动水中的橹板。北宋诗人张耒《离黄州》诗：“轻橹健于马。”用“轻”字形容摇橹，用“健于马”形容橹相当于马车的马。所以宋应星也说：“橹为车马。”近代船舶普遍使用的螺旋桨是由橹演化而来的。螺旋桨的每一个叶片，相当于一支橹。

⑧簟纤（tán qiàn）：簟缱。即拉船索。

⑨律（yù）索：系锚缆绳。律，长。

⑩招：近船头的第一排桨。

⑪舵：船尾用以控制航向的装置。广州东汉墓出土的陶船模型有尾舵，表明我国最迟在二世纪左右船上已装有尾舵。宋代画家张择端所绘《清明上河图》中的船有能升降的平衡舵。

⑫锚：船的系泊装置。广州东汉墓出土的陶船模型有带爪的锚，表明汉代已创造了锚。当时是用石或木做的，因此称为碇（dìng）或椗。锚字出现于南朝顾野王撰的《玉篇》中，说明当时已有铁锚了。《锤锻》卷记述的四爪铁锚是我国的独创，日本人称它为

“唐人锚”。

【译文】

平江伯陈某，最先造平底浅船，这就是今天的运粮船。船底当作地板，枋木当作宫墙，阴阳竹当作屋顶；头伏狮相当于屋前的门楼柱，梢伏狮相当于寝室；桅杆像弓弩的弦，风帆像弓弩的翼；橹好比拉车的马；拉船缆索好比鞋子；系锚粗缆好比鹰雕的筋骨；船头第一把桨好比开路先锋，尾舵则为指挥的主帅；锚是安营扎寨时用的。

粮舡初制：底长五丈二尺，其板厚二寸。采巨木，楠木为上，栗次之。头长九尺五寸，梢长九尺五寸；底阔九尺五寸，底头阔六尺，底梢阔五尺；头伏狮阔八尺，梢伏狮阔七尺。梁头一十四座[①]。龙口梁阔一丈，深四尺；使风梁阔一丈四尺，深三尺八寸；后断水梁阔九尺，深四尺五寸；两厫共阔七尺六寸[②]。此其初制，载米可近二千石。交兑每只止足五百石。后运军造者，私增身长二丈，首尾阔二尺余，其量可受三千石。而运河闸口原阔一丈二尺[③]，差可度过。凡今官坐舡，其制尽同，第窗户之间，宽其出径，加以精工彩饰而已。

【注释】

①梁头：这里指船的框架单元，主要包括龙口梁、使风梁、后断水梁等上梁，还有底梁和隔舱板。

②两厫（kǎn）：船面两廊通路。

③运河闸口原阔一丈二尺：疑为二丈二尺之误。漕船中部阔超过一丈四尺，闸口比它窄的话船就通不过了。

【译文】

运粮船原来的规格是：船底长五丈二尺，板厚二寸。要采用大木，最好是楠木，其次是栗木。船头长九尺五寸，船尾长九尺五寸；船底阔九尺五寸，船头的底阔六尺，船尾的底阔五尺；船头大横木即头伏狮长八尺，船尾大横木即尾伏狮长七尺。全船由面梁、底梁和隔舱板形成的构架共有十四个。其中，船头的龙口梁阔一丈，高出船底四尺；树中桅的使风梁阔一丈四尺，高出船底三尺八寸；船尾的后断水梁阔九尺，高出船底四尺五寸；船楼两旁的通道共阔七尺六寸。这种规格的船可载米近二千石。每只船每次缴交五百石便算足额。后来由漕运军造的船，私自把船身增长二丈，船头、船尾各加阔二尺多，可载米三千石。运河闸口原来阔二丈二尺，可以让这种船勉强通过。现在的官船，规格与此相同，只不过门窗加大一些，并精工装饰而已。

凡造舡先从底起，底面傍靠墙，上承栈，下亲地面。隔位列置者曰梁。两傍峻立者曰墙。盖墙巨木曰正枋，枋上曰弦。梁前竖桅位曰锚坛，坛底横木夹桅本者曰地龙[①]。前后维曰伏狮，其下曰拏狮[②]，伏狮下封头木曰连三枋[③]。舡头面中缺一方曰水井，其下藏缆索等物。头面眉际树两木以系缆者曰将军柱。舡尾下斜上者曰草鞋底，后封头下曰短枋，枋下曰挽脚梁[④]，舡梢掌舵所居，其上曰野鸡篷。使风时，一人坐篷巅，收守篷索。

【注释】

①地龙：固定桅脚的横木，也叫桅下斗。

②拏（ná）狮：头伏狮到龙口梁以及梢伏狮到后断水梁之间的船两旁侧木。拏，牵引。

③连三枋：头伏狮下三根串连的搪浪的封头木。又名搪浪板。

④挽脚梁：靠近船尾的一根底梁，也叫尾扎脚梁。

【译文】

造船先造船底。船底两侧紧挨着拖泥板,拖泥板上面承接中栈板,下面靠近船底。相隔一定距离横贯船身的木头叫梁。梁两头是出水栈板。盖在出水栈上面的大方柱木叫正枋,正枋上面的栈板叫弦。使风梁前头竖桅处叫锚坛,坛底夹持固定桅脚的横木叫地龙。船头、船尾各有一根连结船体的大横木叫伏狮,伏狮两端下面的一对纵向木叫拏狮,伏狮下面由三根木串连成的搪浪板叫连三枋。船头甲板空开一个方形舱口叫水井,收藏缆索等物。船头两侧竖起两根系结缆索的木桩叫将军柱。船尾下斜上的底板叫草鞋底,梢伏狮底下的一根横木叫短枋,短枋下的梁叫挽脚梁,船尾掌舵位置上空的盖棚叫野鸡篷。扬帆时,一人坐在篷顶,收守帆索。

凡舟身将十丈者,立桅必两:树中桅之位,折中过前二位,头桅又前丈余。粮舡中桅,长者以八丈为率,短者缩十之一二;其本入舱内亦丈余[①];悬篷之位,约五六丈。头桅尺寸,则不及中桅之半,篷纵横亦不敌三分之一。苏、湖六郡运米,其舡多过石瓮桥下[②],且无江汉之险,故桅与篷尺寸全杀[③]。若湖广、江西省舟,则过湖冲江,无端风浪,故锚、缆、篷、桅,必极尽制度,而后无患。凡风篷尺寸,其则一视全舟横身,过则有患,不及则力软。

【注释】

①舱:涂本为“窗”,据文义改。

②石瓮桥:石拱桥的别称。因其拱形似瓮而得名。

③杀:消减。

【译文】

长近十丈的船,要树两根桅杆:中桅树在船中央再朝前两个梁位处,头桅又比中桅朝前一丈多。运粮船中桅长的八丈，短的缩十分之一二；桅身入舱部分长一丈多；挂帆部分长五六丈。头桅没有中桅的一半高，头桅帆的幅度也不到中桅帆的三分之一。苏州、湖州六郡一带的运米船，大多要经过石拱桥，又没有长江、汉水那样的风险，所以桅和帆都大大缩短。至于湖南、湖北、江西等省的船，由于过湖冲江，有时会遇到突然的风浪，所以锚、缆、帆和桅等都必须符合规定才无后患。风帆的尺寸要跟船身的阔度相当，大了会有危险，小了则力不足。

凡舡篷，其质乃析篾成片织就①，夹维竹条，逐块折叠，以俟悬挂。粮舡中桅篷，合并十人力方克凑顶，头篷则两人带之有余。凡度篷索，先系空中寸圆木关捩于桅巅之上②，然后带索腰间，缘木而上，三股交错而度之。凡风篷之力，其末一叶，敌其本三叶。调匀和畅。顺风则绝顶张篷，行疾奔马；若风力洊至③，则以次减下。遇风鼓急不下，以钩搭扯。狂甚，则只带一两叶而已。

【注释】

①篾：劈成条的竹片、芦苇等。

②关捩（liè）于桅巅之上：这里指把滑轮系在桅顶上。

③洊（jiàn）至：相继而至。洊，同“荐”。接连。

【译文】

风帆用篾片编织，每编成一块就要夹进一根篷挡竹，以便逐块折叠，准备悬挂。运粮船的中桅帆需要十个人一起动手才能升到桅顶，头帆只要两个人就足够了。穿帆索时，先将直径一寸的木滑轮系到桅顶上，再腰带绳索爬上桅杆，把三股绳索交错地穿过滑轮。风帆的力，顶上一叶抵得上底下三叶。要调节得当。顺风时，把帆全部扬起来，船就快如奔马；如果风力不断增大，则要逐渐减少帆叶。遇到大风，帆叶鼓得厉害，降不下时，就要用搭钩。风非常大时，只挂一两叶就够了。

凡风从横来，名曰抢风[①]。顺水行舟，则挂篷"之""玄"游走。或一抢向东，止寸平过，甚至却退数十丈；未及岸时，捩舵转篷[②]，一抢向西。借贷水力兼带风力轧，下则顷刻十余里。或湖水平而不流者，亦可缓轧。若上水舟，则一步不可行也。

【注释】

①抢（qiāng）风：逆风行船。也叫戗（qiāng）风。关键在于，"捩舵转篷"，即尾舵和风帆密切配合，必要时还要轮流使用下风一侧的披水板。这样，船就能沿着"之"或"玄"字逆风航行。现图示如下：

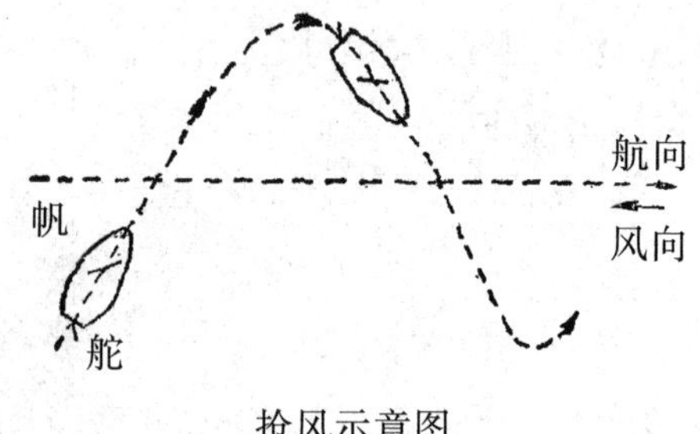

抢风示意图

②捩：转。

【译文】

利用横风行船，叫抢风。如果是顺水行舟，就可以挂帆按"之"字形或"玄"字形的航线行驶。操纵帆、舵，把船抢向东时只能平过，甚至后退几十丈；船快接近对岸时，立刻转舵转帆，即把船抢向西。借助水势和风力下水，船一会儿就可行驶十多里。在平静的湖水中，也可以缓慢地逆风行船。如果是逆水，又是逆风，那就一步也驶不动了。

凡船性随水，若草从风，故制舵障水，使不定向流。舵板一转，一泓从之①。凡舵尺寸，与船腹切齐。若长一寸，则遇浅之时，舡腹已过，其梢尾舵使胶住，设风狂力劲，则寸木为难不可言；舵短一寸，则转运力怯，回头不捷。凡舵力所障水，相应及船头而止，其腹底之下，俨若一派急顺流，故船头不约而正。其机妙不可言。舵上所操柄，名曰关门棒，欲船北，则南向捩转；欲船南，则北向捩转②。船身太长而风力横劲，舵力不甚应手，则急下一偏披水板③，以抵其势。凡舵用直木一根粮船用者，围三尺，长丈余。为身，上截衡受棒，下截界开衔口，纳板其中，如斧形，铁钉固拴，以障水。梢后隆起处，亦名舵楼。

【注释】

①泓：量词，指清水一道或一片。

②"凡舵力所障水"一段：船头若要向左转，尾舵则先要向左转，水流冲激舵面而产生舵压。舵压本身不大，但它距船的转动中心较远，所以形成的转动力矩较大，能使船头转向。由于时代的局限，作者对此流体力学原理并不明白，所以他说："其机妙不可言。"

③偏披水板：通称橇头，也叫劈水板。起平衡船身、防止横漂的作用。唐代海鹘船两舷的浮板，是披水板的起源。明代除披水板外，船底两侧还增设梗水木两根，起稳定作用。梗水木相当于今天的舭（bǐ）龙筋（骨）。

【译文】

船顺着水漂流，就好像草随着风摆动一样，所以要用舵来挡水，使水不按原来的方向流动。舵板一转，就引起一股水流。舵要跟船底取平。舵若长出一寸，当遇浅时，船底已通过，而尾舵却被胶住，要是风力很大，这一寸木的为难就无法描述了;舵若短一寸,运转力就小,船身转动就不够灵巧。舵板所挡的水,相应地流到船头为止,这时,船底下的水,好比一股急顺流,所以船头就能跟着舵自然而然地转到一定方向。这样灵巧真是妙不可言。舵上的操纵杆叫关门棒,要船头向北,就推棒向南转;要船头向南,则推棒向北转。如果船身太长而横风又太猛,舵力不够用,就要赶快放下下风一侧的披水板,以抵消风势。舵要用一根直木运粮船的舵身围三尺,长一丈多。做舵身,上端凿个横孔插进关门棒,下端锯开个衔口,把舵板夹紧,像斧子的形状,然后用铁钉钉牢,就可以挡水了。船尾隆起的地方叫舵楼。

凡铁锚所以沉水系舟,一粮船计用五六锚,最雄者曰看家锚,重五百斤内外,其余头用二枝,梢用二枝。凡中流遇逆风,不可去,又不可泊,或业已近岸,其下有石非沙,亦不可泊,惟打锚深处。则下锚沉水底,其所系律缠绕将军柱上[①],锚爪一遇泥沙,扣底抓住。十分危急,则下看家锚。系此锚者名曰本身[②],盖重言之也。或同行前舟阻滞,恐我舟顺势急去,有撞伤之祸,则急下梢锚提住,使不迅速流行。风息开舟,则以云车绞缆提锚使上[③]。

【注释】

①律(yù):长貌。

②本身:此处谓命根子。

③云车:这里指立式绞车。

【译文】

铁锚用来沉到水底把船系住,一只粮船共有五六个锚,最大的重达五百斤左右,叫看家锚,其余的船头、船尾各有两个。船在航行中若遇到逆风走不动，又不能靠岸停泊，或已近岸，但水底有石而不能停泊，只得在水深的地方抛锚。就要抛锚沉到水底，并把系锚的缆索长长地缠绕在将军柱上，锚爪一旦接触到泥沙，就抓住不放。如果情况危急，就要下看家锚。系住看家锚的缆索叫本身，这是表明它至关重要的意思。同一航向的行船，如前面的船受阻，恐怕自己的船顺势急冲向前而有撞伤的危险，就要赶快抛梢锚拖住，把速度减下来。风停了，要开船，就用绞车把锚提上来。

凡船板合隙缝，以白麻斫絮为筋，钝凿扱入[①]，然后筛过细石灰，和桐油舂杵成团调艌[②]。温、台、闽、广，即用砺灰。

【注释】

①扱（chā）：插。

②艌（niàn）：用麻絮和油灰填补船缝。

【译文】

船板缝隙是这样填补的：用斩断的白麻絮做筋，用钝凿把它塞进缝里，然后再用过筛的石灰拌和桐油，以木杵舂成油团补缝。温州、台州、福州和广州等沿海一带都用牡蛎壳灰代替石灰。

凡舟中带篷索，以火麻秸一名大麻。绹绞[①]。粗成径寸以外者，即系万钧不绝。若系锚缆，则破析青篾为之。其篾线入釜煮熟，然后纠绞。拽缱簟[②]，亦煮熟篾线绞成，十丈以往，中作圈为接驱[③]，遇阻碍可以掐断。凡竹性直，篾一线千钧。三峡入川上水舟，不用纠绞簟缱，即破竹阔寸许者，整条以次接长，名曰火杖[④]。盖沿崖石棱如刃，惧破篾易损也。

【注释】

①绹：纠绞。

②簟（tán）：拉船的纤索。

③驱（kōu）：环。

④火杖：这种竹条拖索不再用作拖索时可充当火把，所以叫火杖。

【译文】

牵帆索是用火麻又名大麻。纤维纠绞成的。直径一寸多的粗索即使系很重的东西也不会断。至于系锚的锚缆，则是用竹篾煮过后纠绞成的。拉船纤缆也是用煮过的篾条绞成的，每十丈长就要做个圈作为接口，以便碰到障碍时可以把它掐断。竹的特性是纵向拉力强，一条竹篾可以承受很大拉力，可以说是"篾一线千钧"。由长江三峡进入四川的上水船，不用纠绞纤索，而只是用一寸多宽的竹条，互相连接起来，这叫作火杖。因为沿岸崖石利如刀口，破成竹篾反而容易损坏。

凡木色，桅用端直杉木，长不足则接，其表铁箍逐寸包围。舡舱前道，皆当中空阙，以便树桅。凡树中桅，合并数巨舟承载，其末长缆系表而起。梁与枋墙用楠木、槠木、樟木、榆木、槐木[①]。樟木春夏伐者，久则粉蛀。栈板不拘何木。舵杆用榆木、榔木、槠木[②]。关门棒用椆木、榔木[③]。橹用杉木、桧木、楸木[④]。此其大端云。

【注释】

①槠（zhū）木：即青椆。壳斗科，常绿乔木。木材不易开裂。

②榔木：即榔榆。也称脱皮榆、小叶榆。榆科，落叶乔木。木材坚硬致密。

③椆（chóu）木：木质重而坚，耐久不蛀，叶似樟而稍小。

④桧（guì）木：又名桧柏。柏科，常绿乔木。木材细致坚实，有芳香，耐腐蚀。楸（qiū）木：树干端直，木纹细致，坚实。

【译文】

关于船的木料,桅杆要用匀称笔直的杉木,一根不够长,可以接驳,再用铁箍逐寸箍紧。舱楼前面正中,应空出一块地方来树桅杆。树中桅时,要拼合几条大船来承载,靠系在桅顶的长缆索把它拉吊起来。梁和枋墙都要用楠木、槠木、樟木、榆木或槐木。春夏砍的樟木易蛀。栈板无论什么木都可以。舵杆要用榆木、榔木或槠木。关门棒要用椆木或榔木。橹要用杉木、桧木或楸木。以上所述只是个大概。

海舟

凡海舟,元朝与国初运米者曰遮洋浅船,次者曰钻风船。即海鳅。所经道里止万里长滩、黑水洋、沙门岛等处[①],苦无大险。与出使琉球、日本暨商贾爪哇、笃泥等舶制度[②],工费不及十分之一。

【注释】

①万里长滩:长江口以北至江苏黄海沿岸浅水海域。黑水洋:万里长滩东北角的黄海海域。沙门岛:今山东长岛西北。

②琉球:琉球王国。今由日本实际控制。爪哇:是印度尼西亚的一个岛,岛上有一个以郑和命名的城市——三宝垄,印尼首都雅加达就在这个岛上。笃泥:可能是马来半岛泰国的大泥(北大年)。

【译文】

元朝和明初运米的海船叫遮洋浅船,小一点的叫钻风船。即海鳅。航道经由长江口以北的万里长滩、黑水洋和沙门岛等地方,一路没有什么大的风险。制造这种海船的工本费,还不到出使琉球、日本和到爪哇、笃泥经商的海船的十分之一。

凡遮洋运舡制，视漕舡长一丈六尺，阔二尺五寸，器具皆同，唯舵杆必用铁力木[①]，艌灰用鱼油和桐油，不知何义。凡外国海舶制度大同小异。闽广闽由海澄开洋[②]，广由香山岙[③]。洋舡，截竹两破排栅，树于两傍以抵浪。登、莱制度又不然[④]。倭国海舶两傍列橹手栏板抵水，人在其中运力。朝鲜制度又不然。至其首尾各安罗经盘以定方向[⑤]，中腰大横梁出头数尺，贯插腰舵[⑥]，则皆同也。腰舵非与梢舵形同，乃阔板斫成刀形，插入水中，亦不捩转，盖夹卫扶倾之义。其上仍横柄拴于梁上，而遇浅则提起，有似乎舵，故名腰舵也。

【注释】

①铁力木：又名铁栗木。藤黄科，常绿乔木。盛产于东南亚，我国云南、广西也有出产。木质坚硬耐用，是优良木料。

②海澄：福建沿海的一个港口，叫月港。今属福建龙海。

③香山岙（ào）：广东香山（今中山）以南海边弯曲可以停船的地方，包括澳门一带。明中叶后为海商萃聚之所。

④登：即登州府。今山东蓬莱。莱：即莱州府。今山东莱州。登、莱都面临渤海。

⑤罗经盘：罗盘，也叫针盘。朱彧（yù）《萍洲可谈》卷之二说："舟师识地理，夜则观星，昼则观日，阴晦则观指南针。"稍后的徐兢《宣和奉使高丽图经》也说："惟视星斗前迈，若晦冥则用指南浮针，以揆南北。"这是世界上用指南针航海的两条最早记录。到了元代，不论昼夜阴晴都用指南针来导航。赵汝适《诸蕃志》："舟舶往来，唯以指南针为则。昼夜守视唯谨，毫厘之差，生死系之。"

⑥腰舵：即披水板。因其外形像舵又安在船腰，所以叫腰舵，作用是

平衡船身，防止船的横向漂移。

【译文】

遮洋浅船跟漕船比较起来，长了一丈六尺，宽了二尺五寸，设备相同，只是舵杆要用铁力木，艌灰要用鱼油加桐油拌和，不知这是什么道理。外国海船跟遮洋浅船大同小异。福建、广东福建的由海澄开出，广东的由香山岙开出。的洋船，把竹子破成两半编成排栅，放在船的两旁来挡海浪。登州、莱州的海船做法又不一样。日本的海船，在两旁设置带把的栏板，由人摇动来挡水。朝鲜的做法又不同。在船头、船尾都安罗盘来指示航向，船中腰的大横梁伸出几尺以便插腰舵，则是相同的。腰舵的形状跟尾舵不同，它是用宽木板斫成刀形，插入水中，并不转动，只是对船身起平衡作用。它上面有个横把拴在梁上，遇浅时可以提起来，它有点像舵，所以叫腰舵。

凡海舟，以竹筒贮淡水数石①，度供舟内人两日之需，遇岛又汲。其何国何岛合用何向，针指示昭然，恐非人力所祖②。舵工一群主佐，直是识力造到死生浑忘地，非鼓勇之谓也。

【注释】

①石（dàn）：古重量单位。相当于今一百二十斤。

②祖：仿效。

【译文】

海船出海时，要用竹筒储备淡水几百斤，估计可供船上的人两天食用，遇到岛屿，又再汲水。无论到什么地方、什么岛屿，需要按什么方向航行，罗盘针都指示得很分明，这恐怕不是人力所能仿效的。舵工们相互配合操纵海船，简直把生死置之度外，这并不是凭一时鼓起的勇气所能做到的。

杂舟

江、汉课舡[1]。身甚狭小而长，上列十余仓，每仓容止一人卧息。首尾共桨六把（图66），小桅篷一座。风涛之中，恃有多桨挟持。不遇逆风，一昼夜顺水行四百余里，逆水亦行百余里。国朝盐课，淮扬数颇多[2]，故设此运银，名曰课舡。行人欲速者亦买之。其舡南自章、贡[3]，西自荆、襄[4]，达于瓜、仪而止[5]。

【注释】

①课舡（chuán）：官府运载税银的船。这种船的特点是速度快，有如快艇。课，课税。舡，同“船”。

图66　六桨课舡

②国朝盐课,淮扬数颇多:淮扬,指淮扬盐场,明代在淮安府和扬州府辖内。今在江苏黄海沿岸一带。作者在《野议·盐政议》一文中说:"国家盐课,淮居其半。"即是说,明朝时淮扬盐场的盐税占全国盐税的一半之多。

③章:即章水。今江西赣江之西源。贡:即贡水。今江西赣江东南。

④荆:即荆州。今属湖北。襄:即襄阳。今属湖北。

⑤瓜:即瓜步,亦名瓜州。今江苏扬州。仪:即仪征。今属江苏。

【译文】

长江和汉水的课船。船身狭长,有十多个舱,每个舱设一个铺位。此船有六把桨和一座小桅帆。在风浪中靠划这六把桨行船。若不遇逆风,一昼夜顺水可行四百多里,逆水也能行一百多里。本朝盐税,淮扬盐场的税银很多,用这种船装运,所以叫课船。追求速度的旅客也可租这种船。航线是南从章水、贡水出发,西从荆州、襄阳出发,到达瓜州、仪征为止。

三吴浪舡。凡浙西、平江纵横七百里内,尽是深沟小水湾环,浪舡最小者名曰塘舡。以万亿计。其舟行人贵贱来往,以代马车。扉履舟[①],即小者,必造窗牖堂房,质料多用杉木。人物载其中,不可偏重,一石偏,即欹侧[②],故俗名天平舡。此舟来往七百里内,或好逸便者径买,北达通、津[③],只有镇江一横渡,俟风静涉过,又渡清江浦[④],溯黄河浅水二百里,则入闸河安稳路矣[⑤]。至长江上流风浪,则没世避而不经也。浪舡行力在梢后,巨櫓一枝,两三人推轧前走;或恃缱簟[⑥];至于风篷,则小席如掌,所不恃也。

【注释】

①扉(fèi)履舟:草鞋船。扉履,草鞋。

②攲:同“敧”。倾斜。

③通:即通州。今属北京。

④清江浦:今江苏淮安。

⑤闸河:这里指宿迁与邳州之间的黄河以北运河,即直河。

⑥縴簟(tán):拉船的纤索。

【译文】

三吴浪船。自浙江西部到平江纵横七百里内,都是弯弯的小水道,浪船最小的叫塘船。数以万计。旅客不论贵贱都乘坐这种船来往,以代替车马或步行。这种“草鞋”船,即使很小,也装有窗户和卧位,用的多是杉木。人和物在船里不可偏重,若有一石重的偏重船就会倾侧,这种船因而叫作天平船。这种船来往航程七百里,有些贪图安逸方便的顾客乘坐这种船,往北直达通州和天津,沿途只在镇江横渡一次长江,要等风平浪静时才横渡过去,进入运河,再渡过清江浦就可进入黄河,浅水逆行二百里,便可进入运河安稳航行了。长江上游水急浪大,这种船在那里是行不了的。浪船的推动全靠船尾那根大橹,由两三人合力摇动,使船前进;有时要靠人上岸拉纤前进;至于风帆,不过是一块巴掌大的小席,作用不大。

东浙西安舡。浙东自常山至钱塘八百里[①],水径入海,不通他道,故此舟自常山、开化、遂安等小河起[②],钱塘而止,更无他涉。舟制:箬篷如卷瓮为上盖,缝布为帆,高可二丈许,绵索张带。初为布帆者,原因钱塘有潮涌,急时易于收下。此亦未然,其费似侈于篾席,总不可晓。

【注释】

①常山:今浙江常山,在金溪边上。

②开化：今浙江开化，在金溪边上，是常山的上游。遂安：今浙江淳安，在武强溪边上。这两条水路到严州府治建德（今浙江建德）汇合。

【译文】

东浙西安船。浙江东部自常山至钱塘江流程共八百里，然后水流入海，不通其他航道，所以这种船从常山、开化、遂安等小河起，一直到钱塘江为止，不经别处航道。船的形制是这样的：用箬竹叶编成拱形的棚做顶盖，用棉布做风帆，约两丈高，帆索也是棉的。当初采用布帆，据说是由于钱塘江有潮涌，遇到危急时容易收下来。其实不然，布帆的造价又比篾帆高得多，不知到底为什么要用它。

福建清流、梢篷艑。其艑自光泽、崇安两小河起[①]，达于福州洪塘而止，其下水道皆海矣。清流艑以载货物、客商。梢篷制大，差可坐卧，官贵家属用之。其艑皆以杉木为地。滩石甚险，破损者其常。遇损则急舣向岸[②]，搬物掩塞。艑梢径不用舵，艑首列一巨招，捩头使转。每帮五只方行，经一险滩，则四舟之人皆从尾后曳缆，以缓其趋势[③]。长年即寒冬不裹足，以便频濡[④]。风篷竟悬不用云。

【注释】

①光泽：今福建光泽，在西溪边上。崇安：今福建武夷山，在崇溪边上。

②舣（yǐ）：船靠岸。

③“每帮五只方行”四句：因内力不能使系统改变速度，所以后四舟之人要涉水登岸曳缆方能减缓前一舟的速度。

④濡（rú）：沾湿。

【译文】

福建清流、梢篷两船。航行于光泽、崇安两小河起到福州洪塘为止的一段水道，再出去就是海了。清流船供载运货物和客商。梢篷船稍大一些，可供人坐卧，是达官贵人及其家属乘坐的。这两种船都用杉木做船底。途中险滩礁石不少，船常被撞坏。这时要马上靠岸，搬卸货物并堵塞漏洞。这种船不装尾舵，而在船头装一把叫“招”的大桨，使船转向。每次要五只船结成一帮才可开航，经过急流险滩时，后面四只船的人都要上岸用缆索拉前面那只船，以减缓它的速度。即使是寒冬腊月，船工也不穿鞋子，以便经常涉水。这种船的风帆居然挂而不用。

四川八橹等舡。凡川水源通江、汉，然川舡达荆州而止，此下则更舟矣。逆行而上，自夷陵入峡[①]，挽缱者以巨竹破为四片或六片，麻绳约接，名曰火杖。舟中鸣鼓若竞渡，挽人从山石中闻鼓声而咸力。中夏至中秋，川水封峡，则断绝行舟数月，过此消退，方通往来。其新滩等数极险处[②]，人与货尽盘岸行半里许，只余空舟上下。其舟制腹圆而首尾尖狭，所以辟滩浪云。

【注释】

①夷陵：长江边上的一个州治，即今湖北宜昌。

②新滩：今湖北秭归东三十里，为长江中险滩之一。

【译文】

四川八橹等船。四川水源跟长江、汉水相通，但四川船只开到湖北荆州为止，若再往下开就要换船。上水行船，从夷陵进入三峡，拉纤的人用大毛竹破成四片或六片，再用麻绳绑紧连接起来当纤缆，这叫作火杖。船上像赛龙舟那样击鼓，拉纤的人在岸上山石之间听到鼓声就一齐用力。盛夏到中秋期间，江水涨满封江，就停航几个月，等水位降下来了，才恢复通航。经过新滩等几处险滩时，人与货物都得在岸边运行半里路，剩下空船行驶。这种船腹圆而两头尖狭，以便于在险滩劈波斩浪。

黄河满篷梢。其舡自河入淮，自淮溯汴用之。质用楠木，工价颇优。大小不等，巨者载三千石，小者五百石。下水则首颈之际，横压一梁，巨橹两枝，两傍推轧而下。锚、缆、簟、帆，制与江、汉相仿云。

【译文】

黄河满篷船。从黄河进入淮河，又从淮河上行进入河南的汴水，都行这种船。船用楠木造，工本比较高。船的大小不一，大的可载三千石，小的能载五百石。当顺水行船时，就在靠近船头的地方安一根横梁，挂两把大橹，人在船两边摇橹使船前进。至于锚、缆、纤、帆等的规格，则和长江汉水船相同。

广东黑楼舡、盐舡[①]。北自南雄，南达会省，下此惠、潮。通漳、泉则由海汊乘海舟矣[②]。黑楼舡为官贵所乘，盐舡以载货物。舟制：两傍可行走。风帆编蒲为之[③]，不挂独竿桅，双柱悬帆，不若中原随转。逆流冯藉缱力[④]，则与各省直同功云。

【注释】

①黑楼舡、盐舡：前者是客船，后者是货船。

②海汊（chà）：河道的出海口。

③风帆编蒲为之：清屈大均《广东新语·舟语·船帆》云："广州船

帆多以通草席缝之,名之曰巾里。"蒲,蒲草,又名香蒲。水生植物,可织席。

④冯(píng):通"凭"。缰:拉船的纤索。

【译文】

广东黑楼船和盐船。北自南雄,南到广州,再到惠州、潮州,都行这种船。由广东到福建漳州、泉州,则要在河道出海口改乘海船了。黑楼船是达官贵人坐的,盐船则用来运载货物。船的形制是这样的:人可以在船的两舷行走。风帆是用草席做的,不用单桅而用双桅,因此不像中原地区的船帆那样可以随意转动。逆水行船时要靠拉纤,这跟其他省船是一样的。

黄河秦舡。俗名摆子舡。造作多出韩城[①]。巨者载石数万钧[②],顺流而下,供用淮、徐地面。舟制:首尾方阔均等,仓梁平下,不甚隆起。急流顺下,巨橹两傍夹推,来往不冯风力。归舟挽缰多至二十余人,甚有弃舟空返者。

【注释】

①韩城:今陕西渭南,东临黄河。

②钧:古时重量单位。三十斤为钧。

【译文】

黄河秦船。俗名叫摆子船。这种船大多是韩城造的。大的可载石头几万斤,顺流而下,供淮阴、徐州一带地区使用。船的形制是这样的:它的船头和船尾都一样宽,舱和梁都比较低平而不怎么隆起。当顺流而下时,可摇动两旁的大橹,来往都不借风力。上水返航时,往往要二十多人在岸上拉纤才行,有时甚至连船都不要了而空手返回。

车

凡车利行平地。古者秦、晋、燕、齐之交,列国战争必用车,故千乘、万乘之号①,起自战国。楚汉血争而后日辟②。南方则水战用舟,陆战用步马;北膺胡虏③,交使铁骑,战车遂无所用之。但今服马驾车,以运重载,则今日骡车,即同彼时战车之义也。

【注释】

①千乘、万乘:四马驾一车为一乘。千乘指拥有战车千辆,万乘指拥有战车万辆。战国时期以战车多寡作为国力大小的标尺,小国称千乘,大国称万乘。

②楚汉血争而后日辟:春秋战国时就感到战车在山地灵活性差。如郑伯哀叹:"彼徒我车,惧其侵轶我也。"(《左传·隐公九年》)到了汉代,车战已经过时了,车马主要用来出行和运输。由于用途的改变,车制也改变了。如果把汉代的车叫作汉式车,汉以前的车叫作先汉式车的话,则有如下几个主要区别:1.汉式车主要用于出行,先汉式车主要用于作战;2.汉式车多为坐乘,先汉式车多为立乘;3.汉式车多用胸带式系驾法,先汉式车多用轭靷式系驾法。两法都优于西方的颈带系驾法。

③膺(yīng):抵挡,击。胡虏:中国古代对北方少数民族的泛称。

【译文】

车适合于平地驾驭。战国时期,秦、晋、燕、齐各诸侯国之间交战必定用车,因此就有所谓"千乘之国""万乘之国"的说法。秦末项羽与刘邦血战之后,战车就逐渐少了。南方水战用船,陆战用步兵和骑兵;北击北方少数民族,互用骑兵,而不用战车。现在,驭马驾车来运载重物,可见,今天的骡马车相当于过去的战车。

凡骡车之制，有四轮者，有双轮者，其上承载支架，皆从轴上穿斗而起。四轮者前后各横轴一根，轴上短柱起架直梁，梁上载箱。马止脱驾之时，其上平整，如居屋安稳之象。若两轮者，驾马行时，马曳其前，则箱地平正；脱马之时，则以短木从地支撑而住，不然则欹卸也。

【译文】

骡车有四轮的，也有双轮的，车的承载支架都是起于轴上，穿斗而起。四轮骡车，前两轮和后两轮各有一根横轴，轴上竖起的短柱上面架着纵梁，纵梁又承载着车厢。当停马脱驾时，车厢平正，就像坐在房子里那样安稳。两轮的骡车，行车时马在前头拉，车厢就平正；而停马脱驾时，则用短木抵住地面来支撑，否则车会倾倒。

凡车轮一曰辕①。俗名车陀。其大车中毂②，俗名车脑。长一尺五寸，见《小戎》朱注③。所谓外受辐、中贯轴者④。辐计三十片，其内插毂，其外接辅⑤。车轮之中，内集辐，外接辋⑥，圆转一圈者，是曰辅也。辋际尽头，则曰轮辕也。凡大车，脱时则诸物星散收藏；驾则先上两轴，然后以次间架。凡轼、衡、轸、轭⑦，皆从轴上受基也。

【注释】

①辕（yuán）：这里指车轮的外周。

②毂（gǔ）：车轮中心装轴的圆木。中国古时候的车，轴是固定的。行车时，毂、辐、轮都要不停地转动。毂是受力最重的一个部件。因它上承车厢重量，还要抵抗车辐转动时的张力和车轴的摩擦力。可用铜或铁套护（叫铜錧或釭），此外还可加油脂润滑。

③见《小戎》朱注:《小戎》为《诗经·秦风》篇名。朱熹解释诗中“文茵畅毂”一句时,说“大车之毂一尺有半”。

④辐(fú):连接轮辋与轮毂的部分,相当于现在的辐条。《老子》:“三十辐共一毂。”陕西临潼秦始皇陵出土的铜车车轮就有三十根辐条。但商代至战国中期出土的车却以二十六辐为多。中国古车装辐较多跟轮径较大有关,而轮径却大体上相当于驾车之马的鬐高。

⑤辅:本指车轮外旁增缚夹毂的两条揉成弧形的直木,这里指内面接辐而外面顶住轮圈的内缘。

⑥辋(wǎng):车轮接地的边圈,又叫牙。它是将两根直木用火烤后揉成弧形制作的,因此又叫輮(róu)。

⑦轼(shì):车厢前横木,供人凭倚用。衡(héng):轼下的一条横木,用以缚轭驾车。轸(zhěn):车后横木。轭(è):驾车时套在牲口颈上的曲木。

【译文】

马车的车轮叫作辕。俗名叫车陀。车轮中心装轴的圆木叫作毂,俗名叫车脑。周长一尺五寸,参看《诗经·秦风·小戎》朱熹注。这是中穿车轴外接辐条的部件。辐条有三十片,内端接毂,外端接辅。车轮里面内缘圆形,朝里集合着辐条、朝外紧衬着辋的,叫作辅。辋外边是整个轮的最外周,叫作轮辕。大车收车时,把几个部件拆卸收藏;要用车时,先装两轴,然后依次装车架、车厢。轼、衡、轸、轭等部件都是承载在轴上的。

凡四轮大车,量可载五十石,骡马多者或十二挂或十挂,少亦八挂(图67)。执鞭掌御者居箱之中,立足高处。前马分为两班。战车四马一班,分骖、服[1]。纠黄麻为长索,分系马项,后套总结收入衡内两傍。掌御者手执长鞭,鞭以麻为绳,长七尺许,竿身亦相等。察视不力者,鞭及其身。箱

图67 合挂大车

内用二人踹绳[②],须识马性与索性者为之。马行太紧,则急起踹绳,否则,翻车之祸,从此起也。凡车行时,遇前途行人应避者,则掌御者急以声呼,则群马皆止。凡马索总系透衡入箱处,皆以牛皮束缚,《诗经》所谓“胁驱”是也[③]。凡大车饲马,不入肆舍,车上载有柳盘,解索而野食之[④]。乘车人上下皆缘小梯。凡遇桥梁中高边下者,则十马之中,择一最强力者系于车后。当其下坂[⑤],则九马从前缓曳,一马从后竭力抓住,以杀其驰趋之势,不然则险道也。凡大车行程,遇河亦止,遇山亦止,遇曲径小道亦止。徐、兖、汴梁之交[⑥],或达三百里者,无水之国,所以济舟楫之穷也。

【注释】

①骖（cān）、服：驾车的两种功能的马，居中驾辕的叫服马，两旁的叫骖马。《左传·哀公二年》："邮良曰：'我两靷将绝。吾能止之。'"孔颖达疏："古之驾四马者，服马夹辕，其颈负轭；两骖在旁，挽靷助之。"辕，指车前驾牲畜的直木。靷，指引车前行的皮带，一端系于马颈的皮套上，一端系于车轴之上。"合挂大车"插图似出臆构，与文字记述不符。况且明清大车已通用鞍套式系驾法了。

②踹：踩。

③胁驱：《诗经·秦风·小戎》："游环胁驱，阴靷鋈续。"即在马的胁部加带，连在靷上，为驭车马的驾具。北宋沈括《梦溪笔谈·补笔谈二·器用》："胁驱长一丈，皮为之，前系于衡，后属于轸内胁，所以止也。"

④食（sì）：饲。

⑤坂（bǎn）：山坡，斜路。

⑥汴梁：今河南开封。

【译文】

四轮大马车，运载量为五十石，所用骡马，多的有十二匹或十四，少的也有八匹。驾车人站在车厢中，站在高处掌鞭。车前的马分为前后两排。战车以四匹马为一排，靠外的两匹叫骖，居中的两匹叫服。用黄麻拧成长绳，分别系住马项，收拢成两束，并穿过车前中部横木进入箱内左右两边。驾车人手执长鞭，鞭是用麻绳做的，约七尺长，竿也有七尺长。看到有不卖力气的马，就挥鞭打它。车厢内有两个识马性和索性的人负责踩绳。如果马跑得太快，就要立即踩住缰绳，否则可能翻车。车行时，如果前面遇到行人而要停车让路，驾车人立即发出吆喝声，马就会停下来。马缰绳收拢成束并透过衡进入车厢，都用牛皮束缚，《诗经》称它为"胁驱"。大车在中途喂马，不必牵马入厩，车上载有柳条盘，解索后让马就地进食。乘车的人上下车都要爬小梯。当经过坡度比较大的桥梁时，就要在十匹马之中选出最壮的一匹，系在车的后面。下坡时，前面九匹马缓慢地拉，后面一匹马拼命把车拖住，以减缓车速，不然就有危险。大车遇到河流、山岭、曲径小道都过不了。徐州、兖州和汴梁一带，方圆三百里，河流和湖泊很少，马车正好弥补水运的不足。

凡车质，惟先择长者为轴，短者为毂，其木以槐、枣、檀、榆用榔榆[①]。为上。檀质太久劳则发烧。有慎用者，合抱枣、槐其至美也。其余轸、衡、箱、轭，则诸木可为耳。

【注释】

①榔榆：榆科植物。木材坚硬致密。

【译文】

造车木料，先选长的做车轴，短的做毂，即轴承，以槐木、枣木、檀木、榆木用榔榆。为上料。檀木摩擦久了会发热。有些细心的人就选用两手合抱的枣木或槐木来做，当然最好。轸、衡、厢、轭等其他部件，则什么木都可以做。

此外，牛车以载刍粮，最盛晋地。路逢隘道，则牛颈系巨铃，名曰报君知，犹之骡车群马尽系铃声也。

【译文】

此外，用牛车装载草料，以山西为最多。到了路窄的地方，就在牛颈上系个大铃，名叫报君知，正如骡马车也都系铃一样。

又北方独辕车（图68）[①]，人推其后，驴曳其前。行人不耐骑坐者，则雇觅之。鞠席其上[②]，以蔽风日。人必两傍对坐，否则攲倒。此车北上长安、济宁，径达帝京。不载人者，载货约重四五石而止。其驾牛为轿车者，独盛中州[③]。两傍双轮，中穿一轴，其分寸平如水。横架短衡，列轿其上，人可安坐，脱驾不攲。

图68　双缱独辕车

【注释】

①独辕车：即独辕双轮车。商周已创制，当时轮径较大，有辐条十八至四十条。

②鞠：弯曲。

③中州：指今河南一带。因地处古九州中心而得名。

【译文】

又有北方的独辕车，驴子在前面拉，人在后面推。不能持久骑坐的旅客常常雇用这种车。车上有拱形席顶，可以挡风遮阳。旅客一定要两边对坐，不然车子会倾倒。这种车子，北上至长安和济宁，还可以直达北京。不载人时，载货最多是四五石。还有一种用牛拉的轿车，中州一带最多。两旁有双轮，中间穿过一条水平的轴，再架起几根短横木，轿就架在上面，人坐在轿中很安稳，牛停下来而脱驾时车也不会倾倒。

其南方独轮推车（图69）[①]，则一人之力是视，容载二

图69 南方独推车

石，遇坎即止，最远者止达百里而已。

【注释】

①独轮推车：汉代创制，当时叫辘车（鹿车）。四川成都羊子山二号汉墓出土的画像砖有鹿车，四川渠县燕家村东汉墓沈府阙背面也有鹿车的浮雕，就是明证。三国诸葛亮的“木牛”，在独轮两旁前后还装有四根木柱，所谓“一脚四足”，可能是在汉代鹿车基础上改进的。北宋时才有“独轮车”这一名称。具体有鸡公车、手推车等叫法。

【译文】

南方的独轮推车，靠一个人推，可载重两石，遇到坎坷不平的路就过不去，最远能走一百里。

其余难以枚述。但生于南方者不见大车，老于北方者不见巨舰，故粗载之。

【译文】

其余各种车子难以一一列举。考虑到南方人没有见过大骡车，而北方人又没有见过大船只，因此在这里粗略介绍一下。

锤锻第十卷

【题解】

本卷讲锻造。锻造,作为金属压力加工方法之一,是把坯料加热到锻造温度再加以锤打,使其发生塑性形变,成为一定形状和尺寸的工艺。锻造能改善金属组织,提高机械性能,湖南长沙杨家山六十五号墓出土的钢剑表明,春秋晚期我国已使用经过热处理和锻打的钢剑。河南渑池出土的西汉至北魏的铁器表明,在一千多年前,我国已经创造了可锻铸铁的退火处理、白口铁的脱碳成钢,以及表面渗碳等工艺。

本卷较系统地记述了锻造铁器和铜器的工艺,对于熟铁、钢、红铜、黄铜、白铜、响铜等性能,以及生铁淋口(灌钢)、固体渗碳、退火、淬火、焊接等技术都有介绍,集中反映了我国古代锻造业的辉煌成就。

工欲善其事,必先利其器。万器以钳为祖。宋应星说:“世无利器,即般、倕安所施其巧哉?”这说明人们要实现“天工开物”,必须具备软件和硬件两方面的条件。其中,软件就是知识和智慧,硬件就是工具和工艺。本卷在这两方面都充分展现了中国锤锻令世界瞩目的成就。

宋子曰:金木受攻而物象曲成。世无利器①,即般、倕安所施其巧哉②?五兵之内③,六乐之中④,微钳锤之奏功也⑤,生杀之机泯然矣⑥!同出洪炉烈火,小大殊形:重千钧者，系巨舰于狂渊；轻一羽者，透绣纹于章服⑦。使冶钟铸鼎之巧，束手而让神功焉。莫邪、干将⑧，双龙飞跃，毋其说亦有征焉者乎？

【注释】

①利器：精良的工具。《论语·卫灵公》："工欲善其事，必先利其器。"集解："孔（安国）曰：'言工以利器为用。'"

②般：公输班，即鲁班。倕：一个名字叫倕或垂的工官。般、倕都是传说中的巧匠。

③五兵：五种兵器。具体说法不一。《汉书·吾丘寿王传》"作五兵"注："谓矛、戟、弓、剑、戈。"这里泛指兵器。

④六乐：六种乐器——钟、镈（bó）、錞（chún）、镯（zhuó）、铙（náo）、铎（duó）。这里泛指金属乐器。

⑤微：无。钳：夹东西的工具。

⑥生杀之机：这里指乐器和兵器的机能（奏乐和杀戮）。

⑦章服：礼服。

⑧莫邪、干将：春秋吴国干将及其妻子莫邪制作的两把著名宝剑。《吴越春秋·阖闾内传》："干将作剑，采五山之铁精，六合之金英。……干将妻乃断发剪爪，投入炉中。使童男童女三百人，鼓橐装炭，金铁刀濡，遂以成剑。阳曰干将，阴曰莫邪。"湖南长沙杨家山出土过一把钢剑，通身长38.4厘米，含碳量0.5%～0.6%，断面可见反复锻打的层次，金相组织比较均匀，表明还进行过热处理，这足以证明春秋晚期已开始使用钢剑了。

【译文】

金属和木材经过加工而成为各式各样的器物。假如没有精良的工具，即使是鲁班和倕，又怎能施展他们的巧艺呢？兵器和乐器若没有钳和锤起作用，它们奏乐和杀戮的机能也就丧失了。同样出自熔炉烈火，大小形状却不一样:有重达千钧的铁锚,能在狂风巨浪中系住大船;也有轻如羽毛的小针,可在礼服上刺绣出花样。在这奇功面前,冶铸钟鼎的技巧也为之逊色了。莫邪、干将两把名剑,挥舞起来好比双龙飞跃,这个传说有它的根据吧?

治铁

凡治铁成器,取已炒熟铁为之[①]。先铸铁成砧[②],以为受锤之地。谚云:"万器以钳为祖。"非无稽之说也。

【注释】

①已炒熟铁:指由生铁所炒成的熟铁。所谓"炒",就是把生铁水引入方塘中,洒上干污潮泥粉,用柳棍迅速搅拌,使生铁水中的炭被空气氧化而降低含碳量。详见《五金·铁》。生铁含碳量为2%～6.7%,硬而脆,一般只可铸而不可锻;熟铁含碳量小于0.05%,软而韧,可以锻造。

②砧:锻造时用铁铸成的受锤的垫具。

【译文】

铁器是由生铁炒成的熟铁做成的。先把铁铸成砧,作为承受锤打的垫座。谚语说:"万器以钳为祖。"这并非无稽之谈。

凡出炉熟铁,名曰毛铁。受锻之时,十耗其三为铁华、铁落[①]。若已成废器未锈烂者,名曰劳铁[②],改造他器与本器,再经锤锻,十止耗去其一也。

【注释】

①铁华、铁落:铁华为铁花,铁落为氧化铁皮。作者在《论气·形气

五》中也指出:“凡铁之化土也,初入生熟炉时,铁华、铁落,已丧三分之一。自是锤锻有损焉……”

②劳铁:废铁。劳,疲劳。

【译文】

刚出炉的熟铁,叫作毛铁。锻打时,部分变成了铁花和氧化铁皮而耗损三成。已成废品而还没锈烂的铁器叫劳铁,用它做成别样的或原样的铁器,锤锻时只耗损一成。

凡炉中炽铁用炭,煤炭居十七,木炭居十三。凡山林无煤之处,锻工先择坚硬条木,烧成火墨[①],俗名火矢,扬烧不闭穴火。其炎更烈于煤。即用煤炭,亦别有铁炭一种[②],取其火性内攻、焰不虚腾者,与炊炭同形而分类也。

【注释】

①火墨:硬质木炭,又叫坚炭,俗称响炭。

②铁炭:碎煤(相当于焦煤)的一种。作者在《燔石·煤炭》中说:“碎煤有两种,多生吴楚。炎高者曰饭炭,用以炊烹;炎平者曰铁炭,用以冶锻。”

【译文】

熔铁炉的用炭,煤炭占七成,木炭占三成。山区没有煤的地方,锻工先选用坚硬的木条烧成坚炭,俗名叫火矢,燃烧时不会堵塞火路。火焰比煤更猛。煤炭当中有一种叫铁炭的,烧起来火焰不长但温度高,它与烧饭用的炊炭都是碎煤而用途不同。

凡铁性逐节粘合,涂上黄泥于接口之上[①],入火挥槌,泥滓成枵而去,取其神气为媒合。胶结之后,非灼红斧斩,永不可断也。

【注释】

①凡铁性逐节粘合，涂上黄泥于接口之上：黄泥主要起保护作用，防止铁水从接口尖薄处流失，也防止铁水的表面氧化。

【译文】

把铁逐节接合，在接口处涂上黄泥，烧红后立即锤合，泥渣就飞得一干二净，这是用它的气作为媒介。锤合之后，要不是烧红了再用斧斩开，是永远不会断的。

凡熟铁、钢铁已经炉锤，水火未济[1]，其质未坚。乘其出火之时，入清水淬之[2]，名曰健钢、健铁[3]。言乎未健之时，为钢为铁弱性犹存也。

【注释】

①未济：没有相互作用。六十四卦之一未济卦卦象是离上坎下（䷿）。即火在水上，火不能烧水，水不能灭火，彼此不能发生相互作用，所以叫未济。详见《周易·未济》。

②淬（cuì）：淬火。春秋战国已发明使用。《汉书·王褒列传》有“巧冶铸干将之朴，清水淬其锋”的记载。淬火是把烧红并经过一定时间保温（古代≤950℃，近代760～1300℃，随钢铁种类、尺寸和要求而异）的工件骤然浸入液体（通常是水或盐水，有时用油）中，使接触液体的部位骤冷到二三百度以下而发生金相组织变化，从而具有高硬度和耐磨性等优良机械性能。

③健：刚强，有力。

【译文】

熟铁或钢铁烧红锤锻之后，由于水火尚未相互作用，质地还不坚韧。趁出炉时把它放进清水里淬火，才称得上健钢、健铁。这就是说，钢铁在淬火之前还是软弱的。

凡焊铁之法,西洋诸国别有奇药。中华小焊用白铜末[①],大焊则竭力挥锤而强合之[②],历岁之久,终不可坚。故大炮西番有锻成者,中国则惟事冶铸也。

【注释】

①白铜:这里指的可能是砷白铜(Cu_3As,铜砷合金),而不是镍白铜(铜镍合金)。作者在本卷《治铜》一节说:"用砒升者为白铜器。"

②大焊:这里指的是锻接,而不是纯粹的焊接。

【译文】

至于焊铁,西方各国另有特殊焊药。我国小焊用白铜粉,大焊则尽力锤打强行接合,过了一些年月,接口就脱焊了。所以大炮在西方有锻成的,而中国则专靠铸造。

斤斧[①]

凡铁兵,薄者为刀剑,背厚而面薄者为斧斤。刀剑绝美者以百炼钢包裹其外[②],其中仍用无钢铁为骨[③]。若非钢表铁里,则劲力所施,即成折断。其次寻常刀斧,止嵌钢于其面。即重价宝刀,可斩钉截凡铁者,经数千遭磨砺[④],则钢尽而铁现也。倭国刀,背阔不及二分许,架于手指之上不复欹倒[⑤]。不知用何锤法,中国未得其传。凡健刀斧,皆嵌钢、包钢,整齐而后入水淬之。其快利则又在砺石成功也。凡匠斧与椎[⑥],其中空管受柄处,皆先打冷铁为骨,名曰羊头,然后热铁包裹,冷者不沾,自成空隙。凡攻石椎,日久四面皆空,熔铁补满平填,再用无弊。

【注释】

①斤斧:即斧斤,斧头。

②百炼钢:指经过反复加热锻打的钢件,由于它组织致密、成分均匀化、夹杂物减少和细化,成为我国古代钢铁材料中质量最高的产品。河北满城西汉墓出土的中山靖王刘胜佩剑等钢件,就是百炼钢。

③无钢铁:这里指熟铁。

④磨砺:在磨刀石上摩擦。砺,粗磨刀石。

⑤"倭国刀"三句:倭国刀,就是日本刀。由于刀刃与刀背形成等腰三角形,重心落在正中线上,所以不会倾倒。

⑥椎(chuí):捶击具。

【译文】

铁兵器,薄的叫刀剑,背厚而刃薄的叫斧头。最好的刀剑,是表面包百炼钢,里头仍用熟铁做骨架。如果不是钢面铁骨的话,猛一用力就会折断。通常的刀、斧,只是嵌钢在刃面上。即使是能斩钉截铁的贵重宝刀,磨过几千次之后,也会把钢磨光而现出铁来的。日本刀刀背不到两分宽,架在手指上却不会倾倒。这种技术不知道是用什么方法锤打出来的,还没传到中国来。健刀健斧,都要嵌钢或包钢,修整好后再放进水里淬火。要它锋利,还得在磨石上下功夫。锻打斧头和铁椎装木柄的空管,是先锻打一条铁模做骨,名叫羊头,然后把烧红的铁包在羊头上锤打,冷铁模不沾熟铁,取出后自然形成空管。打石椎用久了会凹陷下去,用铁水补平后就可以再用了。

锄镈[1]

凡治地生物,用锄、镈之属,熟铁锻成,熔化生铁淋口[2],入水淬健,即成刚劲。每锹、锄重一斤者,淋生铁三钱为率[3]。少则不坚,多则过刚而折。

【注释】

①镈（bó）：锄草的阔口锄。

②熔化生铁淋口：生铁的熔点为1150～1300℃，比熟铁低，熔化生铁淋在熟铁锄坯的刃部，生铁中的碳为熟铁所吸收，再经过锤锻和淬火后，就变成马氏体和渗碳体混合物，即变成含碳较熟铁高的优质钢。这种灌钢技术，最早见于南朝梁陶弘景的记述。北宋沈括《梦溪笔谈》也有所谈及。

③率（lǜ）：标准。

【译文】

垦土种植用的锄和阔口锄之类农具，先用熟铁锻成，再熔化生铁淋锄口，经过淬火后，就变得刚而韧了。一把一斤重的锹、锄，淋生铁三钱。淋少了不够坚硬，淋多了又太硬易折断。

锉[1]

凡铁锉，纯钢为之。未健之时，钢性亦软。以已健钢錾划成纵斜文理[2]，划时斜向入，则文方成焰[3]。划后烧红，退微冷[4]，入水健。久用乖平，入火退去健性[5]，再用錾划。

【注释】

①锉（chā）：锉，一种使工件平滑的工具。

②錾（zàn）：凿。

③焰：原为火苗，这里指锉纹锋芒好像火苗一样。

④退：退火。金属或玻璃热处理工艺之一。工序是加热、保温、缓慢冷却，目的是消除内应力以降低脆性，并细化金属晶粒以提高机械性能。

⑤入火退去健性：回火，金属热处理工艺之一。将淬火后的制件加

热（不超过临界温度），保温，然后缓慢或快速冷却。目的是消除内应力并提高其塑性和韧性。

【译文】

锉刀是用纯钢做的。淬火之前，钢质较软。用淬过火的钢凿在锉坯上划出纵斜纹理，凿划时要斜向进刀，纹沟才有火苗般的锋芒。凿好后烧红，取出稍冷一会儿。入水淬火，即成锉刀。锉刀用久了纹沟会磨光，要先入火使钢质变软，然后再用钢凿凿出新的纹沟。

凡鎈，开锯齿用茅叶鎈，后用快弦鎈；治铜钱用方长牵鎈；锁钥之类用方条鎈；治骨角用剑面鎈；朱注所谓鑢钖[①]。治木末则锥成圆眼，不用纵斜文者，名曰香鎈[②]。划鎈纹时，用羊角末和盐醋先涂[③]。

【注释】

①朱注所谓鑢钖（lǜ tāng）：宋代理学家朱熹对儒家经典《大学》的“如切如磋”句注为：“磋以鑢钖，磨以沙石。”（《四书章句集注》）鑢钖，鑢为磋磨骨角铜铁的工具，钖为平木石器。两者都属锉刀这一类。

②香鎈：木工锉。可能因木料受锉时散发出木脂香味而叫它为香锉。

③划鎈纹时，用羊角末和盐醋先涂：羊角末和盐醋在划锉纹时是标记，在烧红时起渗碳作用。

【译文】

锉有好几种而各有用处：开锯齿，先用茅叶锉，再用快弦锉；修圆铜钱用方长牵锉；加工锁和钥匙用方条锉；加工骨角用剑面锉；这就是朱熹注释《大学》所说的“鑢钖”。锉木则用香锉，这种锉不划纵斜纹，而锥成许多圆眼。开锉纹时，先涂上羊角粉和盐、醋的混合物，然后再凿。

锥[1]

凡锥,熟铁锤成,不入钢和。治书编之类用圆钻。攻皮革用扁钻。梓人转索通眼、引钉合木者[2],用蛇头钻,其制:颖上二分许[3],一面圆,二面剜入[4],傍起两棱,以便转索。治铜叶用鸡心钻。其通身三棱者,名旋钻。通身四方而末锐者,名打钻。

【注释】

①锥(zhuī):钻孔的工具。这里通指钻。

②梓人:木工。

③颖:物体的尖端,这里指钻头。

④剜(wān):挖。

【译文】

锥是用熟铁锤成的,不必夹钢。装订书刊用圆钻。穿缝皮革用扁钻。木工转索钻孔以便引钉拼合木板时用蛇头钻,它的形制为:钻头有二分长,一面为圆弧形,两面挖有空位,旁边起两个棱角,使转动时易于钻入。钻铜片用鸡心钻。钻身上有三条棱的叫旋钻。钻身四方末端尖的叫打钻。

锯

凡锯,熟铁锻成薄条,不钢,亦不淬健。出火退烧后[1],频加冷锤坚性,用锉开齿。两头衔木为梁,纠篾张开,促紧使直。长者剖木,短者截木,齿最细者截竹。齿钝之时,频加锉锐,而后使之。

【注释】

①出火退烧:退火。

【译文】

锯是这样做的:先把熟铁锻成薄条,既不夹钢也不淬火。把薄条烧红,取出返火后,再不断锤打,使它坚韧,然后用锉刀开齿,即成锯片。两端短木作为锯把,中间衔接一条横梁,用竹篾纠扭使锯片张开绷直。长锯用来剖开木料,短锯用来截断木料,齿最细的用来锯断竹子。锯齿钝时,用锉刀逐齿锉利,然后再用。

刨

凡刨,磨砺嵌钢寸铁,露刃秒忽①,斜出木口之面,所以平木。古名曰准②。巨者卧准露刃,持木抽削,名曰推刨。圆桶家使之。寻常用者,横木为两翅,手执前推。梓人为细功者,有起线刨,刃阔二分许。又刮木使极光者,名蜈蚣刨,一木之上,衔十余小刀,如蜈蚣之足。

【注释】

①秒忽:犹丝毫。喻极为细微。

②准:水平,测量平面的水准器。这里指平木的刨。

【译文】

刨,是把一寸宽的嵌钢铁片磨利,斜向装入木刨壳中,刃口微露,用来刨平木料。刨的古名叫作准。有的大刨是仰卧露刃的,木料在它刃上抽削,这种刨叫推刨。制圆桶的木工经常用它。平常用的刨,则在刨身穿条横木,像对翅膀,手执横木往前推。工作精细的木工备有起线刨,刃口宽二分。还有一种能把木面刮得很光滑,叫蜈蚣刨,刨壳上装有十几把小刨刀,好像蜈蚣足一样。

凿

凡凿，熟铁锻成，嵌钢于口，其本空圆，以受木柄。先打铁骨为模，名曰羊头。杓柄同用[①]。斧从柄催，入木透眼。其末粗者阔寸许[②]，细者三分而止。需圆眼者，则制成剜凿为之。

【注释】

①杓：同“勺”。

②末：这里指凿的刃部。

【译文】

凿是用熟铁锻成的，刃部嵌钢，上身是截圆锥形的空管，以便装木柄。先打一条铁骨做模，这叫羊头。加工铁勺柄也用它。用斧头敲击凿柄，凿刃便入木而凿成孔。凿刃宽的一寸，窄的三分。若要凿圆孔，则用弧形刃的剜凿。

锚

凡舟行遇风难泊，则全身系命于锚。战舡、海舡[①]，有重千钧者。锤法：先成四爪，以次逐节接身（图70）[②]。其三百斤以内者，用径尺阔砧，安顿炉傍，当其两端皆红，掀去炉炭，铁包木棍，夹持上砧。若千斤内外者，则架木为棚，多人立其上，共持铁链，两接锚身，其末皆带巨铁圈链套，提起捩转，咸力锤合。合药不用黄泥，先取陈久壁土筛细，一人频撒接口之中，浑合方无微罅[③]。盖炉锤之中，此物其最巨者。

图70　锤锚

【注释】

①舡（chuán）：同“船”。

②“锤法”三句：这是分锻法。

③罅（xià）：缝隙。

【译文】

每当行船遇风难以靠岸停泊时，它的安全就全靠锚了。战船和海船的锚，有上万斤重的。锤法是：先锤成四爪，然后逐爪接在锚身上。三百斤以内的铁锚，可先在炉旁安一块直径一尺的砧，当锻件的接口两端都已烧红，便撤去炉炭，用木棍包着铁皮的一端把它们夹到砧上锤接。一千斤左右的铁锚，则要先架个木棚，许多人站在棚上，一齐握住铁链，铁链的另一端系在套住锚身两端的大铁环上，把锚吊起来并使它转动，大家合力把锚的四爪逐个锤合上去。合药不用黄泥，而用筛过的旧墙泥粉，由一个人把它频频洒在接口上，这样，接口才不会有微隙。在炉锤工作中，锚算是最大的锻件了。

针

凡针，先锤铁为细条，用铁尺一根，锥成线眼，抽过条铁成线[1]，逐寸剪断为针（图71）。先鎈其末成颖，用小槌敲扁其本，刚锥穿鼻[2]，复鎈其外。然后入釜，慢火炒熬。炒后，以土末入松木火矢、豆豉三物罨盖，下用火蒸[3]。留针二三口插于其外，以试火候。其外针入手捻成粉碎，则其下针火候皆足。然后开封，入水健之。凡引线成衣与刺绣者，其

图71　抽线琢针

质皆刚；惟马尾刺工为冠者[4]，则用柳条软针。分别之妙，在于水火健法云。

【注释】

①抽过条铁成线：这是冷拉法。

②鼻：指针眼。

③"炒后"三句：这是化学热处理的固体渗碳法。松木炭是固体渗碳剂，土末是填充剂，豆豉可能是渗碳促进剂，还可能同时又是氮化或氰化剂。渗碳温度一般为900～930℃，渗碳剂受热分解出活性碳原子，渗透入工件表层。现在已改用气体渗碳了。

④马尾：镇名。在福建福州东南，以刺绣著称于世。

【译文】

造针，先把铁锤成细条，再在一根铁尺上钻出线眼，将铁条从线眼中抽过成线，逐寸剪断成针坯。把针坯的一端锉尖，另一端锤扁，用硬锥钻出针鼻，再把针的周围锉平整。然后放入锅里，用慢火炒。炒过后，用泥粉、松木炭和豆豉混合物掩盖，再用火蒸。留两三口针插在混合物外面，作为观察火候用。当外面的针已完全氧化到能用手捻成粉末时，表明混合物盖住的针已够火候了。开封，淬火，便成为针。凡是缝衣服和刺绣用的针都比较硬；唯独马尾镇缝帽子才用柳条软针。针软硬的诀窍在于淬火方法的不同。

治铜

凡红铜升黄而后熔化造器[1]。用砒升者为白铜器[2]，工费倍难，侈者事之。凡黄铜，原从炉甘石升者[3]，不退火性受锤；从倭铅升者[4]，出炉退火性，以受冷锤。凡响铜入锡参和[5]，法具《五金》卷。成乐器者必圆成无焊[6]。其余方圆用器,走焊、炙火粘合。用锡末者为小焊,用响铜末者为大焊。碎铜为末,用饭粘和打,入水洗去饭,铜末具存,不然则撒散。若焊银器,则用红铜末。

【注释】

①红铜升黄:把红铜提炼为黄铜。红铜是纯铜。黄铜是铜锌合金,一般由红铜加炉甘石或倭铅(锌)熔炼而成。升,提炼。

②白铜:这里指铜砷合金。

③炉甘石:含锌矿石。主要成分为碳酸锌($ZnCO_3$)。

④倭铅:锌(Zn)。

⑤响铜:铜锡合金,做乐器用。

⑥成乐器者必圆成无焊:作者在《论气·气声六》中又说:"中虚之气之应外也,欲其齐至而均集,一有方隅,则此趋彼息,此急彼缓,纷游错乱于中,而其声不足闻矣。""凡器不圆者,其声多厉而不和。"

【译文】

红铜要提炼成黄铜再熔化后,才好造器。加砒霜炼成的白铜,加工困难,成本又高,阔气人家才用它。加炉甘石炼成的黄铜,烧红后要趁热锤打;加锌炼成的黄铜,烧红后要退火,然后再加冷锤。响铜是铜锡合金,方法见《五金》卷。乐器一定要用完整的一块响铜锻成,而不能由几块焊接而成。其他方形或圆形器具就可以走焊或炙火粘合。小件焊接用锡粉做焊料,大件焊接用响铜做焊料。把铜打碎成粉时,要用米饭粘和,否则铜粉容易飞失,最后把饭洗掉便得到铜粉。焊银器则要用红铜粉做焊料。

凡锤乐器:锤钲俗名锣。不事先铸[1],熔团即锤;锤镯俗名铜鼓。与丁宁[2],则先铸成圆片,然后受锤。凡锤钲、镯,皆铺团于地面（图72）。巨者众共挥力。由小阔开，就身起弦，声俱从冷锤点发。其铜鼓中间突起隆泡，而后冷锤开声。声分雌与雄，则在分厘起伏之妙。重数锤者，其声为雄[③]。

【注释】

①钲（zhēng）：这里指的是铜锣。

②镯（zhuó）：一种形如小钟的古军乐器。似不宜叫铜鼓。《周礼·地官·鼓人》："以金镯节鼓。"注："镯，钲也，形如小钟，军行鸣之，以为鼓节。"丁宁：古乐器名。又叫作钲，形似钟而狭长，有长柄，用时口朝上，以槌敲击。《左传·宣公四年》："著于丁宁。"注："丁宁，钲也。"

图72　锤钲与镯

③“声分雌与雄”四句：雌，雌声，即女声，音调较高。雄，雄声，即男声，音调较低。加重数锤使铜薄些，发出的音调就较低了。

【译文】

关于乐器的锻造：钲俗名叫锣。不必先铸，把铜熔成一团便可锤打而成；镯俗名叫铜鼓。和丁宁，则要先铸成圆片再加锤打而成。不论是锤铜锣还是锤铜鼓，都要把铜块铺在地上锤打。大件要众人合力锤打才行。尺寸由小逐渐阔开，并使四周起弦边，声音都是从受到冷锤的地方发出的。铜鼓中央要打出一个突起的圆泡，然后用冷锤敲定音色。声音分雌雄两种，关键在于圆泡厚薄与深浅的分厘之差。重打数锤的为雄声，声调较低。

凡铜经锤之后，色成哑白，受镆复现黄光。经锤折耗，铁损其十者，铜只去其一。气腥而色美，故锤工亦贵重铁工一等云。

【译文】

铜受锤之后，表层呈哑白色，锉过后又呈黄色光泽。铜的锤打损耗量只为铁的十分之一。铜有腥味而色泽美观，因此铜匠比铁匠高一等。

燔石第十一卷

【题解】

本卷讲烧炼矿石。燔石，烧炼矿石。卷中总结了明代几种主要的非金属矿产，包括石灰、煤炭、矾、硫黄和砒霜等的挖掘和烧制技术。当时，手工业用煤和民用煤都很普遍。宋应星把煤炭分成三种：明煤（相当于无烟煤）、碎煤（相当于烟煤）和末煤（相当于褐煤或泥煤）。他还记述了采煤的两项先进技术措施——瓦斯排空和巷道支护。这两者当时都居于世界先进水平。

作者对我国四大发明之一的火药是这样认识的："凡火药，硫为纯阳，硝为纯阴，两精逼合，成声成变，此乾坤幻出神物也。"由此可见，他并不知道火药爆炸是硫黄、硝和炭三者发生了剧烈化学变化的结果，而仍然沿用传统的阴阳五行学说来解释。

宋应星说："巧极丹铅炉火，方士纵焦劳唇舌，何尝肖像天工之万一哉！"这句话跟他在本书序言的第一句话"天覆地载，物数号万，而事亦因之，曲成而不遗。岂人力也哉？"互相呼应，从而再三强调：只有尊重天工，巧模天工，才能巧夺天工，开创万物。

宋子曰：五行之内[①]，土为万物之母。子之贵者，岂惟五金哉[②]！金与火相守而流，功用谓莫尚焉矣[③]。石得燔而咸功，盖愈出而愈奇焉。水浸淫而败物，有隙必攻，所谓不遗丝发者。调和一物[4]，以为外拒，漂海则冲洋澜，粘甃则固城雉[5]。不烦历候远涉，而至宝得焉。燔石之功，殆莫之与京矣[6]！至于矾现五色之形[7]，硫为群石之将[8]，皆变化于烈火。巧极丹铅炉火[9]，方士纵焦劳唇舌，何尝肖像天工之万一哉[10]！

【注释】

①五行：水、火、木、金、土。古人认为这是构成世界万物的五种基本物质。

②五金：金、银、铜、铁、锡。这里泛指金属。

③尚：超过。

④一物：指石灰。详见本卷《石灰》一节。

⑤甃（zhòu）：修砌。

⑥殆（dài）：大概。京：大。

⑦矾现五色之形：指五种矾呈现五种颜色，即明矾白色，青矾绿色，红矾红色，黄矾黄色，胆矾蓝色。

⑧硫为群石之将：原指硫毒性大，号称药用矿物中的“将军”，即所谓“七十二石之将”（《本草纲目》第十一卷）。作者进一步指出：借助于烈火，硫最容易从群石中分离出来，若与硝石作用能发生燃爆。

⑨丹铅炉火：炼丹术。丹指丹砂，铅指铅汞，都是炼丹的主要原料。

⑩肖像：相似，类似。

【译文】

五行之中，土是万物之母。从土产生的众多物质中，贵重的何止金属一类呢！金属和火相互作用而熔融流动，这种功用可以算够大的了。

但石头经火焚烧后也都有它的功用，而且越来越奇特。水会浸坏东西，凡有空隙的地方，水必渗入，可以说连一根头发大小的裂缝都不放过。但是，有了石灰这一类东西，用来填补船缝能使大船漂洋过海，用来砌砖筑城能使城墙坚固。这种宝物，并不需要经年累月长途跋涉就能得到。所以大概没有什么东西比烧石的功用更大的了。至于矾能呈现五色的形态，硫能成为群石的主将，这都是从烈火中变化出来的。炼丹术巧妙至极，可尽管炼丹术士拼命吹嘘，它又怎能及天工的万一呢！

石灰

凡石灰，经火焚炼为用。成质之后，入水永劫不坏[1]。亿万舟楫，亿万垣墙，窒隙防淫，是必由之。百里内外，土中必生可燔石。石以青色为上，黄白次之。石必掩土内二三尺[2]，堀取受燔[3]，土面见风者不用。燔灰火料，煤炭居十九，薪炭居什一。先取煤炭，泥和做成饼，每煤饼一层，叠石一层，铺薪其底，灼火燔之（图73）。最佳者曰矿灰，最恶者曰窑滓灰。火力到后，烧酥石性。

图73　煤饼烧石成灰　烧蛎房

置于风中，久自吹化成粉。急用者以水沃之，亦自解散。

【注释】

①“凡石灰”四句：石灰一般指生石灰，即氧化钙（CaO）。它是由石灰石即碳酸钙煅烧而成的：$CaCO_3 \rightarrow CaO+CO_2$。生石灰吸水变成熟石灰即氢氧化钙：$CaO+H_2O \rightarrow Ca(OH)_2$。它具有很强的粘结性，是重要的建筑材料。熟石灰逐渐吸收空气中的二氧化碳，又转化为碳酸钙，因此“成质之后，入水永劫不坏”。

②石必掩土内二三尺：这种说法不确切。自然界石灰岩裸露或形成秃山的很多，露出地面常形成“石林地貌”，如云南昆明附近的石林便是。即使这样，石灰岩也大都延伸入地下，而不只限于“土内二三尺”。

③堀（kū）：挖，掘。

【译文】

石灰是石灰石经火烧炼成的。石灰质形成之后，遇水永劫不坏。多少船只，多少墙壁，凡是填隙防水，一定要用它。百里内外，必然有可供烧炼石灰的石头。这种石头青色的最好，黄白色的差些。石灰石都埋在地下二三尺，可挖来烧炼，但表面已经风化的不能用。烧炼石灰的燃料，煤占十分之九，柴炭占十分之一。先把煤掺泥做成煤饼，然后一层煤饼一层石相间堆砌，底下铺柴引燃煅烧。质量最好的叫矿灰，最差的叫窑滓灰。火候足后，石头变脆。放在空气中，会慢慢风化成粉。急用时洒上水，也会自动散开。

凡灰用以固舟缝，则桐油、鱼油调厚绢、细罗[①]，和油，杵千下，塞艌[②]；用以砌墙石，则筛去石块，水调粘合；甃墁[③]，则仍用油灰；用以垩墙壁[④]，则澄过，入纸筋涂墁；用以襄墓及贮水池[⑤]，则灰一分，入河沙、黄土二分，用糯米粳、羊桃藤汁和匀[6]，轻筑坚固，永不隳坏[7]，名曰三和土。其余造淀、造纸[8]，功用难以枚述。

【注释】

①桐油：属干性油。主要成分为桐酸的甘油酯。由于桐酸是共轭三烯酸：$CH_3(CH_2)_3(CH=CH)_3(CH_2)_7COOH$，易于聚合和氧化，所以才成为干性油。鱼油：由于含有高度不饱和脂肪酸的甘油酯，所以也是干性油。

②塞舱（niàn）：塞填船缝。

③甃墁（zhòu màn）：砌砖铺地面。

④垩（è）：用白色涂料粉刷墙壁。

⑤襄：襄助，成就。

⑥糯米粳（jīng）：粳稻和籼稻两个亚种都有糯稻这一水稻变种。糯米易糊化，粘性强；粳米又比籼米粘，因此糯米粳饭特别粘。羊桃藤：即猕猴桃，猕猴桃科藤本植物，茎、皮及髓部都含有胶汁。

⑦隳（huī）坏：毁坏。

⑧造淀：染色。淀，蓝淀，即蓝靛。

【译文】

石灰的用途很广，用来填补船缝的话，可用桐油、鱼油调拌，并加厚绢、细罗，舂烂塞补；用来砌墙的话，则先筛去石块，再用水调匀粘合；用来砌砖铺地面，则仍用油灰；用来粉刷墙壁，则先将石灰水澄清，加入纸筋，然后涂抹；用来造坟墓或建蓄水池，则是一份灰加两份河沙和黄泥，再用粳糯米饭和猕猴桃汁拌匀，轻轻夯打便很坚固，永不毁坏，这叫三和土。此外，石灰还可用于染色业和造纸业等方面，用途难以一一列举。

凡温、台、闽、广海滨石不堪灰者，则天生蛎蚝以代之。

【译文】

温州、台州、福建、广东一带，沿海的石头若不能烧灰，自有天然的牡蛎壳可以代替它来烧灰。

蛎灰[①]

凡海滨石山傍水处，咸浪积压，生出蛎房，闽中曰蚝房。经年久者，长成数丈，阔则数亩，崎岖如石假山形象。蛤之类压入岩中，久则消化作肉团，名曰蛎黄[②]，味极珍美。

【注释】

①蛎（lì）：牡蛎，又叫蚝（háo）。软体动物。食用贝类。长成后固定依附在浅海岩石上，以随海潮漂来的浮游生物等为食料。肉鲜美，壳主含碳酸钙。屈大均《广东新语·介语·蚝》："蚝，咸水所结，其生附石，磈礧相连为房，故一名蛎房。房房相生，蔓延至数十百丈。潮长则房开，消则房合，开所以取食，合所以自固也。凿之，一房一肉，肉之大小随其房。色白而含绿粉，生食曰蚝白，腌之曰蛎黄，味皆美。"

②"蛤（gé）之类压入岩中"三句：其实蛎黄并不是消化蛤肉而来的。蛤，即蛤蜊，软体动物，肉鲜美，壳圆。

【译文】

沿海石山靠水的地方，海浪长期冲击，生长出一种蛎房，福建一带叫蚝房。时间久了，这种蚝房可以长到几丈长、几亩宽，外形高低不平，好像假石山一样。某些蛤蜊一类的生物被冲入像岩石似的蛎房里面，久则消化变成了肉团，名为蛎黄，味道十分鲜美。

图74　凿取蛎房

凡燔蛎灰者，执椎与凿，濡足取来（图74）[①]，药铺所货牡蛎，即此碎块。叠煤架火燔成，与前石灰共法。粘砌城墙、桥梁，调和桐油造舟，功皆相同。有误以蚬灰即蛤粉。为蛎灰者[②]，不格物之故也[③]。

【注释】

①濡（rú）足：湿脚，指涉水。

②蚬（xiǎn）灰：蚬壳烧成的灰。蚬是一种软体动物，介壳形状像心脏，外褐色内紫色，肉可食。蚬不是蛤，蚬灰也不叫蛤粉。然而，蚬灰、蛤粉和蛎灰三者的主要化学成分都是碳酸钙。

③格物：语出《礼记·大学》："致知在格物。"意思是说，知识来自探究各种事物的道理。作者实行一条从物到感觉再到思想的唯物主义认识路径，强调必须充分考察客观事物。

【译文】

烧蛎灰的人，拿着椎和凿，涉水将蛎房凿下来，药店卖的牡蛎就是这种碎块。去肉后，将蛎壳和煤饼堆砌煅烧，方法与烧石灰相同。凡是粘砌城墙、桥梁，调和桐油造船，功用都与石灰相同。有人误以蚬灰即蛤粉。为牡蛎灰，是因为不考察客观实际事物的缘故。

煤炭[1]

凡煤炭，普天皆生，以供锻炼金石之用。南方秃山无草木者，下即有煤[2]。北方勿论。

【注释】

①煤炭：我国是世界上用煤最早的国家之一。古代不同时期对煤的称呼不一样。据夏湘蓉等编著的《中国古代矿业开发史》（地质出版社，1980年版）推断，煤的名称的演变，大致是：先秦时期称为石涅或涅石。（《山海经》云："女儿之山，其上多涅石。"按：女儿山在今四川双流和什邡煤田内。）汉、魏时期称为石墨。（章鸿钊《石雅》云："郝懿行《山海经笺疏》据吴任臣《山海经广注》，以石涅为石墨。"）晋至元时期称为石炭。（晋陆翙《邺中记》云："石墨可书，又燃之难尽，又谓之石炭。"）直至明朝中叶局部地区才改称为煤炭，而石炭一词却继续沿用着。（明陆深《燕闲录》云："石炭即煤也。东北人谓之楂，南人谓之煤，山西人谓之石炭。"）

②南方秃山无草木者，下即有煤：这可能是作者根据他家乡（赣西北）煤矿都在无草木的秃山上（这因含煤地层是石灰岩所致）而下的"以偏概全"的结论。到目前为止，尚未找到地面植被与地下煤藏之间有什么规律性的联系。事实上，我国南方大多数煤矿的地表都生长着茂盛的植物，粤北几个大煤矿也不例外。可见，作者关于"凡煤炭不生茂草盛木之乡"的说法，也是错误的。

【译文】

煤炭到处都有出产，供冶金和烧石用。南方不生长草木的秃山底下便有煤，北方不一定是这样。

煤有三种：有明煤、碎煤、末煤[①]。明煤，大块如斗许，燕、齐、秦、晋生之。不用风箱鼓扇，以木炭少许引燃，熯炽达昼夜[②]。其傍夹带碎屑，则用洁净黄土调水作饼而烧之。碎煤有两种，多生吴、楚。炎高者曰饭炭，用以炊烹；炎平者曰铁炭，用以冶煅。入炉先用水沃湿，必用鼓鞴后红[③]，以次增添而用。末炭如面者[④]，名曰自来风。泥水调成饼，入于炉内。既灼之后，与明煤相同，经昼夜不灭。半供炊爨[⑤]，半供熔铜、化石、升朱。至于燔石为灰与矾、硫，则三煤皆可用也。

【注释】

①煤有三种：有明煤、碎煤、末煤：作者主要按外观形态（如块度），其次按物理性状（如火焰）和用途对煤进行分类，这在当时是先进的。现在煤炭分类的方法更科学了，主要依据煤化变质程度（即化学成分）的高低，依次分为无烟煤、烟煤、褐煤和泥煤（泥炭土）四大类。作者说的明煤相当于无烟煤；碎煤相当于烟煤，其中铁炭相当于焦煤；末煤可能相当于土状褐煤或泥煤。

②熯（hàn）炽：炽烈地燃烧。熯，燃烧。

③鞴（bài）：风箱。

④末炭：即末煤。

⑤炊爨（cuàn）：烧火做饭。

【译文】

煤有三种：明煤、碎煤、末煤。明煤块度大，有的像米斗那样大，产于河北、山东、陕西、山西。明煤不必用风箱鼓风，只需少量木炭引燃，便能日夜炽烈燃烧。它的碎屑，则用干净的黄土调水做成煤饼来烧。碎煤有两种，多产于江苏、湖北一带。燃烧时，火焰高的叫饭炭，用来煮饭；火焰平的叫铁炭，用来冶炼。碎煤先用水浇湿，入炉后再鼓风才能烧红，以后不断添煤，便可继续燃烧。末煤呈粉状的叫自来风。用泥水调成饼状，放入炉内，点燃之后，便和明煤一样，日夜燃烧不灭。末煤有的用来烧火做饭，有的用来炼铜、熔化矿石、升炼银朱。至于烧制石灰、矾或硫，上述三种煤都可使用。

凡取煤经历久者，从土面能辨有无之色①，然后掘挖。深至五丈许，方始得煤。初见煤端时，毒气灼人②。有将巨竹凿去中节，尖锐其末，插入炭中，其毒烟从竹中透上。人从其下施钁拾取者（图75）。或一井而下，炭纵横广有，则随其左右阔取。其上支板，以防压崩耳。

图75　南方挖煤

【注释】

①凡取煤经历久者，从土面能辨有无之色：煤田分暴露式和掩盖式两种。当时凭直观经验一般可找到暴露式煤田。比作者稍晚的孙廷铨在《颜山杂记》四卷“石炭”条下对找煤方法说得更具体：“凡脉炭者，视其山石，数石则行，青石、砂石则否。察其土有黑苗，测其石之层数，避其沁水之潦。因上以知下，因近以知远，往而获之，为良工。”现在我们已经掌握煤的生成和聚积规律，能根据下伏或上覆岩

层的露头，估计附近地下有煤，然后采用物探（主要是电法，此外还有磁、重力、地震等法）先行，物探、钻探结合的方法，便可找到蕴藏量更丰富的掩盖煤田。

②毒气：现在俗名叫瓦斯。它是一种在煤炭生成过程中伴生的气体混合物，主要成分是甲烷，此外还有一氧化碳、二氧化碳和硫化氢等。瓦斯无色，无味，易燃，对人体有毒害作用。当它在空气中达5%～16%体积浓度时，若遇明火则有强烈的爆炸性。明代用竹筒把它排空，比较同时期外国多用火烧处理的办法要科学得多。现在多用加强矿井通风管理和钻孔抽放利用瓦斯等办法，来解决这方面的矿井安全生产问题。

【译文】

采煤经验多的人，从地面上的土质情况便能判断地下是否有煤，然后往下挖掘。挖到约五丈深才能得到煤。煤层的露头出现时，毒气冒出能伤人。一种方法是将大竹筒的中节凿通，削尖竹筒末端，插入煤层，毒气便通过竹筒往上空排出。人就可以下去用大锄挖煤了。有时井下煤层向四方延伸，就可横打巷道挖取。巷道要用木板支护，以防崩塌伤人。

凡煤炭取空而后，以土填实其井，经二三十年后，其下煤复生长[①]，取之不尽。其底及四周石卵，土人名曰铜炭者[②]，取出烧皂矾与硫黄[③]。详后款。凡石卵单取硫黄者，其气薰甚，名曰臭煤[④]，燕京房山、固安，湖广荆州等处间有之[⑤]。

【注释】

①煤复生长：煤是由植物遗体变成的，需要经历一个漫长的复杂的地质过程。一般可分为泥炭化（植物在沼泽条件下起生物化学变化而成泥炭）和煤化（泥炭在地下经高温高压起物理化学变

化而成煤）两个阶段。所以，煤挖空后是不可能在几十年内再生的。作者所以有“煤复生长”的说法，可能是由于下述的假象所造成的错觉：当时的煤井多是巷道，煤挖完后土填得不是很实。若干年后，巷道周围的煤炭由于地压作用逐渐又挤到巷道里来。这说明当时对煤的生成规律和地压作用原理是不懂的。直至清嘉庆年间（1796—1820）才懂得了煤的成因。

②铜炭：指煤层中或煤层顶底板中的黄铁矿结核，俗称硫黄蛋，一般含硫10%～30%。黄铜色。因此，明末清初方以智在《物理小识》卷七中写道：“铜炭，即煤炭中有铜星者也。”

③皂矾：即青矾（$FeSO_4 \cdot 7H_2O$）。

④臭煤：含硫或硫化物特别多的铜炭结核。燃烧时分解出二氧化硫和硫化氢等臭气，因此叫臭煤。

⑤湖广：今湖北、湖南地区。

【译文】

煤层挖完后，用土把井填实，二三十年后，煤又复生，取之不尽。煤层底板或围岩中有一种石卵，当地人叫铜炭，可以用来烧取皂矾和硫黄。在下文详述。只能用来烧取硫黄的铜炭子，气味特别臭的，叫作臭煤。北京的房山、固安，湖广的荆州等地有时可以采到。

凡煤炭经焚而后，质随火神化去，总无灰滓[①]。盖金与土石之间，造化别现此种云。凡煤炭不生茂草盛木之乡，以见天心之妙[②]。其炊爨功用所不及者，唯结腐一种而已。结豆腐者用煤炉则焦苦。

【注释】

①“凡煤炭经焚而后”三句：作者“总无灰滓”的说法不够精确。目前已知煤的化学成分是：碳50%～96%，氢2%～12%，氧、氮、

硫2% ～ 39%，灰分2% ～ 40%。因此，严格说来，即使是煤化程度较高的无烟煤燃烧后也有灰滓（约2%）。

②凡煤炭不生茂草盛木之乡，以见天心之妙：这种说法是错误的。天心，天意。天心之妙，指自然界安排得很巧妙。作者在承认物质第一性的同时，把自然界人格化，带有“物活论”思想色彩。

【译文】

煤炭燃烧时，煤质全部烧完，没有留下灰烬。这是自然界中介于金属与土石之间的特殊品种。煤不产于草木茂盛的地方，可见自然界安排得很巧妙。如果说煤在炊事方面还有不足之处的话，那仅仅是不宜做豆腐而已。用煤炉煮豆浆结成的豆腐有焦苦味。

矾石　白矾[①]

凡矾，燔石而成。白矾一种，亦所在有之，最盛者山西晋、南直无为等州[②]。值价低贱，与寒水石相仿[③]。然煎水极沸，投矾化之，以之染物，则固结肤膜之间，外水永不入，故制糖饯与染画纸、红纸者需之。其末干撒，又能治浸淫恶水，故湿创家亦急需之也[④]。

【注释】

①矾石：即明矾石。化学成分是硫酸铝钾的碱式复盐[$KAl_3(OH)_6 \cdot (SO_4)_2$]，呈白色、灰色、浅蓝色或粉红色，三斜晶系，呈粒状、土状或致密块状。常用于提炼明矾、硫酸铝、硫酸钾和氧化铝等。白矾：即明矾。学名叫硫酸铝钾[$KAl(SO_4)_2 \cdot 12H_2O$]，或[$K_2SO_4 \cdot Al_2(SO_4)_3 \cdot 24H_2O$]。无色八面晶体，溶于水，起水解作用而成氢氧化铝胶状沉淀或薄膜，常用作净水剂和媒染剂。

②南直无为：州名。明代所设南直隶庐州府，即现在的安徽无为和庐江。附近有矾山，盛产明矾。

③寒水石：芒硝（$Na_2SO_4 \cdot 10H_2O$），矿物，有斜方晶系的硫酸钙（硬石膏）和三方晶系的碳酸钙等种。白色透明，呈隐晶集合体或粗粒晶体。药用可以清热、泻火、止渴。

④创（chuāng）：通“疮”。

【译文】

矾是由矾石烧成的。白矾到处都有，出产最多的是山西晋州和南直无为州等地。价钱低贱，同寒水石差不多。然而，水煮开后，将明矾放入沸水中溶化，染东西时它就能固结在染物的表面，使其他水分永不渗入，所以制蜜饯、染画纸、染红纸都要用它。用干燥的明矾粉末撒在患处，能治流出臭水的湿疹、疱疮，因此也是皮肤疮科急需的药品。

凡白矾，堀土取磊块石[①]，层叠煤炭饼锻炼，如烧石灰样。火候已足，冷定入水。煎水极沸时，盘中有溅溢如物飞出，俗名蝴蝶矾者，则矾成矣。煎浓之后，入水缸内澄。其上隆结曰吊矾，洁白异常；其沉下者曰缸矾；轻虚如棉絮者曰柳絮矾。烧汁至尽，白如雪者，谓之巴石。方药家煅过用者曰枯矾云[②]。

【注释】

①堀（kū）：挖，掘。

②枯矾：经煅烧而失去结晶水的明矾。

【译文】

烧制明矾时，挖取矾石，用煤饼分层垒积烧炼，方法与烧石灰相同。烧足火候，让它自然冷却，才放入水中溶解。将水溶液煮沸，当有一些俗名叫蝴蝶矾的东西飞溅出来时,明矾便算制成了。煮浓之后,装入缸内澄清。上面凝结的一层叫吊矾,颜色非常洁白;沉淀在缸底的叫缸矾;质地轻如棉絮的叫柳絮矾。溶液蒸发干后,剩下的便是雪白的巴石。经方药家煅制后做药用的,叫枯矾。

青矾　红矾　黄矾　胆矾

凡皂、红、黄矾,皆出一种而成,变化其质[①]。

【注释】

①"凡皂、红、黄矾"三句:皂矾,即青矾,蓝绿色,学名叫七水硫酸亚铁($FeSO_4 \cdot 7H_2O$);红矾,即矾红,红色颜料,学名叫三氧化二铁($Fe_2O_3 \cdot mH_2O$);黄矾,黄色水溶性染料,学名叫九水硫酸铁[$Fe_2(SO_4)_3 \cdot 9H_2O$]。它们都是铁的化合物。

【译文】

皂矾、红矾、黄矾,由同一物质变化而来,性质各不相同。

取煤炭外矿石俗名铜炭。子,每五百斤入炉,炉内用煤炭饼自来风不用鼓鞴者[①]。千余斤,周围包裹此石。炉外砌筑土墙圈围,炉颠空一圆孔,如茶碗口大,透炎直上,孔傍以矾滓厚罨[②]。此滓不知起自何世,欲作新炉者,非旧滓罨盖则不成[③]。然后从底发火,此火度经十日方熄(图76)。其孔眼时有金色光直上。取硫,详后款。煅经十日后,冷定取出。半酥杂碎者另拣出,名曰时矾,为煎矾红用。其中精粹如矿灰形者,取入缸中,浸三个时[④],漉入釜中煎炼[⑤],每水十石,煎至一石,火候方足。煎干之后,上结者皆佳好皂矾,下者为矾

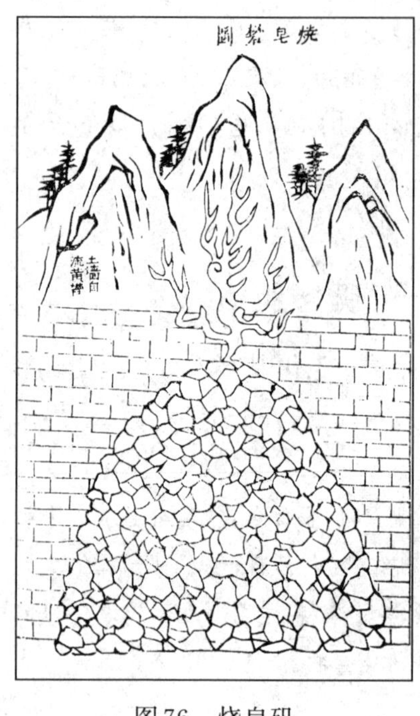

图76　烧皂矾

滓。后炉用此盖。此皂矾染家必需用[⑥]，中国煎者亦惟五六所。原石五百斤，成皂矾二百斤，其大端也。

【注释】

①鞴（bài）：风箱。

②罨（yǎn）：掩覆，敷。

③非旧滓罨盖则不成：用矾滓覆盖炉顶（留个孔眼）的主要目的是保持炉内的还原气氛，防止二价铁氧化成三价铁，以保证烧成皂矾。

④时：时辰。一个时辰等于两个小时。

⑤漉（lù）：过滤。釜（fǔ）：古时一种锅具。

⑥此皂矾染家必需用：古代用天然靛蓝染蓝色，由于靛蓝不溶于水，民间习惯用皂矾石灰法，使靛蓝还原成靛白而溶于石灰水碱液中，供纤维吸附染色，染后经空气氧化而成不溶性靛蓝色泽，即“大成蓝”。可见，皂矾在这里起染色助剂作用。

【译文】

取煤炭外层的矿石子俗名铜炭。五百斤放入炉内，用煤饼名叫自来风，不必鼓风就能燃烧的那种煤粉。一千多斤包裹这些矿石。炉外筑个土墙圈围着，炉顶留出一个圆孔，孔径如茶碗口大，让火焰透出，孔旁用矾渣盖实。不知从什么时候开始有矾渣，凡是起新炉，不用旧渣掩盖就烧不成功。然后从炉底发火，预计这堆火要连续烧十天才熄灭。烧时孔眼不时有金色火焰冒出。烧取硫黄，下文详述。煅烧十天后，等冷了才取出。其中半酥碎的另外拣出，名叫时矾，用来煎炼红矾。将矿灰样的精华部分放入缸中，水浸六小时，再过滤入锅煎炼，由十石水煮成一石水，火候才足。水快煮干时，上层结成优质的皂矾，下层便是矾渣了。下一炉用它盖顶。这种皂矾是印染业必需的原料，中国制皂矾的也只有五六家。大概用五百斤石料可炼出二百斤皂矾。

其拣出时矾，俗又名鸡屎矾。每斤入黄土四两，入罐熬炼，则成矾红。圬墁及油漆家用之。

【译文】

另外拣出的时矾，俗名又叫鸡屎矾。每斤加入黄土四两，入罐熬炼，便成红矾。粉刷工和油漆工常用到它。

其黄矾所出又奇甚。乃即炼皂矾炉侧土墙，春夏经受火石精气，至霜降、立冬之交，冷静之时，其墙上自然爆出此种，如淮北砖墙生焰硝样[①]。刮取下来，名曰黄矾，染家用之。金色淡者，涂炙，立成紫赤也。其黄矾自外国来，打破，中有金丝者，名曰波斯矾[②]。别是一种。

【注释】

①焰硝：即硝石（KNO_3或$NaNO_3$）。

②波斯：今伊朗国。

【译文】

至于黄矾的出现更是奇异。每年春夏炼皂矾时，炉旁的土墙吸附矾的蒸气，到了霜降、立冬相交的季节，土墙干冷，矾便析出，好像淮北砖墙生出火硝一样。刮取下来，便是黄矾了，染坊经常要用它。把黄矾涂在淡金色的物件上再烤一下，立刻变成紫红色。还有一种从外国来的黄矾，打破之后中间有金丝，这叫作波斯矾。

又山陕烧取硫黄山上，其滓弃地，二三年后，雨水浸淋，精液流入沟麓之中，自然结成皂矾[①]。取而货用，不假煎炼。其中色佳者，人取以混石胆云。石胆一名胆矾者[②]，亦出晋、隰等州[③]，乃山石穴中自结成者，故绿色带宝光。烧铁器淬于胆矾水中，即成铜色也[④]。《本草》载矾虽五种，并未分别原委[⑤]。其昆仑矾状如黑泥，铁矾状如赤石脂者[⑥]，皆西域产也。

【注释】

①“又山陕烧取硫黄山上”六句：炉渣除含氧化亚铁外，还有硫等成分。在酸性条件下，彼此易起反应而成青矾。

②胆矾：成分为五水硫酸铜（$CuSO_4 \cdot 5H_2O$）。其晶体通常为致密块状或钟乳状，少数呈板状或短柱状，淡蓝至深蓝色，易与皂矾混淆。

③晋：即晋州。今山西临汾。隰（xí）：即隰州。今山西隰县。

④烧铁器淬于胆矾水中，即成铜色也：这是一种金属置换反应：$Fe+CuSO_4 \rightarrow FeSO_4+Cu\downarrow$，结果在铁器表面镀上一层铜膜。这种湿法炼铜的胆铜法是水法冶金技术的起源，世界上以我国为最早。西汉《淮南万毕术》记载：“白青得铁即化为铜。”白青，即水胆矾[$CuSO_4 \cdot 3Cu(OH)_2$]。东汉《神农本草经》亦载：“石胆……能化铁为铜。”石胆，即胆矾（$CuSO_4 \cdot 5H_2O$）。东晋葛洪《抱朴子·黄白第十六》说得更确切：“以曾青涂铁，铁赤色如铜……外变而内不化也。”曾青，即蓝铜矿[$2CuCO_3 \cdot Cu(OH)_2$]。北宋沈括《梦溪笔谈》：“信州铅山县有苦泉，流以为涧，挹其水熬之，则

成胆矾。烹胆矾则成铜,熬胆矾铁釜,久之亦化为铜。"

⑤《本草》载矾虽五种,并未分别原委:明李时珍在《本草纲目》第十一卷中摘录了宋苏颂《图经本草五十四种》关于矾的记述:"矾有五种,其色各异。白矾、黄矾、绿矾、黑矾、绛矾也。"李时珍评论说:"矾石析而辨之,不止于五种也。"作者认为李时珍未切中要害,没有分别事物的本末。

⑥赤石脂:含铁陶土,主要成分为硅酸铝,粉红色,有的呈深浅不均的大理石样花纹。常用作中药,主治久泻久痢、崩漏等症。

【译文】

山西、陕西等地烧硫黄的山上,废渣丢弃的地方,两三年后,矾质经过雨水的淋洗溶解而流到山沟,经过蒸发也能结成皂矾。这种皂矾,取用或拿去出售时不必再炼,其中色泽漂亮的,有人用来冒充石胆。石胆又叫胆矾,产于晋州和隰州等地。胆矾在山崖洞穴中自然结晶,因此它的绿色带有宝石光泽。将烧红的铁器淬入胆矾水中,铁器立即现出铜的颜色。《本草纲目》虽然记述了矾有五种,但没有分别它们的来源和关系。昆仑矾形状好像黑泥,铁矾像赤石脂,都是西北出产的。

硫黄①

凡硫黄,乃烧石承液而结就。著书者误以焚石为矾石,遂有矾液之说。然烧取硫黄石,半出特生白石,半出煤矿烧矾石②。此矾液之说所由混也。又言中国有温泉处必有硫黄③,今东海广南产硫黄处又无温泉,此因温泉水气似硫黄,故意度言之也。

【注释】

①硫黄:硫(S)的俗称,黄色结晶或无定形。易燃烧,能与氧、氢、卤

素（除碘外）和大多数金属化合。用途很广，多用于炸药、造纸、制糖、农药、橡胶、制酸以及石油提炼等工业。

②“然烧取硫黄石”三句：硫铁矿（FeS_2）依其晶体结构不同，分为黄铁矿和白铁矿两种。特生白石可能是指白铁矿。煤矿烧矾石，即含煤黄铁矿石，又名煤胆石、煤夹石、煤褐石，含硫量较低。因它可炼取青矾等，才叫煤矿烧矾石。

③中国有温泉处必有硫黄：地下水的天然露头超过20℃的叫作温泉。我国温泉遍布各地，是世界上温泉最多的国家之一。温泉按医疗价值，基本上可分为单纯泉、硫黄泉、碳酸泉、食盐泉、碱泉和放射性泉等六类。也可粗略地分成硫黄泉和非硫黄泉两种。前者含有大量硫黄，可治皮肤病，广东丰顺汤坑温泉即属此类；后者如广东从化温泉，水气似有硫黄，但经化验并不含硫黄而含碳酸氢钠等矿物质，还有微量的放射性氡，据说在医生指导下沐浴可辅助治疗某些慢性病。作者对“中国有温泉处必有硫黄”的说法进行批评是正确的。

【译文】

硫黄是由烧炼矿石时得到的液体冷凝而成的。过去的著书者误以为都是烧矾石取得的，就把它称为矾液。事实上，烧硫黄的原料，一半来自当地特产的白石，一半来自煤矿烧矾石。矾液的说法就是这样混进来的。又有人说中国凡有温泉的地方就一定有硫黄，可是，如今东海、广东南部等沿东海南海一带出产硫黄的地方并没有温泉，这可能是因为温泉的气味像硫黄而猜想到的。

凡烧硫黄石与煤矿石同形[①]。掘取其石，用煤炭饼包裹丛架，外筑土作炉。炭与石皆载千斤于内，炉上用烧硫旧滓罨盖，中顶隆起，透一圆孔，其中火力到时，孔内透出黄焰金光（图77）。先教陶家烧一钵盂，其盂当中隆起，边弦卷成鱼袋样，覆于孔上。石精感受火神，化出黄光飞走，遇盂掩住，不能上飞，则化成汁液，靠著盂底，其液流入弦袋之中，其弦又透小眼，流入冷道灰槽小池，则凝结而成硫黄矣[②]。

图77　烧取硫黄

【注释】

①烧硫黄石：指黄铁矿石（FeS_2）。煤矿石：即含煤黄铁矿石。

②凝结而成硫黄：这是分解、升华、蒸馏、冷凝四位一体的炼硫法。现在土法是先用烟道收集升华硫，然后煮炼精制。现代化生产则采用沸腾炉（或半磁化）焙烧和水煤气（或白煤）还原法。

【译文】

烧取硫黄的矿石与煤矿石的形状相同。挖掘矿石，用煤饼将其包裹并堆垒起来，外面夯实泥土造炉。每炉的石料和煤饼都有千斤左右，炉上用烧硫旧渣掩盖，炉顶中间隆起，空出一个圆孔，燃烧到一定程度，孔内便有金黄色的气体冒出。预先请陶工烧制一个盂钵，钵的中部隆起，边缘往内卷成像鱼袋形状的凹槽。烧硫时，将盂钵覆盖在孔上，石内的成分受到火的作用，化成黄色蒸气沿孔上升，被钵挡住不能跑掉，便冷凝成液体，沿着钵的内壁流入凹槽，又透过小眼沿着冷却管道流入小池，凝结而成固体硫黄。

其炭煤矿石烧取皂矾者，当其黄光上走时，仍用此法掩盖，以取硫黄。得硫一斤，则减去皂矾三十余斤[①]。其矾精华已结硫黄，则枯滓遂为弃物。

【注释】

①得硫一斤，则减去皂矾三十余斤：从理论上计算，$S:FeSO_4\cdot 7H_2O=32:277.9=1:8.7$。即若得一斤硫黄，则减收8.7斤皂矾。文中数字与此相差较大。其原因可能是当时硫黄收得率过低。

【译文】

用含煤黄铁矿烧取皂矾，当黄色蒸气上升时，也可以用这种方法掩盖，收取硫黄。得硫一斤，就减收皂矾三十多斤。矾的精华已转化为硫黄，剩下的枯渣便成了废物。

凡火药，硫为纯阳，硝为纯阴，两精逼合，成声成变，此乾坤幻出神物也[①]。硫黄不产北狄，或产而不知炼取，亦不可知。至奇炮出于西洋与红夷[②]，则东徂西数万里[③]，皆产硫黄之地也。其琉球土硫黄，广南水硫黄，皆误记也[④]。

【注释】

①"凡火药"六句：黑火药燃爆的主要反应式是：$\underset{\text{硝}}{2KNO_3}+\underset{\text{硫}}{S}+\underset{\text{炭}}{3C}=\underset{\text{硫化钾}}{K_2S}+\underset{\text{氮}}{N_2}\uparrow+\underset{\text{二氧化碳}}{3CO_2}\uparrow+\underset{\text{热量}}{169\text{千卡}}$。由于反应迅速，骤然释放出大量的气体和热量，所以产生爆炸。硝是氧化剂，炭是还原剂，硫是起燃剂。当时人们还不知道这些反应机理，而沿用阴阳五行学说加以解释。所以把硫看作阳，把硝看作阴。

②红夷：指荷兰。

③徂（cú）：往。

④“其琉球土硫黄”三句：环太平洋一带分布有很多火山，火山活动可以形成自然硫矿床。火山喷发时，硫一般呈升华状态。有些温泉溶有自然硫，或溶有硫化氢，它经过不完全的氧化可以在温泉附近的土壤中形成自然硫。此外，也有从冷泉中沉淀自然硫的。作者否认有土硫黄和水硫黄存在是不对的。琉球：今琉球群岛。

【译文】

火药的主要原料是硫和硝，硫是纯阳，硝是纯阴，阴阳两物相互作用，引起爆炸，产生巨大的声响，这是自然界变化出来的奇物。北方少数民族居住的地方不产硫黄，或者有出产而不会炼取也未可知。新式枪炮出现在西洋与荷兰，这说明由东往西数万里，都是出产硫黄的地方。但是所谓琉球的土硫黄、广东南部的水硫黄，却是误记的。

砒石[①]

凡烧砒霜质料，似土而坚，似石而碎，穴土数尺而取之。江西信郡、河南信阳州皆有砒井[②]，故名信石。近则出产独盛衡阳，一厂有造至万钧者[③]。凡砒石井中，其上常有浊绿水，先绞水尽，然后下凿。

【注释】

①砒石：砷矿石，又叫信石，有数十种。常用的有三种：1.白砒石，指砷黄铁矿（FeAsS），又名硫砷铁矿、毒砂，粒状集合体或致密块状，性脆，锡白色至钢灰色，呈金属光泽。2.红砒石，硫化物矿石，有雌黄（As_2S_3，柠檬黄色）和雄黄（AsS，桔红色）两种，它们几乎互相伴生。3.氧化矿石（$FeAsO_4 \cdot 2H_2O$，臭葱石）。

②信郡：指广信郡。今江西上饶。信阳：今属河南。

③钧：古重量单位。一钧相当于今天的三十斤。

【译文】

烧砒霜的原料，像泥土而比泥土硬，像石头但比石头碎，挖土几尺便可取得。江西广信郡、河南信阳州都有砒井，因此名叫信石。近来产量最多的是衡阳，有的工厂年产量可达三十万斤。砒井中，常常积有绿色浊水，开采时先把水绞汲干净，然后才往下凿取。

砒有红、白两种，各因所出原石色烧成[①]。凡烧砒，下鞠土窑，纳石其上，上砌曲突[②]，以铁釜倒悬覆突口（图78）。其下灼炭举火，其烟气从曲突内熏贴釜上。度其已贴一层，厚结寸许，下复息火，待前烟冷定，又举次火，熏贴如前。一釜之内，数层已满，然后提下，毁釜而取砒。故今砒底有铁沙，即破釜滓也。凡白砒止此一法[③]。红砒则分金炉内银铜恼气有闪成者[④]。

图78 烧砒

【注释】

①砒有红、白两种，各因所出原石色烧成：砒（砒霜）为三氧化二砷

（As_2O_3）的俗称。较纯的白色，叫白砒；含有红色杂质的叫红砒。古时由原色矿石烧成红和白两种砒，现在还可以由红砒精制成白砒。砒受热易升华，稍溶于水，剧毒，主要用作农药。

②曲突：弯曲的烟囱。这里用的是中部突出、上部和底部略为收缩的那一种。

③凡白砒止此一法：到目前为止，原理是一样的，方法却不断在改进。现在的土法烧砒，就不再用锅釜，而是顺着山坡建造长烟道收砒。砷矿石经焙烧后可以自燃，砷被氧化成三氧化二砷，通过烟道（分若干个收砒室）而冷凝下来。这种方法比较安全，而且回收率高。

④分金炉：又名灰吹炉或虾蟆炉（详见《五金》卷），是利用贵贱金属氧化难易这一化学特性，通过燃烧法把贱金属氧化成"土"（或叫灰），而分离出贵金属的一种装置。正如《五金·银》所说："入虾蟆炉沉铅结银。"所谓"沉铅"是指铅被氧化成氧化铅（密陀僧），熔化，一部分渗入炉底，一部分成为浮渣而被除去（所谓"灰吹"）。所谓"结银"，是指剩下的都是不被氧化的银了。

【译文】

砒霜有红、白两种，各由原来的红、白色砒石烧成。烧砒霜时，下面挖个土窑堆放砒石，上面砌个弯曲的烟囱，然后把铁锅倒过来覆盖在烟囱口上。窑底烧碳引火焙烧，烟便从烟囱内上升，熏贴在锅的内壁上。估计累积达到约有一寸厚时熄火，等烟气已经冷却，再次起火燃烧。这样反复几次，一直到锅内贴满砒霜为止，才把锅拿下来，打碎取砒。因此近底的砒霜留有铁砂，那就是破锅的碎屑。白砒的制法只有这一种。至于红砒，则还有在冶炼含砷的银铜矿石时，由分金炉内析出的蒸气凝结而成的。

凡烧砒时，立者必于上风十余丈外。下风所近，草木皆死。烧砒之人，经两载即改徙，否则须发尽落，此物生人食过分厘立死[1]。然每岁千万金钱速售不滞者，以晋地菽麦必用拌种，且驱田中黄鼠害；宁绍郡稻田必用蘸秧根[2]，则丰收也。不然，火药与染铜需用能几何哉[3]！

【注释】

①此物生人食过分厘立死：砒霜对人的中毒量为0.01～0.05克，致死量为0.06～0.2克。主要是通过呼吸道和胃肠引起中毒，通过黏膜和皮肤也会引起中毒。1分=0.373克，1厘=0.0373克，可见作者的数字是准确的。

②宁绍郡：指今浙江宁波与绍兴。

③火药：古代将砒霜配入火药，一般是为了使火药具有毒性，也可使火药的爆炸声更大（参看《本草纲目》第十卷）。染铜：将砒霜等药物熏染铜的表面而成银白色，或加入纯铜中炼成砷白铜。参看《五金·铜》。

【译文】

烧砒时，操作者必须站在上风十多丈远的地方。下风所及的地方，草木都死了。烧砒的人两年后一定要改行，否则须发全部脱光。砒霜有剧毒，人只要服食分厘就会立即死亡。然而，每年价值千百万的砒霜却畅销无阻，这是因为山西等地的豆和麦子都要用它来拌种，而且用它来驱除田鼠害；宁波、绍兴一带，也用它来蘸秧根，使水稻获得丰收。否则，如果砒霜仅仅用于火药和白铜方面，那又能用得了多少呢！

膏液第十二卷

【题解】

本卷讲油脂。膏液一词原出于膏脂。元熊忠《古今韵会》曰:“凝者曰脂,泽者曰膏。”宋应星将其统称为膏液,即为油脂。

本卷记述了明代食用油和工业用油的提取、性能和用途。其中包括:植物油的蒸榨法和水代法;十六种油料植物籽实的产油率比较;用柏皮油制造蜡烛的工艺等。作者对有关设备和操作都有详细的说明,反映了我国明代榨油技术的先进水平,是研究我国油脂工业发展的珍贵史料,缺点是没有花生油的记述。

宋应星说:“草木之实,其中韫藏膏液,而不能自流。假媒水火,冯藉木石,而后倾注而出焉。此人巧聪明,不知于何禀度也。”这段话有两层意思:第一层,人通过技术手段从植物中榨取油脂,充分展示出人的聪明才智;第二层,人的聪明才智不是一生下来就有的,而是需要通过世代薪火相传的教育得来的。由此可知,“天工开物”持续进行得好不好,不但跟科技有关,而且跟教育有关。

宋子曰:天道平分昼夜,而人工继晷以襄事[①],岂好劳而恶逸哉?使织女燃薪[②],书生映雪[③],所济成何事也?草木之实,其中韫藏膏液[④],而不能自流。假媒水火,冯藉木石,而后倾注而出焉。此人巧聪明，不知于何禀度也[5]。

【注释】

①继晷（guǐ）以襄事：夜以继日地做事。晷，日影。引申为白昼。襄事，成事。

②织女燃薪：传闻三国魏文帝时有一个叫薛灵芸的少女，勤于夜织，但家境贫寒，燃葛蒿照明（详见王子年《拾遗记》）。

③书生映雪：读书人借雪的反光来读书。晋人孙康家贫，常映雪读书。后为贫士读书之典。

④韫（yùn）：通“蕴”。包含。

⑤禀（bǐng）度：受教。

【译文】

自然界平分昼夜，人们却夜以继日地做事，难道是爱好劳动而厌恶安闲吗？让少女在柴火的照耀下织布，读书人借助雪的反光来读书，这又做得成什么事呢？草木的果实含有油脂，但它不会自己流出来，要凭借水火、木石来加工，才能倾注而出。人的这些聪明和技巧，不知是受教于哪个圣贤而得来的。

人间负重致远，恃有舟车。乃车得一铢而辖转[1]，舟得一石而罅完[2]，非此物之为功也不可行矣。至菹蔬之登釜也[3]，莫或膏之，犹啼儿之失乳焉。斯其功用一端而已哉？

【注释】

①铢：古代重量单位。二十四铢等于一两。辖：车键，插入轴端孔穴、固定车轮和车轴的销钉。

②罅（xià）：缝隙。

③菹（zū）：酸菜。

【译文】

人们运东西到别处去，靠的是船和车。车轴有了少量的油润滑，车轮就能灵活转动；船身有了一石的油灰，缝隙就可以全部填补好。没有油脂起作用，船和车就通行不了。至于酸菜和蔬菜的烹调，如果没有油，就好比婴儿没有奶吃。这样看来，油脂的功用何止一个方面呢？

油品

凡油，供馔食用者，胡麻、一名脂麻。莱菔子、黄豆、菘菜子一名白菜。为上①，苏麻、形似紫苏，粒大于胡麻。芸薹子江南名菜子。次之②。茶子其树高丈余，子如金罂子，去肉取仁。次之③，苋菜子次之④，大麻仁粒如胡荽子，剥取其皮，为绁索用者。为下⑤。

【注释】

①胡麻：即芝麻（脂麻）。脂麻科，一年生草本。据说是汉朝张骞从大宛引种来的。种子含有丰富的麻油，又称香油，属不干性油。种子含油率：黄芝麻56.75%，白芝麻52.75%，黑芝麻51.40%。莱菔（fú）：即萝卜。十字花科。种子含油率42%，属干性油。菘菜：即大白菜。十字花科。种子含油率36.6%。

②苏麻：即白苏。唇形科。种子含油率35%，属干性油。紫苏：唇形科。种子含油率32%～50%。芸薹（tái）：即油菜。十字花科。种子含油率39.9%～42.4%。李时珍《本草纲目》说："（芸薹）今人不识是何菜，珍访考之，乃今之油菜也。……收子……炒过榨油，黄色，燃灯甚明，食之，不及麻油，近人因有油利，种者亦广云。"

③茶：油茶。茶科，木本，油料植物。种子含油率30.1%。金罂子：即金樱子。蔷薇科，常绿蔓性灌木。

④苋菜：苋科，一年生草本。种子含油率7%。

⑤大麻：俗称“火麻”。大麻科，大麻属，一年生草本。种子含油率30%～35%，属干性油。胡荽（suī）：即元荽。伞形科植物。种子含油率17%～21%。

【译文】

食用油，以芝麻油、又名脂麻油。萝卜子油、黄豆油、大白菜子油为上品，苏麻油、苏麻子形状像紫苏，比芝麻大粒些。油菜子油、江南叫菜子。茶子油、茶树一丈多高，茶子像金樱子，去肉取仁。苋菜子油为次品，大麻仁油大麻种子像胡荽子，剥下来的皮可以搓绳索。为下品。

燃灯，则桕仁内水油为上[①]，芸薹次之，亚麻子陕西所种，俗名壁虱脂麻，气恶不堪食。次之[②]，棉花子次之，胡麻次之，燃灯最易竭。桐油与桕混油为下[③]。桐油毒气熏人，桕油连皮膜则冻结不清。

【注释】

①桕（jiù）：乌桕。大戟科，落叶乔木。种仁含油率64.8%，果肉含油率35.1%。桕油有三种：用桕子皮膜榨出的叫桕皮油，用核仁榨出的叫子油或水油，用整个桕子榨出的叫桕混油或木油。

②亚麻：亚麻科，一年生草本。有纤维用亚麻、油用亚麻和兼用亚麻三种，这里指的油用亚麻，种子含油率44%。

③桐：油桐。大戟科，落叶乔木。种仁含油率51.6%。桐油是重要的干性油，产量和质量都数我国第一。我国的桐油历史悠久，如唐陈藏器《本草拾遗》说：“罂子桐（油桐——引者按）子有大毒，压为油……毒鼠。”

【译文】

点灯，则以乌桕水油为上品，油菜子油其次，亚麻仁油、陕西所种的亚麻，俗名叫壁虱脂麻，气味差，不堪食用。棉子油、芝麻油点灯耗油量最大。又其次，桐油和柏混油则为下品。桐油毒气熏人，连皮膜榨出的柏混油冻结不清。

造烛，则柏皮油为上，蓖麻子次之[①]，柏混油每斤入白蜡冻结次之，白蜡结冻诸清油又次之，樟树子油又次之[②]，其光不减，但有避香气者。冬青子油又次之[③]，韶郡专用[④]，嫌其油少，故列次。北土广用牛油，则为下矣。

【注释】

①蓖麻：大戟科，一年生或多年生草本。种子含油率55%，种仁含油率69%。蓖麻油为不干性油，粘度大且随温度变化小，是很好的润滑剂。

②樟树：樟科，常绿乔木。种子含油率65.39%，种仁含油率62.8%。

③冬青：即铁冬青。冬青科，常绿乔木。种子含油率20.7%，属不干性油。

④韶郡：今广东韶关地区。

【译文】

制造蜡烛，则以柏皮油为上料，蓖麻子油、加白蜡凝结的柏混油其次，加白蜡凝结的各种清油又其次，樟树子油再其次，点灯光度不弱，但有人不喜欢它的香气。冬青子油差一些。韶郡才用，嫌其含油量少，列为次等。北方普遍用的牛油，则是下料了。

凡胡麻与蓖麻子、樟树子，每石得油四十斤。莱菔子每石得油二十七斤。甘美异常，益人五脏。芸薹子每石得三十斤，其耨勤而地沃、榨法精到者[①]，仍得四十斤。陈历一年，则空内而无油。茶子每石得油一十五斤。油味似猪脂，甚美，其枯则止可种火及毒鱼用[②]。桐子仁每石得油三十三斤。柏子分打时，皮油得二十斤、水油得十五斤，混打时共得三十三斤。此须绝净者。冬青子每石得油十二斤。黄豆每石得油九斤。吴下取油食后③，以其饼充豕粮。菘菜子每石得油三十斤。油出清如绿水。棉花子每百斤得油七斤。初出甚黑浊，澄半月清甚。苋菜子每石得油三十斤。味甚甘美，嫌性冷滑。亚麻、大麻仁每石得油二十余斤。

【注释】

①耨（nòu）：锄草。

②枯：油料作物果籽榨油后剩余的渣滓。

③吴下：吴国这块地区。相当于今江苏、上海大部和安徽、浙江的一部分。下，指所在之处。

【译文】

芝麻和蓖麻子、樟树子，每石可榨油四十斤。萝卜子每石可榨油二十七斤。味道很好，益人五脏。油菜子每石可榨油三十斤，如果除草勤、土壤肥、榨法又好的话，也可榨四十斤。放置一年，籽实内空而无油。茶子每石可榨油十五斤。油味像猪油一样好，但枯饼只能用来引火和毒鱼。桐子仁每石可榨油三十三斤。桕树子核和皮膜分榨时，可得皮油二十斤、水油十五斤，混榨时则可得桕混油三十三斤。子、皮都必须干净。冬青子每石可榨油十二斤。黄豆每石可榨油九斤。江浙一带取豆油食用，豆枯饼则为猪饲料。大白菜子每石可榨油三十斤。油出清如绿水。棉花子每百斤可榨油七斤。刚榨出时油很黑浊，放置半个月后就很清了。苋菜子每石可榨油三十斤。味甘可口，但嫌冷滑。亚麻仁、大麻仁每石可榨油二十多斤。

此其大端。其他未穷究试验、与夫一方已试而他方未知者，尚有待云。

【译文】

以上只是说个大概而已。至于其他油料及其榨油率,因未做深入考察和试验,或者已在某个地方试验过而尚未推广的,就有待以后补述了。

法具[①]

凡取油,榨法而外,有两镬煮取法[②],以治蓖麻与苏麻;北京有磨法,朝鲜有舂法,以治胡麻。其余则皆从榨出也。

【注释】

①法具:此指榨油的器具。

②镬(huò):锅。

【译文】

制油,除榨法之外,还有两锅煮取法用来制蓖麻油和苏麻油;北京用磨法,朝鲜用舂法,用来制取芝麻油。其余的油都是用榨法制取。

凡榨,木巨者围必合抱,而中空之。其木樟为上,檀与杞次之(图79)[①]。杞木为者妨地湿则速朽。此三木者脉理循环结长[②],非有纵直文,故竭力挥椎,实尖其中,而两头无璺拆之患[③],他木有纵文者不可为也。中土、江北少合抱木者,则取四根合并为之,铁箍裹定,横拴串合,而空其中,以受诸质,则散木有完木之用也。凡开榨[④],空中其量随木大小,大者受一石有余,小者受五斗不足。凡开榨,辟中,凿划平槽一条,以宛凿入中,削圆上下,下沿凿一小孔,剛一小槽[⑤],使油出之时流入承藉器中。其平槽约长三四尺,阔三四寸,视其身而为之,无定式也。实槽尖与枋[⑥],唯檀木、柞子木两

图79　南方榨

者宜为之，他木无望焉。其尖过斤斧而不过刨，盖欲其涩，不欲其滑，惧报转也。撞木与受撞之尖皆以铁圈裹首，惧披散也。

【注释】

①杞（qǐ）：杞柳。优质木材。古代常用杞、梓比喻优秀人才。

②结：盘旋。

③璺（wèn）：裂纹。坼（chè）：裂开。

④开榨：这里指做榨具，而不是指开始榨油。以下同。

⑤剸（xī）：削。

⑥枋（fāng）：类似楔子的一种矩形木。

【译文】

榨要用两臂抱围粗的木材来做，把中间挖空。用樟木做最好，檀木与杞木差一些。杞木怕潮湿易腐朽。这三种木材纹理都是扭曲的，没有直纹，所以把尖楔插在其中并尽力捶打时，两头不会裂开，其他有直纹的木则不适用。中原、江北很少有两臂抱围的大树，可用四根木拼合起来，用铁箍箍紧，再用横栓串合起来，挖空中间，以便放油料，这样就可把散木当作完木使用了。做榨时，榨的中间挖空多少要看木料的大小，大的可容一石多油料，小的装不了五斗。做榨时，要在中空部分凿开一条平槽，用弯凿削圆，再在下沿凿一个小孔，削一条小槽，使榨出的油能流入接收器中。平槽约长三四尺，宽三四寸，大小根据榨身而定，没有一定的格式。插入槽里的尖楔和枋木都要用檀木或柞木来做，其他木料不合用。尖楔用刀斧砍成而不过刨，因为要它粗糙而不要它光滑，以防滑出。撞木和尖楔都要用铁圈箍住头部以防披散。

榨具已整理，则取诸麻、菜子入釜，文火慢炒，凡柏桐之类属树木生者，皆不炒而碾蒸。透出香气，然后碾碎受蒸。凡炒诸麻、菜子，宜铸平底锅，深止六寸者，投子仁于内，翻拌最勤（图80）。若釜底太深，翻拌疏慢，则火候交伤，减丧油质。炒锅亦斜安灶上，与蒸锅大异。

图80　炒蒸油料

【译文】

榨具准备好了，就可将麻子或菜子之类的油料放入锅内，用文火慢炒，凡属木本的柏、桐之类的籽实，都碾碎后蒸而不必炒。到透出香气时就取出，碾碎，入蒸。炒麻子、菜子用六寸深的平底锅比较合适，将子仁放入锅内不断翻拌。如果锅太深，翻拌又少，就会因受热不均匀而降低油的产量和质量。炒锅斜放在灶上，跟蒸锅大不一样。

凡碾埋槽土内[1]，木为者以铁片掩之。其上以木竿衔铁砣，两人对举而推之。资本广者则砌石为牛碾，一牛之力可敌十人。亦有不受碾而受磨者，则棉子之类是也。

【注释】

①碾（niǎn）：一种研磨工具。

【译文】

碾槽埋在土内，木做的要用铁片覆盖。用一根木杆穿过铁砣的圆心，两人相对一齐推碾。资本雄厚的则用石块砌成牛碾，一头牛力可顶十个人力。有的籽实，例如棉子之类，只用磨而不用碾。

既碾而筛，择粗者再碾，细者则入釜甑受蒸[1]。蒸气腾足，取出，以稻秸与麦秸包裹如饼形。其饼外圈箍，或用铁打成，或破篾绞刺而成，与榨中则寸相稳合。

【注释】

⑩甑（zèng）：一种蒸煮工具，有如现代的蒸笼。

【译文】

碾了之后，过筛，粗的再碾，细的放入甑里蒸。当蒸汽升腾足够多时取出，用稻秆或麦秆包裹成大饼。饼外围的箍用铁打成或用竹篾绞成，要与榨中空隙的尺寸相符合。

凡油原因气取[①]，有生于无。出甑之时，包裹怠缓，则水火郁蒸之气游走[②]，为此损油。能者疾倾、疾裹而疾箍之，得油之多，诀由于此。榨工有自少至老而不知者。包裹既定，装入榨中，随其量满，挥撞挤轧，而流泉出焉矣。包内油出滓存，名曰枯饼。凡胡麻、莱菔、芸薹诸饼，皆重新碾碎，筛去秸芒，再蒸、再裹而再榨之，初次得油二分，二次得油一分。若柏、桐诸物，则一榨已尽流出，不必再也。

【注释】

①凡油原因气取：这有点像水蒸气蒸馏。原意是说，油是用气取出来的。道理在于油料要在高温高湿的环境下，才能使蛋白质变性凝固，进而使油分解脱吸附而流出。

②郁：蕴结。

【译文】

油是用蒸汽提取的，“有形”生于“无形”。出甑时如果包裹太慢，就会使一部分闷热的蒸汽逸散，出油率便降低了。技术熟练的人能够做到快倒、快裹、快箍，得油多的诀窍就在这里。有的榨工从少做到老都还不明白这个诀窍。包裹好了，就可装入榨中，装满后，挥动撞木把尖楔打进去挤压，油就像泉水一样流出来了。包裹里剩下的渣滓叫作枯饼。芝麻、萝卜子、油菜子等枯饼都要重新碾碎，筛去茎秆和壳刺，再蒸、再包和再榨，初榨得油二份，二榨得油一份。柏子、桐子之类则一榨油已全部流出，不必再榨了。

若水煮法[①]，则并用两釜。将蓖麻、苏麻子碾碎，入一釜中，注水滚煎，其上浮沫即油。以杓掠取，倾于干釜内，其下慢火熬干水气，油即成矣。然得油之数毕竟减杀。

【注释】

①水煮法：即以水代油法，是跟蒸榨法并行的制油工艺。两者出油率相当。

【译文】

水煮法，同时使用两个锅。将蓖麻子或苏麻子碾碎，放入一个锅中，加水煮沸，上浮的泡沫便是油。用勺子撇取，倒入另一个干锅中，用慢火熬干水分，便可得到油。不过，这种方法得油量毕竟有所减少。

北磨麻油法，以粗麻布袋捩绞，其法再详。

【译文】

北京用磨法制取麻油，是把磨过的芝麻子装在粗麻布袋里扭绞的，具体方法以后再说。

皮油

凡皮油造烛，法起广信郡[①]。其法取洁净柏子，囫囵入釜甑蒸，蒸后倾于臼内受舂（图81）。其臼深约尺五寸。碓以石为头[②]，不用铁嘴。石取深山结而腻者[③]，轻重斫成限四十斤，上嵌衡木之上而舂之。其皮膜上油尽脱骨而纷落，挖起，筛于盘内，再蒸，包裹入榨，皆同前法。皮油已落尽，其骨为黑子。用冷腻小石磨不惧火煅者，此磨亦从信郡深山觅

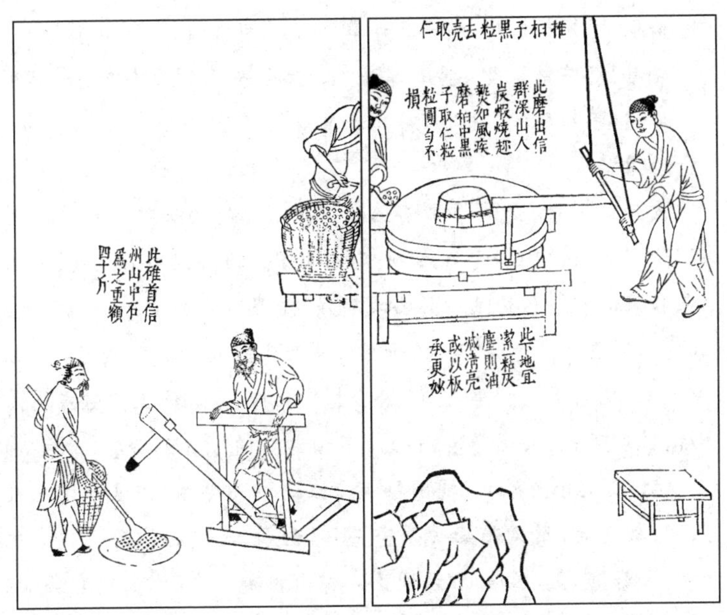

图81　舂磨柏子

取。以红火矢围壅煅热，将黑子逐把灌入疾磨。磨破之时，风扇去其黑壳，则其内完全白仁，与梧桐子无异[④]。将此碾、蒸、包裹、入榨，与前法同。榨出水油，清亮无比。贮小盏之中，独根心草燃至天明[⑤]，盖诸清油所不及者。入食馔即不伤人，恐有忌者，宁不用耳。

【注释】

①广信郡：今江西上饶。

②碓以石为头：涂本“头”作“身”，误。碓身是木制的，碓头才是石制的。

③腻：滑腻，细腻。

④梧桐：梧桐科植物，种子含油率39.7%，可榨油。

⑤心草：灯芯草。多年生草本植物。茎细长、直立，叶狭长。茎可用以造纸、织席，其中心部分用作油灯的灯心。

【译文】

用皮油造蜡烛，是广信郡创始的。把洁净的桕子整个放入甑里去蒸，蒸好后倒入臼内舂捣。臼约一尺五寸深。碓头是用石造的，不用铁嘴。采取深山中坚实而细滑的石块斫成，重量限定四十斤，上部嵌在平衡木的一端，便可以舂捣了。桕子核外皮膜上的油蜡层舂过之后全部脱落，挖起来，把它筛入盘里再蒸，然后包裹入榨，方法同上。这样把皮油脱净后，就剩下核，即黑子。用一座不怕火烧的冷滑小石磨，这种石磨也是从广信郡的深山中找到的。周围堆满烧红的炭火烘热，将黑子逐把投入快磨。磨破之后，用风扇扇去黑壳，剩下的白仁，跟梧桐子一样。把白仁碾碎、入蒸、包裹、压榨，方法同上。榨出的油叫作“水油”，非常清亮。装入小灯盏中，用一根灯芯草就可点到天亮，其余的清油都比不上它。拿它来食用并不伤人，但有些人忌怕，宁可不吃算了。

其皮油造烛，截苦竹筒两破[①]，水中煮涨，不然则粘带。小篾箍勒定，用鹰嘴铁杓挽油灌入，即成一枝。插心于内，顷刻冻结，捋箍开筒而取之[②]。或削棍为模，裁纸一方，卷于其上，而成纸筒，灌入亦成一烛。此烛任置风尘中，再经寒暑，不敝坏也。

【注释】

①苦竹：亦称伞柄竹。禾本科。秆圆筒形，高达四米，下部数节间长25～40厘米，直径约15毫米。笋味苦，不能食用。产于我国长江流域。

②捋（luō）：以手握物，顺移脱取。

【译文】

用皮油造烛的方法是：把苦竹筒破成两半，放在水里煮涨，否则会粘带皮油。用小篾箍固定，用尖嘴铁勺装油灌入筒内，再插入烛心，便成一支蜡烛。过一会儿，蜡冻结了，顺筒捋脱篾箍，打开竹筒，取出蜡烛。另一种方法是把小木棒削成蜡烛的模型，裁一张纸，卷在模上做成纸筒。然后将皮油灌入纸筒，也就结成一支蜡烛。这种蜡烛无论是风吹尘盖，还是过冬度暑，都不会变坏。

杀青第十三卷

【题解】

本卷讲造纸。杀青，语本《后汉书·吴佑列传》："恢欲杀青简以写经书。"李贤注："以火炙简令汗，取其青易书，复不蠹，谓之杀青，亦谓汗简。"意思是说，古人著书，初稿书于青竹皮上，取其易于改抹，改定后再削去青皮，书于竹白，谓之杀青。作者把杀青看作是造竹纸的第一道工序——浸竹去青。他说："浸至百日之外，加工槌洗，洗去粗壳与青皮，是名杀青。"进而把杀青看成是造纸的同义词。

本卷第一次比较系统而完整地记述了竹纸和皮纸的制造工艺和性质用途。对于造纸过程（砍竹或剥树皮、漂浸、发酵、蒸煮、捣碎、抄纸、压干和烘干等）和造纸工具（漂塘、楻桶、抄纸帘、纸槽和焙炉等）都有较详细的记述。对于再生纸（还魂纸）也有提及。

造纸术是中国古代四大发明之一。据《后汉书·宦者列传》记载，东汉蔡伦在元兴元年（105）向汉和帝奏报用树皮造纸获得成功。这比西汉用麻造纸有进步，造纸技术和纸张质量也有提高，这种纸基本上达到了书写的要求而成为文字和文化的载体。从贡献和影响来看，说蔡伦发明造纸术是可以的，尽管他不是纸的始创者。这个例子充分说明，在持续的"天工开物"中，科技创造与创新是永恒的主题，它永远是科技进步造福人类的永恒动力。

宋子曰：物象精华，乾坤微妙，古传今而华达夷，使后起含生[①]，目授而心识之[②]，承载者以何物哉？君与民通，师将弟命[③]，冯藉呫呫口语[④]，其与几何？持寸符[⑤]，握半卷，终事诠旨[⑥]，风行而冰释焉。覆载之间之藉有楮先生也[⑦]，圣顽咸嘉赖之矣。身为竹骨与木皮，杀其青而白乃见[⑧]，万卷百家，基从此起。其精在此，而其粗效于障风护物之间。事已开于上古，而使汉、晋时人擅名记者[⑨]，何其陋哉！

【注释】

①含生：泛指有生命者。

②识（zhì）：记住。

③师将弟命：师父把课业传授给弟子。

④呫呫（chè）：喋喋不休。

⑤符：古代朝廷用来传达命令或调兵遣将的凭证。上书文字。用金、玉、铜或竹、木制成整体后对半剖开，各执一半，用时相合以为征信。

⑥诠旨：解释事理。

⑦覆载：指天地。藉（jiè）：凭借。楮（chǔ）先生：纸的别名。语出韩愈《昌黎集三六·毛颖传》。该传以物拟人，称笔为毛颖，称纸为楮先生。

⑧见（xiàn）：同“现”。显现。

⑨事已开于上古，而使汉、晋时人擅名记者：作者的根据不知何在，无从查考。从古文献和考古发掘来看，在蔡伦之前确实已经有纸了。应劭《风俗通》说：25年，汉光武帝迁都洛阳时，载素（缣帛）、简（木、竹简）、纸（丝纸和麻纸）的车子就有两千辆。范晔《后汉书》卷三十六说：约76年，贾逵发给太学生每人一部分写在

简上和纸上的《春秋左传》。西汉坝桥有了麻纸。105年,蔡伦对造纸原料和方法做了革命性的改进,从此纸成为文字和文化的载体,才使纸开始逐渐普及起来,乃至使纸完全取代了简。因此,蔡伦的功绩是不容抹杀的。当然,也不要夸大。

【译文】

物象的精华,天地的微妙,从古代传到现在,出中原抵达边疆,使后来人能够通过阅读一目了然,那是用什么东西记载下来的呢?君主与百姓往来交接,老师传道授业给学生,如果只凭喋喋不休的口语,又能解决多少问题呢?只要有一寸符文或半册课本,把有关事物的道理阐述清楚,就能使命令雷厉风行,疑难也会像冰雪融化一样地消释。世上有了纸之后,聪明和愚钝的人都受益不浅。纸是用竹骨和树皮造成的,除去青皮造成了白纸,诸子百家的万卷图书才有了书写和印刷的物质基础。精细的纸用在这方面,而粗糙的纸则用来挡风和包装。造纸的事早在上古就发生了,但有人却把它说成是汉、晋时某个人所发明,这种见识多么浅陋啊!

纸料

凡纸质,用楮树一名榖树。皮与桑穰、芙蓉膜等诸物者为皮纸[①],用竹麻者为竹纸。精者极其洁白,供书文、印文、柬启用;粗者为火纸、包裹纸[②]。

【注释】

①桑穰(ráng):桑树的第二层皮,俗称桑白皮。芙蓉膜:木芙蓉的树皮。木芙蓉,锦葵科灌木。

②火纸:祭祀用纸,如纸钱之类。

【译文】

用楮树、一名榖树。桑树、木芙蓉等的二层皮造的纸叫皮纸，用竹麻造的纸叫竹纸。精细的纸非常洁白，用来书写、印刷和做柬帖；粗糙的纸则用作火纸和包装纸。

所谓杀青，以斩竹得名[1]；汗青以煮沥得名；简即已成纸名。乃煮竹成简，后人遂疑削竹片以纪事，而又误疑韦编为皮条穿竹札也[2]。秦火未经时，书籍繁甚，削竹能藏几何？如西番用贝树造成纸叶，中华又疑以贝叶书经典，不知树叶离根即憔，与削竹同一可哂也[3]。

【注释】

①所谓杀青，以斩竹得名：联系《造竹纸》一节所说："浸至百日之外，加工槌洗，洗去粗壳与青皮（是名杀青）"，可见作者对杀青一词已赋予了新的涵义，即不再是指刮去竹简上的竹皮，而是指造纸的第一、二道工序——砍竹、去青。

②韦（wéi）编：古代在发明纸之前用竹简写书，而竹简是用皮绳编缀的，所以叫韦编。韦，柔皮，去毛熟治的皮革。

③"如西番用贝树造成纸叶"四句：西番，又作西蕃，一般是古代西部少数民族聚居地区的泛称。这里可能是特指印度。贝树，又叫贝多树或贝多罗树，是梵文的音译。它的叶子叫贝叶，古代印度用来写佛经。作者否认古代中国用竹简记事和古代印度用贝叶写经，这是不符合历史事实的。憔（qiáo），枯槁。哂（shěn），讥笑。

【译文】

所谓"杀青"，是从斩竹去青而得到的名称；"汗青"则是从煮沥而得到的名称；"简"便是已经造成的纸。居然煮竹能成"简"，后人就猜测削竹片可以记事,还误以为古代书册是用皮条穿编竹简而成的。秦始皇焚书以前,已经有很多书籍,如果用竹简,能容纳得下多少文字呢?西域一带用贝树叶造成纸叶,我国又有人猜测可以用贝树叶书写经文。他们不懂得树叶离根即枯的道理,这跟削竹记事的说法是同样可笑的。

造竹纸

凡造竹纸,事出南方[①],而闽省独专其盛。当笋生之后,看视山窝深浅,其竹以将生枝叶者为上料[②]。节界芒种[③],则登山砍伐。截断五七尺长,就于本山开塘一口,注水其中漂浸(图82)[④]。恐塘水有涸时[⑤],则用竹枧通引[⑥],不断瀑流注入。浸至百日之外,加工槌洗,洗去粗壳与青皮,是名杀青。其中竹穰形同苎麻样。用上好石灰化汁涂浆,入楻桶下煮[⑦],火以八日八夜为率(图83)[⑧]。

【注释】

①凡造竹纸,事出南方:关于我国竹纸起源的时间问题,目前尚有争议。据宋赵希鹄《洞天清禄集》:"南纸用竖帘,纹必竖。若二王真迹,多是会稽竖纹竹纸。"又据潘吉星说:故宫博物院所藏晋朝王羲之《雨后帖》和其子王献之《中秋帖》所用纸都是竹类纤维,可以推知早在东晋浙江绍兴一带就有竹纸了。再据唐李肇《国史补》"纸则有……韶之竹纸",可知广东韶关在唐朝中叶也有竹纸了。

②"当笋生之后"三句:山窝浅的,当阳,竹茎小而易老,宜早砍。山窝深的,背阳,竹茎大而嫩,可迟点砍。竹笋将"生枝叶",江西奉新人叫"生蚊子咀"。以一托支为上料。三托支也可用。

图82　斩竹漂塘

图83　煮楻足火

③芒种：二十四节气之一。在阳历6月上旬。这是江西每年砍竹造纸的时间。广东南雄则要早一些，在立夏前后三天砍竹。

④注：涂本作"汪"，据杨素卿刊本改。

⑤涸（hé）：干枯。

⑥枧（jiǎn）：引水的渡槽或导管，木制或竹制。

⑦楻（héng）桶：蒸煮用的大木桶。

⑧率（lǜ）：标准。

【译文】

竹纸是南方制造的，以福建为最多。当竹笋生出后，到山窝察看竹林长势，将要生枝叶的嫩竹是造纸的上料。每年到芒种节令，便上山砍竹。把嫩竹截成五到七尺一段，就地开一口山塘，灌水漂浸。为了避免塘水干涸，用竹枧引水流入。浸到一百天开外，把竹取出，用木棒槌打，洗掉粗壳与青皮，这一工序叫作杀青。竹穰就像苎麻一样。再用优质石灰浆拌和，放入楻桶，煮八天八夜。

凡煮竹，下锅用径四尺者，锅上泥与石灰捏弦，高阔如广中煮盐牢盆样[①]，中可载水十余石。上盖楻桶，其围丈五尺，其径四尺余。盖定受煮，八日已足。歇火一日，揭楻取出竹麻，入清水漂塘之内洗净。其塘底面、四维皆用木板合缝砌完，以妨泥污[②]。造粗纸者不须为此。洗净，用柴灰浆过，再入釜中，其上按平，平铺稻草灰寸许。桶内水滚沸，即取出别桶之中，仍以灰汁淋下。倘水冷，烧滚再淋。如是十余日，自然臭烂。取出入臼受舂，山国皆有水碓。舂至形同泥面，倾入槽内。

【注释】

①广中：据清屈大均《广东新语》的材料推断，广中泛指广东中部沿海地区。牢盆：煮盐器。李时珍《本草纲目·石部五》“食盐”条引苏颂曰：“煮盐之器，汉谓之牢盆。”汉武帝开始实行盐铁官营政策。因此，《汉书·食货志》有“官与牢盆”（盐官发放牢盆）的说法。

②妨：通“防”。

【译文】

煮竹麻的锅，直径四尺，用粘土调石灰加高锅的边沿，使其高度和宽度类似广东中部沿海地区煮盐的牢盆那样，里面可容十多石水。上面盖上周长一丈五尺、直径四尺多的楻桶。竹料加入锅和楻桶中，煮八天就够了。停止加热一天后，揭开楻桶，取出竹麻，放到清水塘里漂洗干净。

漂塘底部和四周都用木板合缝砌好，以防止沾染泥污。造粗纸时不必如此。竹麻洗净后，用柴灰水浆过，再放入锅内，按平，铺上一寸厚的稻草灰。煮沸之后，就把竹麻移入另一桶中，继续用草木灰水淋洗。灰水冷了，要煮沸再淋。这样经过十多天，竹麻自然会糜烂发臭。把它拿出来放入臼内，山区都有水碓。舂成泥状，倒入抄纸槽内。

凡抄纸槽，上合方斗，尺寸阔狭，槽视帘，帘视纸。竹麻已成，槽内清水浸浮其面三寸许，入纸药水汁于其中[①]，形同桃竹叶，方语无定名。则水干自成洁白。

【注释】

①纸药水汁：根据作者所说“形同桃竹叶，方语无定名”和近代江西奉新土法造纸实践来看，这很可能是指山苍子（又叫山鸡椒或木姜子）。樟科，灌木或小乔木。叶互生，纸质，长矩圆形到披针形，很像桃竹叶，叶背绿带苍白色，果基生，种子如胡椒子大，含油率40%，梗、叶、花、果都有香气。奉新土语叫它羊桃，常用作纸药。一般是采叶子用水煮一段时间后，再加石灰煮二十四个小时，便可用作纸药水汁了。明末清初方以智在《物理小识》卷八中所说的“广信用羊桃藤水皆取其滑”，指的是洋桃梨，即中华猕猴桃，它是把藤用冷水浸出胶汁来的。纸药水汁，实质上是一种植物胶水，用作纸浆的黏结剂和漂浮剂，使纸能抄成张，且不渗墨水。

【译文】

抄纸槽像个方斗，大小由抄纸帘来定，帘又由纸张来定。竹麻做成后，槽内放置清水，水面高出竹浆三寸左右，加入纸药水汁，这种纸药植物的叶子很像桃竹，各地名称不一样。这样抄成的纸干后很洁白。

凡抄纸帘，用刮磨绝细竹丝编成①。展卷张开时，下有纵横架匡②。两手持帘入水，荡起竹麻，入于帘内（图84）。厚薄由人手法，轻荡则薄，重荡则厚。竹料浮帘之顷，水从四际淋下槽内，然后覆帘，落纸于板上，叠积千万张（图85）。数满，则上以板压，俏绳入棍，如榨酒法，使水气净尽流干。然后，以轻细铜镊逐张揭起、焙干③。

【注释】

①凡抄纸帘，用刮磨绝细竹丝编成：竹丝（无节）和间隙各约有一毫米宽，由蚕丝缠定。使用前最好先浸过几次生漆，以资耐用。

图84　荡料入帘

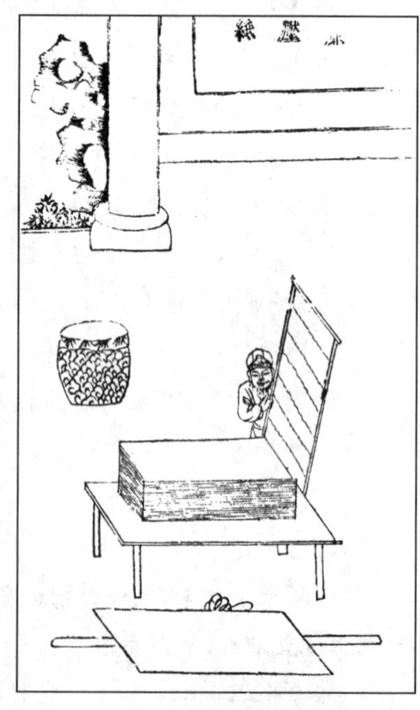

图85　覆帘压纸

②匡：同“框”。

③焙：烘。

【译文】

抄纸帘是用刮磨得极细的竹丝编成的。展开时，下面有木框托住。两只手拿着抄纸帘伸入水中，荡起竹浆入帘。纸的厚薄由人的手法决定：轻荡则薄，重荡则厚。提起抄纸帘，水便从帘眼淋回抄纸槽，然后把帘网翻转，让纸落到木板上，叠积成千上万张。数目够了，就压上一块木板，捆上绳子，插进棍子，绞紧，用类似榨酒的方法把水分压干。然后用小铜镊把纸逐张揭起、烘干。

凡焙纸，先以土砖砌成夹巷，下以砖盖巷地面，数块以往，即空一砖。火薪从头穴烧发，火气从砖隙透巷，外砖尽热。湿纸逐张贴上焙干，揭起成帙（图86）。

【译文】

烘纸时，先用土砖砌两堵墙形成夹巷，底下用砖盖火道，每隔几块砖就留一空位。火在巷头的炉口燃烧，热气从留空的砖缝透出而充满整个夹巷，外壁的砖全都热了。把湿纸逐张贴上去烘干，揭下来放成一叠。

近世阔幅者，名大四连，一时书文贵重。其废纸，洗去朱墨污秽，浸烂，入槽再造，全省从前煮浸之力，依然成纸，耗亦不多。南方竹贱之国，不以为然。北方即寸条片角在地，随手拾取再造，名曰还魂纸。竹与皮，精与粗，皆同之也。若火纸、糙纸，斩竹煮麻，灰浆水淋，皆同前法。唯脱帘之后，不用烘焙，压水去湿，日晒成干而已。盛唐时，鬼神事繁，以纸钱代焚帛。北方用切条，名曰板钱。故造此者，名曰火

图86　透火焙干

纸。荆楚近俗，有一焚侈至千斤者。此纸十七供冥烧[①]，十三供日用。其最粗而厚者，名曰包裹纸，则竹麻和宿田晚稻稿所为也[②]。若铅山诸邑所造柬纸[③]，则全用细竹料厚质荡成，以射重价[④]。最上者曰官柬，富贵之家，通刺用之[⑤]，其纸敦厚而无筋膜。染红为吉柬，则先以白矾水染过，后上红花汁云。

【注释】

①十七：十分之七。冥（míng）烧：为祭祀而烧。冥，阴间。

②宿田：歇种庄稼的隔年田。稿：禾秆。

③铅山：今江西铅山。当时归广信府所辖，以出奏本纸（柬纸）出

名。明屠隆《纸笺》:“有奏本纸,出江西铅山。”明末清初方以智《物理小识》卷八:“柬纸则广信为佳,即奏本也。”

④射:谋取。

⑤刺:名片。古代在竹简上刺上名字,所以叫刺。后来改用长方形纸片,上面印有本人姓名、职位等。

【译文】

近来生产一种阔幅的纸,名叫大四连,用来书写,显得贵重。废纸可以洗去朱墨,浸烂之后,入抄纸槽再造,节省了浸竹和煮竹等工序,依然成纸,损耗不多。南方竹子多而贱,用不着这样做。北方即使是寸条片角的纸丢在地,也要随手拾起来再造,这种纸叫作还魂纸。竹纸与皮纸,精细的纸与粗糙的纸,都是用上述方法制造的。至于火纸与粗纸,斩竹、煮竹麻、用柴灰浆、用稻草灰水淋等工序都和前面讲过的相同。只是脱帘之后不必烘焙,压干水分后放在阳光底下晒干就成了。盛唐时期,时兴拜神祭鬼,祭祀时烧纸钱而不再烧帛。北方则用切条,名为板钱。这种纸因而叫火纸。湖南、湖北一带近来风俗,有浪费到一次烧火纸上千斤的。这种纸十分之七用于祭祀,十分之三供日用。其中最粗糙的厚纸叫作包裹纸,是用竹麻和隔年晚造稻草制成的。铅山等县出产的柬纸,完全是用细竹料加厚抄成的,可以谋取高价。其中最上等的称为官柬纸,供富贵人家做名片用,这种纸厚实而没有粗筋。若把它染红用作办喜事的红帖,就要先用明矾水浸过,再染上红花汁。

造皮纸

凡楮树取皮,于春末夏初剥取。树已老者,就根伐去,以土盖之。来年再长新条,其皮更美。

【译文】

剥取楮树皮在春末夏初进行。树已老的，就近根部把它砍掉，再盖上土。第二年又会长出新枝，它的皮更好。

凡皮纸，楮皮六十斤，仍入绝嫩竹麻四十斤，同塘漂浸，同用石灰浆涂，入釜煮糜。近法省啬者，皮、竹十七而外，或入宿田稻稿十三，用药得方，仍成洁白。凡皮料坚固纸，其纵文扯断如绵丝，故曰绵纸。衡断且费力。其最上一等，供用大内糊窗格者[①]，曰棂纱纸[②]。此纸自广信郡造，长过七尺，阔过四尺。五色颜料，先滴色汁，槽内和成，不由后染。其次曰连四纸[③]。连四中最白者曰红上纸。皮名而竹与稻稿参和而成料者，曰揭帖呈文纸[④]。芙蓉等皮造者，统曰小皮纸，在江西则曰中夹纸。河南所造，未详何草木为质，北供帝京，产亦甚广。又桑皮造者曰桑穰纸，极其敦厚，东浙所产，三吴收蚕种者必用之[⑤]。凡糊雨伞与油扇，皆用小皮纸。

【注释】

①大内：皇宫。

②棂（líng）：窗子或栏杆雕有花纹的木格。

③连四纸：二等皮纸。色白质细，经久不变。多用于贵重书籍、碑帖、书画扇面等。今也叫连史纸。

④揭帖：明朝内阁直达皇帝的一种机密文件。私人启事也可叫揭帖。

⑤三吴：泛指江南吴地，例如苏州、杭州、湖州、上海等地。即今江浙一带。

【译文】

制造皮纸，用楮树皮六十斤、嫩竹麻四十斤，一起放在塘里漂浸，然后涂上石灰浆，放入锅中煮烂。近来有比较经济的办法，就是十分之七用树皮、竹麻，或者十分之三用隔年稻草制造，如果纸药水汁下得适当，纸质也很洁白。坚固的皮纸，扯断纵纹就像丝绵一样，因此叫作绵纸。要把它横着扯断更不容易。其中最好的一种叫棂纱纸，供皇宫用来糊窗。这种纸是广信郡造的，长七尺多，宽四尺多。其多样的颜色是先将色料放进抄纸槽内染成的，而不是做成纸后才染色。其次是连四纸，其中最洁白的叫红上纸。还有名义上是用楮树皮而实际上是用竹子与稻草参和成料的纸，叫揭帖呈文纸。用木芙蓉等树皮造的统称为小皮纸，在江西则叫中夹纸。河南造的不知是用什么原料，这种纸供京城用，产地相当广。还有用桑皮造的叫桑穰纸，纸质特别厚，是浙江东部出产的，江浙一带收蚕种都必须用到它。糊雨伞和油扇则都用小皮纸。

凡造皮纸长阔者，其盛水槽甚宽，巨帘非一人手力所胜，两人对举荡成。若棂纱，则数人方胜其任。凡皮纸供用画幅，先用矾水荡过，则毛茨不起。纸以逼帘者为正面，盖料即成泥浮其上者，粗意犹存也。朝鲜白硾纸[①]，不知用何质料。倭国有造纸不用帘抄者，煮料成糜时，以巨阔青石覆于坑面，其下爇火[②]，使石发烧。然后用糊刷蘸糜，薄刷石面，居然顷刻成纸一张，一揭而起。其朝鲜用此法与否，不可得知。中国有用此法者，亦不可得知也。永嘉蠲糨纸亦桑穰造[③]。四川薛涛笺[④]，亦芙蓉皮为料煮糜[⑤]，入芙蓉花末汁。或当时薛涛所指，遂留名至今。其美在色，不在质料也。

【注释】

①朝鲜白硾纸：明沈德符《万历野获编》卷二六："今中外所用纸，推高丽贡笺第一。厚逾五铢钱，白如截肪切玉。每番揭之为两，俱

可供用，以此又名镜面笺。”明末清初方以智《物理小识》卷八：“镜面高丽，则茧纸也。”由此可推知，朝鲜白硾纸可能是指镜面贡笺。

②爇（ruò）：点燃。

③永嘉蠲糨（juān jiàng）纸：即温州蠲纸，很负盛名。永嘉，今浙江温州。《永嘉县志》引宋程棨的《三柳堂杂记》说：“温州蠲纸，洁白坚滑……东南出纸处最多，此当第一。”

④薛涛笺：薛涛是唐朝女诗人，晚年居住在成都浣花溪。她写诗用的红色小纸，当时人们称它为薛涛笺。据元费著《蜀笺谱》说，薛涛笺是购制的：“涛躬撰深红小彩笺，时谓之薛涛笺。”今四川成都望江楼公园有一古迹“薛涛井”，相传是薛涛自制彩笺用的水井。

⑤芙蓉：落叶灌木或小乔木，花白色或淡红色，后变深红色。

【译文】

制造又长又宽的皮纸，所用的水槽很宽，纸帘很大，一个人干不了，需要两个人对抄。如果是棂纱纸，则需要几个人才行。凡是用来绘画和写条幅的皮纸，要先用明矾水浸过才不会起毛。贴近竹帘的一面为纸的正面，料泥都浮在上面，纸的反面就比较粗。朝鲜的白硾纸，不知道是用什么原料做的。日本有些地方造纸不用帘抄，做法是把纸料煮烂后，将宽大的青石放在坑上，下面烧火，使石发热，用刷子把纸浆薄薄地刷在青石面上，一揭就成一张纸。朝鲜是不是用这种方法造纸，不得而知。中国有没有用这种方法，也不清楚。永嘉蠲纸也是用桑树皮造的。四川的薛涛笺，是用木芙蓉皮作原料，煮烂，然后加入芙蓉花的汁，做成彩色的小幅信纸。这种做法可能是当时薛涛个人提出来的，所以名字流传到今天。这种纸的优点只是颜色好看，而不在于它的质料好。

五金第十四卷

【题解】

本卷讲冶金。五金，狭义指金、银、铜、铁、锡五种金属，广义则泛指各种金属。五金对应于阴阳五行，正如唐颜师古《汉书注》所言："金谓五色之金也。黄者曰金，白者曰银，赤者曰铜，青者曰铅，黑者曰铁。"由此可见，五金这一名称颇具中国传统特色。五金堪称为工业之母。唐僧齐己《谢人惠药》诗云："五金元造化，九炼更精新。"意思是说，五金原是天生的，经过人工冶炼后更加精纯。

本卷记述了金、银、铜、铁、锡、铅等包括黑色金属（铁及其合金）和有色金属两大类的开采、洗选、冶炼，以及合金、分金等技术，第一次记述了锌（倭铅）的冶炼技术。本卷提到了试金石及其作用，这是比色分析法和研磨分析法的鼻祖。

另外，还提到了提纯金属的分金炉：把杂有红铜和铅的银与硝混在一起，投入高炉之中，让红铜和铅被硝氧化而成炉渣后取得纯银，整套工序井然不紊。作者感叹道："人工、天工亦见一斑云。"由此可见，分金炉也是"天工开物"的精彩作品之一。

宋子曰：人有十等，自王、公至于舆、台，缺一焉，而人纪不立矣[①]。大地生五金，以利用天下与后世，其义亦犹是也。贵者千里一生，促亦五六百里而生。贱者舟车稍艰之国，其土必广生焉。黄金美者，其值去黑铁一万六千倍。然使釜鬵斤斧不呈效于日用之间[②]，即得黄金，直高而无民耳[③]。贸迁有无，货居《周官》泉府[④]，万物司命系焉[⑤]。其分别美恶而指点重轻，孰开其先，而使相须于不朽焉？

【注释】

①“人有十等”四句：语出《左传·昭公七年》。这十个等级是：王、公、大夫、士、皂、舆、隶、僚、仆、台。其中前四等是贵族，后六等是奴隶。人纪，人的立身处世之道。

②釜鬵（fǔ xín）：古代炊具，类似锅。斤斧：古代砍伐工具。

③直：同“值”。价值。

④《周官》泉府：《周礼》（最初叫《周官》，刘歆以后改称《周礼》）地官的属官，掌管国家税收、收购市上的滞销货物等。泉，古代钱币的名称。

⑤司命：古星名。原喻为掌管命运的神，这里指掌握命脉。

【译文】

人有十等，从王、公到舆、台，其中缺少一个等级，人的立身处世之道就建立不起来了。大地产生出五金，供人类及其后代使用。这两者的意义是一样的。贵金属，一千里之远才有一处出产，近的也要五六百里才有。贱金属，在交通稍为不便的地方，也到处都有。最好的黄金，价值比黑铁高一万六千倍。然而，如果没有铁制的釜鬵斤斧之类供人日用，即使有了黄金，也好比只有高官而没有百姓一样。金属铸成钱币，作为贸易的流通手段，由《周礼》所说的泉府一类官员掌管，以控制一切货物的命脉。是谁首先区别金属的好坏和贵贱，永远为人所用而相辅相成呢？

黄金

凡黄金为五金之长，熔化成形之后，住世永无变更。白银入洪炉虽无折耗，但火候足时，鼓鞴而金花闪烁[1]，一现即没，再鼓则沉而不现。惟黄金则竭力鼓鞴，一扇一花，愈烈愈现，其质所以贵也。

【注释】

①鞴（bài）：风箱。

【译文】

黄金是五金中最贵重的，熔化成型之后，永远没有变化。白银入洪炉虽无损耗，但当温度足够高时，用风箱鼓风只出现一次金花闪烁。只有黄金，用力鼓风一次，金花就闪烁一次，火越猛烈，金花越多，这是黄金之所以贵重的原因。

凡中国产金之区，大约百余处，难以枚举。山石中所出，大者名马蹄金，中者名橄榄金、带胯金，小者为瓜子金。水沙中所出，大者名狗头金，小者名麸麦金、糠金。平地堀井得者[1]，名面沙金，大者名豆粒金。皆待先淘洗后冶炼而成颗块。

【注释】

①堀（kū）：挖，掘。

【译文】

中国产金地区约有一百多处，难以一一列举。山石中出产的，大的叫马蹄金，中的叫橄榄金或带胯金，小的叫瓜子金。水沙中出产的，大的叫狗头金,小的叫麸麦金、糠金。平地挖井得到的叫面沙金,大的叫豆粒金。这些都要先淘洗后冶炼才成为颗状或块状的金子。

金多出西南[①]。取者穴山至十余丈,见伴金石[②],即可见金。其石褐色,一头如火烧黑状。水金多者出云南金沙江。古名丽水。此水源出吐蕃,绕流丽江府,至于北胜州[③],回环五百余里,出金者有数截。又川北潼川等州邑与湖广沅陵、溆浦等[④],皆于江沙水中淘沃取金。千百中间有获狗头金一块者,名曰金母,其余皆麸麦形。入冶煎炼,初出色浅黄,再炼而后转赤也。儋、崖有金田[⑤],金杂沙土之中,不必深求而得。取太频则不复产,经年淘炼,若有则限。然岭南夷獠洞穴中[⑥],金初出如黑铁落[⑦],深挖数丈得之黑焦石下[⑧]。初得时咬之柔软,夫匠有吞窃腹中者,亦不伤人[⑨]。河南蔡、巩等州邑[⑩],江西乐平、新建等邑,皆平地堀深井取细沙淘炼成,但酬答人功,所获亦无几耳。大抵赤县之内,隔千里而一生。《岭表录》云[⑪]:“居民有从鹅鸭屎中淘出片屑者,或日得一两,或空无所获。”此恐妄记也[⑫]。

【注释】

①金多出西南:这只反映当时的采金状况。根据近代采金实践证明,我国东北部和东部,如黑龙江漠河、山东招远,也是著名产金之地。山东栖霞金矿曾是元代最大的金矿。

②伴金石:金矿脉中伴生的黑褐色矿石,其主要成分有氧化亚铁(FeO)和氧化铜(CuO),又名黑焦石。北宋寇宗奭《本草衍义》卷五:“颗块金,即穴山或至百十尺,见伴金石,其石褐色,一头如

火烧黑之状，此定见金也，其金色深赤黄。”

③“此水源出吐蕃（bō）”三句：吐蕃，即今西藏，明时又称乌斯藏。丽江府，今云南丽江一带。北胜州，今云南永胜一带。

④潼川：今四川三台。沅陵、溆浦：湖南西部沅江上游的两个县。

⑤儋（dān）、崖：即儋州、崖州。今属海南。

⑥岭南夷獠：当时对岭南少数民族的蔑称。

⑦铁落：氧化铁屑。

⑧黑焦石：即伴金石。

⑨“初得时咬之柔软”三句：金比较柔软，用牙齿咬可现出痕迹。吞食极少量时并不伤人，但吞多了会堕穿肠胃致死。

⑩蔡、巩：即上蔡、巩县。今河南上蔡、巩义。

⑪《岭表录》：即唐刘恂著《岭表录异》。这是一部记载岭南物产的地理著作。原书已佚，后从《永乐大典》辑出，鲁迅有校本。

⑫“居民有从鹅鸭屎中淘出片屑者”四句：这是有可能的，不一定是“妄记”。

【译文】

黄金多数出产在西南。采金的人开矿十多丈深，看到伴金石，就可以找到金了。伴金石呈褐色，一头好像被火烧黑了似的。水金大多产于云南的金沙江。古名丽水。这条江发源于吐蕃，绕过丽江府，流到北胜州，迂回五百多里，其中有好几段产金。四川北部的潼川等州和湖广的沅陵、溆浦等县，也都可在江沙中淘得沙金。在千百次淘取中偶尔获得一块狗头金，这叫金母，其余的都是麦麸形状的金屑。金在冶炼时，最初呈浅黄色，再炼就转化为赤色。儋州和崖州都有金矿，金夹杂在沙土中，不必深挖就可得到。若淘取得太频繁，金就不会再产。一年到头老是淘炼，即使有也极其有限。岭南少数民族地区刚从洞穴里挖出来的金好像黑色氧化铁屑，这种金是挖几丈深后在黑焦石下找到的。金初采得时咬起来感到柔软，有的采金人偷偷地把它吞进肚子里去，也不会伤人。河南的上蔡和巩县一带，江西的乐平、新建等地，都是在平地开挖很深的矿井，取得细矿砂淘炼而得到金的，由于劳力消耗大，收获很少。我国大概要隔一千里才能找到一处金矿。《岭表录异》一书说："有人从鹅、鸭屎中淘取金屑，多的一天可得一两，少的则一无所获。"这个记载恐怕是虚妄不可信的。

凡金质至重[①]。每铜方寸重一两者，银照依其则寸增重三钱；银方寸重一两者，金照依其则寸增重二钱。凡金性又柔可屈折如枝柳。其高下色[②]，分七青、八黄、九紫、十赤，登试金石上[③]，此石广信郡河中甚多，大者如斗，小者如拳，入鹅汤中一煮，光黑如漆。立见分明。凡足色金参和伪售者，唯银可入，余物无望焉。欲去银存金，则将其金打成薄片剪碎，每块以土泥裹涂，入坩埚中鹏砂熔化[④]，其银即吸入土内，让金流出，以成足色。然后入铅少许，另入坩埚内，勾出土内银，亦毫厘具在也[⑤]。

【注释】

①凡金质至重：金的比重为19.3，银的比重为10.5，铜的比重为8.9。

②高下色：指成色有高低。足色金就是纯金。明曹昭等《新增格古要论》卷六："其色七青、八黄、九紫、十赤。以赤为足色金也。"明李时珍《本草纲目》第八卷："金有山金、沙金二种，其色七青、八黄、九紫、十赤。以赤为足色。"事实上，作为金的本色都是黄色，随着成色的由低到高而由浅到深，并不显青、紫、赤等本色。

③试金石：一种黑色的燧石，即含碳的硅质岩石。放入鹅汤中煮过能增强黑色光泽。将黄金样品在石面上划出条痕，通过与标准金棒或金牌所划的条痕做比较以鉴别金的成色。这是比色分析法

和研磨分析法的始祖。

④鹏砂：即硼砂（$Na_2B_4O_7 \cdot 10H_2O$）。在此起助熔剂作用。如果所用泥土不杂有氯化钠（NaCl）或硫（S）的话，银在此条件下，既不易氧化，又不易起其他化学变化。因此，这很可能是利用比重偏析使金银分开。

⑤“然后入铅少许”四句：利用铅易与银形成合金而降低熔点这一性质，把银从土中捕集下来。

【译文】

金是最重的。假定铜每方寸重一两，则银每方寸增重三钱；假定银每方寸重一两，则金每方寸增重二钱。金又很柔软，能像柳枝那样屈折。金的成色有高低：青色的含金七成，黄色的含金八成，紫色的含金九成，赤色的则为纯金。将金子在试金石上试金石在广信郡河里很多，大的像斗，小的像拳头，把它放进鹅汤里煮一下，就像漆一样又黑又亮。划出条痕加以比色，就可分辨出来。纯金如要掺假出售，只有银可以掺入，其他金属都不行。如想除去银而保留金，就要将掺银的金子打成薄片，剪碎，每块用泥土涂上或包住，放进坩埚，加入硼砂熔化，银被泥土吸收，金水流出而成纯金。然后，加入少量铅到另一坩埚里，又可以把泥土中的银捕集下来，丝毫也不损失。

凡色至于金，为人间华美贵重，故人工成箔而后施之。凡金箔，每金七厘造方寸金一千片[①]，粘铺物面，可盖纵横三尺。凡造金箔，既成薄片后，包入乌金纸内，竭力挥椎打成。打金椎，短柄，约重八斤。凡乌金纸由苏杭造成。其纸用东海巨竹膜为质，用豆油点灯，闭塞周围，止留针孔通气，熏染烟光，而成此纸。每纸一张，打金箔五十度，然后弃去，为药铺包朱用，尚未破损，盖人巧造成异物也。凡纸内打成箔后，先用硝熟猫皮绷急为小方板，又铺线香灰撒墁皮上。取出乌金纸内箔，覆于其上，钝刀界画成方寸。口中屏息，手执轻杖，唾湿而挑起，夹于小纸之中。以之华物，先以熟漆布地，然后粘贴。贴字者多用楮树浆。秦中造皮金者，硝扩羊皮使最薄，贴金其上，以便剪裁服饰用。皆煌煌至色存焉。凡金箔粘物，他日敝弃之时，刮削火化，其金仍藏灰内。滴清油数点，伴落聚底，淘洗入炉，毫厘无恙。

【注释】

①每金七厘造方寸金一千片："七厘"疑为"七分"之误。商代金箔已可薄到0.010±0.001毫米，即10微米。明代金箔更薄了。当时，1寸等于3.2厘米，1两等于37.3克，纯金的密度为19.3克／立方厘米，若用七分重的纯金打成一寸见方的金箔一千片，则每片约厚0.14微米，这也许是当时捶制金箔所能达到的最薄程度（近代金箔可薄至0.083微米）。

【译文】

金以其颜色华丽为人所贵重，因此人们将它加工成箔用于装饰。七分重的黄金可捶成一寸见方的金箔一千片，把它们粘铺在器物表面，可盖满三尺见方的面积。金箔的造法是：把金捶成薄片后，再包在乌金纸内，用力捶打成箔。打金椎柄短，约有八斤重。乌金纸是由苏杭制造的。用东海大竹膜造成纸后，点起豆油灯，周围密封，只留针眼大的小孔通气，烟熏而成乌金纸。每张乌金纸供捶打金箔五十次后仍不破损，不再用了，可以给药铺包朱砂用，这是凭人巧造出来的奇物。夹在乌金纸内的金片被打成箔后，先把用硝制过的猫皮绷紧成小方板，再将香灰撒满皮面。取出乌金纸内的金箔放上去，用钝刀子画割成一寸见方的许多小方块。然后，屏住呼吸，拿一根轻木杖用唾液沾湿一下，粘起金箔，夹在小纸片里。用金箔装饰物件时，先用熟漆在物件表面上涂刷一遍，再把金箔粘贴上去。贴字多用楮树浆。陕西中部制造的皮金，是把用硝制过的羊皮拉得很薄，再把金箔贴上去，以供裁剪服饰用的。这些物件因贴上金箔都显出辉煌夺目的颜色。贴金箔的物件日后破旧不用时，可以刮削火化，金仍留在灰里。加进几滴清油，金就积聚沉底，淘洗后再熔炼，金子就可以全部回收而毫无损失。

凡假借金色者，杭扇以银箔为质，红花子油刷盖，向火熏成。广南货物，以蝉蜕壳调水描画，向火一微炙而就。非真金色也。其金成器物，呈分浅淡者，以黄矾涂染，炭火作炙[①]，即成赤宝色。然风尘逐渐淡去，见火又即还原耳。黄矾详《燔石》卷。

【注释】

①作：涂本为“炸”，据杨素卿刊本改。作，通“乍”。始。

【译文】

使器物变成金色，杭州的扇子是用银箔做底，涂上一层红花子油，再在火上熏一下而成金色的。广东南部的货物则是用蝉蜕壳调水描画，再用火微炙一下而成金色的。这些都不是真金色。由金做成的器物，因成色较低而颜色浅淡的，也可涂上黄矾，用炭火炙一下，立刻就成赤宝色。但是，日子久了又会逐渐褪色。把它再用炭火炙一下，又可恢复赤宝色。黄矾详见《燔石》卷。

银

凡银，中国所出：浙江、福建旧有坑场，国初或采或闭。

江西饶、信、瑞三郡[①]，有坑从未开。湖广则出辰州，贵州则出铜仁，河南则宜阳赵保山、永宁秋树坡、卢氏高嘴儿、嵩县马槽山，与四川会川密勒山、甘肃大黄山等，皆称美矿。其他难以枚举。然生气有限，每逢开采，数不足，则括派以赔偿；法不严，则窃争而酿乱，故禁戒不得不苛。燕、齐诸道，则地气寒而石骨薄，不产金银[②]。然合八省所生，不敌云南之半，故开矿煎银，唯滇中可永行也。

【注释】

①饶、信、瑞：即饶州、信州、瑞州。今江西鄱阳、上饶和商安一带。

②“燕、齐诸道”三句：这种说法不对。事实上，河北（燕）、山东北部（齐），甚至更寒冷的黑龙江，也都有金银出产。

【译文】

中国产银的情况是：浙江、福建原有的坑场，到了明初，有的仍在开采，有的已经关闭。江西饶州、信州和瑞州有银坑，但从未开采过。湖广辰州，贵州铜仁，河南宜阳赵宝山、永宁秋树坡、卢氏高嘴儿、嵩县马槽山，四川会川密勒山，以及甘肃大黄山等处，都有产银的优良矿场。其他的难以一一列举。然而，这些矿办得没有什么朝气。每次开采，如果采银数量达不到原定限额，参加开采的人就得摊派赔偿；如果法制不严，就会偷窃争夺而造成祸乱，所以禁戒律令不得不苛刻。河北、山东一带，由于地气寒、石层薄，因而不产金银。但以上八省的产银总量还不及云南的一半，所以开矿炼银，只有云南一省可以永远办下去。

凡云南银矿，楚雄、永昌、大理为最盛，曲靖、姚安次之，镇沅又次之。凡石山硐中有矿砂，其上现磊然小石，微带褐色者，分丫成径路[1]。采者穴土十丈或二十丈，工程不可日月计。寻见土内银苗，然后得礁砂所在[2]。凡礁砂藏深土，如枝分派别，各人随苗分径横挖而寻之（图87）。上榰横板架顶[3]，以防崩压。采工篝灯逐径施镢[4]，得矿方止。凡土内银苗，或有黄色碎石，或土隙石缝有乱丝形状，此即去矿不远矣。凡成银者曰礁，至碎者曰砂，其面分丫若枝形者曰矿，其外包环石块曰“矿”[5]。“矿”石大者如斗，小者如拳，为弃置无用物。其礁砂形如煤炭[6]，底衬石而不甚黑。其高下有数等。商民凿穴得砂，先呈官府验辨，然后定税。出土

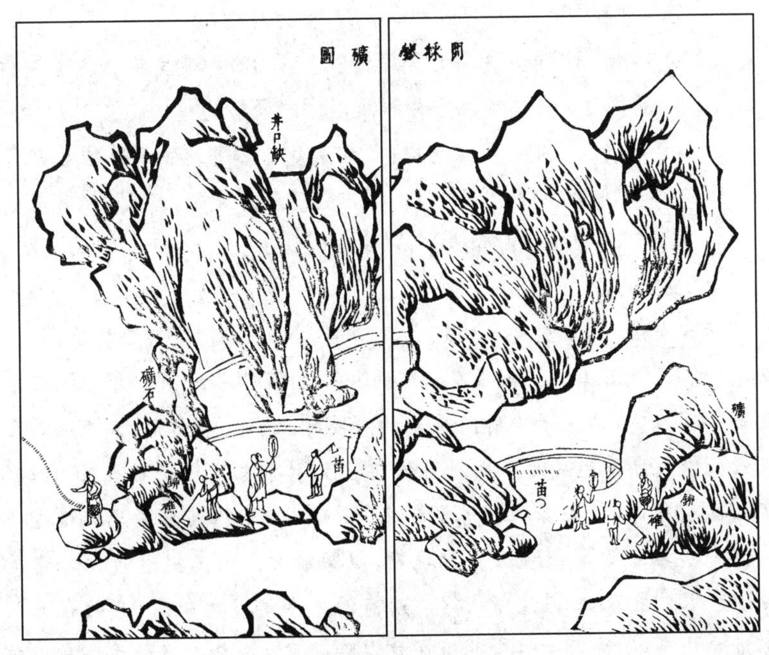

图87　开采银矿

以斗量，付与冶工，高者六七两一斗，中者三四两，最下一二两。其礁砂放光甚者，精华泄漏，得银偏少⑦。

【注释】

①“凡石山硐（dòng）中有矿砂”四句：分丫成径路，指的是矿脉。微带褐色的磊（lěi）然小石是它的露头。硐，通“洞”。

②礁砂：作者定义说：“凡成银者曰礁，至碎者曰砂。”可见，礁砂指的是以辉银矿（Ag_2S）为主要矿物成分的银矿石或银矿砂。

③榰（zhī）：支撑。

④篝（gōu）灯：灯笼。镢（jué）：大锄。

⑤其外包环石块曰“矿”：这是在银精矿外围的脉石，即围岩，现在土名叫作“荒”。因不含银，为“弃置无用物”。

⑥其礁砂形如煤炭：这指的是辉银矿（Ag_2S），一般呈铅灰色至铁黑色，晶体为立方体或立方体和八面体的聚形。

⑦“其礁砂放光甚者”三句：辉银矿有次生和原生两种。原生辉银矿常与方铅矿（PbS）共生。因方铅矿闪烁光辉，若“放光甚者”，表明矿石含铅多而含银少，得银固然偏少。

【译文】

云南的银矿，以楚雄、永昌、大理三地为最多，曲靖、姚安其次，镇沅又其次。凡是石山洞里蕴藏有银矿的，在它上面就会出现一堆堆微带褐色的小石头，分成若干支脉。采矿的人要挖土一二十丈深，工程不是几天或几个月所能完成的。找到了银苗之后，才能知道银矿石所在。银矿石埋藏得很深，而且像树枝那样分叉，采工跟踪着银苗分成几路横挖找矿。一边掘一边要架横板支撑坑顶，以防塌方。采工提着灯笼分支挖掘，直到取得矿砂为止。所谓银苗，有的掺杂着黄色碎石，有的在泥隙石缝中出现乱丝形状，这表明银矿就在附近了。含银较多的成块矿石叫礁，细碎的叫砂，表面分丫成树枝状的矿脉叫矿，矿外面包裹着的石块叫围岩。围岩大的像斗，小的像拳头，都是废物。银矿石形状像煤炭，底下垫着石头而显得不那么黑。银矿石品位分几个等级。矿商挖到银矿石，先要呈交官府验辨分级，然后定税。出土银矿石用斗量过后，交给冶工去炼，银矿石品位高的每斗可炼银六七两，中等的三四两，最差的只有一二两。那些特别光亮的银矿石，由于精华泄漏太多，得银反而偏少。

凡礁砂入炉，先行拣净淘洗。其炉，土筑巨墩，高五尺许，底铺瓷屑、炭灰。每炉受礁砂二石。用栗木炭二百斤，周遭丛架。靠炉砌砖墙一朵，高阔皆丈余。风箱安置墙背，合两三人力，带拽透管通风（图88）。用墙以抵炎热，鼓鞴之人方克安身。炭尽之时，以长铁叉添入。风火力到，礁砂

图88　熔礁结银与铅

熔化成团。此时，银隐铅中，尚未出脱。计礁砂二石熔出团约重百斤。冷定取出，另入分金炉一名虾蟆炉。内。用松木炭匝围，透一门以辨火色，其炉或施风箱，或使交箑[1]，火热功到，铅沉下为底子。其底已成陀僧样[2]，别入炉炼，又成扁担铅（图89）。频以柳枝从门隙入内燃照，铅气净尽，则世宝凝然成象矣[3]。此初出银，亦名生银，倾定无丝纹[4]，即再经一火，当中止现一点圆星，滇人名曰茶经。逮后入铜少许，重以铅力熔化，然后入槽成丝。丝必倾槽而现，以四围匡住[5]，宝气不横溢走散。其楚雄所出又异，彼硐砂铅气甚少，向诸郡购铅佐炼。每礁百斤，先坐铅二百斤于炉内，然后煽炼成团。其再入虾蟆炉沉铅结银，则同法也。此世宝所生，更无

图89　沉铅结银

别出。方书、本草，无端妄想妄注，可厌之甚。

【注释】

①箑（shà）：扇。《淮南子·精神训》："知冬日之箑、夏日之裘，无用于己，则万物之变为尘埃矣。"高诱注："箑，扇也。楚人谓扇为箑。"

②陀僧：即氧化铅，常态是黄色粉末，熔融状态时可渗入分金炉底而成"炉底"。

③"频以柳枝从门隙入内燃照"三句：柳枝燃烧除照明观察外，还可因发热而促使铅更易于氧化，变成氧化铅，熔化后一部分渗入炉底，一部分成为浮渣而被蒸发掉，这就是"灰吹"过程。银（所谓世宝）在这种温度下基本上不氧化而保存下来。

④丝纹：这是纯银的表面结晶现象。

⑤匡：同"框"。

【译文】

银矿石入炉前，先要进行手选、淘洗。炼银炉用土筑成，约五尺高，底铺瓷片、炭灰。每个炉子可容纳银矿石两石。用栗木炭二百斤，在矿石周围叠架起来。靠近炉旁还要砌一道砖墙，高和宽各一丈多。风箱装在墙背，由两三个人拉，通过风管送风。靠墙隔热，拉风箱的人才能有立身之地。炉里的炭烧完时，就用长铁叉添加。火力够了，炉里的矿石就会熔化成团。这时，银还混在铅里而尚未分离出来。两石银矿石熔成团约有一百斤。冷却后取出，放入分金炉又名虾蟆炉。里。用松木炭围住熔团，透过一个小门辨别火色。用风箱鼓风，也可交互用扇子来煽。达到一定温度，熔团重新熔化，铅就沉到炉底。炉底的铅已成为密陀僧即氧化铅，另入炉熔炼，可得扁担铅。要不断把柳树枝从门缝中插进去燃烧，如果铅全部被氧化成氧化铅，就可提炼出纯银了。刚炼出来的银叫作生银。倒出来凝固的银如果表面没有丝纹，就还要熔炼一次，使凝固的银锭中心出现云南人叫作“茶经”的一点圆星。接着加入一点铜，再重新用铅力熔化，然后倒入槽里就会现出丝纹。倒进槽里才出现丝纹，是因为四周围住，银气不会走散。楚雄的银矿不一样，矿石含铅太少，要向其他地方采购铅来辅助炼银。每炼银矿石一百斤，就得先在炉子里垫二百斤铅，然后才煽风冶炼成团。至于再转到虾蟆炉里使铅沉下而分离出银，方法则是相同的。这就是银的开采和熔炼的方法，此外没有别的途径。讲炼丹的方书和谈医药的本草书，常常没有根据地乱想乱注，讨厌极了。

大抵坤元精气，出金之所，三百里无银；出银之所，三百里无金[①]。造物之情，亦大可见。其贱役扫刷泥尘，入水漂淘而煎者，名曰淘厘锱[②]。一日功劳，轻者所获三分，重者倍之。其银俱日用剪、斧口中委余，或鞋底粘带布于衢市，或院宇扫屑弃于河沿。其中必有焉，非浅浮土面能生此物也。

【注释】

①“大抵坤元精气”五句：根据采矿实践经验来看，产金丰富地区一般少产或不产银；反之亦然。这是因为金、银二矿成因不同：金矿（砂金矿除外）多属岩浆热液矿藏，常与氧化矿共生；而富银矿则多属交换接触矿藏，常与硫化矿（特别是方铅矿）共生。作者所述大抵能反映这一事实。

②厘锱（zī）：极言微小。厘，长度尺之千分之一。地积亩之百分之一。锱，四分之一两。一锱等于六铢。

【译文】

一般说来，金和银都是大地里面隐藏着的宝气的精华，产金的地方三百里内没有银矿，产银的地方三百里内也没有金矿。大自然的情况，从这里也能看出个大概。仆役把扫刷到的泥尘放进水里去淘洗，然后加以熬炼，这叫作淘厘锱。操劳一天，少的只能得到三分银子，多的也不过是六分银子。这些银屑都是日常从剪刀或斧子口上掉下来的，或由鞋底粘带到街道地面，或从院子房舍洒扫出来被抛弃在河边的。泥尘中必然会夹杂着一些银屑，这并不是浅的浮土所能产出的。

凡银为世用，惟红铜与铅两物可杂入成伪。然当其合琐碎而成钣锭，去疵伪而造精纯。高炉火中，坩埚足炼。撒硝少许，而铜、铅尽滞埚底，名曰银锈。其灰池中敲落者，名曰炉底。将锈与底同入分金炉内，填火土甑之中，其铅先化，就低溢流，而铜与粘带余银，用铁条逼就分拨，井然不紊。人工、天工亦见一斑云[1]。炉式并具于左（图90）。

图90　分金炉清锈底

【注释】

①“凡银为世用”一段：这是两步分金法。第一步，“坩埚足炼”。根据银难氧化的特性，利用少量的硝和空气中的氧把熔融的铅和铜氧化成氧化铅（PbO，熔点883℃）和氧化亚铜（Cu_2O，熔点1236℃）。这二者可形成低熔点共晶（689℃）。它们在熔融状态时，因比重较小，浮在液态银的上面，可除去，又因其表面张力比液态银小得多，容易粘附在坩埚底壁而成“银锈”。第二步，把“银锈”和“炉底”同入分金炉内，先还原成铜和铅，再分开。明代虽然还不懂什么相图，但凭经验摸索到，当炉温约在326～954℃之间时，“其铅先化，就低溢流”，而铜却成了固体，可用铁条拨出来。从Ag—Cu合金相图可知，银在铜中的固溶体的含银量随着温度的升高而增加，400℃以下时，铜几乎不含银，到了779℃时，铜中的银可增大到8%，它的颜色也随之变化。利用颜色的差异大体上可以分开。正如作者所说：“铜与粘带余银，用铁条逼就分拨，井然不紊。”他从而发表议论说：“人工、天工亦见一斑云。”天工指客观存在的自然界及其运动变化。只有承认天工，认识和利用天工，人工才能通过天工来开物，做到井然有条。灰池，炉底铺瓷屑和炭灰的地方。

【译文】

世间使用的银，只有红铜和铅两种金属可以掺入作假。把碎银铸成银锭的时候，就要除去杂质加以提纯。方法是将杂银放在坩埚里，送入高炉熔炼。撒一些硝石，铜和铅便全部结在埚底，这叫作银锈。吸附在灰池里而把它敲下来的叫作炉底。将银锈和炉底一起放进分金炉的土甑里熔炼，铅首先熔化，就低流出，剩下的铜和粘带的银可用铁条分拨开来，做到井井有条。人工和天工的关系由此可见一斑。炉的式样图示如下。

附：朱砂银[①]

凡虚伪方士以炉火惑人者，唯朱砂银愚人易惑。其法以投铅、朱砂与白银等分，入罐封固，温养三七日后，砂盗银气，煎成至宝。拣出其银，形存神丧，块然枯物。入铅煎时，逐火轻折，再经数火，毫忽无存。折去砂价、炭资，愚者贪惑犹不解。并志于此。

【注释】

①朱砂银：朱砂受热分解为汞后与铅合熔形成的铅汞齐呈银白色，可以冒充银，若再加进一点银，则更酷似银，容易迷惑人。

【译文】

虚伪的炼丹术士利用炉火来迷惑人，唯有朱砂银容易使人上当受骗。制造朱砂银的方法是，把等量的铅、朱砂和白银装进坩埚，密封，文火加热二十一天后，朱砂把银气吸收过来，便可炼成“银”。从朱砂银里拣出银后，虽然表面上仍像银，但实际上已没有银了，正可谓形存神亡，好比一具僵尸。加铅把它熔炼，每炼一次就损耗一部分，炼过几次后，银白色就完全消失了。白白亏损了朱砂和炭的本钱，愚人贪心又受了骗却还不明白这个道理。现在在这里提一提。

铜

凡铜供世用，出山与出炉止有赤铜[①]。以炉甘石或倭铅参和[②]，转色为黄铜[③]；以砒霜等药制炼为白铜[④]；矾、硝等药制炼为青铜[⑤]；广锡参和为响铜；倭铅和写为铸铜[⑥]。初质则一味红铜而已。

【注释】

①赤铜:红铜,纯铜。

②炉甘石:菱锌矿,主要成分为碳酸锌($ZnCO_3$)。它是一种次生矿物,主要产于硫化多金属矿床的氧化带中,常和异极矿(碱式硅酸锌)共生。产状常呈脉状或层状。李时珍《本草纲目》描述广西融县四顶山所产炉甘石说:"其块大小不一,状如羊脑。"

③黄铜:铜锌合金。黄铜一词首见于《神异经》。明中叶以前一般都用炉甘石点化。《本草纲目》说:"今之黄铜皆此物(炉甘石——引者按)点化也。"明中叶以后才改用倭铅(锌)点化。正如宋应星所说:"后人因炉甘石烟洪飞损,改用倭铅。"稍后的《物理小识》卷七说:"铜有白赤,加倭铅与炉甘石者皆黄。"

④白铜:有铜镍合金或铜锌镍合金和铜砷合金两种。这里当指铜砷合金(砷白铜)。其特点是当砷含量达到9%左右时呈现银白色,硬脆,有毒,不稳定。

⑤青铜:本指铜锡合金,这里可能是指用矾、硝等药把红铜表面染成青铜色,即所谓古铜色。

⑥倭铅:锌。

【译文】

世间用的铜,开采并熔炼出来的只有红铜一种。红铜加入炉甘石或锌熔炼,可转变为黄铜;加入砒霜等药可炼成白铜;加入明矾和硝石等药可炼成青铜;加入广锡可得到响铜;加入锌可得到铸铜。其中最基本的质地还是红铜一种而已。

凡铜坑所在有之。《山海经》言[①]:出铜之山四百三十七。或有所考据也。今中国供用者,西自四川、贵州为最盛,东南间自海舶来,湖广武昌、江西广信皆饶铜穴。其衡、瑞等郡,出最下品,曰蒙山铜者[②],或入冶铸混入,不堪升炼成坚质也。

【注释】

①《山海经》：我国古代地学著作之一。由《山经》《海经》和《大荒经》三部分组成。《山经》首次对超过黄河和长江流域的广大地区进行自然环境方面的综合概括，在科学史上显得比较重要。

②蒙山铜：蒙山在江西上高，那里出的铜叫蒙山铜。因其含锌较多而较脆，只宜铸造。

【译文】

铜矿到处都有。《山海经》提到全国铜矿有四百三十七处。这也许是有所考据的吧。今天中国的铜，西部以四川、贵州两省出产为最多，东南有时从海外运来，湖广武昌和江西广信铜矿众多。衡州、瑞州出产的最下品叫蒙山铜，勉勉强强还可以拿来铸造，不能单独炼成硬质铜。

凡出铜山夹土带石，穴凿数丈得之，仍有"矿"包其外（图91）[①]。"矿"状如姜石而有铜星，亦名铜璞[②]，煎炼仍有铜流出，不似银"矿"之为弃物。凡铜砂在"矿"内，形状不一，或大或小，或光或暗，

图91　穴取铜铅

或如鍮石[③]，或如姜铁[④]。淘洗去土滓，然后入炉煎炼，其熏蒸傍溢者，为自然铜，亦曰石髓铅[⑤]。

【注释】

①"凡出铜山夹土带石"三句：这里指的是沉积型铜矿床，铜矿石赋存于疏松的岩层中，所以说"夹土带石"。采出的铜砂被"矿"（围岩）包裹着，这种"矿"现在土名叫作"荒"。

②铜璞：脉石中夹杂着的黄铜矿（$CuFeS_2$）、辉铜矿（Cu_2S）或蓝铜矿[$2CuCO_3 \cdot Cu(OH)_2$]的低品位铜矿石。

③鍮（tōu）石：黄铜。宋崔昉《外丹本草》："用铜一斤、炉甘石一斤，炼之即成鍮石一斤半。"这里指天然的黄铜矿呈黄铜色或金黄色，很像黄铜。

④姜铁：外形像姜的铁块。这里可能是指结核状的辉铜矿很像姜铁。

⑤自然铜，亦曰石髓铅：石髓，原指一种矿物，化学成分为二氧化硅（SiO_2），石英的隐晶质变种之一。外形常呈乳房状、葡萄状、钟乳状等。这里所谓石髓铅或自然铜，只是指熔铜时含有少量铜的炉渣。当它从炉面溢出并经凝结后，形状有点像石髓，又呈灰黑色，所以叫石髓铅。

【译文】

产铜的山总是夹土带石的，要挖几丈深才能得到有"矿"石包在外面的铜砂。这种石的形状好像生姜，表面呈现一些铜斑，又叫作铜璞。把它拿去冶炼，还有一些铜流出来，不像银"矿"石那样完全是废物。铜砂在"矿"里的形状不一样，有的大，有的小，有的亮，有的暗，有的像黄铜，有的像姜铁。把铜砂夹杂着的土滓洗去后入炉熔炼，从炉面溢出来的含有少量铜的炉渣，叫作自然铜，也叫作石髓铅。

凡铜质有数种：有全体皆铜，不夹铅、银者，洪炉单炼而成。有与铅同体者，其煎炼炉法，傍通高低二孔，铅质先化从上孔流出，铜质后化从下孔流出（图92）。东夷铜又有托体银矿内者，入炉炼时，银结于面，铜沉于下。商舶漂入中国，名曰日本铜，其形为方长板条。漳郡人得之①，有以炉再炼取出零银，然后写成薄饼，如川铜一样货卖者。

【注释】

①漳郡：今福建漳州。

【译文】

铜矿石有好几个品级：有的全部都是铜而不夹杂铅和银，只要入炉

图92 淘净铜砂 化铜

一炼就成了。有的却和铅共生在一起，冶炼方法是，旁通高低二孔，先熔化的铅从上孔流出，后熔化的铜则从下孔流出。日本的铜矿也有与银矿伴生在一块的，当入炉熔炼时，银便结在上面，而铜却沉在下面。由商船运进中国的铜叫作日本铜，是铸成长方形板条状的。漳郡人得到后，把它入炉再炼，取出其中零星的银，再铸成像川铜一样的薄饼出售。

凡红铜升黄色为锤锻用者，用自风煤炭。此煤碎如粉，泥糊作饼，不用鼓风，通红则自昼达夜。江西则产袁郡及新喻邑[①]。百斤灼于炉内，以泥瓦罐载铜十斤，继入炉甘石六斤，坐于炉内，自然熔化。后人因炉甘石烟洪飞损，改用倭铅[②]。每红铜六斤，入倭铅四斤，先后入罐熔化。冷定取出，即成黄铜，唯人打造。

【注释】

①袁郡：即袁州府。今江西宜春。新喻：今江西新余。

②倭铅：锌。

【译文】

由红铜炼成可供锤锻的黄铜，要自风煤炭。这种煤细碎如粉，和泥做成饼来烧，不用鼓风，炉火通红，产于江西袁郡、新喻等县。将一百斤煤炭放进炉里烧，在一个泥瓦罐里先后装入铜十斤和炉甘石六斤，让它自然熔化。后来人因炉甘石挥发厉害而损耗太大，就改用锌。每次用红铜六斤，加锌四斤，先后放入罐里熔化。冷却后取出便得到黄铜，可供人们打造各种器物。

凡用铜造响器，用出山广锡无铅气者入内。钲今名锣。镯今名铜鼓。之类，皆红铜八斤，入广锡二斤；铙、钹，铜与锡更加精炼。

【译文】

制造乐器用的响铜，要把不含铅的两广产的锡放进罐里与铜一起熔化。锣和铜鼓一类乐器，用红铜八斤，掺入广锡二斤；铙、钹一类乐器所用的铜、锡还需进一步精炼。

凡铸器，低者红铜、倭铅均平分两，甚至铅六铜四；高者名三火黄铜、四火熟铜，则铜七而铅三也。

【译文】

作为铸器用的黄铜，差的，红铜和锌各占一半，甚至锌六铜四；好的，用经过三次或四次熔炼的所谓三火黄铜或四火熟铜，其中铜七锌三。

凡造低伪银者，唯本色红铜可入。一受倭铅、砒、矾等气，则永不和合①。然铜入银内，使白质顷成红色，洪炉再鼓，则清浊浮沉立分，至于净尽云。

【注释】

①一受倭铅、砒、矾等气，则永不和合：锌、砷、铝、钾在银中的溶解度都有一定限度（如锌为8%，砷为30%），加多了就难以形成均匀的固溶体。

【译文】

制造假银，只有纯红铜可以掺入。若掺杂一些锌、砒、矾等物质，便永远不能熔合。然而，铜掺进银里，银白色立刻变成了红色。若再入炉鼓风熔炼，铜被氧化而银不被氧化。那么，清浊浮沉，立即分辨得清清楚楚，银和铜便分离得干干净净了。

附：倭铅

凡倭铅，古书本无之，乃近世所立名色[①]。其质用炉甘石熬炼而成[②]。繁产山西太行山一带，而荆、衡为次之。

【注释】

①“凡倭铅”三句：倭铅，即锌，“以其似铅而性猛”所以叫作倭铅。明李时珍《本草纲目》第八卷金石部“铅”条目下引轩辕述所著《宝藏畅微论》说：“倭铅可勾金。”这里的“金”指铜，有人据此推测唐宋间已炼出了倭铅。宋应星却认为：倭铅“乃近世所立名色”。到目前为止，我国什么时候开始炼出倭铅（锌），还是一个谜。无论如何，《天工开物》倒是第一次记述了倭铅（锌）的制法。

②其质用炉甘石熬炼而成：主要反应历程是：炉甘石（主要成分为碳酸锌，$ZnCO_3$）受热分解为氧化锌（ZnO）与二氧化碳（CO_2），氧化锌进一步被一氧化碳或碳还原成锌：$ZnCO_3 \xrightarrow[\text{分解}]{>300℃} ZnO+CO_2$；$ZnO+CO \xrightarrow[\text{还原}]{>907℃} Zn(\text{气})+CO_2$。鉴于第二步还原是个可逆反应，为了使氧化锌反应完全，必须加入足够数量的碳（还原剂），并使反应温度超过锌的沸点（907℃）。作者显然把碳的加入遗漏了。这种方法尚未突破炼锌的传统方法，只是个土罐准蒸馏法，或者说是蒸馏法炼锌的不成熟的雏形。比较成熟的蒸馏法应该是在泥罐口造一泥窝，以接受并冷凝锌蒸气而成液态锌。

【译文】

倭铅在古书里并没有记载，只是近代才起的名字。它是由炉甘石熬炼而成的。山西太行山一带大量出产，其次是荆州和衡州。

每炉甘石十斤，装载入一泥罐内，封裹泥固，以渐砑干[①]，勿使见火拆裂。然后，逐层用煤炭饼垫盛，其底铺薪，发火煅红，罐中炉甘石熔化成团（图93）。冷定，毁罐取出。每十耗去其二，即倭铅也。此物无铜收伏，入火即成烟飞去[②]。以其似铅而性猛，故名之曰“倭”云。

【注释】

①砑（yà）：碾磨。

②此物无铜收伏，入火即成烟飞去：锌的熔点和沸点分别为419.5℃和907℃，一方面容易挥发，另方面又容易氧化，所以“入火即成烟飞去”。若用铜收伏，即形成铜锌合金，熔点和沸点都大大提高了，就不再存在上述现象了。

图93　升炼倭铅

【译文】

每次熬炼，将炉甘石十斤装进一个泥罐里，罐口涂泥封固，并碾光滑，让它渐渐风干，以防见火时坼裂。然后，一层层地用煤饼把装炉甘石的泥罐垫起来，底下铺柴，引火烧红，罐里的炉甘石就熔成一团了。冷却后，打烂罐子。每十斤炉甘石损耗两斤，剩下的便是倭铅了。倭铅如不用铜收伏，一见火就会成烟飞去。由于它很像铅又比铅性烈，所以叫它倭铅。

铁

凡铁场，所在有之。其质浅浮土面，不生深穴。繁生平阳冈埠，不生峻岭高山。质有土锭、碎砂数种[①]。凡土锭铁，土面浮出黑块，形似秤锤，遥望宛然如铁，拈之则碎土。若起冶煎炼，浮者拾之，又乘雨湿之后牛耕起土，拾其数寸土内者（图94）。耕垦之后，其块逐日生长[②]，愈用不穷。西北甘肃、东南泉郡[③]，皆锭铁之薮也。燕京、遵化与山西平阳[④]，则皆砂铁之薮也。凡砂铁，一抛土膜，即现其形，取来淘洗，入炉煎炼（图95）。熔化之后，与锭铁无二也。

图94 垦土拾锭

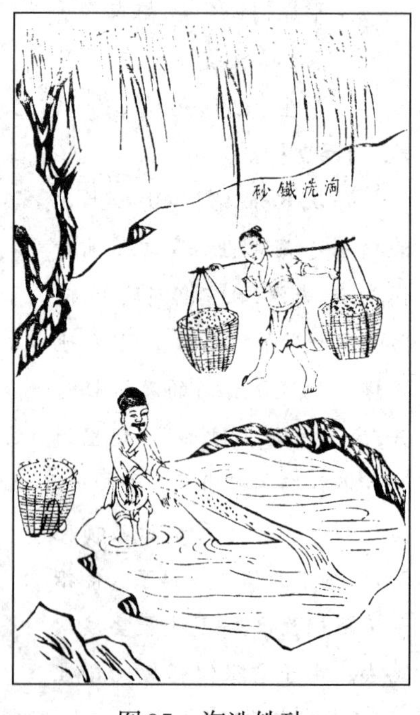

图95 淘洗铁砂

【注释】

①“其质浅浮土面”五句：土锭铁和碎砂铁都是风化矿，因此不需要深挖。但并不能由此得出结论说铁矿“不生深穴”和“不生峻岭高山”。黑龙江阿城附近发现的金代铁矿井就深达四十多米。宋应星按铁矿石的外形分类，分成土锭铁和砂铁两种，这不够完全。河南郑州古荥镇汉代炼铁炉遗址发掘的赤铁矿石，块度2～5厘米，就不是“拈之则碎土”的“土锭铁”。现在按化学成分分类，铁矿可分为磁铁矿（Fe_3O_4）、极磁铁矿（磁石，磁铁矿的一个亚种）、赤铁矿（Fe_2O_3）、褐铁矿（$Fe_2O_3 \cdot nH_2O$）、沼铁矿（褐铁矿的一个亚种）、菱铁矿（$FeCO_3$）等多种类型。

②其块逐日生长：这种说法不对。说“逐日发现”可以。

③泉郡：今福建泉州。

④遵化：今属河北。平阳：今山西临汾。

【译文】

铁矿到处都有。浅藏在地面而不深埋在洞穴。出产得最多的，是平原和丘陵地带，而不是高山峻岭。铁矿石有土块状的“土锭铁”和碎砂状的“砂铁”等好几种。“土锭铁”呈黑色，露在泥土上面，形状好像秤锤，远看起来像一块铁，用手一捏却成了碎土。若要冶炼，就要把它拾起来，并趁着下雨地湿，用牛犁土，把埋在几寸深的都拣起来。犁过之后，“土锭铁”还会逐日生长，用不完。西北的甘肃和东南的泉郡都是“土锭铁”的主要产地北京、遵化和山西平阳都是“砂铁”的主要产地。至于“砂铁”，一挖开表土层就可找到，把它取出来淘洗，再入炉冶炼。熔化之后，与“土锭铁”一般无二。

凡铁分生、熟：出炉未炒则生，既炒则熟。生熟相和，炼成则钢[①]。

【注释】

①“凡铁分生、熟”五句：生铁、熟铁和钢都是铁碳合金。一般把含碳量大于1.7%、小于6.67%的称为生铁，含碳量小于0.05%的称为熟铁，含碳量0.05%至1.7%的称为钢。根据历史发展顺序来看，我国古代先后出现了以下四种类型的钢铁：块炼铁、生铁、熟铁和钢。

【译文】

铁分生、熟：出炉而还没炒过的是生铁，炒过后便成了熟铁。把生铁和熟铁混合，熔炼后就变成了钢。

凡铁炉，用盐做造，和泥砌成[①]。其炉多傍山穴为之，或用巨木匡围。塑造盐泥，穷月之力，不容造次[②]。盐泥有罅[③]，尽弃全功。凡铁一炉载土二千余斤，或用硬木柴，或用煤炭，或用木炭，南北各从利便。扇炉风箱必用四人、六人带拽。土化成铁之后，从炉腰孔流出。炉孔先用泥塞。每旦昼六时，一时出铁一陀。既出，即又泥塞，鼓风再熔。凡造生铁为冶铸用者，就此流成长条、圆块范内取用。若造熟铁，则生铁流出时，相连数尺内，低下数寸，筑一方塘，短墙抵之。其铁流入塘内，数人执持柳木棍排立墙上。先以污潮泥晒干，舂筛细罗如面，一人疾手撒挽，众人柳棍疾搅，即时炒成熟铁（图96）[④]。其柳棍每炒一次烧折二三寸，再用则又更之。炒过稍冷之时，或有就塘内斩划成方块者，或有提出挥椎打圆后货者。若浏阳诸冶，不知出此也。

【注释】

①“凡铁炉”三句：盐泥在生铁冶炼温度下（1150～1200℃）自

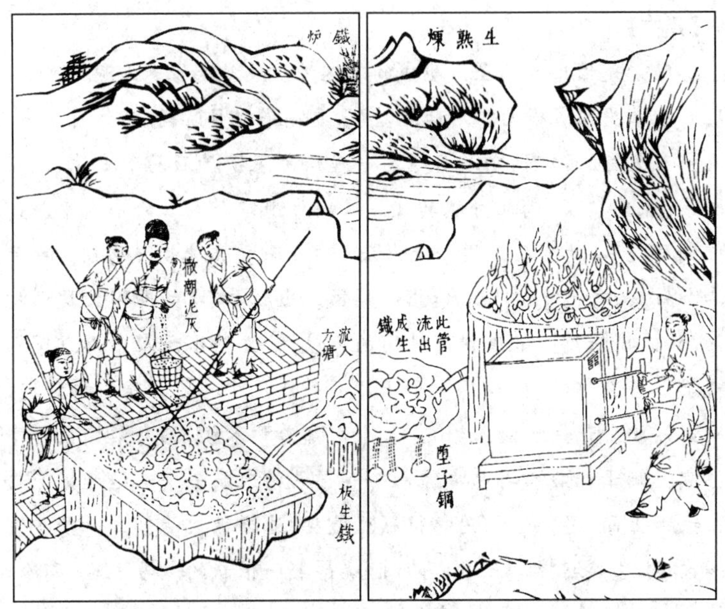

图96　生熟炼铁炉

身能否起化学变化生成盐釉——$2NaCl+H_2O \rightarrow Na_2O+2HCl\uparrow$；$Na_2O+Al_2O_3+4SiO_2 \rightarrow Na_2O\cdot Al_2O_3\cdot 4SiO_2$（蓝闪石，即盐釉）——是个值得研究的问题。

②造次：匆忙，轻率。

③罅（xià）：缝隙。

④“先以污潮泥晒干”五句：由生铁炒成熟铁，主要是靠空气中的氧把铁水中的碳以及磷、硫等杂质氧化掉一部分，使之转变为熟铁。污潮泥含有二氧化硅、三氧化二铝和有机物质等，可能起催化剂作用，其中二氧化硅也有可能与铁水中的碳反应生成一氧化碳。柳棍边搅拌，边灼烧冒泡，能扩大铁水与空气的接触面积，以促进铁水中的碳氧化成一氧化碳逸出。用这种方法造钢，就叫作炒钢。挽（rān），客家方言口头语，意为撒洒。

【译文】

炼铁炉是用掺盐的泥土砌成的。这种炉大多是傍着山洞砌成的,也有用大根木头围成框的。用盐泥塑炉,要花个把月时间,不能轻率贪快。盐泥一有裂缝,那就前功尽弃了。一座炉可装铁矿石两千多斤,燃料用硬木柴、煤或木炭,南北可从其便。风箱要由四个人或六个人来拉。矿石化成了铁水,就会从炉腰孔流出来。这个孔要事先用泥塞住。白天有十二个钟头,每两个钟头就能出一堆铁。出铁之后,立即用叉拨泥把孔塞住,再鼓风熔炼。若造供铸造用的生铁,就让铁水注入条形或圆形的铸模里。若造熟铁,便在离炉子几尺远并低几寸的地方筑一口方塘,四周砌上矮墙。让铁水流入塘内,几个人拿着柳木棍,站在矮墙上。事先将污潮泥晒干,舂粉,再筛成像面粉一样的细末。一个人迅速把泥粉撒播在铁水上面,另几个人用柳棍猛烈搅拌,这样很快就炒成熟铁了。每炒一次,柳木棍燃掉二三寸,再炒时就得换一根新的。炒过后,稍冷时,有的人就在塘里划成方块,有的人则拿出来锤打成圆块,然后出售。浏阳那些冶铁场却不懂得这种技术。

凡钢铁炼法,用熟铁打成薄片,如指头阔,长寸半许,以铁片束包尖紧,生铁安置其上,广南生铁名堕子生钢者妙甚。又用破草履盖其上,粘带泥土者,故不速化。泥涂其底下。洪炉鼓鞴[①],火力到时,生钢先化,渗淋熟铁之中,两情投合。取出加锤,再炼再锤,不一而足。俗名团钢,亦曰灌钢者是也[②]。

【注释】

①鞴(bài):风箱。

②灌钢:俗名叫团钢,又名苏钢。我国南北朝已发明。南朝梁陶弘景《名医别录》说:"钢铁是杂炼生、鍒作刀镰者。"鍒,指熟铁。北宋沈括《梦溪笔谈》也说:"世间锻铁所谓钢铁者,以柔铁屈盘

之，乃以生铁陷其间，封泥炼之，锻令相入，谓之团钢，亦谓之灌钢。”明朝还有一种灌钢制法，就是唐顺之《武编》和茅元仪《武备志》所说的，用熟铁片夹着生铁，加热后锤打，或者把欲流的生铁“擦”在热熟铁上。

【译文】

炼钢的方法是，先用熟铁打成指头宽的薄片，约有一寸半长，然后把薄片包扎紧，将生铁放在它的上面，广东南部有一种叫堕子生钢的生铁很合用。再盖上破草鞋，要沾有泥土，才不会很快烧掉。薄片底下还要涂上泥浆。放进洪炉鼓风熔炼，火力足够后，生铁先熔化而渗到熟铁里，两者相互融合。取出锤打，再炼再锤，反复多次。这样锤炼出来的钢，俗名叫团钢，也叫作灌钢。

其倭夷刀剑，有百炼精纯、置日光檐下则满室辉曜者，不用生熟相和炼，又名此钢为下乘云。夷人又有以地溲淬刀剑者，地溲，乃石脑油之类，不产中国[①]。云钢可切玉，亦未之见也。

【注释】

①“地溲（sōu）”三句：地溲，石油的别名。不产在中原地区。溲，小便。

【译文】

日本有一种刀剑，百炼精纯，白天放在屋檐阳光下则满室生辉，不用生铁和熟铁相和炼成，有人把它称为次品。日本人又有用地溲即石油之类的东西，我国中原地区不出产。来淬刀剑的，据说这种钢刀可以切玉，但也未曾见过。

凡铁内有硬处不可打者名铁核，以香油涂之即散。凡产铁之阴，其阳出慈石，第有数处，不尽然也[①]。

【注释】

①“凡产铁之阴”四句:《重修政和经史证类备用本草》卷四:“山阴有铁则磁石生其阳。”意思是说,山的北面(山阴)布铁矿,山的南面(山阳)就会有天然磁铁(磁石)。宋应星指出:只有几处是如此,可见这并不是一条普遍的规律。这种看法是对的。因为磁石(极磁铁矿)是极其稀少的。据北宋官修地理总志《元丰九域志》记载:磁州土贡磁石一十斤。按元丰元年(1078)磁州产铁约二百万斤,需用铁矿石约六百万斤,可见磁石非常难得。慈,通“磁”。第,只。

【译文】

打铁时铁里偶尔出现打不散的硬块,这叫作铁核,若涂上香油再打,铁核就会消散。山的北坡有铁矿的,山的南坡就有磁石,好几个地方都有这种现象,但不是全都如此。

锡

凡锡,中国偏出西南郡邑,东北寡生。古书名锡为“贺”者,以临贺郡产锡最盛而得名也①。今衣被天下者②,独广西南丹、河池二州,居其十八,衡、永则次之。大理、楚雄即产锡甚盛,道远难致也。

【注释】

①临贺郡:今广西贺州。

②衣(yì)被:加惠,养护。这里可引申为供应。

【译文】

中国产锡偏于西南,而东北甚少。古书称锡为“贺”,是因为临贺产锡最多而得名。今天供应全国的锡，仅广西的南丹、河池两州就占了八成，衡州、永州次之。大理、楚雄虽然产锡很多，但路途遥远，难以供应。

凡锡有山锡、水锡两种[①]。山锡中又有锡瓜、锡砂两种。锡瓜块大如小瓠[②]，锡砂如豆粒，皆穴土不甚深而得之。间或土中生脉充牣，致山土自颓[③]，恣人拾取者（图97）。水锡，衡、永出溪中，广西则出南丹州河内（图98）。其质黑色，粉碎如重罗面。南丹河出者，居民旬前从南淘至北，旬后又从北淘至南，愈经淘取，其砂日长，百年不竭[④]。但一日功劳，淘取煎炼，不过一斤。会计炉炭资本[⑤]，所获不多也。

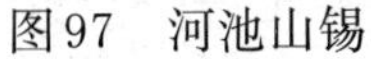
图97　河池山锡

图98　南丹水锡

南丹山锡出山之阴，其方无水淘洗，则接连百竹为枧[⑥]，从山阳枧水淘洗土滓，然后入炉。

【注释】

①山锡、水锡：都是砂锡矿床。山锡属坡积矿床，水锡属冲积矿床。此外还有残积和洪积两种矿床。

②瓠（hù）：葫芦瓜。

③间或土中生脉充牣，致山土自颓：因山锡属坡积砂锡矿床，多呈条带状或似层状分布，所以矿脉清晰，山土自颓（形成滑坡）。牣，盈满。

④“愈经淘取”三句：这里指的是冲积砂锡矿床的富集带不断形成的情况。

⑤会（kuài）计：计算，核算。

⑥枧（jiǎn）：引水的渡槽或导管，木制或竹制。

【译文】

锡矿有山锡和水锡两种。山锡又分锡瓜和锡砂两种。锡瓜块度像个小葫芦瓜，锡砂则像豆粒，都可以在不太深的地层里找到。间或有这样的情况：矿脉盈满而呈条带状分布并露出地表，可任人拾取。水锡，湖南衡州和永州产于小溪里，广西则产于南丹河里。这种水锡是黑色的，细碎得像筛过了的面粉。南丹河出水锡，居民前十天从南淘到北，后十天又从北淘到南，边淘边出，取之不尽。但是，一天得锡不过一斤。核算炉炭成本，获利实在不多。南丹的山锡产于山的北坡，那里缺水淘洗，就用许多根竹管接起来当导水槽，从山的南坡引水过来淘洗，然后入炉。

凡炼煎亦用洪炉。入砂数百斤，丛架木炭亦数百斤，鼓鞴熔化（图99）。火力已到，砂不即熔，用铅少许勾引，方始沛然流注[①]。或有用人家炒锡剩灰勾引者[②]。其炉底炭末、瓷灰铺作平池，傍安铁管小槽道，熔时流出炉外低池。其质初出洁白，然过刚，承锤即坼裂。入铅制柔，方充造器用。售者杂铅太多，欲取净则熔化，入醋淬八九度，铅尽化灰而去[③]。出锡唯此道。方书云马齿苋取草锡者[④]，妄言也。谓砒为锡苗者[⑤]，亦妄言也。

图99 炼锡炉

【注释】

①用铅少许勾引，方始沛然流注：因铅锡合金的熔点比锡的熔点（232℃）更低，易于熔流。

②炒锡剩灰：炼锡剩下的炉渣，有还原和助熔作用。

③入醋淬八九度，铅尽化灰而去：铅与醋反应生成醋酸铅[$Pb(CH_3COO)_2$]，熔点280℃，高于锡的熔点之上而形成炉渣被除去。度，次。

④马齿苋取草锡：关于某些金属矿床的指示植物，早在南朝梁的《地镜图》一书中就有记述，如“山有葱，下有银，光隐隐正白”，等等。唐段成式《酉阳杂俎》也有类似的记述，如“山上有葱，下有银；由上有薤，下有金；山上有姜，下有铜锡”，等等。方书中有马

齿苋取草汞的记述,《重修政和经史证类备用本草》卷二十引苏颂《图经本草》说:"马齿苋……其节叶间有水银,每干之十斤中得水银八两至十两者。"可见,马齿苋是一种地方性的汞矿指示植物,而不是锡矿指示植物,当然提取不出锡来。若有个别方书提到马齿苋可提取草锡,那么宋应星批评它"妄言"则是对的。

⑤砒为锡苗:古代方书确有砒为锡苗的记载,李时珍《本草纲目》也加以肯定说:"此(砒)乃锡之苗。"事实上,在我国各种类型原生锡矿床的主要矿物成分中,多数都有毒砂即砷黄铁矿(FeAsS)共生。毒砂经过风化,可以形成三氧化二砷即砒(As_2O_3)。可见,在伴生有毒砂的锡石(SnO_2)矿床氧化带中出现"砒为锡苗"是正常的,而并非是"妄言"。

【译文】

熔炼也用洪炉。每炉入锡砂数百斤,加木炭也要数百斤,一起鼓风熔炼。当火力已足时,锡砂不一定马上熔化,要掺少量铅去勾引,锡才会大量熔流出来。也有用别人的炼锡炉渣去勾引的。洪炉,炉底用炭末和瓷灰铺成平池,炉旁安装一条铁管小槽,炼出的锡水引流入炉外低池内。锡出炉时洁白,但硬脆,一经锤打就裂。要加铅使锡质变软,才能用来制造器具。市面上卖的锡掺铅太多,若要提纯,就把它熔化并淬入醋中八九次,里面的铅便会形成灰渣而被除去。生产纯锡只有这一种方法。有的医药书说什么可以从马齿苋中提取草锡,这是胡说。还说什么砒是锡矿的苗头,这也是胡说。

铅

凡产铅山穴,繁于铜、锡。其质有三种:一出银矿中,包孕白银,初炼和银成团,再炼脱银沉底,曰银矿铅[①]。此铅云南为盛。一出铜矿中,入洪炉炼化,铅先出,铜后随,曰铜山铅[②]。此铅贵州为盛。一出单生铅穴，取者穴山石，挟油灯寻脉，曲折如采银矿。取出淘洗煎炼，名曰草节铅[③]。此铅蜀中嘉、利等州为盛[④]。其余雅州出钓脚铅[⑤]，形如皂荚子，又如蝌斗子，生山涧沙中；广信郡上饶、饶郡乐平出杂铜铅；剑州出阴平铅[⑥]，难以枚举。

【注释】

①银矿铅：从“包孕白银”来看，似应指含银方铅矿，即银母。这是方铅矿（PbS）的一个亚种，其中混杂的辉银矿（Ag_2S）等含银矿物，含银量由十万分之几到百分之一以上。从“凡银矿中铅，炼铅成底，炼底复成铅”来看，似应指和辉银矿（Ag_2S）等共生的方铅矿（PbS）。从“云南为盛”的实际情况看，指前者的可能性更大些。

②铜山铅：指多金属共生石英脉矿床，矿物成分除方铅矿（PbS）外，还有黄铜矿（$CuFeS_2$）、蓝铜矿[$2CuCO_3 \cdot Cu(OH)_2$]等。

③草节铅：方铅矿（PbS）。结晶粗大，“烧之，有硫磺臭烟者”（见《重修政和经史证类备用本草》卷五引《丹房镜源》），含银量一般都很低，所以说它“单生”。

④嘉：即嘉州。今四川乐山。利：即利州。今四川广元。

⑤雅州出钓脚铅：雅州，今四川雅安。明李时珍《本草纲目》：“雅州出钓脚铅，形如皂子，又如蝌斗子，黑色，生山涧沙中，可干汞。”若从“生山涧沙中”和“形如皂夹子，又如蝌斗子”来看，钓脚铅似乎是一种冲积砂铅矿。主要成分为白铅矿（$PbCO_3$）和铅矾（$PbSO_4$）。若从“黑色”和“可干汞”来看，钓脚铅似乎是自然铅。

⑥剑州出阴平铅：剑州，今四川剑阁一带。阴平，今甘肃文县。由阴平入蜀，古称阴平道。这一带产的铅可能就叫阴平铅。《重修政和经史证类备用本草》卷五引《丹房镜源》：“阴平铅出剑州，是铁苗。”《本草纲目》：“阴平铅出剑州，是铜铁之苗。”鉴于白铅矿

（$PbCO_3$）常与褐铁矿（$Fe_2O_3 \cdot nH_2O$）共生，作为“铁苗”的阴平铅可能是白铅矿。

【译文】

铅矿比铜矿和锡矿都要多。它的质地有三种：一是银矿铅，云南出产最多，出自银矿里，初炼时和银熔成一团，再炼时脱离银而沉底。二是铜山铅，贵州出产最多，出自铜矿里，入洪炉冶炼时，铅比铜先熔化流出。三是草节铅，四川嘉州和利州出产最多，产自单纯铅矿里，开采的人凿开山石，点着油灯寻找铅脉，弯弯曲曲好像采银矿那样。采出来后再加淘洗、冶炼。此外，雅州出产有钓脚铅，形状像个皂荚子，又像个蝌斗子，出自山涧沙里；广信郡的上饶和饶郡的乐平出产有杂铜铅；剑州出产有阴平铅，难以一一列举。

凡银矿中铅，炼铅成底，炼底复成铅①。草节铅单入洪炉煎炼，炉傍通管，注入长条土槽内。俗名扁担铅，亦曰出山铅，所以别于凡银炉内频经煎炼者。

【注释】

①“凡银矿中铅”三句：所谓“炼铅成底”，就是把硫化铅（PbS）炼成密陀僧即氧化铅（PbO）；所谓“炼底复成铅”，就是把氧化铅还原成铅。

【译文】

银矿铅的炼法是，先把铅矿变成“炉底”，再把“炉底”炼成铅。草节铅则单独放入洪炉里冶炼，通过管子注入长条形的土槽里。这俗名叫扁担铅，也叫出山铅，用以区别从银炉里多次熔炼出来的铅。

凡铅，物值虽贱，变化殊奇：白粉、黄丹①，皆其显象。操银、底于精纯，勾锡成其柔软，皆铅力也。

【注释】

①白粉：即胡粉。学名是碱式碳酸铅[$2PbCO_3 \cdot Pb(OH)_2$]。详见《附：胡粉》一节。黄丹：一般指氧化铅（PbO），本卷却特指铅丹（Pb_3O_4）。详见《附：黄丹》一节。

【译文】

铅的价值虽贱，变化却很奇特，白粉、黄丹都是由铅变化而来的。使粗银和“炉底”提炼精纯，使锡变得很柔软，都是铅力在起作用。

附：胡粉[①]

凡造胡粉，每铅百斤，熔化，削成薄片，卷作筒，安木甑内。甑下、甑中各安醋一瓶，外以盐泥固济[②]，纸糊甑缝。安火四两，养之七日[③]，期足启开，铅片皆生霜粉[④]，扫入水缸内。未生霜者，入甑依旧再养七日，再扫，以质尽为度。其不尽者留作黄丹料[⑤]。每扫下霜一斤，入豆粉二两、蛤粉四两[⑥]，缸内搅匀，澄去清水，用细灰按成沟，纸隔数层，置粉于上。将干，截成瓦定形[⑦]，或如磊块，待干收货。此物古因辰、韶诸郡专造[⑧]，故曰韶粉。俗误朝粉。今则各省直饶为之矣。其质入丹青[⑨]，则白不减；揸妇人颊，能使本色转青[⑩]。胡粉投入炭炉中，仍还熔化为铅，所谓色尽归皂者[⑪]。

【注释】

①胡粉：即白粉，也叫铅粉，由铅白[铅霜，即碱式碳酸铅$2PbCO_3 \cdot Pb(OH)_2$]、蛤粉（$CaCO_3$）和豆粉混合而成。胡，糊。

②固济：古代化学术语。将反应器密封。

③养：古代化学术语。微火加热。一般要经过较长时间才能使反应

完成，所以叫“养”。

④霜粉：即铅霜。其生成反应过程是：铅先与醋酸蒸气、水蒸气以及空气中的氧作用生成碱式醋酸铅，它又逐渐吸收来自炭炉的二氧化碳（所谓“碳气”）而变为碱式碳酸铅。水洗的目的是除去少量残存的易溶于水的醋酸铅。

⑤黄丹：这里指铅丹（Pb_3O_4）。

⑥入豆粉二两、蛤粉四两：豆粉起粘结剂作用，蛤粉起润滑剂和填充剂作用。

⑦瓦定：疑为“瓦当”之误。

⑧辰：即辰州。今湖南沅陵。韶：即韶州。今广东韶关。

⑨丹青：颜料。详见《丹青》卷。

⑩搽妇人颊，能使本色转青：搽，涂本作“查”，据文义改为“搽”。搽，同“擦”，涂抹。这是硫化铅（PbS）沉积和皮肤铅中毒现象。

⑪“胡粉投入炭炉中”三句：东汉魏伯阳《周易参同契》：“胡粉投火中，色坏还为铅。”意思是说，胡粉原来是用铅制造的，若把它投入炭火中就会还原成铅。《周易参同契》又说：“故铅外黑，内怀金华”，“太阳流珠，常欲去人”，“卒得金华，转而相因，化为白液，凝而至坚”。意思可能是说，金属铅表面因被氧化而呈黑色，内部仍然具有金属光泽，它和汞（所谓太阳流珠）相遇而形成铅汞齐，使汞的流动性消失了。皂，黑色。这里可能是指铅表面因被氧化而呈黑色。

【译文】

胡粉的制法是，把一百斤铅熔化，削成薄片，卷成筒状，安置在木甑里。甑下面和甑中间各放一瓶醋，外用盐泥封牢，并用纸糊甑缝。用四两木炭文火加热七天，打开木甑，见到铅片长满霜粉，把霜粉扫进水缸里。剩下尚未生霜的铅片则再放进甑里，照旧再加热七天，再扫下霜粉，直到铅用完为止。剩下的残渣留作黄丹的原料。每扫下霜粉一斤，加入豆粉二两、蛤粉四两，放在缸里搅匀，澄清后把水倒掉。用细灰按成沟，铺上几层纸，再把湿粉放上去。快干时把粉截成瓦当形或方块状，等干透了才收起来。古代只有辰州和韶州才造这种粉，因此叫它为韶粉。俗语误叫为朝粉。今天各省直都已有制造了。这种粉用作颜料，能长期保持白色；妇女用来搽脸，搽多了脸色会发青。将胡粉投入炭炉中烧，仍会还原为铅，其表面呈黑色，这可谓一切颜色都复归于黑。

附：黄丹①

凡炒铅丹，用铅一斤、土硫黄十两、硝石一两，熔铅成汁，下醋点之。滚沸时，下硫一块。少顷，入硝少许。沸定，再点醋。依前渐下硝、黄。待为末，则成丹矣。其胡粉残剩者，用硝石、矾石炒成丹，不复用醋也②。

【注释】

①黄丹：一般指氧化铅（PbO），本卷特指铅丹，主要成分是四氧化三铅（Pb_3O_4），即（$2PbO \cdot PbO_2$），次要成分是碱式硫酸铅（$PbO \cdot PbSO_4$）和一氧化铅（PbO），是一种有防蠹性能的桔红色涂料，常作纸丹，做成“千年红”纸，夹在书的扉页和底页，以防虫蛀。近来也有作防锈漆填料用的。

②“凡炒铅丹”一段：这两种制法都转引自李时珍《本草纲目》第八卷金石部“铅丹”条目。前一种制法引自唐独孤滔的《丹房鉴源》，用的是炼丹的传统方法，硝石和空气中的氧起氧化剂作用；后一种制法起于明朝，前进了一步，不再加可有可无的醋和硫了。近现代更进一步发展，单纯利用空气氧化金属铅便可得到质量较好的铅丹。点，古代化学术语。加少量药剂能使大量物质起反应，这叫作“点”。所点的药剂可能有接触剂（即催化剂）的作用。

【译文】

炒铅丹的方法是，用铅一斤、土硫黄十两、硝石一两，把铅熔化后，加一点醋。沸腾时，投一块硫黄。过一会儿，又加一点硝石。沸腾停止后，再加一点醋。接着再加硫黄和硝石。直到全部变成粉末，铅丹就炒成了。若用制胡粉时剩下的铅做原料，就可只用硝石和矾石来炒，而不必加醋了。

欲丹还铅，用葱白汁拌黄丹慢炒，金汁出时，倾出即还铅矣[1]。

【注释】

①“欲丹还铅”四句：杨维增和刘文铭合作的模拟实验（《化学通报》1986年第4期）表明，葱白汁炭化后可把铅丹还原成铅。

【译文】

若想把黄丹还原成铅，则把葱白汁拌入黄丹，用慢火炒，当有金黄汁流出时，倒出来就可得到铅了。

佳兵第十五卷

【题解】

本卷讲兵器。佳兵，语出《老子》第三十一章："夫佳兵者，不祥之器。"唐陆德明《经典释文》卷二十五把"佳"解析为"善"，认为佳兵指好兵器。清王念孙指出："佳"字是"隹"字（古惟字）之误。宋应星沿用了陆的说法，把兵器称为佳兵。

本卷在参阅明茅元仪《武备志》的基础上简要记述了明代的弓箭、弩、干戈、火药火器等多种武器的性能和造法，有一定的参考价值。遗憾的是，他没有记述明燕王朱棣时期发明的"一窝蜂"（世界上最早的多发齐射火箭）。

火药是中国古代四大发明之一。隋唐出现了第一部记载火药配方的书《丹经内伏硫黄法》。唐炼丹家郑思远在《真元妙道要略》中对火药的属性做了说明："有人以硫黄、雄黄合硝石，并蜜（按：蜜受热后变成炭）烧之，焰起，烧手、面及烬屋舍者。"可见，火药是炼丹术士研制长生不老药的意外发现和发明，火药之所以带个"药"字也可以看作一个佐证。本卷记述了黑火药的基本配方是硝石、硫黄和木炭，但考虑到"硝性主直而硫性主横"，用于枪砲的火药配方是"硝九而硫一"，用于爆破的火药配方却是"硝七而硫三"。

宋子曰：兵非圣人之得已也。虞舜在位五十载，而有苗犹弗率[①]。明王圣帝，谁能去兵哉？“弧矢之利，以威天下”[②]，其来尚矣[③]。

【注释】

①有苗犹弗率（shuài）：苗族仍不顺服。有苗，苗族，亦称三苗。有，语首助词，无义。率，服从。

②弧矢之利，以威天下：语出《周易·系辞下》。意思是，武器的功用在于威慑天下。弧矢，弓箭。利，功用。

③尚：久远。

【译文】

用兵是圣人不得不干的事情。舜帝在位五十年，苗族仍然没顺服。即使是贤明的帝王，谁能够不要武器和取消军队呢？“武器的功用在于威慑天下”，这句话由来已久了。

为老氏者，有葛天之思焉[①]。其词有曰：“佳兵者，不祥之器”，盖言慎也。

【注释】

①为老氏者，有葛天之思焉：老氏指老子，相传是春秋战国时期思想家、道家创始人，著有《老子》（即《道德经》）一书。老子认为宇宙万物的根源是“道”，而“道”是“无为”而“自然”的，人效法“道”，应以“无为”为主，因此他主张“无为而治”。所谓“无为”，是指顺应自然的意思。这跟“葛天之思”是一脉相承的。葛天氏是传说中的在伏羲之前的远古帝号，被认为是自然而淳朴的理想之世。

【译文】

老子被认为怀有葛天氏“无为而治”的思想。其书中有句话说:“兵器是不吉祥的东西”,那只是警戒人们用兵要慎重而已。

火药机械之窍,其先凿自西番与南裔,而后乃及于中国[①]。变幻百出,日盛月新。中国至今日,则即戎者以为第一义[②]。岂其然哉?虽然,生人纵有巧思,乌能至此极也[③]!

【注释】

①“火药机械之窍”三句:据《皇明世法录》卷八十二和明赵士桢《神器谱》记载,西式枪炮(如佛朗机之类)是在十六世纪由葡萄牙经南洋群岛和西域传入中国的。这里指的可能就是此事。西番,西部少数民族聚居地区。《明史·西域列传》:“西番即西羌,族种最多,自陕西历四川、云南西徼外皆是。”南裔(yì),南方边远地区。

②即戎者:用兵的人。

③乌:疑问助词。哪,怎。

【译文】

制造西式枪炮的诀窍,是经由西域和南方边远地区传到中国来的。它很快就变化百出,日新月异。时至今日,中国用兵的人把兵器放到了第一位。难道这种想法对吗?尽管如此,人类有着巧妙的构思,武器的发展怎能到此为止呢?

弧矢[①]

凡造弓,以竹与牛角为正中干质,东北夷无竹,以柔木为之。桑枝木为两弰[②]。弛则竹为内体,角护其外;张则角向内而竹居外。竹一条而角两接。桑弰则其末刻锲以受弦驱[③]。

其本则贯插接笋于竹丫，而光削一面以贴角。

【注释】

①弧矢：弓箭。

②弰（shāo）：弓的末端。

③彄（kōu）：弓弩两端钩弦用的圈套。

【译文】

造弓，用竹片和牛角做正中的骨干，东北少数民族地区没有竹，改用柔韧的木料。两头接上桑木。松弦时，竹在弓弧的内侧，角在弓弧的外侧起保护作用；张弦时，角在弓弧的内侧，竹在弓弧的外侧。竹片用一整条，牛角则两段相接。弓两头的桑木末端都刻有缺口，使弦彄能够套紧。桑木本端与竹片互相穿插接榫，并削光一面贴上牛角。

凡造弓，先削竹一片，竹宜秋冬伐，春夏则朽蛀。中腰微亚小，两头差大，约长二尺许。一面粘胶靠角，一面铺置牛筋与胶而固之。牛角当中牙接，北虏无修长牛角，则以羊角四接而束之；广弓则黄牛明角亦用，不独水牛也。固以筋胶，胶外固以桦皮，名曰暖靶[①]。

【注释】

①靶（bà）：指弓身中部手握执弓处。

【译文】

动手造弓时，先削一根竹片，竹子要在秋冬砍，因为春夏砍的容易蛀朽。中腰略小，两头稍大，长约两尺。一面用胶粘贴上牛角，一面用胶粘铺上牛筋。两段牛角之间互相咬合，北方少数民族没有长牛角，就用羊角分四段相接扎紧；广东的弓，不单用水牛角，也用半透明的黄牛角。用牛筋和胶液固定，外面再用桦树皮加固，这叫作暖靶。

凡桦木，关外产辽阳[①]，北土繁生遵化[②]，西陲繁生临洮郡[③]，闽、广、浙亦皆有之。其皮护物，手握如软绵，故弓靶所必用。即刀柄与枪干亦需用之。其最薄者则为刀剑鞘室也[④]。

【注释】

①辽阳：今属辽宁。

②遵化：今属河北。

③临洮：今属甘肃。

④鞘（qiào）：刀剑套。

【译文】

桦树，关外产在辽阳，华北以遵化为多，西北以临洮为多，福建、广东和浙江等地也有出产。用桦树皮做保护层，手握起来感到柔软，所以造弓靶一定要用它。即使是刀柄和枪身也要用到它。最薄的可用来做刀剑套。

凡牛脊梁每只生筋一方条，约重三十两。杀取晒干，复浸水中，析破如苎麻丝。胡虏无蚕丝，弓弦处皆纠合此物为之。中华则以之铺护弓干，与为棉花弹弓弦也。

【译文】

牛脊骨内有一条长方形的筋，重约三十两。杀牛以后取出晒干，再用水浸，然后撕成苎麻丝样。北方少数民族没有蚕丝，弓弦都是用牛筋缠合的。中原则用它铺护弓的主干，或者用来做弹棉花的弓弦。

凡胶，乃鱼脬、杂肠所为[①]，煎治多属宁国郡[②]。其东海石首鱼[③]，浙中以造白鲞者[④]，取其脬为胶，坚固过于金铁。北虏取海鱼脬煎成，坚固与中华无异，种性则别也。

【注释】

①鱼脬（pāo）：鱼鳔。鱼鳔熬成的胶粘性特强，古代多用来胶弓。

②宁国郡：今属安徽。

③石首鱼：俗称黄花鱼。鱼纲，石首鱼科。耳石特别发达因而叫石首鱼。它的鳔很发达，可制胶。

④白鲞（xiǎng）：石首鱼干。鱼干都叫作鲞，石首味美，独得白鲞之名。

【译文】

胶是用鱼鳔、杂肠熬的，多数在宁国郡熬炼。东海有一种石首鱼，浙江人常把它晒成美味的鱼干，用它的鳔熬成的胶比钢铁还要牢固。北方少数民族用其他海鱼的鳔熬成的胶，同中原的一样牢固，只是种类不同而已。

天生数物，缺一而良弓不成，非偶然也。

【译文】

上天造就这几种东西，缺少一种就造不成良弓，看来这并不是偶然的。

凡造弓，初成坯后，安置室中梁阁上，地面勿离火意。促者旬日，多者两月，透干其津液，然后取下磨光，重加筋胶与漆，则其弓良甚。货弓之家，不能俟日足者，则他日解释之患因之[①]。

【注释】

①解释：松散。

【译文】

弓坯做成之后，放在屋梁高处，地面生火烘焙。短则十天，长则两个月，等到胶液干透，就拿下来磨光，再一次铺筋、涂胶和上漆，这样做出来的弓质量就很好。有的卖弓人不等烘干时间充足就出货的，日后就会出现脱胶的毛病。

凡弓弦，取食柘叶蚕茧，其丝更坚韧。每条用丝线二十余根作骨，然后用线横缠紧约。缠丝分三停[①]，隔七寸许则空一二分不缠，故弦不张弓时，可折叠三曲而收之。往者北虏弓弦，尽以牛筋为质，故夏月雨雾，妨其解脱，不相侵犯。今则丝弦亦广有之。涂弦或用黄蜡，或不用亦无害也。凡弓两弰系驱处，或切最厚牛皮，或削柔木如小棋子，钉粘角端，名曰垫弦，义同琴轸[②]。放弦归返时，雄力向内，得此而抗止，不然则受损也。

【注释】

①停：成数，部分。

②名曰垫弦，义同琴轸（zhěn）：垫弦（垫子）有两个作用，一是使弦驱不易脱落，二是抵挡放箭回弹力以免伤弓。琴轸，琴腹垫弦线的码子。

【译文】

用柘蚕丝制作的弓弦就更坚韧。每条弦用二十多根丝线做骨，然后用丝线横向缠紧。缠丝分成三段，每缠七寸就留空一二分不缠。这样，在弦不上弓时就可以折成三节收起。过去北方少数民族都用牛筋做弓弦，每逢夏天雨季就因它吸潮解脱而不敢出兵进犯。现在到处都有丝弦了。有人用黄蜡涂弦防潮，不用也不要紧。弓两端系弦的部位，要用最厚的牛皮或软木做成像小棋子那样的垫子，用胶粘紧钉在牛角末端，这叫作垫弦，作用跟琴弦的码子相似。放箭时弓弦的回弹力很大，有了垫弦就可以抵消它，否则会损伤弓弦。

凡造弓，视人力强弱为轻重：上力挽一百二十斤，过此则为虎力，亦不数出；中力减十之二三；下力及其半。彀满之时[①]，皆能中的。但战阵之上，洞胸彻札[②]，功必归于挽强者。而下力倘能穿杨贯虱，则以巧胜也。

【注释】

①彀（gòu）满：张满弓弩。

②札：铠甲上用皮革或金属制成的叶片。

【译文】

造弓要按人的挽力大小来分轻重：上等力气能挽一百二十斤，超过的叫虎力，但这类人不多；中等的能挽八九十斤；下等的只能挽六十斤左右。这些弓箭在拉满弦时都能射中目标。但在战场上能射穿敌人的胸膛或铠甲的，当然是力气大的射手。力气小的人若能射穿树叶或射中虱子的，那是以巧取胜。

凡试弓力，以足踏弦就地，秤钩搭挂弓腰，弦满之时，推移秤锤所压，则知多少（图100）。其初造料分两，则上力挽强者，角与竹片削就时，约重七两；筋与胶、漆与缠约丝绳，约重八钱。此其大略。中力减十分之一二，下力减十之二三也。

【译文】

测定弓力的方法是，用脚踩弦，将秤钩钩住弓的中点往上拉，弦满之时，推移秤锤称平，就可知道弓力大小。弓料的分量是，上等力气所用的弓，角和竹片削好后约重七两；筋、胶、漆和缠丝约重八钱。这是大概的数字。中等力气的相应减少十分之一二，下等力气的减少十分之二三。

图100 试弓定力

凡成弓，藏时最嫌霉湿。霉气先南后北。岭南谷雨时，江南小满，江北六月，燕齐七月。然淮扬霉气独盛。将士家或置烘厨烘箱，日以炭火置其下。春秋雾雨皆然，不但霉气。小卒无烘厨，则安顿灶突之上。稍怠不勤，立受朽解之患也。近岁命南方诸省造弓解北，纷纷驳回，不知离火即坏之故，亦无人陈说本章者[①]。

【注释】

①本章：奏事文书。这里指事因。

【译文】

藏弓最怕霉湿。霉雨天气先南后北。开始的节气，岭南是谷雨，江南是小满，江北是六月，河北、山东一带是七月。淮扬地区霉雨天气最多。军官家里有烘厨或烘箱，每天都用炭火烘。不仅是霉雨天，春秋下雨或多雾的天气也都这样干。士兵没有烘厨或烘箱，就把弓放在灶头烟突上。稍微照管不周到，弓就会朽坏解脱。近年来朝廷命令南方各省造弓解送北京，纷纷被退回，不知道弓一不烘就坏的道理，也没有人就此事上奏朝廷。

凡箭笴[①]，中国南方竹质，北方萑柳质[②]，北虏桦质，随方不一。竿长二尺，镞长一寸[③]，其大端也。凡竹箭，削竹四条或三条，以胶粘合，过刀光削而圆成之。漆丝缠约两头，名曰“三不齐”箭杆[④]。浙与广南有生成箭竹不破合者。柳与桦杆，则取彼圆直枝条而为之，微费刮削而成也。凡竹箭其体自直，不用矫揉。木杆则燥时必曲。削造时以数寸之木，刻槽一条，名曰箭端，将木杆逐寸戛拖而过[⑤]，其身乃直。即首尾轻重，亦由过端而均停也[⑥]。

【注释】

①笴（gǎn）：箭杆。

②萑（huán）柳：蒲柳，也叫水杨。

③镞（zú）：箭头。

④三不齐：《明会典》卷一九二记载，有“黑雕翎竹杆三不齐铁箭”和“黑雕翎碌扣三不齐铁箭”两种。

⑤戛（jiá）：刮。

⑥均停：停均，即均匀妥帖。

【译文】

箭杆用料各地不同，南方用竹，北方用蒲柳木，北方少数民族则用桦木。箭杆长二尺，箭头长一寸，这是一般的规格。做竹箭时，削竹三四条并用胶粘合，再用刀削圆刮光。然后用漆丝缠紧两头，这叫作“三不齐”

箭杆。浙江和广东南部有天然的箭竹，不用破开粘合。柳木或桦木做的箭杆，只要选取圆直的枝条稍加削刮就可以了。竹箭本身很直，不必矫正。木箭杆干燥后势必变弯。矫正的办法是用一块几寸长的木头，上面刻一条槽，名叫箭端，将木杆嵌在槽里逐寸刮拉而过，杆身就会变直。即使原来杆身头尾不均匀的，也会变得均匀起来。

凡箭，其本刻衔口以驾弦，其末受镞。凡镞，冶铁为之。《禹贡》砮石乃方物[①]，不适用。北虏制如桃叶枪尖，广南黎人矢镞如平面铁铲，中国则三棱锥象也。响箭则以寸木空中锥眼为窍，矢过招风而飞鸣，即庄子所谓"嚆矢"也[②]。

【注释】

①砮（nǔ）石：石制箭头。

②嚆（hāo）矢：响箭。嚆，呼叫。

【译文】

箭杆的末端刻有一个小凹口叫作衔口，以便扣在弦上。末端安装箭头，箭头是用铁铸成的。《尚书·禹贡》记载的石制箭头，是地方土产，不适用。至于箭头的形状，北方少数民族做的像桃叶枪尖，广东南部黎族人做的像平头铁铲，中原做的则是三棱锥形。响箭之所以能迎风飞鸣，巧妙就在于小小的箭杆上锥有孔眼，这就是庄子说的嚆矢。

凡箭行端斜与疾慢，窍妙皆系本端翎羽之上[①]。箭本近衔处，剪翎直贴三条，其长三寸，鼎足安顿，粘以胶，名曰箭羽。此胶亦忌霉湿，故将卒勤者，箭亦时以火烘。羽以雕膀为上，雕似鹰而大，尾长翅短。角鹰次之，鸱鹞又次之[②]。南方造箭者，雕无望焉，即鹰鹞亦难得之货，急用塞数，即以雁翎，甚至鹅翎亦为之矣。凡雕翎箭行疾过鹰、鹞翎十余步而端正，能抗风吹。北虏羽箭多出此料。鹰、鹞翎作法精工，亦恍惚焉。若鹅、雁之质，则释放之时，手不应心，而遇风斜窜者多矣。南箭不及北，由此分也。

【注释】

①翎（líng）羽：禽类翅、尾上的尖长羽毛。

②鸱鹞（chī yào）：鹞鹰。似鹰而小的猛禽。

【译文】

箭飞行得正还是偏，快还是慢，关键都在箭羽上。在箭杆本端近衔口的地方，用脬胶粘上三条三寸长的三足鼎立形的翎羽，这名叫箭羽。脬胶也怕霉湿，因此勤快的将士经常用火烘箭。所用的羽毛，以雕的翅毛最好，雕像鹰而比鹰大，尾长而翅膀短。角鹰的其次，鹞鹰的更次。南方造箭的人，固然没希望得到雕羽，就是鹰羽也很难得到，急用时就只好用雁羽甚至用鹅羽来充数。雕翎箭飞得比鹰、鹞翎箭快十多步而且端正，能抗风吹。北方少数民族的箭羽多数用雕翎。角鹰或鹞鹰翎箭如果精工制作，效用也跟雕翎箭差不多。可是，鹅、雁翎箭射出时却手不应心，往往一遇到风就歪到一边去了。南方箭比不上北方箭，原因就在这里。

弩①

凡弩为守营兵器，不利行阵。直者名身，衡者名翼②，弩牙发弦者名机③。斫木为身，约长二尺许，身之首横拴度翼。其空缺度翼处，去面刻定一分，稍厚则弦发不应节。去背则不论分数。面上微刻直槽一条以盛箭。其翼以柔木一条为者名扁担弩，力最雄。或一木之下，加以竹片叠承，其竹一片短一片。名三撑弩，或五撑、七撑而止。身下截刻锲衔弦，其衔傍活钉牙机，上剔发弦。上弦之时，唯力是视。一人以脚踏强弩而弦者，《汉书》名曰蹶张材官[④]。弦送矢行，其疾无与比数。

【注释】

①弩（nǔ）：用机械发射的比一般弓箭（所谓“弧矢”）的力大得多的弓。《周礼·夏官·司马·司弓矢》把弩分成夹、庾、唐、大四种：“凡弩，夹、庾利攻守，唐、大利车战野战。”

②翼：弩担，即弓身。

③机：即弩机，弩上勾弦发射弩箭的机构，青铜制，装在弩的木臂后部。

④蹶（jué）张材官：语出《史记·申屠嘉列传》和《汉书·申屠嘉传》：“以材官蹶张，从高帝击项籍。”材官，指勇武之卒。蹶张，指用脚踏强弩使之张开。蹶，踏。

【译文】

弩是守营的兵器，不适于冲锋上阵。直的部分叫身，横的部分叫翼，扣弦发箭的开关叫机。砍木做弩身，长约二尺，前端横拴弩翼。拴翼的孔离弩面限定一分，稍为下一点，弦和箭就不匹配。与弩底的距离则不必计较。弩面刻一条直槽承放箭枝。弩翼用一根柔木做成的叫扁担弩，射力最强。一根柔木下面再用竹片挨次缩短。叠撑的就相应叫三撑弩、五撑弩或七撑弩。弩身后端刻一个缺口扣弦，缺口旁钉有活动扳机，上推即可发箭。上弦时全靠人的体力。由一个人脚踏强弩上弦的，《汉书》称为“材官蹶张”。弩弦把箭射出，快速无比。

凡弩弦以苎麻为质，缠绕以鹅翎，涂以黄蜡。其弦上翼则紧，放下仍松，故鹅翎可扱首尾于绳内[①]。弩箭羽以箬叶为之。析破箭本，衔于其中而缠约之。其射猛兽药箭，则用草乌一味[②]，熬成浓胶，蘸染矢刃。见血一缕，则命即绝，人畜同之。

【注释】

①扱（chā）：插。

②草乌：乌头的主根，含乌头碱，有剧毒。

【译文】

弩弦用苎麻绳做，还要缠上鹅翎，涂上黄蜡。弩弦装上弩翼时紧，放下来时松，所以鹅翎的头尾都可以夹入麻绳内。弩箭羽用箬竹叶制成。把箭本破开一点，夹箬竹叶进去并把它缠紧。射杀猛兽用的药箭，则是用草乌熬成浓胶蘸涂在箭头上。这种箭一见血就能使人畜丧命。

凡弓箭强者，行二百余步；弩箭最强者，五十步而止，即过咫尺，不能穿鲁缟矣[①]。然其行疾则十倍于弓，而入物之深亦倍之。

【注释】

①"弩箭最强者"四句：《史记·韩安国列传》："且强弩之极，矢不能穿鲁缟。"《汉书·韩安国传》作"强弩之末"。形容弩箭虽强劲，但超过了射程就力竭，连鲁缟都射不穿了。咫（zhǐ）尺，比喻距离很近。咫，周尺八寸叫咫。鲁缟（gǎo），鲁地（今山东境内）所产的素绢，轻而薄。

【译文】

强弓可以射两百多步远，而强弩只能射五十步，再远一点就连薄绢也射不穿了。然而，弩比弓快十倍，穿透物体也深一倍。

国朝军器造神臂弩、克敌弩[①]，皆并发二矢、三矢者（图101）。又有诸葛弩[②]，其上刻直槽，相承函十矢，其翼取最柔木为之。另安机木，随手扳弦而上，发去一矢，槽中又落下一矢，则又扳木上弦而发。机巧虽工，然其力棉甚，所及二十余步而已。此民家妨窃具[③]，非军国器。其山人射猛兽者，名曰窝弩[④]，安顿交迹之衢[⑤]，机傍引线，俟兽过带发而射之。一发所获，一兽而已。

图101　连发弩

【注释】

①国朝：本朝。杨素卿刊本作“明朝”，可见杨本刊于清初。神臂弩：制造始于宋熙宁年间（1068—1077），身长三尺二寸，弦长二尺五寸，单发，射程二百四十步。当时叫神臂弓。北宋沈括《梦溪笔谈·器用》：“熙宁中，李定献偏架弩，似弓而施干镫。以镫距地而张之，射三百步，能洞重札，谓之神臂弓。”明朝时已由单发改进为并发。具体形制见明茅元仪《武备志》卷一〇三。克敌弩：南宋绍兴年间（1131—1162），韩世忠根据神臂弓（凤凰弓）改造而成，单发。当时叫克敌弓。据《明会典》卷一九二工部记

载:"弘治十七年,题造硬弩二,一并发二矢,一并发三矢,比神臂弩为远,定名克敌弩。"

②诸葛弩:《武备志》卷一〇三说此弩能一弩连发十矢,使用轻巧,但矢力轻而必用药。附有"诸葛全式弩"和"诸葛分式弩"两图。

③妨:通"防"。

④窝弩:《武备志》卷一〇三说此弩力大,必用腰绊上弦,弩身面上架箭二枝,弩左旁架箭一枝,附有图。

⑤衢(qú):交叉路口。《尔雅·释宫》:"四达谓之衢。"

【译文】

本朝作为军器的弩有神臂弩、克敌弩,都是同时发二三支箭的。还有一种诸葛弩,弩上刻有直槽可装箭十支,弩翼用最柔韧的木制成,安有木制弩机,随手扳机就可以上弦。发出一箭,槽中又落下一箭,又可以再扳机上弦发一箭。这种弩机结构精巧,但射力弱,射程只有二十来步远。这是民间用来防盗的,而不是军队用的兵器。山区的人用来射杀猛兽的弩叫作窝弩,装在野兽出没的地方,拉上引线,野兽走过时一碰到引线,箭就会自动射出。一箭能获得一只野兽。

干

凡干戈[①],名最古,干与戈相连得名者。后世战卒、短兵驰骑者更用之。盖右手执短刀,则左手执干以蔽敌矢。古者车战之上,则有专司执干并抵同人之受矢者。若双手执长戈与持戟、槊[②],则无所用之也。

【注释】

①干:盾。戈:杆头装有横向短刃(所谓援)用以横击、钩杀的一种兵器。

②戟：长杆头上装有月牙利刃的合戈、矛为一体的可以直刺和横击的一种兵器。槊：长矛。

【译文】

干戈这个名字在兵器中最古老，干和戈连起来而得名。后世兵卒和拿短兵器的骑兵更常配合使用干和戈。右手执短刀，左手执盾牌以抵挡敌箭。古时候的战车，有人专门负责拿着盾牌，保护同车人免遭敌箭。要是双手拿着长矛或戟，那就空不出手来拿盾牌了。

凡干，长不过三尺，杞柳织成尺径圈[①]，置于项下，上出五寸，亦锐其端，下则轻竿可执。若盾名中干，则步卒所持以蔽矢并拒槊者，俗所谓傍牌是也。

【注释】

①杞柳：杨柳科，落叶丛生灌木。枝条韧。

【译文】

盾牌长不过三尺，放在脖子下面防护，这是用杞柳枝采编织成的直径一尺的上尖圆块，上尖部突出五寸，它的下端接有一根轻杆可供手执。另有一种盾叫中干，俗称傍牌，那是步兵拿来挡箭或长矛用的。

火药料

火药火器[①]，今时妄想进身博官者，人人张目而道，著书以献，未必尽由试验。然亦粗载数叶[②]，附于卷内。

【注释】

①火药火器：火药，是我国古代四大发明之一。顾名思义是“着火的药”。它的主要成分硝石和硫黄，一方面是医药（东汉《神农

本草经》把硝石列为上品药的第六位，硫黄列为中品药的第三位），另一方面又是丹药（号称万古丹经王的东汉魏伯阳的《周易参同契》把硝和硫看作“正纲纪”的“八石”之二）。火药是由炼丹家发明的。宋孟要甫《诸家神品丹法》卷五引有唐孙思邈的“丹经内伏硫黄法”。配方是硫黄、硝石各二两，皂角子炭三颗，通过起焰火来达到伏火的目的。唐代《铅汞甲辰至宝集成》卷二载有清虚子的“伏火矾法”：“硫二两，硝二两，马兜铃三钱半，右为末，拌匀。掘坑，入药于罐内与地平。将熟火一块弹子大下放里面，烟渐起。”无疑，上列二方都是火药的原始形式。从火药到火器，大致经历了三个阶段：第一阶段主要是利用火药的燃烧性能。据宋路振《九国志》记载，唐哀帝天祐元年（904），郑璠攻打豫章，用“发机飞火”，即用抛石机抛射火药弹，烧毁龙沙门。第二阶段已能利用火药的爆炸性能。北宋曾公亮的《武经总要》记述的蒺藜火球、毒药烟球，北宋末年出现的霹雳炮、震天雷等都属这一类。第三阶段已能利用火药的定向爆发性能即射击性能。北宋绍兴二年（1132）出现的火枪，南宋开庆一年（1259）出现的突火枪，元朝出现的火铳等都属这一类。现存北京中国历史博物馆的元至顺三年（1332）制造的号称“铜将军”的火铳，是已发现的世界上最古的铜炮。恩格斯指出：“火药是从中国经过印度传给阿拉伯人，又由阿拉伯人和火药武器一道经过西班牙传入欧洲。”（《德国农民战争》，人民出版社1975年版）

②叶：书册中的一页。

【译文】

关于火药和火器，现时那些妄图博取高官厚禄的人，个个都在高谈阔论，著书呈献，他们说的未必都经过试验。但这里还是粗略写上几页，附在卷内。

凡火药，以消石、硫黄为主，草木灰为辅[①]。消性至阴，硫性至阳，阴阳两神物相遇于无隙可容之中，其出也，人物膺之[②]，魂散惊而魄齑粉[③]。凡消性主直，直击者消九而硫一；硫性主横，爆击者消七而硫三[④]。其佐使之灰，则青杨、枯杉、桦根、箬叶、蜀葵、毛竹根、茄秸之类，烧使存性，而其中箬叶为最燥也。

【注释】

①“凡火药”三句：这里说的草木灰，实际上是指炭末，正如下文所说：“其佐使之灰，则青杨……之类，烧使存性。”这三句话在一定程度上反映了古代黑火药的配方及其演变：唐代火药硝硫含量相同，即1:1；宋代增加硝的含量，硝硫比为2:1，甚至3:1；明朝时“直硝”（射击火药）的硝硫比提高到9:1甚至10:1。明茅元仪《武备志》卷一一九《水药赋》提到“一君二臣”，即是说，硝是君，硫和“灰”都是臣。民间至今还流传着“一硝二黄三木炭”的说法。然而根据黑火药燃爆的主要反应式（$2KNO_3+S+3C \rightarrow K_2S+N_2\uparrow+3CO_2\uparrow$+169千卡）来看，硝是主氧化剂，硫是辅氧化剂，炭是还原剂，即使是从反应克原子比及重量来看，炭也比硫多一些。因此，比较全面的看法应该是硝、炭、硫三者都重要，缺一不可。近代黑火药的一般配方是：硝（KNO_3）75%～68%，碳（C）15%～17%，硫（S）10%～15%。

②膺（yīng）：受。

③齑（jī）粉：纸粉，碎屑，喻为粉身碎骨。

④“凡消性主直”四句：这里沿用《武备志》卷一一四《火药赋》关于“硝性竖而硫性横”的说法，是对的。“直”指的是发射，硝要多，因为硝能加速氧化并使反应完全，造成力强烟少，枪管内几

乎不留残渣。据调查,用于猎枪的黑火药(俗称直硝)的配方是:硝78%,硫10%,碳12%,硝黄比接近九比一。“横”指的是爆破,黄要多一些,因为硫黄能降低着火点,增加气体发生量,并能抑制有害气体(如一氧化碳、氰化氢)的产生,成本又较低。据调查,用于爆破的黑火药(俗称横硝)的配方是:硝66%～70%,硫14%～17%,炭16%～17%,硝黄比八比二,接近宋应星说的七比三。

【译文】

火药成分以硝石和硫黄为主,草木灰为辅。硝石阴性最强,硫黄阳性最强,这两种神奇的阴、阳物质在没有空隙的地方相遇,爆炸起来,不论人还是物都要魂飞魄散粉身碎骨。硝石纵向爆发力大,所以用于射击的火药是硝九硫一;硫黄横向爆发力大,所以用于爆破的火药是硝七硫三。作为辅助剂的灰可以用青杨、枯杉、桦树根、箬竹叶、蜀葵、毛竹根、茄秆之类,烧制成炭,其中以箬竹叶炭末最为燥烈。

凡火攻有毒火、神火、法火、烂火、喷火①。毒火,以白砒、硇砂为君②,金汁、银锈、人粪和制③;神火,以朱砂、雄黄、雌黄为君④;烂火,以硼砂、磁末、牙皂、秦椒配合;飞火⑤,以朱砂、石黄、轻粉、草乌、巴豆配合⑥;劫营火,则用桐油、松香。此其大略。其狼粪烟昼黑夜红,迎风直上,与江豚灰能逆风而炽⑦,皆须试见而后详之。

【注释】

①毒火:据《武备志》卷一一九说:“破阵用之。贼闻其气,昏眩卧倒又燎皮。”神火:《武备志》卷一一四说:“神火药,偷营劫寨、冲锋破敌用之”,“三七均分火药强”。这与宋应星说的“爆击者消七

而硫三”相符。法火:《武备志》卷一一九说:“法火药,最厉害,一物不可见,一步不可行。生擒贼兵用此。”喷火:据《武备志》卷一一九的配方是:硝二两,硫二钱半,细砂七钱半(桐油巴油炒),灰三钱半。

②硇(náo)砂:矿物名。化学成分为氯化铵(NH_4Cl)。有毒。可入药。

③金汁:金黄色陈年粪清汁。银锈:炼银时沉在坩埚底的铜、铅氧化物。详见本书第十四卷《五金·银》。

④朱砂、雄黄、雌黄:矿物名。朱砂为硫化汞(HgS);雄黄为硫化砷(AsS),别名石黄;雌黄为三硫化二砷(As_2S_3)。

⑤飞火:《武备志》卷一一四说:“飞火药,冲阵劫寨,焚粮烧贼,水陆马步俱用。”

⑥轻粉:氯化亚汞(Hg_2Cl_2),有毒。化学纯品称为甘汞。巴豆:大戟科,常绿灌木或小乔木。种子含有毒性蛋白,有毒。

⑦“其狼粪烟昼黑夜红”四句:《武备志》卷一一四指出:“逆风火药:风逆愈劲,烟焰蔽天:狼粪、艾肭、江豚骨、江豚油、硝火、硫火、箬灰、桦灰、杉灰、斑猫。”狼粪烟,即“烽烟”“烽火”。我国古代边防报警用,平时为了报告平安无事,也规定一定时间点烟或举烽,当然方式和次数都跟报警有所区别。

【译文】

火攻有毒火、神火、法火、烂火、喷火等等。毒火以白砒、硇砂为主,再加金汁、银锈、人粪混合配制;神火以朱砂、雄黄、雌黄为主;烂火要加硼砂、瓷屑、猪牙皂荚、花椒等物;飞火要加朱砂、雄黄、轻粉、草乌、巴豆;劫营火则用桐油、松香。这些配方只是个大概。至于狼粪烟白天黑晚上红,迎风直上,以及江豚灰逆风炽燃的传闻,都得经过试验,亲眼看一看,才能详加说明。

消石

凡消，华夷皆生，中国则专产西北[1]。若东南贩者不给官引[2]，则以为私货而罪之。消质与盐同母，大地之下，潮气蒸成，现于地面。近水而土薄者成盐，近山而土厚者成消。以其入水即消溶，故名曰消。长淮以北，节过中秋，即居室之中，隔日扫地，可取少许，以供煎炼。

【注释】

①“凡消”三句：“专产西北”的说法不妥。作者陷入自相矛盾，他说：“凡消三所最多：出蜀中者曰川消，生山西者俗呼盐消，生山东者俗呼土消。”

②官引：官府发给的运销凭证。引，路引，通行证。

【译文】

硝石，中国和外国都有，中国独产在西北。东南卖硝的人如果没有官府发给的运销凭证，就会以贩私被治罪。硝和盐都是在大地下面生成的，随着水气蒸发，出现在地面。近水而土层薄的地方生成盐，靠山而土层厚的地方生成硝。因为它入水即消溶，所以叫消。长江、淮河以北地区，中秋节过后，即使是在室内，隔天扫地也可扫出少量的硝，以供煎炼提纯。

凡消三所最多：出蜀中者曰川消，生山西者俗呼盐消，生山东者俗呼土消。凡消刮扫取时，墙中亦或迸出。入缸内，水浸一宿，秽杂之物，浮于面上，掠取去时，然后入釜，注水煎炼。消化水干，倾于器内，经过一宿，即结成消。其上浮者曰芒消，芒长者曰马牙消，皆从方产本质幻出。其下猥杂者曰朴消[1]。欲去杂还纯，再入水煎炼。入莱菔数枚同煮熟[2]，倾入盆中，经宿结成白雪，则呼盆消。凡制火药，牙消、盆消功用皆同。

【注释】

①“其上浮者曰芒消”三句：芒硝、马牙硝和朴硝都是十水硫酸钠（$Na_2SO_4 \cdot 10H_2O$），只是精粗和晶形不同罢了，这三者都不能作火药料，跟硝石（KNO_3或$NaNO_3$）有本质区别，但外形却极其相似。南朝梁陶弘景用火焰分析法加以鉴别：“以火烧之，紫青烟起，云是硝石也。”（《本草经集注》）。宋应星却把它们混为一谈了。

②莱菔（fú）：萝卜。在此作吸附剂。

【译文】

国内有三个地方产硝最多：四川产的叫川硝，山西产的叫盐硝，山东产的叫土硝。把刮扫来的硝土墙有时也有硝冒出来。放进缸里，用水浸一夜，捞去浮渣，然后放进锅中，加水煎煮。到硝完全溶解并又充分浓缩时，倒入容器，经过一晚便析出硝的结晶。其中浮在上面的叫芒硝，芒长的叫马牙硝，这都是各地出产的硝再经过纯化得到的。而沉在下面含杂质较多的叫朴硝。要除去杂质把它提纯，还需加水再煮。丢进几只萝卜一起煮熟后，再倒入盆中，经过一晚便析出雪白的结晶，这叫作盆硝。牙硝和盆硝制造火药的功用相同。

凡取消制药，少者用新瓦焙，多者用土釜焙，潮气一干，即取研末。凡研消不以铁碾入石臼[1]，相激火生，则祸不可测。凡消配定何药分两，入黄同研，木灰则从后增入。凡消既焙之后，经久潮性复生。使用巨炮，多从临期装载也。

【注释】

①凡研消不以铁碾入石臼：只能用木杵臼，这是为了避免因产生静电火花而引起爆炸。

【译文】

用硝制造火药，少量的可以放在新瓦片上焙干，多的就要放在土锅中焙，焙干后，立即取出研成粉末。不能用铁碾在石臼里研磨硝，因为铁石摩擦一旦产生火花，造成的灾祸将不堪设想。硝和硫按配方比例拌匀同研，木炭末随后才加入。硝焙干后，时间久了又会返潮。大炮用的硝药，多数是临时装载的。

硫黄 详见《燔石》卷

凡硫黄，配消而后，火药成声。北狄无黄之国，空繁消产，故中国有严禁。凡燃炮，拈消与木灰为引线[①]，黄不入内，入黄则不透关[②]。凡碾黄难碎，每黄一两，和消一钱同碾，则立成微尘细末也。

【注释】

①拈（niǎn）：用手指搓转。

②透关：过关。

【译文】

硫黄和硝配合之后，才能做成火药燃爆。北方少数民族地区不产硫黄，硝石再多也没用，因此中原严禁向那里贩运硫黄。大炮点火，要用硝和木炭末混合搓成引线，不要加入硫黄，否则引线导火就失灵了。硫黄很难碾碎，若每两硫黄加入一钱硝，就可以很快碾成像尘一样的粉末了。

火器

西洋炮。熟铜铸就，圆形，若铜鼓。引放时，半里之内，人马受惊死。平地爇引炮有关捩[1]，前行遇坎方止。点引之人，反走坠入深坑内，炮声在高头，放者方不丧命。

【注释】

①爇（ruò）引：点燃引信。关捩（liè）：机轴，机关。图102神威大炮的“铁栓”和图103流星炮的“铁鉤”都是关捩。

【译文】

西洋炮。熟铜铸成，圆形，像个铜鼓。放炮时，半里之内，人马都会吓死。平地点引炮装有可使炮身转动的机关，行到坑坑洼洼的地方停下来。炮手点燃引线之后立即往回跑并跳进深坑里，炮声在高处爆发，炮手才不至于丧命。

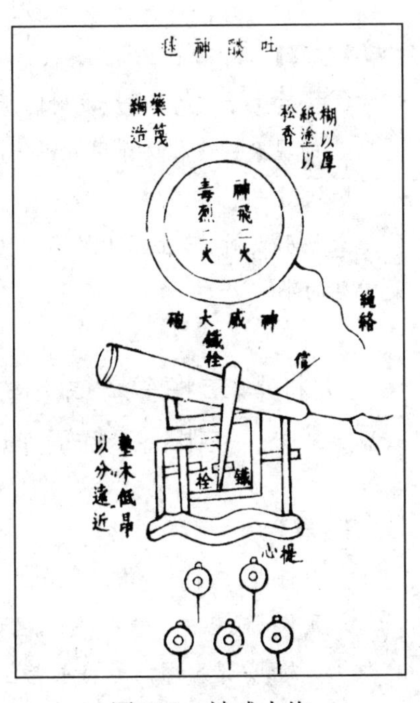

图102　神威大炮

红夷炮[1]。铸铁为之，身长丈许，用以守城。中藏铁弹并火药数斗，飞激二里，膺其锋者为齑粉（图102）。

【注释】

①红夷炮：明代称荷兰制大

炮为红夷炮。我国据此仿造的也叫红夷炮。《明史·兵志四·火器》:“万历中……大西洋船至,复得巨炮,曰红夷。长二丈余,重至三千斤,能洞裂石城,震数十里。”山西阳高曾发掘出一门铸于明崇祯十一年(1638)的红夷铁炮,全长一百五十厘米,接连四节,重五百斤。

【译文】

红夷炮。铸铁造,身长一丈,用来守城。炮膛里装有几斗铁丸和火药,射程二里,被击中者即成碎粉。

凡炮爇引内灼时,先往后坐千钧力①,其位须墙抵住。墙崩者其常。

【注释】

①往后坐千钧力:枪炮发射时所造成的反作用力迫使火器向后运动的现象。这种反作用力叫作后坐力。

【译文】

大炮引发时,产生很大的后坐力,炮位必须用墙顶住。墙因而崩塌是常见的事。

大将军,二将军①。即红夷之次,在中国为巨物。佛郎机②。水战舟头用。三眼铳。百子连珠炮(图103、图104)。

【注释】

①大将军,二将军:炮名。号称我国古代威力最大的炮。详见明茅元仪《武备志》卷一一二。《明史·兵志四》说:“明置兵仗、军器二局,分造火器。号将军者自大至五。”

②佛郎机:佛郎机炮的简称。佛郎机,是波斯语ferangi或feringi的

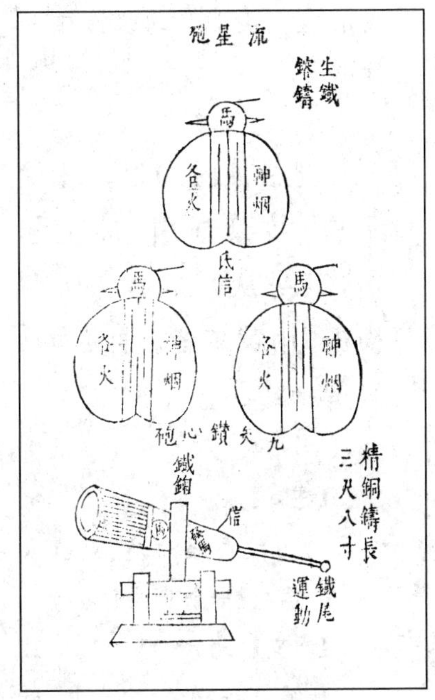

图103　流星炮

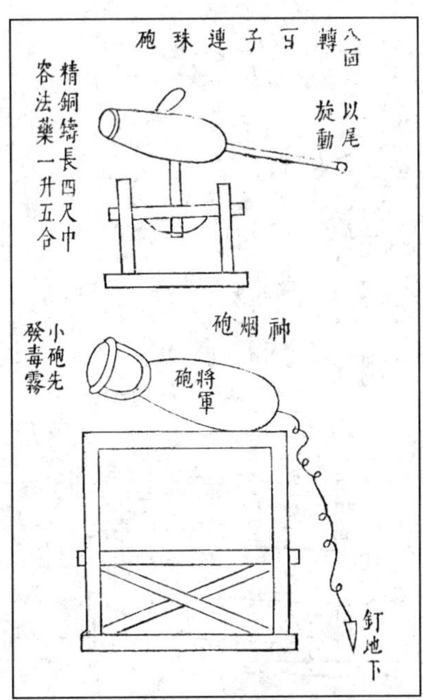

图104　百子连珠炮

译音,原指葡萄牙和西班牙。据明茅元仪《武备志》卷一一二记载,此炮是于明正德年间(1506—1521)由佛郎机国传来的,所以叫作佛郎机。机制是:“其铳以铁为之,长五六尺,巨腹长颈,腹有长孔,以小铳五个,轮流贮药,安入腹中,放之铳外。又以木包铁箍以防决裂。”又据《明史·兵志四》记载:“至嘉靖八年,始从右都御史汪鋐言,造佛郎机炮,谓之大将军,发诸边镇。佛郎机者,国名也。正德末,其国舶至广东。自沙巡检何儒得其制,以铜为之,长五六尺,大者重千余斤,小者百五十斤,巨腹长颈,腹有修孔。以子铳五枚,贮药置腹中,发至百余丈,最利水战。”

【译文】

大将军,二将军。比红夷炮小一点,在中国算是大型的东西。**佛郎机。**水

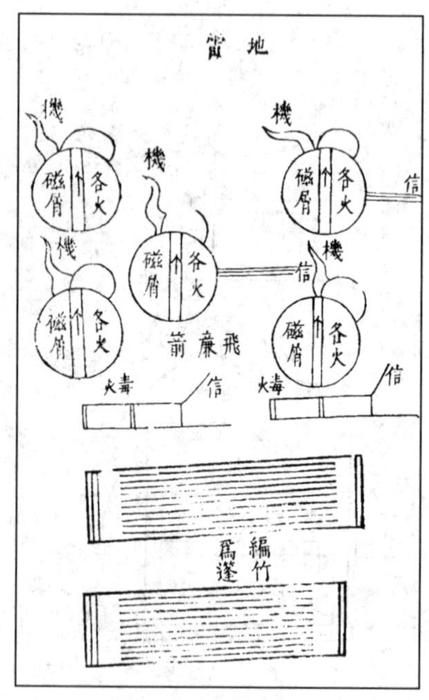

图105 地雷

战时装在船头用。三眼铳。百子连珠炮。

地雷（图105）。埋伏土中，竹管通引，冲土起击，其身从其炸裂。所谓横击，用黄多者。引线用矾油，炮口覆以盆[①]。

【注释】

①引线用矾油，炮口覆以盆：这是防潮措施。

【译文】

地雷。埋藏在泥土中，用竹管套护引线，引爆时冲开泥土起杀伤作用，地雷本身也炸裂了。这种所谓的“横击”，是火药配方中硫黄用得较多的缘故。引线要涂上矾油，引线入口处要用盆覆盖。

混江龙（图106）[①]。漆固皮囊裹炮沉于水底，岸上带索引机。囊中悬吊火石、火镰[②]，索机一动，其中自发。敌舟行过，遇之则败。然此终痴物也。

【注释】

①混江龙：一种“自动”爆炸水雷。

②火石、火镰：古代一对打火工具。火镰打击火石而起火。火石是

起火用的燧石；火镰是打火用的火刀，铁制，似镰刀。

【译文】

混江龙。用漆密封，用皮囊包裹，沉入水底，岸上用一条引索控制。皮囊里挂有火石和火镰，一牵动引索，囊里自然会点火引爆。敌船若碰到它就会被炸坏。但它毕竟是个笨重的家伙。

鸟铳（图107）。凡鸟铳长约三尺，铁管载药，嵌盛木棍之中，以便手握。凡锤鸟铳，先以铁挺一条大如箸者为冷骨[①]，裹红铁锤成。先为三接，接口炽红，竭力撞合。合后以四棱钢锥如箸大者，透转其中，使极光净，则发药无阻滞。其本

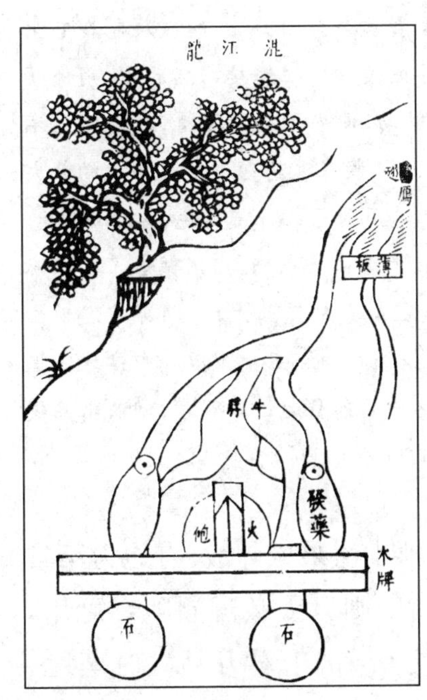

图106　混江龙

图107　鸟铳

近身处，管亦大于末，所以容受火药。每铳约载配消一钱二分、铅铁弹子二钱。发药不用信引，岭南制度，有用引者。孔口通内处露消分厘，捶熟苎麻点火。左手握铳对敌，右手发铁机逼苎火于消上，则一发而去。鸟雀遇于三十步内者，羽肉皆粉碎，五十步外方有完形，若百步则铳力竭矣。鸟枪行远过二百步，制方仿佛鸟铳，而身长药多，亦皆倍此也。

【注释】

①铁挺：刚而直的铁条。挺，通“梃”。棍棒。此指条状物。

【译文】

鸟铳。约有三尺长，装火药的铁枪管嵌在木托上，以便于手握。锤制鸟铳时，用一根像筷子一样粗的铁条做冷骨，把烧红的铁块包在它上面打成铁管。枪管先分三段打出，再把接口烧红锤接。然后，又用像筷子一样粗的四棱钢锥插进枪管来回转动，使内壁极其圆滑，发射时才不会有阻滞。枪管近人身的一端较粗，用来装载火药。每支铳一次约装火药一钱二分、铅铁弹子二钱。点火时不用引信，岭南的鸟铳也有用引信的。而在枪管近人身一端通到枪膛的小孔上露出一点硝药，用锤烂了的苎麻点火。左手握铳对敌，右手扣扳机逼苎麻火到硝药上，一刹那就发射出去了。鸟雀在三十步之内中弹会被打得稀巴烂，五十步以外中弹才能保存原形，到了一百步，火力就完了。鸟枪的射程超过二百步，制法跟鸟铳相似，但枪管的长度和装药量都增加了一倍。

万人敌（图108）[①]。凡外郡小邑乘城却敌，有炮力不具者，即有空悬火炮而痴重难使者，则万人敌近制随宜可用，不必拘执一方也。盖消黄火力所射，千军万马立时糜烂。其法：用宿干空中泥团，上留小眼，筑实消黄火药，参入毒

图108　万人敌

火、神火，由人变通增损。贯药安信而后，外以木架匡围[2]，或有即用木桶而塑泥实其内郭者，其义亦同。若泥团必用木匡，所以妨掷投先碎也[3]。敌攻城时，燃灼引信，抛掷城下。火力出腾，八面旋转。旋向内时，则城墙抵住，不伤我兵；旋向外时，则敌人马皆无幸。此为守城第一器。而能通火药之性、火器之方者，聪明由人。作者不上十年，守土者留心可也。

【注释】

①万人敌：一种边旋转边爆炸的活动炸药包。可敌万人，誉为“守城第一器”。

②匡：同“框”。

③妨：通“防”。

【译文】

万人敌。边远小县守城御敌，有的没有炮，有的即使有炮也笨重难使，万人敌却是一种不必拘执一方而随宜可用的武器。硝石和硫黄配合产生的火力能炸得千军万马血肉横飞。制法是，把晾干的中空泥团，通过小孔装满由硝和硫黄配成的火药，并由人变通增减地掺入毒火、神火等药料。压实并安上引信后，再用木框框住，也有用木桶内壁糊泥又填实火药而成的，道理一个样。若用泥团就一定要加木框，以防止抛出去还没爆炸就破裂了。敌人攻城时，点燃引信，把万人敌抛掷到城下。顿时，万人敌不断射出火力，而且四方八面地旋转起来。当它向内旋时，由于有城墙挡着，不会伤害自己人；当它向外旋时，敌军人马都得伤亡。这是守城最重要的武器。凡能通晓火药性能和火器制法的人，都可以发挥自己的聪明才智。这种武器发明还不到十年，守卫国土的人们都可以留心使用它。

丹青第十六卷

【题解】

本卷讲朱墨。丹为红，青为黑（青有绿、蓝、黑三义，此取黑义），丹青在本卷专指朱墨，也泛指绘画用的颜料。正如《汉书·苏武传》所言："竹帛所载，丹青所画。"

朱和墨都是我国传统名产。朱是红色硫化汞（HgS）。它最初是炼丹术的产品和药品。据《天工开物》英译本说，目前英德等国的科技书仍称本卷所记述的制朱方法为"中国的方法"。炭黑生产也数我国最早。本卷记述了"桐油点烟"和"烧松配烟"两种生产炭黑的方法，后者分级取烟，品列三等——清烟、混烟和烟子（粗烟），是近代土法生产炭黑的雏型。

宋应星非常敬重能工巧匠，他在本卷用"至神"二字称赞画工能到达"肖象万物""色色咸备"、出神入化的美妙境界。

宋应星在《朱》这一节说："若水银已升朱，则不可复还为汞。所谓造化之巧已尽也。"其实，造化之巧已尽又没尽：朱在常温下是稳定的，不会变回汞，所以可以说"造化之巧已尽也"。但是，朱若受热达到一定温度就会分解变回汞。这牵涉到化学的化合反应和分解反应问题。这说明科学和技术是"天工开物"的两把金钥匙：科学探索自然发现规律，技术发明创造付诸生产，两者相辅相成，缺一不可。

宋子曰：斯文千古之不坠也[①]，注玄尚白[②]，其功孰与京哉[③]！离火红而至黑孕其中，水银白而至红呈其变[④]。造化炉锤[⑤]，思议何所容也！五章遥降，朱临墨而大号彰[⑥]；万卷横披，墨得朱而天章焕[⑦]。文房异宝，珠玉何为？至画工肖象万物，或取本姿，或从配合，而色色咸备焉。夫亦依坎附离[⑧]，而共呈五行变态，非至神孰能与于斯哉[⑨]？

【注释】

①斯文：原指周文王的礼乐制度，后泛指文化。

②注玄尚白：白纸黑字的文化典籍。注，撰写，注释。玄，黑色，这里指墨写的字。尚，加在上面。白，白色，这里指纸。

③京：高大。

④离火红而至黑孕其中，水银白而至红呈其变：指炭黑和银朱的制造过程。离，八卦之一。卦形为☲，象征火。《周易·说卦》："离为火。"

⑤造化炉锤：大自然创造化育万物。《庄子·大宗师》："今一以天地为大炉，以造化为大冶。"贾谊《鵩鸟赋》："天地为炉兮，造化为工。"王充《论衡·自然》："天地为炉，造化为工。"

⑥五章遥降，朱临墨而大号彰：五章，指青、黄、赤、白、黑五色。《礼记·礼运》："五色，六章，十二衣，还相为质也。"孔颖达疏："五色，谓青、赤、黄、白、黑，据五方也。"这里泛指各种颜色。大号，原指堂皇的名号，这里指红色。这两句的意思是，颜色出现，红色以面临黑色而红得越发明显。

⑦万卷横披，墨得朱而天章焕：天章，原喻帝王的诗文辞章，这里泛指白纸黑字的好文章。古籍是没有标点符号的，读者边读边用红朱笔自加圈点。这两句的意思是，书卷打开，黑色的字以得到红

色的圈点而黑得分外鲜明。

⑧依坎附离:坎,八卦之一。卦形☵,象征水,“依坎附离”的意思是说,要依靠水火的作用。

⑨至神:语出《周易·系辞上传》:“易,无思也,无为也,寂然不动,感而遂通天下之故。非天下之至神,其孰能与于此?”至神,极其神奇,达到了出神入化的境界。

【译文】

历代文化之所以能流传千古而不失散,靠的是白纸黑字的文献记载,这个功绩是无与伦比的。火是红色的,其中却孕育着最黑的墨烟;水银是白色的,而最红的银朱却从它变化而来。大自然的熔炉冶炼,变化万千,真是不可思议啊!颜色出现,红色以面临黑色而红得越发明显;书卷打开,黑色的字以得到红色的圈点而黑得分外鲜明。文房自有笔、墨、纸、砚四宝,珠玉又有什么用呢?至于画家描绘万物,或者用原色,或者用配色,这样,各种颜色就都齐备了。颜料的制备,要依靠水火的作用,而表现在水、火、木、金、土五行的相互变化之中。若不是大自然如此巧妙,而人又能巧夺天工,怎能达到如此境界呢?

朱

凡朱砂、水银、银朱,原同一物,所以异名者,由精粗老嫩而分也[①]。上好朱砂,出辰、锦今名麻阳。与西川者[②],中即孕汞[③],然不以升炼,盖光明、箭镞、镜面等砂,其价重于水银三倍,故择出为朱砂货鬻[④]。若以升水[⑤],反降贱值。唯粗次朱砂,方以升炼水银,而水银又升银朱也。

【注释】

①“凡朱砂、水银、银朱”四句:朱砂和银朱都是硫化汞(HgS),只是

前者天然形成,后者人工合成。水银却是由同一种汞元素构成的单质。由于当时还没有单质和化合物的概念及其区别,所以把这三者看成是"原同一物"。

②辰:即辰州。今湖南沅陵。锦:即锦州。今湖南麻阳。西川:今四川中西部。

③汞:金属元素(Hg)。常温下呈液态,俗称水银。

④货鬻(yù):卖。

⑤水:水银。这是宋应星自拟的不规范的缩语。

【译文】

朱砂、水银和银朱本是同一种东西,名称不同只是由于精或粗、老或嫩所造成的。上等朱砂,产于辰州、锦州现在叫麻阳。和四川西部地区。朱砂虽然包孕水银,但不用来炼取水银,因为光明砂、箭镞砂、镜面砂等几种朱砂比水银还要贵三倍,所以要选出来卖。如果把它炼成水银,反而不值钱。只有粗而次的朱砂,才拿来提炼水银,又由水银炼成银朱。

凡朱砂上品者,穴土十余丈乃得之。始见其苗,磊然白石,谓之朱砂床。近床之砂,有如鸡子大者。其次砂不入药,只为研供画用与升炼水银者。其苗不必白石,其深数丈即得。外床或杂青黄石,或间沙土,土中孕满,则其外沙石多自坼裂。此种砂贵州思、印、铜仁等地最繁[①],而商州、秦州出亦广也[②]。凡次砂取来,其通坑色带白嫩者,则不以研朱,尽以升汞。若砂质即嫩而烁视欲丹者,则取来时,入巨铁辗槽中,轧碎如微尘,然后入缸,注清水澄浸(图109)。过三日夜,跌取其上浮者[③],倾入别缸,名曰二朱;其下沉结者,晒干,即名头朱也。

【注释】

①思：即思南。今属贵州。印：即印江。今属贵州。

②商州：今陕西商洛。秦州：今甘肃天水。

③跌取：倾泻取出。

【译文】

高品位的朱砂矿，挖土十多丈深才能得到。发现矿苗时，只见一堆白石，这叫作朱砂床。靠近床的朱砂，有的像鸡蛋那样大块。次等朱砂一般不用来配药，而只是研成粉供绘画或炼水银用。这种次朱砂矿不一定有白石矿苗，挖到数丈深便可得到。矿床外围掺杂有青黄色的石块或沙土，由于土中充满着朱砂，石块或沙土多自行裂开。这种次砂以贵州的思南、印江、铜仁等地为最多，商州、秦州一带也很多。次砂若整条矿坑都是质地较嫩而颜色泛白的，就不用来研末做朱，而全部用来升炼水银。如果砂质虽嫩但有红光闪烁的，则用大铁槽碾成尘粉，然后放入缸内，用清水澄浸。三日三夜后，把上浮的倾入别的缸里，这是二朱；把下沉的取出晒干，就是头朱。

图109 研朱 澄朱

凡升水银，或用嫩白次砂，或用缸中跌出浮面二朱，水和搓成大盘条，每三十斤入一釜内升汞，其下炭质亦用三十斤。凡升汞，上盖一釜，釜当中留一小孔，釜傍盐泥紧固（图110）。釜上用铁打成一曲弓溜管，其管用麻绳密缠通梢，仍用盐泥涂固。煅火之时，曲溜一头插入釜中通气插处一丝固密。一头以中罐注水两瓶，插曲溜尾于内，釜中之气达于罐中之水而止①。共煅五个时辰，其中砂末尽化成汞，布于满釜。冷定一日，取出扫下。此最妙玄，化全部天机也。《本草》胡乱注：凿地一孔，放碗一个盛水。

【注释】

①“凡升汞”一段：升汞，升炼水银。此过程包括朱砂分解为汞和硫、硫的蒸馏两步。盐泥固济是为了防止漏气。绳缠曲溜是为了保温，以防硫凝结而堵塞管道。曲溜尾插入水中（不要插太深，以防水倒吸入釜）叫作水封，是为了隔绝空气以防汞的氧化，并可防止汞蒸气逸出而引起中毒。

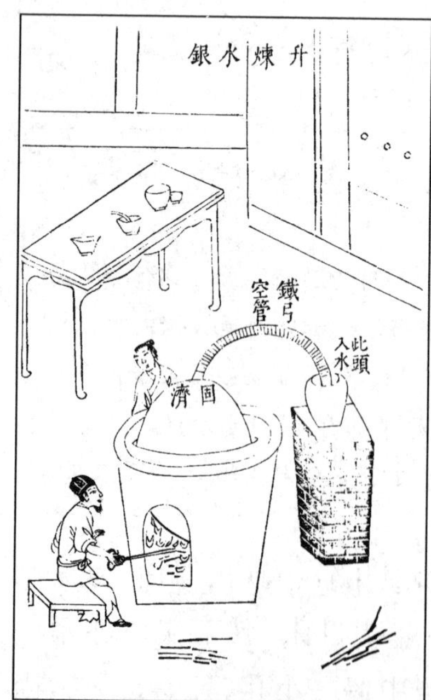

图110　升炼水银

【译文】

升炼水银，用嫩白次朱或缸中倾出的浮面二朱，加水搓成盘条放进锅里。每锅装三十斤，下面烧火用的炭也要三十斤。升炼水银时，锅上面倒扣另一只锅，上锅顶留一小孔，两锅的衔接处用盐泥密封。锅顶小孔和一支弯曲的铁管连接，铁管通身用麻绳密缠，并涂上盐泥加固，使接口处丝毫也不漏气。煅火时，曲管的一头插入锅中通气，插入处加固密封。曲管的另一端末通到装有两瓶水的罐中，使反应锅里的气体只能到达罐里的水为止。共煅烧十个钟头，朱砂就全部化为水银，布满整个锅壁。冷却一天之后，取出扫下。这里面的道理最难以捉摸，自然界的变化真是奥妙。《本草》说什么炼水银时要"凿地一孔，放碗一个盛水"，那是乱注。

凡将水银再升朱用，故名曰银朱。其法或用罄口泥罐[①]，或用上下釜。每水银一斤，入石亭脂即硫黄制造者。二斤[②]，同研不见星，炒作青砂头，装于罐内。上用铁盏盖定，盏上压一铁尺。铁线兜底捆缚，盐泥固济口缝，下用三钉插地鼎足盛罐（图111）。打火三炷香久[③]，频以废笔蘸水擦盏，则银自成粉[④]，贴于罐上。其贴口者朱更鲜华。冷定揭出，刮扫取用。其石亭脂沉下罐底，可取再用也。每升水银一斤，得朱十四两、次朱三两五钱。出数藉硫质而生[⑤]。

图111　银复升朱

【注释】

①罄（qìng）口：开口。

②石亭脂:天然硫黄。

③三炷香:相继烧完三枝香。炷,点燃。

④银:水银。这是宋应星自拟的不规范的缩语。

⑤“每升水银一斤”三句:数据转引自李时珍《本草纲目》第九卷金石部所引的胡演《丹药秘诀》。操作大致分炒砂和升华两步进行,$Hg+S \xrightarrow{\text{炒砂}} HgS$(黑)$\xrightarrow{\text{升华}} HgS$(红)。炒砂时,硫过量以保证汞反应完全。“出数藉硫质而生”这句话是宋应星提出来的独特见解。这是化合物概念的胚芽,在当时是很先进的。银朱是我国的传统名产品,广东佛山等地至今仍有生产。斤,当时等于16小两。

【译文】

把水银再炼成朱,所以叫作银朱。炼时用一个开口泥罐或用上下锅。每斤水银加石亭脂天然硫黄。二斤一起研磨,要磨到看不见水银的亮斑为止,并炒成黑色,装入罐中。罐口用铁盏盖好,盏上压一根铁尺,并用铁线兜底把罐和盏绑紧,然后用盐泥密封口缝,再用三根铁棒插在地上以承托泥罐。加热需要点完三炷香的时间,在此过程中要不断用废毛笔蘸水擦擦盏面,水银便会变成银朱粉凝结在罐壁上。贴近罐口的银朱更鲜红。冷却之后揭开铁盏,把银朱刮扫下来。剩下的石亭脂沉在罐底,可以取出再用。每一斤水银,可炼得上朱十四两、次朱三两半。其中多出的重量是凭借石亭脂的硫质而产生的。

凡升朱与研朱,功用亦相仿。若皇家贵家画彩,则即同辰锦丹砂研成者,不用此朱也。凡朱,文房胶成条块,石砚则显,若磨于锡砚之上,则立成皂汁[①]。即漆工以鲜物彩,唯入桐油调则显,入漆亦晦也。

【注释】

①“凡朱”五句：朱在锡砚上研磨时会发生化学变化，生成深灰色的硫化亚锡（SnS），所以“立成皂汁”。皂，黑。

【译文】

升炼成的朱跟天然朱砂研成的朱功用差不多。皇家贵族画彩用的是辰州、锦州出产的丹砂研成的粉，而不是升炼成的银朱粉。书房用的朱通常胶合成条块状，在石砚上磨就显出鲜红色，若磨在锡砚上，则立即变成灰黑色。漆工用朱砂调制红油彩，和桐油调合则色彩鲜明，和天然漆调合则色彩晦暗。

凡水银与朱，更无他出。其汞海、草汞之说[①]，无端狂妄，耳食者信之[②]。若水银已升朱，则不可复还为汞，所谓造化之巧已尽也[③]。

【注释】

①汞海：水银在自然界中大多数以化合态（朱砂HgS）存在，极少数以游离态（自然汞Hg）存在。自然汞，古代叫作生水银。南朝梁陶弘景《名医别录》说：“今水银有生、熟，此云生符陵平土者，是出朱砂腹中，亦有别出沙地者。”朱砂在氧化带里能生出水银，它的比重特大（13.6），就聚集在辰砂晶簇或块体的低洼空隙处。《清一统志》说：“水银亦开州（贵州开阳）出，以朱砂升炼而成。又有生于砂中，不待烹炼者，谓之自然汞，尤不易得。”这说明自然汞是确实存在而又量少罕见的矿物。汞海，意指水银湖，更是罕见。草汞：明李时珍《本草纲目》第九卷金石部“水银”条目意引宋苏颂《图行本草》说：“用细叶马齿苋干之，十斤得水银八两或十两。”可见，马齿苋可能是一种地方性的汞矿指示植物。贵州汞矿区内发现过一种名叫大叶醉鱼草的汞矿指示植物，其根茎

花叶都含汞,所以能“醉鱼”。这说明含汞的草虽很稀罕但确是存在的。

②耳食:轻听轻信。

③“若水银已升朱”三句:造化,指天地、自然界。水银(汞)升炼为银朱(硫化汞)后,在室温等一般自然条件下,银朱是“不可复还为汞”的,因此在这个意义上可以说“造化之巧已尽也”。然而,在人工条件下,如本节所述,银朱是可以复还为汞的,因为这是一个可逆的化学反应:$Hg+S \rightleftharpoons HgS$。

【译文】

水银和朱再没有其他的来源。关于水银海和水银草的说法都是毫无根据的,只有轻听轻信的人才会相信。水银升炼为朱之后,不能复还为水银,大自然创造化育万物的工巧到此施展完了。

墨

凡墨,烧烟凝质而为之[①]。取桐油、清油、猪油烟为者,居十之一;取松烟为者,居十之九。

【注释】

①凡墨,烧烟凝质而为之:据汉许慎《说文解字》,墨字“从黑从土,墨者烟煤所成,土之类也”。本卷正是从黑墨这一狭义上来理解墨字的。墨具有三要素:颜料(炭黑)、连结料(动物胶)、填加料(香料等)。至于黑色颜料,宋晁季一《墨经·松》说:“古用松烟、石墨两种,石墨自晋、魏以后无闻,松烟之制尚矣。”据宋顾文荐《负暄杂录·墨》(明陶宗仪编《说郛》卷十八)记载,宋熙宁、元丰年间(1068—1085),张遇供御墨,用油烟入龙脑、麝香、金箔制作,谓之“龙香剂”。明沈继孙《墨法集要·浸油》说:“古法惟

用松烧烟,近代始用桐油、麻子油烧烟。衢人用皂青油烧烟,苏人用菜子油、豆油烧烟。以上诸油俱可烧烟制墨,但桐油得烟最多,为墨色黑而光,久则日黑一日。余油得烟皆少,为墨色淡而昏,久则日淡一日。”至于黑墨制作最早见于北魏贾思勰的《齐民要术》:“好醇烟捣讫,以细绢筛,于缸内筛去草莽,若细沙尘埃。此物至轻微,不宜露筛,喜失飞去,不可不慎。”“墨曲一斤,以好胶五两,浸梣皮汁中。……可下鸡子白(去黄)五颗。亦以真朱砂一两、麝香一两,别治,细筛,都合凋。下铁臼中,宁刚不宜泽。捣三万杵,杵多益善。”“合墨不得过二月、九月,温时败臭,寒则难干潼溶,见风日解碎。重不得过二三两。墨之大诀如此,宁小不大。”

【译文】

墨是由烟胶结成的。用桐油、清油或猪油烧成的烟做墨,占十分之一;用松烟做墨,占十分之九。

凡造贵重墨者,国朝推重徽郡人①。或以载油之艰,遣人僦居荆襄、辰沅②,就其贱值桐油点烟而归。其墨他日登于纸上,日影横射,有红光者,则以紫草汁浸染灯心而燃炷者也③。

【注释】

①凡造贵重墨者,国朝推重徽郡人:徽墨的历史起于南唐的李廷圭。他本姓奚,同他的父亲奚超一起从易水迁居到安徽徽州府(今安徽歙县),成为制墨世家。宋顾文荐《负暄杂录》:“至南唐文物之盛,遂有李廷圭父子之墨,始集大成,然亦以松烟为之。”李坚《墨评》说:“古有李廷圭,墨为第一。”

②僦(jiù)居:租屋居住。僦,租赁。

③紫草:紫草科,多年生草本。根外表暗紫色,断面紫红色,含紫色

结晶物质乙酰紫草素，可做紫色染料。古代黑墨常加入少量紫草或朱砂，使墨泛红。宋晁季一《墨经·色》："凡墨色，紫光为上，墨光为次，青光又次之，白光为下。"

【译文】

制造贵重的墨，本朝最推崇徽州人。他们有时由于油料运输困难，派人到荆州、襄阳及辰溪、沅陵等地租屋居住，购买当地便宜的桐油点烟，带回去制墨。有一种墨，写在纸上在阳光斜照下泛红光，那是用紫草汁浸染灯芯点油灯所得的烟做的。

图112 燃扫清烟

凡爇油取烟，每油一斤，得上烟一两余。手力捷疾者，一人供事灯盏二百付。若刮取怠缓则烟老，火燃、质料并丧也（图112）。

【译文】

烧油取烟，每斤油可得上等烟一两多。手脚伶俐的，一个人可照管灯盏二百副。如果刮取不及时，则烟过老，粒粗色哑，造成油、烟两空。

其余寻常用墨，则先将松树流去胶香，然后伐木。凡松香有一毛未净尽，其烟造墨，终有滓结不解之病。凡松树流去香，木根凿一小孔，炷灯缓炙，则通身膏液，就暖倾流而出也。

【译文】

其余一般用墨，都是用松烟制成的。先使松树中的松脂流掉，然后砍伐。松脂哪怕有一点点没流干净，用这种松烟做成的墨就总是有渣滓，难书写。流掉松脂的方法是，在树干近根部凿一个小孔，点灯炙烤，整棵树的松脂就会朝着这个温暖的小孔流出来。

凡烧松烟，伐松，斩成尺寸，鞠篾为圆屋，如舟中雨篷式，接连十余丈。内外与接口皆以纸及席糊固完成。隔位数节，小孔出烟，其下掩土砌砖先为通烟道路（图113）。燃薪数日，歇冷入中扫刮。凡烧松烟，放火通烟，自头彻尾。靠尾一二节者为清烟，取入佳墨为料。中节者为混烟，取为

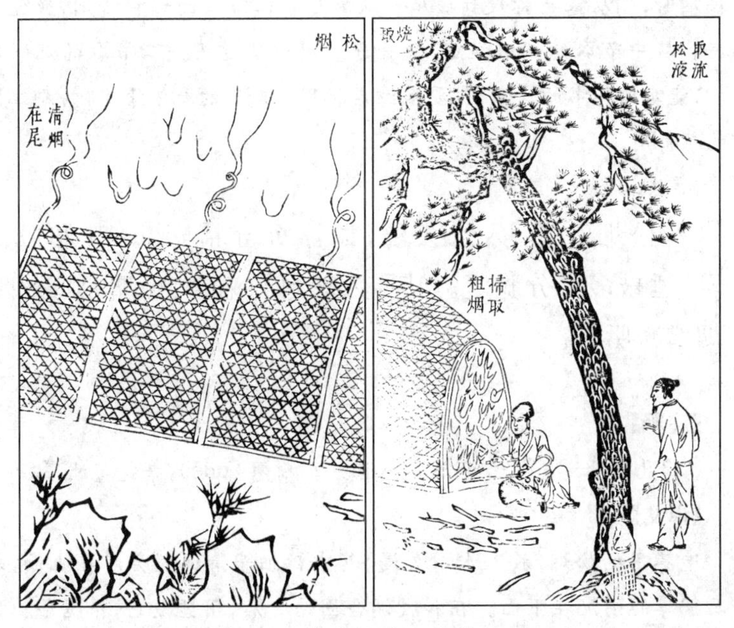

图113　取流松液　烧取松烟

时墨料。若近头一二节，只刮取为烟子[①]，货卖刷印书文家，仍取研细用之。其余则供漆工垩工之涂玄者[②]。

【注释】

①“凡烧松烟”一段：利用重力分离法（或叫气选法）把松烟分成清烟、混烟和烟子三品。

②垩（è）工：粉刷工。垩，用白土涂饰。

【译文】

烧松取烟，先把松木砍成一定的尺寸，并在地上用竹篾搭个圆拱棚，就像小船篷那样，逐节连接成十多丈长。它的内外和接口都要用纸和草席糊固密封。每隔几节，开一个出烟小孔，竹篷和地接触处盖上泥土，篷内砌砖造成通烟火路。在篷头烧松木一连几天，冷歇后，便可进去扫刮。烧松烟时，烟从篷头弥散到篷尾。从靠尾一二节取的烟叫清烟，做优质墨料。从中节取的烟叫混烟，做普通墨料。从近头一二节取的烟叫烟子，只能卖给印书的店家，仍要磨细后再用。剩下的就给漆工、粉刷工做黑色颜料用。

凡松烟造墨，入水久浸，以浮沉分精悫[①]。其和胶之后，以捶敲多寡分脆坚。其增入珍料与漱金、衔麝，则松烟、油烟增减听人。

【注释】

①“凡松烟造墨”三句：这是水选法。精悫（què），精纯与粗厚。

【译文】

造墨用的松烟，放入水中久浸，其中精细而清纯的会浮在上面，粗糙而稠厚的则沉在下面。在和胶调合固结之后，用锤敲它，根据敲出的多少来区别墨的坚、脆。至于在松烟或油烟中加入金箔或麝香之类的珍料，则可由人增减。

其余，《墨经》《墨谱》[①]，博物者自详，此不过粗纪质料原因而已。

【注释】

①《墨经》《墨谱》：墨是文房四宝之一。论述制墨的专著非常多。其中比较重要的有：宋晁季一的《墨经》（一卷）、李孝美的《墨谱》（三卷），明沈继孙的《墨法集要》（一卷）。这里可能是指前两种书。

【译文】

其他有关墨的知识，《墨经》《墨谱》等书中都有所记述，想知道得更多的人，可以自己去详细阅读，这里不过是概述一下制墨的原料和方法罢了。

附

胡粉。至白色。详《五金》卷。

黄丹[①]。红黄色。详《五金》卷。

淀花。至蓝色。详《彰施》卷。

紫粉。缥红色[②]。贵重者用胡粉、银朱对和，粗者用染家红花滓汁为之。

大青[③]。至青色。详《珠玉》卷。

铜绿[④]。至绿色。黄铜打成板片，醋涂其上，裹藏糠内，微借暖火气，逐日刮取。

石绿[⑤]。详《珠玉》卷。

代赭石[⑥]。殷红色。处处山中有之，以代郡者为最佳。

石黄[⑦]。中黄色，外紫色，石皮内黄，一名石中黄子。

【注释】

①黄丹：这里指桔红色铅丹（Pb_3O_4）。

②缛（rù）：繁密的彩饰。

③大青：又名石青，指蓝铜矿［$2CuCO_3 \cdot Cu(OH)_2$］。它具有鲜艳的深蓝色。这就是《珠玉·宝》说的“空青之类”。

④铜绿：碱式碳酸铜［$CuCO_3 \cdot Cu(OH)_2$］，绿色。铜与醋酸作用先生成碱式醋酸铜，后者又与空气中的二氧化碳作用生成碱式碳酸铜。

⑤石绿：即孔雀石［$CuCO_3 \cdot Cu(OH)_2$］。它跟铜绿的区别只在于一个是天然产品，一个是人工产品。

⑥代赭石：即赭石，或叫铁赭石，代郡（今山西代县）产的质量最好，因而又叫代赭石，它是红色粉末状的赤铁矿，主要化学成分为三氧化二铁（Fe_2O_3）。

⑦石黄：即雄黄（AsS）。

【译文】

胡粉。色最白。详见《五金》卷。

黄丹。红黄色。详见《五金》卷。

淀花。纯蓝色。详见《彰施》卷。

紫粉。红色。贵重的用胡粉和银朱对开，普通的则用染坊的红花滓汁。

大青。深蓝色。详见《珠玉》卷。

铜绿。深绿色。制法是把黄铜打成片，涂上醋，藏在糠里，微微加温，逐日刮取。

石绿。详见《珠玉》卷。

代赭石。深红色。各地山中都有，以代郡出产的最好。

石黄石。中间黄色，皮紫色，石皮内黄色，又叫石中黄子。

曲糵第十七卷

【题解】

本卷讲酒曲。曲糵，语出《尚书·说命下》："若作酒醴，尔惟曲糵。"意思是说，要做酒就得靠曲和糵。我国制酒历史源远流长，出土文物显示，我国在新石器晚期的龙山文化时期就能酿酒了。相传杜康是造酒始祖，古今因此称酒为杜康。正如曹操《短歌行》所言："何以解忧？唯有杜康！"

酒是含有酒精（乙醇）闻有酯香的饮料，醴是只有少量酒精的甜酒。曲指大曲、小曲等，内含根霉、酵母菌等，是糖化发酵剂；糵是麦（谷）芽，内含糖化酶，是糖化剂。上古有的是曲糵分用（曲造酒，糵造醴），有的是曲糵合用造酒。东汉魏伯阳《周易参同契》曰："曲糵化作酒。"汉代以来嫌醴的酒味太淡而较热衷于造酒。因此，《汉书·食货志》就只提一个"曲"字："一酿用粗米二斛、曲一斛，得成酒六斛六斗。"宋应星在此取古义，用曲糵泛指各种酒曲。

本卷跟北魏贾思勰的《齐民要术》以及北宋《北山酒经》等书一脉相承，记述了酒母、神曲和红曲的制作和用途，总结了我国独有的红曲制造的三条经验：1.筛选复壮曲种；2.用明矾水调节培养基的酸度；3.培养过程中实行分段加水法。比较全面地反映了明代制曲的工艺，不失为我国发酵工业和微生物化学的珍贵史料。

宋子曰：狱讼日繁，酒流生祸[①]，其源则何辜？祀天追远，沉吟《商颂》《周雅》之间[②]。若作酒醴之资曲蘖也，殆圣作而明述矣[③]。惟是五谷菁华变幻，得水而凝，感风而化[④]。供用岐黄者神其名[⑤]，而坚固食羞者丹其色[⑥]。君臣自古配合日新，眉寿介而宿痼怯[⑦]，其功不可殚述。自非炎黄作祖、末流聪明[⑧]，乌能竟其方术哉？

【注释】

①酒流生祸：因酗酒而闯祸。殷纣王酗酒是他亡国的原因之一。周公以此为戒，写有《酒诰》，说："越小大邦用丧，亦罔非酒惟辜。"意思是，大小邦国所以丧亡，亦无不以酒为罪也。详见《尚书·周书·酒诰》。

②《商颂》《周雅》：前者是殷商时期的祭祀乐章，后者指《诗经》的《大雅》和《小雅》，是周朝的宴饮乐章。

③若作酒醴之资曲蘖也，殆圣作而明述矣：《尚书·说命下》："若作酒醴，尔惟曲蘖。"（酒醴须曲蘖以成）。《礼记·月令·仲冬》提出了酿酒的六个要诀："秫稻必齐，曲蘖必时，湛炽必洁，水泉必香，陶器必良，火齐必得。"《周礼·天官·酒正》简述了酿酒过程的阶段区分："辨五齐之名：一曰泛齐，二曰醴齐，三曰盎齐，四曰缇齐，五曰沉齐。"大意是，开始糖化发酵，酒糟浮泛起来，散发出酒香——泛齐；酒味更甜——醴齐；二氧化碳发生更盛，发出气泡破裂声——盎齐；酒色由黄转红——缇齐；气泡渐少，酒糟下沉——沉齐。

④"惟是五谷菁（jīng）华变幻"三句：指由五谷制曲的过程，需要一定的湿度和通风。菁华，同"精华"。

⑤岐黄：岐伯和黄帝，相传是医学的创始人，后以"岐黄"作为医药

的代称。

⑥食羞：美味可口的食物。羞，有滋味。

⑦眉寿介而宿痼（gù）怯：意思是说，酒可以助人长寿，医治顽疾。《诗经·豳风·七月》："八月剥枣，十月获稻，为此春酒，以介眉寿。"介，祈求。眉寿，长寿。

⑧炎黄：炎帝神农氏和黄帝轩辕氏。他们代表中华民族的祖先。末流：后人。

【译文】

酗酒闹事的案件日益增多，这是喝醉酒的祸害，然而，酒母本身又有什么罪过呢？在祭天拜祖、吟诗欢宴时需要有酒。造酒就得靠酒母。关于这一点，古代圣人已经讲清楚了。酒母就是用五谷的精华，通过蒸煮、掺水和通风的作用而变化成的。供作医药用的曲叫神曲，而保持食物美味的曲则是红曲。自古以来酒的配方不断改进，既能延年益寿又能医治顽疾，功用真是说不完。如果没有祖先的创造发明和后人的聪明才智，怎能使酿酒技巧达到这样完备呢？

酒母

凡酿酒，必资曲药成信[①]。无曲，即佳米珍黍，空造不成。古来曲造酒，蘖造醴[②]，后世厌醴味薄，遂至失传，则并蘖法亦亡。

【注释】

①凡酿酒，必资曲药成信：酿酒一定要用曲做酒种的道理在于，曲中含有根霉、曲霉和酵母菌，能把淀粉降解转化为糖，又进一步把糖降解转化为酒精。

②醴（lǐ）：甜酒。

【译文】

酿酒必须用酒曲做种。没有酒曲,即使有好米好黍也酿不成酒。自古以来,用曲酿黄酒,用蘖酿甜酒,后来的人嫌甜酒酒味太淡,只用曲来酿酒。结果使酿甜酒和制蘖的方法都失传了。

凡曲,麦、米、面随方土造,南北不同,其义则一。

【译文】

酒曲可以因地制宜用麦、面或米粉做原料,南方和北方做法不同,但原理是一样的。

凡麦曲[①],大、小麦皆可用。造者将麦连皮,井水淘净,晒干,时宜盛暑天,磨碎,即以淘麦水和,作块,用楮叶包扎,悬风处,或用稻秸罨黄[②],经四十九日取用。

【注释】

①麦曲:用麦子做的曲。古代的曲开始时都是用麦子做的。

②罨(yǎn)黄:指用稻秆掩盖保温,使霉菌生长良好,形成黄色孢子。罨,覆盖。

【译文】

做麦曲,大麦、小麦都可以用。制曲的人,最好选在炎热的夏天,把麦粒连皮用井水洗净,晒干,磨碎,用淘麦水拌和做成块状,再用楮叶包扎起来,悬挂在通风的地方;或者用稻草覆盖使它生黄。这样经过四十九天便可以取用了。

造面曲,用白面五斤、黄豆五升,以蓼汁煮烂[①],再用辣蓼末五两、杏仁泥十两,和踏成饼,楮叶包悬与稻秸罨黄,法亦同前。其用糯米粉与自然蓼汁溲和成饼、生黄收用者，罨法与时日，亦无不同也。其入诸般君臣与草药，少者数味，多者百味，则各土各法，亦不可殚述。

【注释】

①蓼（liǎo）：蓼科草本植物。有辣蓼、马蓼等等。蓼汁酸性，有助霉菌、抑杂菌的作用。

【译文】

做面曲，是用白面五斤、黄豆五升，加入蓼汁一起煮烂，再加辣蓼末五两、杏仁泥十两，混合踏成饼，用楮叶包扎悬挂或用稻草掩黄的方法，跟麦曲一样。用糯米粉加蓼汁搓和做饼，让它长出黄绒毛后取用的，掩黄的方法和时间也一样。酒曲中加入主料、配料和草药，少的几种，多的上百种，各地做法不同，难以尽述。

近代燕京，则以薏苡仁为君[①]，入曲造薏酒。浙中宁、绍，则以绿豆为君，入曲造豆酒。二酒颇擅天下佳雄。别载《酒经》[②]。

【注释】

①薏苡：又名薏米。禾本科植物。种仁又称米仁，含淀粉，去湿热，供食用或酿酒。

②《酒经》：指宋朱肱著的《北山酒经》。

【译文】

近代，北京用薏米为主料，制曲再酿造薏酒。浙江的宁波和绍兴，则用绿豆为料，制曲再酿造豆酒。这两种酒都列为名酒。载《北山酒经》一书。

凡造酒母家，生黄未足，视候不勤，盥拭不洁[①]，则疵药数丸[②]，动辄败人石米。故市曲之家，必信著名闻，而后不负酿者。

【注释】

①盥（guàn）：洗。

②疵（cī）：病。

【译文】

造酒曲时，若生黄不足，看管不勤，洗抹不干净，就会使几粒坏曲一下子就糟蹋了人家成石的米粮。所以卖酒曲的人必须讲信誉，才不致对不起酿酒人。

凡燕、齐黄酒曲药，多从淮郡造成[①]，载于舟车北市。南方曲酒，酿出即成红色者，用曲与淮郡所造相同，统名大曲，但淮郡市者打成砖片，而南方则用饼团[②]。

【注释】

①淮郡：今江苏淮安。

②“统名大曲”三句：其实，打成砖块的叫大曲，做成饼团的叫小曲。大曲以大、小麦为原料，有的还加豌豆、蚕豆或黄豆粉，经磨碎并掺水压成砖块后，放入曲房，保温30～35℃，培养约一个月才成熟，主含曲霉和少量酵母。大曲酿的酒，如茅台、汾酒、泸州大曲等，酒味醇香。宋应星家乡江西奉新云浮酒厂用麸曲（麸65%，面粉30%，蚕豆5%）代替大曲酿成的纯粮大曲，曲香浓郁，味醇柔和。小曲，也叫“酒药”或“药曲”，曲块一般为直径三厘米的椭圆形，用米、高粱、大麦等做原料，也有酌加几种中药的，主含根霉、毛霉、酵母等，适于南方酿造小曲酒和酒酿。其主要优点是用

量少（酿酒时每100斤原料只用小曲0.5～1斤）。

【译文】

河北、山东一带酿造黄酒用的酒曲，大部分是在淮郡造好后由车船运去卖的。南方酿造红酒用的酒曲跟淮郡造的相同，都叫作大曲，但淮郡卖的打成砖块，南方的则做成饼团。

其曲一味，蓼身为气脉[①]，而米、麦为质料，但必用已成曲酒糟为媒合[②]。此糟不知相承起自何代，犹之烧矾之必用旧矾滓云。

【注释】

①其曲一味，蓼身为气脉：霉菌和酵母菌都是嗜气菌，用辣蓼粉末疏松通气，就能给曲中的霉菌等创造良好的生长环境。此外，蓼粉带酸性，可抑制杂菌。

②必用已成曲酒糟为媒合：做酒曲时要放点酒糟。这是做曲时加入经过选育的优良菌种的简易而有效的传统工艺措施。其主要优点是，既节约原料又发酵快，酒质好。宋应星家乡江西奉新浮云酒厂近年来生产的浮云酒，就沿用此法，酒味醇香可口。

【译文】

做酒曲，要加进辣蓼粉末以便于通气，用米或麦做基本原料，还必须加入已成曲的酒糟做媒介。这种酒糟不晓得是从哪个朝代传下来的，就像烧青矾必须用旧矾滓掩盖炉口一样。

神曲[①]

凡造神曲所以入药，乃医家别于酒母者。法起唐时[②]。其曲不通酿用也。造者专用白面，每百斤入青蒿自然汁、马蓼、苍耳自然汁[3]，相和作饼，麻叶或楮叶包罨，如造酱黄法[4]。待生黄衣，即晒收之。其用他药配合，则听好医者增入，苦无定方也。

【注释】

①神曲：又名六神曲。原是酿药酒用的一种药用曲。唐元稹《长庆集十三·饮致用神曲酒三十韵诗》："七月调神曲，三春酿绿醽(líng)。"后来逐渐转为中药。主含淀粉酶、酵母菌维生素B、甙类物质等，是一种酶性助消化药，主治食积、胀满、泻痢等症。古代有人称神曲为"化米先生"或"脾天"。

②法起唐时：其实，北魏贾思勰《齐民要术》一书已载有神曲和神曲酒的名称和制法了。

③青蒿：又名香蒿。菊科，二年生草本。全株有香气，含青蒿素，主治暑热、阴虚发热、疟疾等症。马蓼：江西奉新叫辣椒草，要求黄土上生，独根，红茎皮，白花，黑实。开花快落时拔的最好，因最有劲。苍耳：又名葈耳。菊科，一年生草本。全株特别是苍耳子具有祛风散湿功能，主治鼻窦炎、风湿痹痛、疥癣、荨麻疹等症。

④酱黄：已经罨黄的酱半成品。

【译文】

神曲是入药用的，所以叫它神曲是医家为了把它与酒曲区分开来。制法起于唐代，这种曲不普遍用来酿酒。造曲时只用白面，每一百斤，加入青蒿、马蓼和苍耳的原汁，掺和做成饼，再用麻叶或楮叶包覆，像制酱黄那样。等到生黄衣了，就把它晒干收藏起来。至于还要用其他药配合，则由爱好医药的人酌定，没有什么固定的配方。

丹曲

凡丹曲一种，法出近代[①]。其义臭腐神奇，其法气精变化[②]。世间鱼肉最朽腐物，而此物薄施涂抹，能固其质于炎暑之中，经历旬日，蛆蝇不敢近，色味不离初[③]，盖奇药也。

【注释】

①凡丹曲一种，法出近代：丹曲，即红曲。江西奉新又叫紫曲。北宋陶谷《清异录》卷四提到五代后蜀有用红曲："孟蜀尚食掌食典一百卷。有赐绯羊。其法以红曲煮肉，紧卷石镇，深入酒，骨淹透，切如纸薄，乃进。注云酒骨糟也。"北宋苏轼《次韵钱穆父马上寄蒋颖叔二首》其一也提到红曲："腊糟红曲寄驼蹄。"可见，宋应星关于"法出近代"的说法值得商榷。红曲含有红曲霉素，有消食、健脾、暖胃、治痢、防腐等功效，是食品的良好着色剂和调味剂，又是酿造珍珠红酒的酒曲。江西、福建、广东、台湾等省用得较多。明末清初方以智《物理小识》卷六说，红曲"近世乃出……福州古田最红，其曲母出沙县"。

②其义臭腐神奇，其法气精变化：这是对红曲制作过程的概括。"臭腐神奇"这里指米浸到发臭，蒸起来又喷发饭香。"气精变化"这里指米饭在空气中的变化。虽然作者不懂得红曲里面有好气性的红曲霉菌，但他已观察到一定要在通气的条件下，红曲才能实现它的"风中变幻"。

③蛆蝇不敢近，色味不离初：这是夸张说法，用以形容红曲的防腐作用。

【译文】

红曲制造的方法是近代才出现的。它的意义在于"化臭腐为神奇"，它的妙法在于利用白米饭在空气中的变化。鱼和肉是世界上最容易腐烂的东西，但如果用红曲薄薄地涂抹一下，即使是在炎热的夏天放置十天，蝇不敢来，蛆也不生，色泽和味道都没变，这真是奇药啊！

图114 长流漂米

凡造法，用籼稻米，不拘早晚。舂杵极其精细，水浸一七日，其气臭恶不可闻[①]，则取入长流河水漂净（图114）。必用山河流水，大江者不可用。漂后恶臭犹不可解，入甑蒸饭则转成香气，其香芬甚。凡蒸此米成饭，初一蒸半生即止，不及其熟，也离釜中，以冷水一沃，气冷再蒸，则令极熟矣[②]。熟后，数石共积一堆，拌信。

【注释】

①“凡造法”六句：因籼米米质粘性较弱而胀性大，粳米米质粘性较强而胀性小，所以只能用籼米。早晚，指早造米和晚造米。早造米生长期短，成熟较早。早造米比晚造米又稍胜一筹，因米粒大一些。浸米最多浸两天，才不致发臭。

②“凡蒸此米成饭”七句：这里用的是双蒸法，目的是使饭成粒而不粘糊。

【译文】

制造红曲要用籼稻米，早造、晚造都可以。米要舂得极其精细，用水浸七天，浸到臭不堪闻，就把米放到流动的河水中去漂洗干净。必须用流动的山河水，不能用大江水。米漂洗后还带有臭味，把它放入甑中蒸成饭，却变成香喷喷的了。蒸饭时,先蒸到半生熟,就从锅中取出,用冷水淋一下,摊凉后再蒸到熟透。等蒸熟了几石米饭后,再堆在一起拌进曲种。

凡曲信,必用绝佳红酒糟为料。每糟一斗,入马蓼自然汁三升,明矾水和化[①]。每曲饭一石,入信二斤,乘饭热时,数人捷手拌匀,初热拌至冷。候视曲信入饭,久复微温,则信至矣。凡饭拌信后,倾入箩内,过矾水一次,然后分散入篾盘,登架乘风(图115)。后此,风力为政,水火无功。

【注释】

①明矾水和化:红曲霉有个特点,就是生长缓慢,往往竞争不过杂

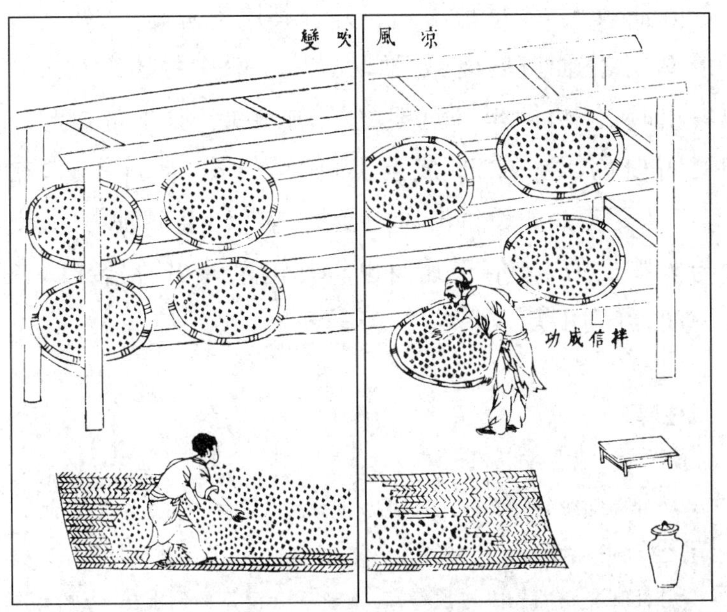

图115　拌信成功　凉风吹变

菌，但它在酸性环境中却能占据优势。明矾水呈酸性（pH=3.5），有利于红曲霉的繁殖。明代靠经验积累摸索到一定要加明矾水。现在造红曲，夏天不加，冬天要加明矾水；技术好的不加，技术差的有粘手现象时要加明矾水。

【译文】

曲种一定要用最好的红酒糟为原料。每一斗酒糟加入马蓼汁三升，再加明矾水和匀。每石曲饭加入曲种二斤，趁饭热时，几个人一起迅速拌匀，由热拌到冷。然后注意观察。经过一段时间，曲饭的温度已有点回升，这说明曲种开始起作用了。曲饭拌入曲种后，倒入箩里，用明矾水淋一次，再分别放入篾盘中，搁到架上通风。此后，通风是关键，而水火却不起什么作用了。

凡曲饭入盘，每盘约载五升。其屋室宜高大，妨瓦上暑气侵逼①。室面宜向南，妨西晒。一个时中翻拌约三次。候视者七日之中，即坐卧盘架之下，眠不敢安，中宵数起。其初时雪白色，经一二日成至黑色，黑转褐，褐转代赭，赭转红，红极复转微黄。目击风中变幻，名曰“生黄曲”②。则其价与入物之力，皆倍于凡曲也。凡黑色转褐，褐转红，皆过水一度，红则不复入水③。

【注释】

①妨：通“防”。

②生黄曲：红曲霉既能分泌红曲霉红素，又能分泌红曲霉黄素，所以会红中带微黄。

③“凡黑色转褐”四句：据江西奉新浮云酒厂的制曲工人讲，曲饭的“风中变幻”过程是：白→淡黄→褐→红→紫红。若出现黑色，红

曲就做不成了。在颜色转变时过水一次，这叫作分段加水法，是为了使曲饭的含水量保持在适当的程度，菌丝既能旺盛生长，又不致进行酒精发酵。若含水量太低则会造成红皮白心，若含水量太高则会造成空心。

【译文】

曲饭放入篾盘中，每盘可装五升。曲房要高大，以防瓦面暑气侵入。还要朝南，以防太阳西晒。每两小时要翻拌三次。伺候的人，整整七天夜以继日地守在盘架之下，不能熟睡，半夜里也要起来几次。曲饭最初颜色雪白，经过一两天就变成黑色。接着，由黑转褐，褐转赭，赭转红，到最红时又带有微黄色。上述观察到的曲饭在通风条件下的颜色变化，叫作"生黄曲"。这样制成的红曲，价值和功用都比一般的曲要高几倍。当黑色转褐，褐色转红时，都要过一次水，转红后就不要再加水了。

凡造此物，曲工盥手与洗净盘簟[1]，皆令极洁。一毫滓秽，则败乃事也[2]。

【注释】

①盘簟（diàn）：篾盘。

②一毫滓秽，则败乃事也：这是杂菌污染的恶果。

【译文】

造红曲时，做曲的人要把手和篾盘等器具洗得非常干净。若有一点儿不干净，就会使制曲失败。

珠玉第十八卷

【题解】

本卷讲珠玉。宋应星在《天工开物序》里开宗明义指出:“卷分前后,乃‘贵五谷而贱金玉’之义。”因此把珠玉卷排到书的最后。尽管如此,他对珠玉还是很欣赏的。他说,“玉韫山辉,珠涵水媚”,把珠玉这样的天地菁华萃于人身,不但使人有美的感受,而且也是身份显贵的象征。

本卷记述了珠、宝、玉的品种、特征、产地以及生产加工工艺。珍珠是蚌蛤因砂粒等外来物进入壳内,其外套膜受到刺激而分泌出珍珠质,日积月累逐层包裹形成圆粒,呈乳白色或略带黄色,晶莹剔透,令人喜爱。据说我国夏禹时期已开采珍珠。《尚书·禹贡》就有河蚌产珠的记载:“淮夷玭珠。”珠以广西合浦珍珠最为名贵,玉则以新疆和田玉最为上乘。

宋应星说:“凡珠生止有此数,采取太频,则其生不继。”又说,平时珠和玉都分别受到龙神和玉神的保护,当其成熟可为人所用时,神自然会把它推出来供人采取。这看似迷信的说法,实则在宣扬生态保护意识。这是传统技术向生态技术进步以求持续发展的思想火花。

卷末又讲到琉璃。宋应星说,琉璃产于西域而不产于中原,但由于它五彩缤纷晶莹剔透,中原人喜欢它,就用硝和铅假火为媒“造化”出琉璃。这显然又是“天工开物”层出不穷的又一成果。正如《周易·系辞上》所言:“范围天地之化而不过,曲成万物而不遗。”

宋子曰：玉韫山辉，珠涵水媚[①]。此理诚然乎哉，抑意逆之说也[②]？大凡天地生物，光明者昏浊之反，滋润者枯涩之仇，贵在此则贱在彼矣。合浦、于阗[③]，行程相去二万里，珠雄于此，玉峙于彼，无胫而来[④]，以宠爱人寰之中，而辉煌廊庙之上[⑤]，使中华无端宝藏折节而推上坐焉[⑥]。岂中国辉山媚水者，萃在人身，而天地菁华止有此数哉？

【注释】

①玉韫山辉，珠涵水媚：语本西晋陆机《文赋》："石韫玉而山辉，水怀珠而川媚。"

②意逆：主观猜测。意，猜测。逆，预料。

③合浦、于阗（tián）：广西合浦以产珠著名，于阗（今新疆和田一带）以产玉著名。

④无胫而来：犹无胫而行。常以喻良才不招而自至爱贤者之门。胫，小腿。

⑤廊庙：朝廷。

⑥无端：无尽。折节：折腰。降低身价。

【译文】

蕴藏玉石的山光辉四溢，涵养珍珠的水媚秀可爱。这道理是本来如此呢，还是人们的主观猜测？一般说来，大自然的事物总是光明与昏浊相反，滋润与枯涩对立，贵在这里就贱在那里。合浦与于阗，相距两万里，珍珠在这里称雄，玉石在那里峙立。两者都很快受到人间的宠爱，在朝廷上焕发异彩。这就使中华无尽的宝藏都降低了身价，把珠玉推上首位。难道全国能使山辉水媚的宝物全都聚集在人身上了，而大自然的精华就只有这两种吗？

珠[1]

凡珍珠必产蚌腹，映月成胎，经年最久，乃为至宝[2]。其云蛇腹、龙颔、鲛皮有珠者[3]，妄也。凡中国珠必产雷、廉二池。三代以前，淮扬亦南国地，得珠稍近《禹贡》“淮夷玭珠”，或后互市之便，非必责其土产也。金采蒲与路，元采杨村直沽口，皆传记相承妄，何尝得珠？至云忽吕古江出珠，则夷地，非中国也[4]。

【注释】

①珠：珍珠。珠贝的分泌物，主含碳酸钙、碳酸镁、氨基酸等，还有磷酸钙、二氧化硅、三氧化二铝、三氧化二铁，以及微量元素等。珍珠晶莹夺目，雅致可爱，又能安神定惊，解毒生肌，历来是贵重的珠宝和药材。近年来还被加工成珍珠美容霜、珍珠雪花膏等保健化妆品。

②“凡珍珠必产蚌腹”四句：蚌是淡水贝类，有三角帆蚌、背角无齿蚌等。本文的蚌指的是海水贝类，严格说来应该叫贝。一般习惯的叫法是淡水（贝）为蚌，海水（贝）为贝，不过古代却没区分得那么清楚。天然产珠贝类有二十多种，主要有马氏珍珠贝、珍珠贝（黑蝶贝）、大珍珠贝（白蝶贝）、企鹅珍珠贝、解氏珍珠贝（扁贝）、红蝴蝶珍珠贝，等等。珍珠是由珠贝的外套膜上皮细胞，在寄生物或砂粒之类侵入物的刺激下，在其结缔组织内形成珍珠囊，分泌珍珠质而成的。近代根据天然珠形成的这一原理，把人造核粒或外套膜片插入珠贝的外壳膜结缔组织中，可形成人工珠。所谓“映月成胎”，只是古人的直观猜测，古人因此也把珍珠叫作蚌胎。

③龙颔：骊龙的下巴，传说其下有珠。鲛（jiāo）：鲨鱼。

④“凡中国珠必产雷、廉二池……非中国也”一段：大约成书于战国时期的《尚书·禹贡》就谈到了淮河的淡水珍珠：“淮夷玭珠。”孔颖达疏：“玭是蚌的别名，此蚌出珠，遂以玭为珠名。”《管子·侈靡》也谈到了淡水珠贝：“若江湖之大也，求珠贝者不舍也。”三国魏曹植直接使用“珠蚌”一词：“弄珠蚌，戏鲛人。”（《曹子建集·七启》）宋庞元英《文昌杂录》卷一有关于人工淡水育珠的记载：“有一养珠法：以今所作假珠择光莹圆润者，取稍大蚌蛤，以清水浸之，伺其开口，急以珠投之，频换清水，夜置月中，蚌蛤采月华玩，此经两秋，即成真珠。”《元史·食货志》也有淡水采珠的记载：“珠在大都者，元贞元年，听民于杨村、直沽口捞采，命官买之。在南京者，至元十一年，命灭怯、安山等于宋阿江、阿爷苦江、忽吕古江采之。……他如兀难、曲朵剌、浑都忽三河之珠，至元五年，徙凤哥等户捞焉。胜州、延州、乃延等城之珠，十三年命朵鲁不解等捞焉。”可见历代或多或少都产有淡水珍珠，宋应星加以否认是片面的。雷，即雷州。今属广东。廉，即廉州。今广西合浦。三代，指夏、商、周。蒲与路，涂本作“蒲里路”，据地名词典改，在今黑龙江克东乌裕尔河南岸。杨村，今天津武清。直沽口，今天津大沽口。这一地带有运河和海河等。忽吕古江，又叫胡里改江，今名牡丹江。

【译文】

珍珠必定产在蚌里面，映月成胎，经过多年，才成为至宝。至于说蛇腹、龙下巴颏、鲨鱼皮有珠，那都是错误的。中国的珍珠必定出产在雷州和廉州这两个珠池里。在夏、商、周三代以前，淮安、扬州一带属江、汉一带的诸侯国，得到的珠比较接近《尚书·禹贡》记载的蚌珠，或许是从互市交换来的，不一定是当地的土产。金代采自蒲与路一带，元代采自杨村到大沽口一带等说法，都是误传，而从未采过珍珠。至于说忽吕古江产珠，那是少数民族地区，而不是中原地区。

凡蚌孕珠，乃无质而生质。他物形小而居水族者，吞噬弘多，寿以不永。蚌则环包坚甲，无隙可投，即吞腹，囫囵不能消化，故独得百年千年[①]，成就无价之宝也。凡蚌孕珠，即千仞水底，一逢圆月中天，即开甲仰照，取月精以成其魄。中秋月明，则老蚌犹喜甚。若彻晓无云，则随月东升西没，转侧其身而映照之[②]。他海滨无珠者，潮汐震撼，蚌无安身静存之地也[③]。

【注释】

①"蚌则环包坚甲"五句：其实，贝类也有天敌。例如，鳗、鳊、鳖等侵袭河蚌的肉足，黑鲷、海豚等吞食珠贝。

②"凡蚌孕珠……转侧其身而映照之"一段：珠贝有喜欢照月光的习性，在月明之夜，张壳活动，这有利于寄生物或砂粒等进入贝体而刺激形成珍珠。珠贝一般生活在潮间带（有潮水涨落的地带），马氏贝生活在低潮线（水深约二十米）。千仞，形容水深。中天，当空。

③"他海滨无珠者"三句：珠贝生长需要下列适宜条件：水温15～30℃，水比重1.016～1.024。潮汐涨落适中，水清澈，底为沙砾，等等。合浦珠池具备这些条件，汉代开始采珠。

【译文】

蚌孕珍珠，从无到有。其他形体小的水生动物，因吞噬物、天敌很多，所以寿命不长。蚌因为有坚硬的外壳包裹着，天敌无隙可乘，即使蚌被吞到肚子里，也不能消化，所以蚌寿命很长，能形成无价之宝。蚌孕珍珠是在很深的水底下，每逢圆月当空时，就开壳仰照，吸取月光的精华，化为珍珠的形魄。中秋月明之夜，老蚌分外高兴。如果通宵无云，它就随着月亮的东升西没而不断转体照取月光。有些海滨不产珠，是因为潮汐涨落震撼得太厉害，蚌无藏身之地的缘故。

凡廉州池，自乌泥、独揽沙至于青莺，可百八十里。雷州池，自对乐岛斜望石城界，可百五十里[①]。蜑户采珠[②]，每岁必以三月，时牲杀祭海神，极其虔敬。蜑户生啖海腥，入水能视水色，知蛟龙所在，则不敢侵犯。

【注释】

①“凡廉州池”六句：廉州池和雷州池实际上同是两州之间的浅海域。叫珠母海或珠池。《廉州府志》卷三《附珠池》曰：“《类书》曰：‘珠出广东廉州珠池者四：曰杨梅，曰青莺，曰平江，曰永安。出雷州者一，曰乐民。实皆海而岛屿环围故称池云。’按：乐民池即对乐池，在雷州府遂溪县西南一百五十里第八都乐民千户所城西海内。又曰乐民池。今考廉州珠池六：乌泥池，与永安所相近，或者即系永安池；而断网池又其别名也。”可，大约。对乐岛，即乐民池。石城界，合浦与廉江（石城）的交界。

②蜑（dàn）户：水上居民。

【译文】

廉州珠池从乌泥池、独揽沙池到青莺池，约有一百八十里。雷州珠池从乐民岛到石城界，约有一百五十里。水上居民采珠，每年必定在三月间，宰牲畜来祭海神，非常虔诚。他们生吃海腥，下水就能看透水色，知道蛟龙在哪里，就不敢去侵犯。

凡采珠舶，其制视他舟横阔而圆，多载草荐于上。经过水漩，则掷荐投之，舟乃无恙（图116）。舟中以长绳系没人腰，携篮投水。凡没人，以锡造弯环空管，其本缺处，对掩没人口鼻，令舒透呼吸于中，别以熟皮包络耳项之际。极深者至四五百尺，拾蚌篮中。气逼则撼绳，其上急提引上。无

图116 没水采珠船

命者或葬鱼腹。凡没人出水，煮热毳急覆之[①]，缓则寒慄死。宋朝李招讨设法以铁为耙，最后木柱扳口，两角坠石，用麻绳作兜如囊状，绳系舶两傍，乘风扬帆而兜取之（图117）[②]。然亦有漂、溺之患。今蜑户两法并用之。

【注释】

①毳（cuì）：鸟兽毛经过加工而制成的毛织品。

②"宋朝李招讨设法以铁为耙"六句：李招讨，指李重海。他在宋雍熙三年（986）任广桂、融宜、柳州的招讨使，负责招抚讨伐事务。他设计了新式的采珠网具。耙（bà），放在网具的最前头，翻土用。木柱，相当于开关。与海底平行，通过它把耙翻起的珠贝等

图117 扬帆采珠

东西装进网口，一般经过二十分钟后，木柱封住网口，拉网。所谓“最后木柱扳口”，查《廉州府志》引明陆蓉《菽园杂记》的原文是“最后法以木柱扳口”。

【译文】

采珠船比其他船要宽而圆一些，并载有许多草垫。当遇到漩涡时，把草垫丢下去，船就能安全驶过。采珠人在船上先用一条长绳绑住腰部，然后提着篮子潜入水中。潜水前还要用锡做的弯环空管罩住口鼻，并把罩子的软皮带缠结在耳项之间，以便呼吸。最深能潜到四五百尺，把蚌捡到篮里。呼吸困难时就摇绳，船上的人便赶快把他拉上来。运气不好的人可能是葬身鱼腹了。潜水者出水后，要立即盖上煮热了的毛皮，慢了就会冻死。宋朝招讨使李某设计了一种采珠网兜：前面装铁耙，两边用木棍，两角坠石头作为沉子，四周围上麻绳网兜，拉网时木棍封住网口，牵绳绑在船的两侧，乘风扬帆，兜取珠贝。这种采珠法也还有漂失和沉溺的危险。现在，水上居民使用上述两种方法采珠。

凡珠在蚌，如玉在璞[①]，初不识其贵贱，剖取而识之。自五分至一寸五分经者为大品。小平似覆釜，一边光彩微似镀金者，此名珰珠[②]，其值一颗千金矣。古来“明月”“夜光”，即此便是。白昼晴明，檐下看有光一线闪烁不定。“夜光”乃其美号，非真有昏夜放光之珠也。次则走珠，置平底盘中，圆转无定歇，价亦与珰珠相仿。化者之身受含一粒则不复朽坏[③]，故帝王之家重价购此。次则滑珠，色光而形不甚圆。次则螺蚵珠，次官雨珠，次税珠，次葱符珠。幼珠如粱粟，常珠如豌豆。玭而碎者曰玑[④]。自夜光至于碎玑，譬均一人身而王公至于氓隶也。

【注释】

①璞（pú）：未经雕琢加工的玉石。

②珰（dāng）珠：可作女子耳饰的珠。珰，女子的耳饰。

③化者之身受含一粒则不复朽坏：这种说法不科学，因珍珠没有那么大的防腐功能。化者，死者。含，又作“琀”。古时丧葬礼俗，人死后敛时，把玉放在死人口中叫含。

④玑：不圆的珠子。

【译文】

珠在蚌内，就像玉在璞中一样，初时分不出贵贱，剖取后才能分辨。周径从五分到一寸五分的是大珠。其中有一种大珠，稍微平一点，像个倒放的锅，一边光彩略微像镀了金似的，名叫珰珠，一颗价值千金。这就是过去所说的“明月”“夜光”珠。白天晴朗时，在屋檐下能看见它闪烁光芒。“夜光”不过是它的美号，并不是真有能在黑夜放光的珠。其次是走珠，放在平底盘里，会滚动不停，价值与珰珠差不多。死人口里含一颗，尸体就不会腐烂。所以帝王之家出高价购买。再次的是滑珠，色泽光亮，但不很圆。再次的是螺蚵珠、官雨珠、税珠、葱符珠。小粒的珠像小米，一般的珠像豌豆。破碎的珠叫玑。从夜光到碎玑，好比同样是人却分成由王公到奴隶几个等级一样。

凡珠生止有此数，采取太频，则其生不继。经数十年不采，则蚌乃安其身，繁其子孙而广孕宝质。所谓“珠徙珠还”，此煞定死谱，非真有清官感召也[①]。我朝，弘治中一采得二万八千两；万历中一采止得三千两，不偿所费[②]。

【注释】

①“凡珠生止有此数……非真有清官感召也”一段：珠贝的平均寿命十年左右。每年四月份，水温上升，排卵频繁，体外受精，成幼虫，浮游，约二十天后固定生活。2.5～3年龄贝开始有珠，4～5年龄贝最多珠，老年贝反而少珠。所谓“珠徙珠还”的传说，出自《后汉书·循吏列传》：“孟尝……迁合浦太守。……先时宰守并多贪秽，诡人采求，不知纪极，珠遂渐徙于交阯郡界。……尝到官，革易前敝，求民病利。曾未逾岁，去珠复还。”宋周去非《岭外代答》卷七曾对此表示怀疑说：“史称孟尝守合浦，珠乃大还，为廉吏之应。二十年前，有守甚贪，而珠亦大熟。虽物理无验，然此以清名至今。彼与草木俱腐耳。噫！孰知孟尝还珠之说，非柳子厚复乳穴之说乎？”宋应星指出：所谓“珠徙珠还”，并不是清官感召的结果，而是要遵循珍珠自身的消长规律。煞定死谱，铁定的不可改变的情况或规律。

②“我朝”四句:《明史·食货志六》:“广东珠池,率数十年一采。……至弘治十二年,岁久珠老,得最多,费银万余,获珠二万八千两。……正德九年又采,嘉靖五年又采,珠小而嫩,亦甚少。八年复诏采,两广巡抚林富言:‘五年采珠之役,死者五十余人,而得珠仅八十两,天下谓以人易珠。恐今日虽以人易珠,亦不可得。’”弘治,明孝宗年号(1488—1505)。万历,明神宗年号(1573—1620)。

【译文】

珍珠的产量是有限度的,若采珠过于频繁,则珠的生长就跟不上。如果几十年不采,蚌就可以安身繁殖,孕珠也就多了。所谓“珠徙珠还”,其实是取决于珍珠自身固有的消长规律,并非真有什么清官感召。我明朝弘治年间采一次得珠二万八千两;万历年间采一次只得三千两,还抵不上采珠的费用。

宝[①]

凡宝石皆出井中。西番诸域最盛,中国惟出云南金齿卫与丽江两处[②]。

【注释】

①宝:宝石。凡是质硬色美、产量稀少而珍贵的矿石,都可以称为宝石。从颜色上看,可分为蓝宝石、红宝石、绿宝石,等等;从质地上看,有金刚石、刚玉、水晶、孔雀石、琥珀,等等。

②“凡宝石皆出井中”三句:宝石不一定全部产于井中,有时地表也可找到。宝石作为矿物,由于成分和成因的不同,处于地壳的深度也不同。一般说来,原生矿石比较深,要开井掘取;氧化矿石比较浅,风化矿石往往露出地表。例如,孔雀石[$CuCO_3 \cdot Cu(OH)_2$]作为氧化矿石,就可在浅层或地表找到。金齿卫,今云南保山。

【译文】

宝石都产自矿井。西部边疆地区最多，中原地区则只有云南金齿卫和丽江两地出产。

凡宝石，自大至小，皆有石床包其外，如玉之有璞。金银必积土其上，韫结乃成。而宝则不然，从井底直透上空，取日精月华之气而就[①]，故生质有光明。如玉产峻湍，珠孕水底。其义一也。

【注释】

①取日精月华之气而就：这是古代直观猜测的一种说法，并不科学。

【译文】

宝石，无论大小，都有石床包在外面，就像玉有璞一样。金银都是在土层底下韫结成的。宝石却是从井底直透天空，吸取日月的精华而成的，因此能闪烁光辉。这跟玉产在湍流中、珠孕育在水底的道理是一样的。

凡产宝之井，即极深无水，此乾坤派设机关。但其中宝气如雾，氤氲井中[①]，人久食其气多致死[②]。故采宝之人，或结十数为群，入井者得其半，而井上众人共得其半也。下井人以长绳系腰，腰带叉口袋两条，及泉近宝石，随手疾拾入袋（图118）。宝井内不容蛇虫。腰带一巨铃，宝气逼不得过，则急摇其铃，井上人引緪提上[③]。其人即无恙，然已昏瞢（图119）[④]。止与白滚汤入口解散，三日之内不得进食粮，然后调理平复。其袋内石，大者如碗，中者如拳，小者如豆，总不晓其中何等色。付与琢工鑢错解开，然后知其为何等色也。

图118　下井采宝

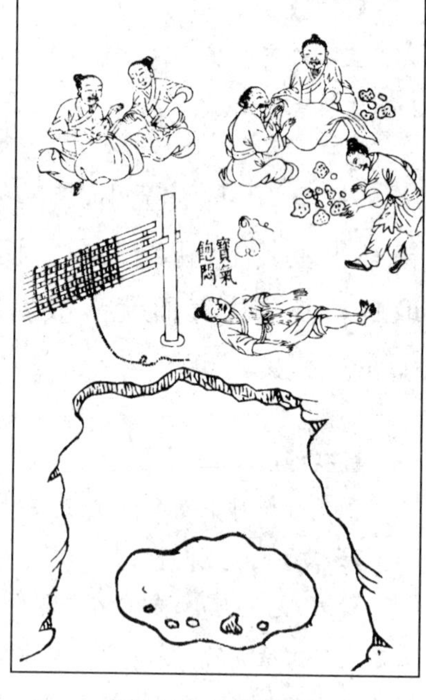

图119　宝气饱闷

【注释】

①氤氲（yīn yūn）：云烟弥漫。

②人久食其气多致死：宝井里富含一氧化碳、甲烷、氮气以及其他毒气等，人下井，若没戴防毒面具又不供给氧气，则极易引起窒息或中毒死亡。

③絙（gēng）：粗绳索。

④昏瞢（méng）：昏迷。

【译文】

产宝石的矿井即使很深也没有水，这是大自然的特设机关。但井中有宝气像雾一样弥漫着，人吸久了多数会死亡。因此，采宝的人常是十多个人合伙。下井的人分得一半宝石，井上的人共得另一半宝石。下井的人用长绳绑住腰，腰间系两个叉口袋，到井底随手把宝石赶快装入袋内。宝石井内不藏蛇、虫。腰间系一个大铃，当宝气逼得自己受不了时，便急忙摇铃，井上的人就拉粗绳把他提上来。这时，人即使没有生命危险，也已经昏迷不醒了。只是灌一些白开水解救，三天内不能吃粮食，然后再加以调理康复。袋内的宝石，大的像碗，中等的像拳头，小的像豆子，都看不到里面是什么颜色。交给琢工锉开后，才知道是什么宝石。

属红、黄种类者，为猫精、靺羯芽、星汉砂、琥珀、木难、酒黄、喇子①。猫精黄而微带红。琥珀最贵者名曰瑿②。音依，此值黄金五倍价。红而微带黑，然昼见则黑，灯光下则红甚也。木难纯黄色。喇子纯红。前代何妄人，于松树注茯苓，又注琥珀，可笑也③。属青、绿种类者，为瑟瑟珠、珇琍绿、鸦鹘石、空青之类④。空青既取内质⑤，其膜升打为曾青⑥。至玫瑰一种，如黄豆、绿豆大者，则红、碧、青、黄数色皆具。宝石有玫瑰，如珠之有玑也。星汉砂以上，犹有煮海金丹。此等皆西番产，亦间气出，滇中井所无。

【注释】

①属红、黄种类者，为猫精、靺羯（mò hé）芽、星汉砂、琥珀、木难、酒黄、喇子：按颜色分类是古代对宝石的传统分类法，这一类是红宝石和黄宝石。猫精，又名猫睛石、猫儿眼。它是青石棉被石英交代后形成的致密纤维状块体。因其磨光后闪闪发光，状如猫眼而得名。靺羯芽，因这种宝石产在靺羯（东北女真族的别名）地区而得名。章鸿钊《石雅》认为它是石英类中的红玛瑙。星汉砂，又称星汉神砂。可能是指砂金石。因其石英中含鳞片状赤铁矿或云母而闪烁着红褐色或微黄色，好似星星在天空中闪亮而得名。

星汉，银河。琥珀，又名顿牟。松柏树脂的化石，多为红褐色。木难，又名莫难、黄宝石。色黄。酒黄，酒黄色宝石。喇子，又名红宝石，色红，透明，是一种含铬的刚玉。

②瑿（yī）：这里指最贵重的黑里透红的琥珀。又名瑿珀。

③“前代何妄人”四句：这里指的是晋朝张华。他在《博物志》卷七中提道：“松柏脂沦地中，千年化为茯苓，茯苓千年化为琥珀。”其实，由松脂转化为琥珀，并不需要经过茯苓这中间一步，茯苓是寄生在松根的菌类，琥珀却是古代松树树脂埋藏在地层中的化石。

④属青、绿种类者，为瑟瑟（sè）珠、珇琈绿、鸦鹘（gǔ）石、空青之类：这一类是蓝宝石和绿宝石。瑟瑟珠，又叫靛子（甸子），是一种蓝宝石，盛产于伊朗一带。珇琈绿，又叫祖母绿。翠绿色。鸦鹘石，含钛刚玉，蓝色。

⑤空青：孔雀石［$CuCO_3 \cdot Cu(OH)_2$］，绿色。

⑥曾青：蓝铜矿石［$2CuCO_3 \cdot Cu(OH)_2$］，深蓝色。

【译文】

属于红色和黄色的宝石有：猫睛、靺羯芽、星汉砂、琥珀、木难、酒黄、喇子，等等。猫睛石黄而稍带红。最贵的琥珀叫瑿。音依，价值为黄金的五倍。红而微带黑，但在白天看起来是黑色，在灯光下看起来却很红。木难纯黄色。喇子纯红色。从前不知哪个无知妄为的人，在“松树”条目下加注茯苓，又注琥珀，真是可笑。属于蓝色和绿色的宝石有：瑟瑟珠、珇琈绿、鸦鹘石、空青。空青在内层，曾青在外层。等等。至于玫瑰宝石，则像黄豆或绿豆大，红、绿、蓝、黄，各色都有。宝石中有玫瑰，就像珠中有玑一样。比星汉砂高一级的，还有一种煮海金丹。这些宝石都产在我国西部地区，有的是气成的，云南宝井却没有产。

时人伪造者，唯琥珀易假，高者煮化硫黄，低者以殷红汁料煮入牛羊明角，映照红赤隐然，今亦最易辨认。琥珀磨之有浆。至引草，原惑人之说。凡物借人气能引拾轻芥也。自来《本草》陋妄，删去毋使灾木[①]。

【注释】

①“至引草”五句：琥珀因摩擦生电而引“草”（轻微之物），实有其事，并非惑人之说。东汉王充《论衡·乱龙》也曾指出：“顿牟拾芥，磁石引针。”顿牟，即琥珀之别名。芥，小草。木，指雕版印书的木料。引申为纸张。

【译文】

现时人们伪造宝石，只有琥珀最容易假造，高手用煮化的硫黄，低手用红中带黑的色汁煮牛、羊角胶，映照之下隐约可见红光，但也最容易识别。琥珀研磨后有浆。至于说琥珀能吸引小草那是骗人的。物体只有借助人气才能吸引轻微的东西。《本草》荒诞错漏不少，应当删去，以免浪费纸张。

玉[①]

凡玉入中国贵重用者，尽出于阗汉时西国号，后代或名别失八里，或统服赤斤蒙古，定名未详。葱岭[②]。所谓蓝田，即葱岭出玉别地名，而后世误以为西安之蓝田也[③]。其岭水发源名阿耨山[④]，至葱岭分界两河：一曰白玉河（图120），一曰绿玉河（图121）。晋人张匡邺作《西域行程记》，载有乌玉河，此节则妄也[⑤]。

【注释】

①玉：玉通常指坚韧、有光泽、结构致密、白色或绿色的矿石，主要有

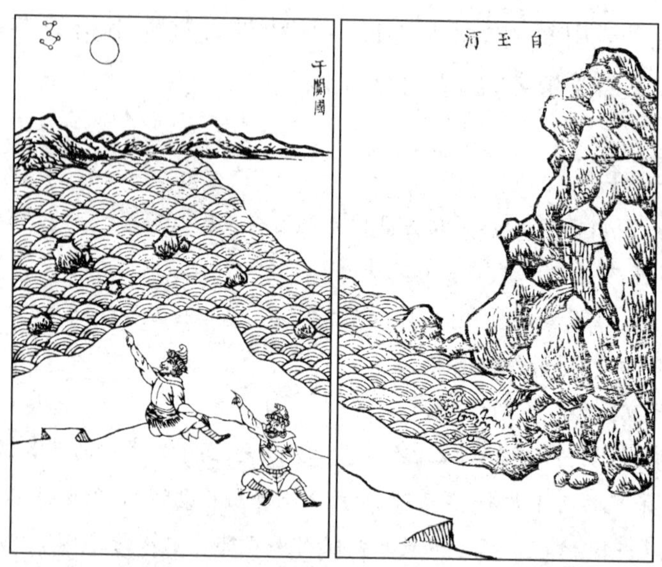

图120 白玉河

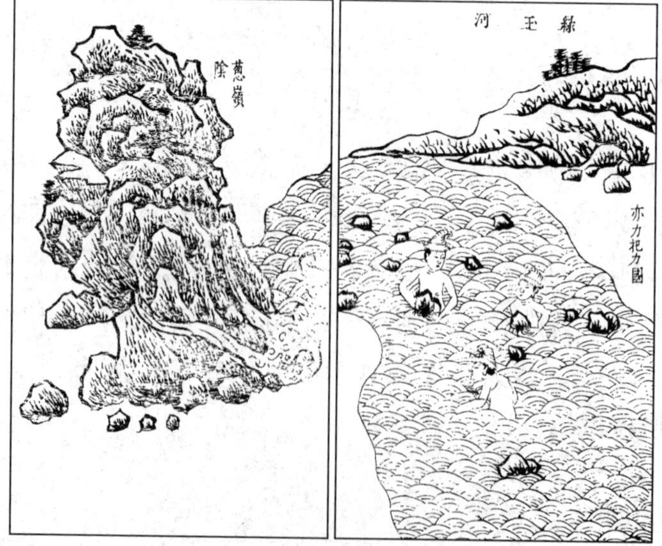

图121 绿玉河

软玉（如和田玉）和硬玉（翡翠）两种。此外，还包括某些物理性质类似于软玉的矿石。我国新石器时代晚期就能制造玉制工具，殷商时期出现了用于礼仪和配饰的各种玉器。汉许慎《说文解字》用“五德”形容“玉，石之美”的五种特性。玉，广义应包括宝石、玛瑙、水晶等，宋应星在这里却作狭义理解。

②凡玉入中国贵重用者，尽出于阗葱岭：新疆的和田玉，又名昆山玉，主要矿物成分是透闪石、阳起石，属软玉类。因其色泽优雅而久负盛名。别失八里，元代地名。在今新疆吉木萨尔。其实于阗所在地明代称亦力把里。赤斤蒙古，明朝在西北设立赤斤蒙古卫，位于今甘肃玉门一带，统管新疆等地少数民族地区。葱岭，指昆仑山一带，那里盛产玉，殷周时就已输入内地，因而有“玉出昆冈”“昆山之玉”等说。

③“所谓蓝田”三句：蓝田玉确实产在西安附近的蓝田覆车山等玉山。可见，蓝田并不像宋应星所说的是葱岭的别名。

④阿耨（nòu）山：昆仑山。

⑤“晋人张匡邺作《西域行程记》”三句：宋应星可能是从“凡玉，唯白与绿两色”出发来否定因出产乌玉而得名的乌玉河的。关于乌玉河，最先记载的是晋朝张匡邺的《西域行程记》。宋曹孝忠校勘的《重修政和经史证类备用本草》卷三再引《图经本草》引的《西域行程记》说：“玉河在于阗城外，其源出昆山，西流一千三百里至于阗界牛头山，乃疏为三河：一曰白玉河，在城东三十里；二曰绿玉河，在城西二十里；三曰乌玉河，在绿玉河西七里。其源虽一，而其玉随地而变，故其色不同。”《五代史·四夷》《明史·于阗列传》都载有乌玉河。清徐松《西域水道记》指出：“白者玉陇，绿者喀喇，乌者皂洼勒。惟今之皂洼勒未闻出玉，差为异矣。”玉陇即玉龙喀什河，喀喇即喀拉喀什河，皂洼勒河是由西流入喀拉喀什河的支流。由此可见，乌玉河确实是有的，但它是否

真的产过乌玉，却值得商讨。

【译文】

我国比较贵重的玉都产自于阗汉代时它是西域一个诸侯国名，后来叫别失八里，可能属于赤斤蒙古，具体名称不详。葱岭。所谓蓝田，就是葱岭出玉的一个地名，后人却误以为是西安附近的蓝田。葱岭河水的发源地叫阿耨山，到葱岭分成两条河：一叫白玉河，一叫绿玉河。晋代人张匡邺写的《西域行程记》，记载有乌玉河，这是错的。

玉璞不藏深土，源泉峻急激映而生[①]。然取者不于所生处，以急湍无著手[②]。俟其夏月水涨，璞随湍流徙，或百里，或二三百里，取之河中。凡玉映月精光而生，故国人沿河取玉者，多于秋间明月夜，望河候视。玉璞堆聚处，其月色倍明亮。凡璞随水流，仍错杂乱石浅流之中，提出辨认而后知也。

【注释】

①玉璞不藏深土，源泉峻急激映而生：从开采的角度看，玉有山产和水产两种。山产玉多数韫藏在变质岩或岩浆岩中，少数也在沉积岩中，这都需要挖矿井开采。水产玉源于山产玉的露头。章鸿钊说："盖玉有山产、水产两种。中国之玉多在于山，于阗之玉多在于水。"（《石雅·玉类》）宋应星关于"玉璞不藏深土"的说法是不全面的。

②著（zhuó）：着手。

【译文】

玉石并不藏在深土里，它是在又陡又急的泉水冲激下映照月光而生成的。但采玉的人不到它的出生地去采，因为那里水流太急而无法下手。等到夏天水涨时，玉石随着急流冲到一百里或二三百里远的河里，才去采集。玉是映照月光而生的，所以沿河采玉的人们，多在秋天明月之夜，守在河边观察。在玉石堆聚的地方，月色就显得特别明亮。玉石随着水流夹杂在河滩乱石之中，只有取出来辨认才能确定。

白玉河流向东南，绿玉河流向西北[①]。亦力把力地[②]，其地有名望野者，河水多聚玉。其俗以女人赤身没水而取者，云阴气相召，则玉留不逝，易于捞取。此或夷人之愚也。夷中不贵此物，更流数百里，途远莫货，则弃而不用。

【注释】

①白玉河流向东南，绿玉河流向西北：宋应星说的白玉河流向有误。据《竹叶亭杂记》卷三说：白、绿玉河“其水皆出南山，东西夹和阗城而下。和阗，古于阗，《汉书》所谓于阗在南山下，其河北流，是也”。（转引自章鸿钊《石雅·玉类》）实际上，白玉河上游流向西北，中游折向北；绿玉河上游流向西北，中游又折向东北。

②亦力把力：即亦力把里。今新疆和田地区。

【译文】

白玉河流向东南，绿玉河流向西北。亦力把力有个名叫望野的地方，河水中积聚有许多玉石。那里的风俗是由女人裸体下水取玉石，据说是阴气相召，玉石就会留住不走，易于捞取。这可能是当地人的无知吧。当地人并不看重这种东西，玉石如果被水流再冲出几百里，路太远又没人买，他们就索性不去取了。

凡玉，唯白与绿两色。绿者，中国名菜玉。其赤玉、黄玉之说，皆奇石琅玕之类[①]，价即不下于玉，然非玉也。凡玉璞根系山石流水，未推出位时，璞中玉软如棉絮，推出位时则已硬，入尘见风则愈硬。谓世间琢磨有软玉，则又非也[②]。

【注释】

①琅玕(láng gān):美石。即“满目琳琅”的琅。《尚书·禹贡》:“厥贡惟球、琳、琅玕。”孔传:“琅玕,石而似玉。”孔颖达疏引《尔雅·释地》,谓“石而似珠”。章鸿钊《百雅·玉石·琳琅》说:琅玕是巴喇,即今斯壁尼石,色红,属等轴晶系,因此其形如珠。

②谓世间琢磨有软玉,则又非也:章鸿钊《石雅·玉石·玉类》说:玉“盖有二焉,一即通称之玉,东方谓之软玉,泰西谓之纳夫拉德;二即翡翠,东方谓之硬玉,泰西谓之桀特以德。通称之玉,今属角闪石类,缜密而温润,有白质者与透闪石为近,绿者与阳起石为近。新锡兰谓之绿玉者是也,今尚产和阗以北葱岭一带最有名”。近代科学把玉分为硬玉和软玉两种。硬玉(如翡翠等)属辉石类,软玉(如和田玉等),属角闪石类。宋应星所说的软玉不是今天的软玉概念,而可能是指传说中的特别软的玉,例如,《杜阳杂编》就说过:“代宗幸兴庆宫于复壁获玉鞭。有文曰:软玉鞭,屈之头尾相就,舒之则劲直如绳。”(转引自章鸿钊《石雅·玉石·玉类》)宋应星加以否认是有他的道理的。

【译文】

玉只有白和绿两种颜色。绿色的我国叫菜玉。所谓红玉、黄玉,其实都是琅玕之类的奇石,价值即使不比玉低,但毕竟不是玉。玉石的根基是与山石、流水相连的,在未被冲露出来时,璞中的玉软如棉絮,冲露出来时就已变硬,见了风尘就更硬了。说世上有琢磨软玉的,那又错了。

凡璞藏玉,其外者曰玉皮,取为砚托之类,其值无几。璞中之玉,有纵横尺余无瑕玷者[①],古者帝王取以为玺[②]。所谓连城之璧[③],亦不易得。其纵横五六寸无瑕者,治以为杯斝[④],此已当世重宝也。此外,惟西洋琐里有异玉[⑤],平时白色,晴日下看映出红色,阴雨时又为青色,此可谓之玉妖,尚方有之。朝鲜西北太尉山，有千年璞，中藏羊脂玉，与葱岭美者无殊异。其他虽有载志，闻见则未经也。

【注释】

①瑕玷：玉上的斑点及其他缺陷。

②玺：印，自秦代以后专指帝王的印。

③连城之璧：即和氏璧。据《史记·廉颇蔺相如列传》说，赵惠王得楚和氏璧，秦昭王听到后想用十五座城池跟他交换。和氏璧因而称为连城之璧。璧，平圆形、中心有孔的玉器。

④杯斝（jiǎ）：酒器。斝，古代铜制酒器。似爵而较大，有三足、两柱、一鋬，圆口平底，盛行于商代。

⑤西洋琐里：明代以爪哇以西的印度洋为西洋，琐里是其中的一个小国，今属印度尼西亚。

【译文】

璞包藏着玉，外皮叫玉皮，用来制作砚台和托座等物，值不了几个钱。璞中的玉，有一尺多见方又没有疵点的，古代帝王用来做大印。所谓价值连城的璧，也不容易得到。五六寸见方又没有疵点的，用来做酒器，这已是当世重宝了。此外，爪哇一带的琐里产有一种异玉，平时白色，晴天在阳光下显出红色，阴雨天又呈蓝色。这可称为玉妖，皇宫里才有这种玉。朝鲜西北部的太尉山，有一种千年璞，它里头藏的羊脂玉，跟葱岭美玉几无差别。其他的玉，书中虽有记载，但都没有见过。

凡玉，由彼地缠头回，其俗人首一岁裹布一层，老则臃肿之甚，故名缠头回子。其国王亦谨不见发。问其故，则云见发则岁凶荒。可笑之甚。[①]或溯河舟，或驾橐驼[②]，经庄浪入嘉峪[③]，而至于甘州与肃州[④]。中国贩玉者，至此互市而得之，东入中华，卸萃燕京。玉工辨璞高下，定价，而后琢之。良玉虽集京师，工巧则推苏郡。

【注释】

①“凡玉……可笑之甚”一段：作者囿于当时狭隘的观念，故有此语。每个民族的风俗都应得到尊重。

②橐驼：骆驼。

③庄浪：今属甘肃。

④甘州：今甘肃张掖。肃州：今甘肃酒泉。

【译文】

玉由新疆缠头的回族人，那里的风俗是，每人每年都要在头上多缠一层布，老了就显得非常臃肿，因此叫缠头回子。国王的头发也是看不见的，问他什么缘故，说是见了头发就要闹凶荒。这真是好笑。乘船或骑骆驼，经庄浪进入嘉峪关，运到甘州和肃州。内地的玉贩到这里买到璞后，东运到北京去。经玉工辨别品位定价后再琢磨。好玉虽集中在北京，工巧却推崇苏杭。

凡玉初剖时，冶铁为圆盘，以盆水盛砂，足踏圆盘使转，添砂剖玉，逐忽划断（图122）。中国解玉砂，出顺天玉田与真定邢台两邑[①]。其砂非出河中，有泉流出，精粹如面，藉以攻玉，永无耗折。既解之后，别施精巧工夫，得镔铁刀者[②]，则为利器也。镔铁亦出西番哈密卫砺石中[③]，剖之乃得。凡玉器琢余碎，取入钿花用[④]；又碎不堪者，碾筛和灰涂琴瑟，琴有玉音，以此故也。凡镂刻绝细处，难施锥刃者，以蟾酥填画而后锲之[⑤]。物理制服[⑥]，殆不可晓。凡假玉以砆碔充者[⑦]，如锡之于银，昭然易辨。近则捣舂上料白瓷器，细过微尘，以白蔹诸汁调成为器[⑧]，干燥，玉色烨然，此伪最巧云。

【注释】

图122 琢玉

①中国解玉砂，出顺天玉田与真定邢台两邑：据章鸿钊《石雅·玉类》云，出自河北玉田的治玉砂，色白而细，是石英；出自河北邢台的治玉砂，色赤褐，叫红砂，是石榴子石。以上两者都可治软玉。此外，还有更硬的治玉砂叫紫砂，是刚玉，出自河北灵寿和平山，可治翡翠和宝石。顺天，顺天府，治所在今北京。真定，今河北正定。

②镔（bīn）铁：精炼的铁。

③哈密卫：今新疆哈密。

④钿（diàn）花：镶嵌型花朵状的装饰品。

⑤蟾酥（chán sū）：蟾蜍腮腺和皮脂腺分泌物，有侵蚀作用。

⑥物理制服：指一物制一物。

⑦砆碔（fū wǔ）：即碔砆，又叫武夫。似玉的美石。红地白纹，但色茏葱不分明。

⑧白蔹（liǎn）：又名鹅抱蛋。葡萄科藤本植物，块根富含黏液质，可作粘合剂。

【译文】

解剖玉石时，做个铁圆盘，用盆装水砂，一边脚踏圆盘转动，一边添砂剖玉，一点一点地把玉划割。我国剖玉的砂，出产在顺天附近的玉田和真定的邢台两县。这种砂不是在河里的，而是从泉眼里流出来的，精细得像面粉，用来磨玉永远不会耗损。玉石解剖后，再施以精工巧艺，这时有把镔铁刀，就是很好的工具了。镔铁也产在西番哈密卫的砺石中，剖开就可炼得。琢磨玉器剩下的碎块，用来镶嵌钿花等装饰品。那些零零碎碎的，经过碾筛后调灰来涂琴瑟，琴瑟就可发出玉音。雕刻刀难以施展的微细地方，就用蟾酥填画，再用刀刻。这个一物治一物的道理，真不好懂。用碔砆来冒充玉，就好像用锡来冒充银一样，是很容易识别的。近来有些人把上等白瓷器捣成尘粉，再用白蔹等汁调制成器物，干燥后玉色烨然，据说这样伪造是最巧妙的。

凡珠玉、金银，胎性相反。金银受日精，必沉埋深土结成。珠玉、宝石受月华，不受土寸掩盖。宝石在井，上透碧空；珠在重渊，玉在峻滩，但受空明水色盖上。珠有螺城，螺母居中，龙神守护，人不敢犯。数应入世用者，螺母推出人取。玉初孕处，亦不可得。玉神推徙入河，然后恣取。与珠宫同神异云①。

【注释】

①“珠有螺城……与珠宫同神异云”一段：这是作者用龙神玉神守护珠玉的民间神话巧妙地宣传生态思想。这有利于生态环境保护和天工开物持续进行。数（shù），气数，命运。

【译文】

珠玉与金银的成因相反。金银受的是日精，必定埋在深土结成。珠宝受的是月华，不用寸土掩盖。宝石在井中，直透天空；珠在深水底，玉在险滩里，但都被清水覆盖着。珠有螺城，螺母住在中间，外有龙神守护，人就不敢去侵犯珠。只有那些按气数应该让人们享用的珠，才由螺母推出来让人们采取。在初孕玉的激流中,人也取不到玉。只有等玉神把它推入河中,才可以任人采取。这跟珠宫同样神异。

附:玛瑙　水晶　琉璃

凡玛瑙,非石非玉[①]。中国产处颇多,种类以十余计。得者多为簪箧、釦音扣。结之类[②],或为棋子,最大者为屏风及桌面。上品者产宁夏外徼羌地砂碛中[③],然中国即广有,商贩者亦不远涉也。今京师货者,多是大同、蔚州九空山、宣府四角山所产,有夹胎玛瑙、截子玛瑙、锦红玛瑙,是不一类。而神木、府谷出浆水玛瑙、锦缠玛瑙,随方货鬻[④]。此其大端云。试法,以研木不热者为真[⑤]。伪者虽易为,然真者值原不甚贵,故不乐售其技也。

【注释】

①凡玛瑙,非石非玉:魏文帝曹丕《马瑙勒赋·序》云:“马瑙出自西域,文理交错。有似马脑,故其方人因以名之。”(转引自章鸿钊《石雅·玉石》)李时珍《本草纲目》说:玛瑙一名文(纹)石。玛瑙是玉髓(石英隐晶质集合体)矿物的一种,呈同心带状构造,颜色光美,质硬耐磨。从矿物学的角度看,它亦石亦玉,而并不是“非石非玉”。

②簪箧(dù):固定衣服或头发的工具。釦:涂本为“鉤”,同“钩”,与“音扣”矛盾。据文义改为“釦”,同“扣”。

③徼(jiào):边界。砂碛(qì):沙漠。

④“今京师货者……随方货鬻”一段:据章鸿钊《石雅·玉石·琳琅》说,夹胎玛瑙是“正视之则莹白光彩,侧视之则若凝血”的一

种玛瑙；截子玛瑙是"黑白相间"的一种玛瑙；锦红玛瑙是"有锦花"的一种玛瑙；浆水玛瑙是"有淡水花"的一种玛瑙；锦缠玛瑙又叫缠丝玛瑙，是"红白杂色如丝相间"的一种玛瑙。大同，今属山西。蔚州，今河北蔚县。宣府，今河北宣化。神木，今属陕西。府谷，今属陕西。

⑤砑（yà）：碾磨。

【译文】

玛瑙，既不是石也不是玉，在中国的产地很多，品种也有十多个。人们多用它来做簪子和衣扣，也做棋子，最大的做屏风和桌面。质量最好的产在宁夏边境羌族地区的沙漠中，但内地就有很多玛瑙，商贩不必长途跋涉到宁夏去。现在北京所卖的玛瑙，多半是大同、蔚州九空山和宣府四角山的产品，有夹胎玛瑙、截子玛瑙、锦红玛瑙等好几个品种。而神木和府谷产的是浆水玛瑙、锦缠玛瑙，作为土产就地买卖。情况大致是这样。鉴别的方法是在木头上碾磨，不发热的是真货。假货虽容易做，但真货价钱不贵，人们就懒得去作假了。

凡中国产水晶，视玛瑙少杀[①]。今南方用者多福建漳浦产，山名铜山。北方用者多宣府黄尖山产，中土用者多河南信阳州黑色者最美。与湖广兴国州潘家山。产[②]。黑色者产北不产南。其他山穴本有之而采识未到，与已经采识而官司厉禁封闭如广信惧中官开采之类。者尚多也。凡水晶出深山穴内瀑流石罅之中[③]。其水经晶流出，昼夜不断，流出洞门半里许，其面尚如油珠滚沸。凡水晶未离穴时如棉软，见风方坚硬[④]。琢工得宜者，就山穴成粗坯，然后持归加功，省力十倍云。

【注释】

①凡中国产水晶，视玛瑙少杀：水晶，又名水精、水玉，即石英（SiO_2），纯净的无色透明，掺杂的呈各种颜色，因此有白水晶、紫水晶、黄水晶，烟水晶、红水晶等等之分。

②兴国州：今湖北阳新。

③罅（xià）：缝隙。

④“其水经晶流出……见风方坚硬”一段：这种说法不符合事实。

【译文】

中国出产水晶比玛瑙少。现在南方用的多半是福建漳浦出产的，山叫铜山。北方用的多半是宣府黄尖山出产的，中原用的多半是河南信阳州、黑色的最美。湖广兴国州潘家山。出产的。黑色的水晶只产于北方而不产于南方。其他地方山洞中本来有而未意识到去开采，或者想开采又被官方封禁如广信惧怕宦官开采。的都很多。水晶产于深山洞穴有瀑流的石缝中，水昼夜不停地流过水晶，流出洞口半里远，水面还像油珠滚沸一样。水晶尚未离开洞穴时，像棉一样软，见风后才坚硬。有些琢工为了方便，就在山洞先研成粗坯，然后带回去加工，据说这样可以省力十倍。

凡琉璃石，与中国水精、占城火齐，其类相同，同一精光明透之义[①]，然不产中国，产于西域。其石五色皆具，中华人艳之，遂竭人巧以肖之。于是烧瓴甋转釉成黄、绿色者[②]，曰琉璃瓦；煎化羊角为盛油与笼烛者，为琉璃碗；合化硝铅写珠铜线穿合者[③]，为琉璃灯；捏片为琉璃瓶、袋。硝用煎炼上结马牙者。各色颜料汁，任从点染。凡为灯、珠，皆淮北齐地人，以其地产硝之故。

【注释】

①“凡琉璃石”四句：琉璃石，简称琉璃，是天然的五光十色的各种

有光宝石。唐代称为玻璃，宋元以来称为宝石。我国西周时期就懂得制造琉璃了。其主要成分是二氧化硅，还有氧化铅、氧化钾等多种元素化合物。其生产工艺是，把琉璃石和琉璃母按一定比例混合放入一千度以上的火炉中，采用古代青铜脱腊铸造技术，经过十多道手工工艺精修细磨而成。它的硬度近似软玉，光折射率较高，晶莹剔透，光彩夺目。它不愧为尊重天工巧夺天工的工艺品，被誉为中国五大名器（金银、玉翠、琉璃、陶瓷、青铜）之一。琉璃不仅是一种材质，更是一种价值不菲的文化产品。2008年6月，琉璃烧制技艺入选第二批国家级非物质文化遗产名录。占城，古国名。今在越南。火齐，又名火珠、火齐珠，能聚阳光使易燃物烧着。《新唐书·南蛮列传》："婆利者，直环王东南……多火珠，大者如鸡卵，圆白，照数尺，日中以艾藉珠，辄火出。"李时珍《本草纲目·水精》附录说："《唐书》云，东南海中有罗刹国，出火齐珠，大者如鸡卵状，类水精，圆白，照数尺，日中以艾承之则得火，用灸艾炷，不伤人。今占城国有之，名朝霞大火珠。"从文中看来，琉璃石、水晶、占城火齐都是属于透明或半透明的石英类矿石。

②瓴甋（líng dì）：砖瓦。

③写：通"泻"。

【译文】

琉璃石，与中国水晶、占城火齐同属一类，都一样透明光亮，但不产在中原，而产在西部少数民族地区。琉璃石各种颜色都有，中国人很喜欢它，便巧施技艺来仿造。于是，把砖瓦加上釉料烧成黄、绿色，这叫琉璃瓦；把羊角煮化，做成油罐和烛罩，这叫琉璃碗；把硝和铅一起熔化做成珠子，并用铜线串起来做成琉璃灯；或者捏片做成琉璃瓶和袋。硝用煎炼时结在上面的马牙硝。各种颜色，可以随人用颜料汁点染。琉璃灯和琉璃珠，都是淮河以北的山东人制造的，因为那里出产硝石。

凡硝见火还空，其质本无，而黑铅为重质之物。两物假火为媒，硝欲引铅还空，铅欲留硝住世，和同一釜之中，透出光明形象。此乾坤造化，隐现于容易地面。《天工》卷末，著而出之。

【译文】

硝遇火就化气腾空而消失，黑铅却是比较重的物质。这两种东西以火为媒介，硝要引铅升腾空中，铅却要拉硝留在地面，它们在一个锅中化合，就能透出光明形象。这是大自然创造化育万物的功能在地面上的极其平常的显露。现把它写在《天工开物》一书的结尾。

中华经典名著
全本全注全译丛书
（已出书目）

周易
尚书
诗经
周礼
仪礼
礼记
左传
韩诗外传
春秋公羊传
春秋穀梁传
孝经·忠经
论语·大学·中庸
尔雅
孟子
春秋繁露
说文解字
释名
国语
晏子春秋
穆天子传
战国策
史记
吴越春秋
越绝书
华阳国志
水经注
洛阳伽蓝记
大唐西域记
史通
贞观政要
营造法式
东京梦华录
唐才子传
廉吏传
徐霞客游记
读通鉴论
宋论
文史通义

老子

道德经

鹖冠子

黄帝四经·关尹子·尸子

孙子兵法

墨子

管子

孔子家语

吴子·司马法

商君书

慎子·太白阴经

列子

鬼谷子

庄子

公孙龙子(外三种)

荀子

六韬

吕氏春秋

韩非子

山海经

黄帝内经

素书

新书

淮南子

九章算术(附海岛算经)

新序

说苑

列仙传

盐铁论

法言

方言

论衡

潜夫论

政论·昌言

风俗通义

申鉴·中论

太平经

伤寒论

周易参同契

人物志

博物志

抱朴子内篇

抱朴子外篇

西京杂记

神仙传

搜神记

拾遗记

世说新语

弘明集

齐民要术

刘子

颜氏家训

中说

帝范·臣轨·庭训格言

坛经
大慈恩寺三藏法师传
蒙求·童蒙须知
茶经·续茶经
玄怪录·续玄怪录
酉阳杂俎
历代名画记
化书·无能子
梦溪笔谈
北山酒经(外二种)
容斋随笔
近思录
洗冤集录
传习录
焚书
菜根谭
增广贤文
呻吟语
了凡四训
龙文鞭影
长物志
智囊全集
天工开物
溪山琴况·琴声十六法
温疫论
明夷待访录·破邪论
陶庵梦忆
西湖梦寻
幼学琼林
笠翁对韵
声律启蒙
老老恒言
随园食单
阅微草堂笔记
格言联璧
曾国藩家书
曾国藩家训
劝学篇
楚辞
文心雕龙
文选
玉台新咏
二十四诗品·续诗品
词品
闲情偶寄
古文观止
聊斋志异
唐宋八大家文钞
浮生六记
三字经·百家姓·千字文·弟子规·千家诗
经史百家杂钞